Die Traumdeutung

梦的解析

Sigmund Freud

【奥】西格蒙德·弗洛伊德 著

殷世钞 译

江西人民出版社
Jiangxi People's Publishing House
全 国 百 佳 出 版 社

图书在版编目(CIP)数据

梦的解析/(奥)弗洛伊德著;殷世钞译. ——南昌:
江西人民出版社,2014.7(2016.1重印)
ISBN 978 - 7 - 210 - 06490 - 9

Ⅰ.①梦… Ⅱ.①弗… ②殷… Ⅲ.①梦 - 精神分析
Ⅳ.①B845.1

中国版本图书馆 CIP 数据核字(2014)第 129817 号

梦的解析

(奥)西格蒙德·弗洛伊德 著 殷世钞 译

江西人民出版社出版发行

地址:江西省南昌市三经路 47 号附 1 号(邮编:330006)

编辑部电话:0791 - 86898980

发行部电话:0791 - 86898801

网址:www.jxpph.com

E-mail:jxpph@tom.com web@jxpph.com

2014 年 8 月第 1 版 2016 年 1 月第 4 次印刷

开本:710 毫米 ×1000 毫米 1/16

印张:23 插页:8

字数:440 千字

ISBN 978 - 7 - 210 - 06490 - 9

赣版权登字—01—2014—249

版权所有 侵权必究

定价:39.80 元

承印厂:香河县宏润印刷有限公司

第一版前言

我试图在这里展示对梦的解析，并且相信在这样做时，并没有超越神经病理学的范畴。因为心理学上的检验表明，梦是许多病态心理现象的第一种，癔症性恐惧症、强迫臆想症和妄想症也属于此类，只是出于实际原因，医生必须对后几种病症采取措施。显然，梦没有什么医学实践上的重要性，但是如果把它当作一种范例，其理论研究价值却是很大的。如果一个人不能解释梦中影像的成因，那他也无法正确理解恐惧症、强迫臆想症和妄想，给病人做出的治疗最终也将是徒劳无功的。

正是因为这点，本文将要探讨的课题就具备了现实意义，但是同时这点也造成了本文的缺陷。在阐述中，读者将发现很多断片，因为当梦的解析问题涉及更宏大的精神病理学时，叙述就必须中断。如果时间和能量允许，并且有新的材料产生，那我将在以后的研究中专门探讨这些问题。

应用于梦的解析的材料本身的特殊性，也增加了本书中表述的难度。在阅读过程中读者自然会明白，为什么在文献中报道的和由不知名人士收集的梦不能被我利用，我只能从我自己的梦和来我这里寻求心理治疗的病人的梦中选择。在采用后者时也是有阻力的，由于混杂了神经质的特点，他们的梦有种异乎寻常的错综复杂。但是在讲述我自己的梦的时候，不可避免地要把我私人的精神生活暴露在陌生的目光中。一般作者——我是指科学工作者——都不会乐意这么做，当然诗人们除外。这很尴尬，但却非做不可，否则就不能完成对心理研究结果的证明。当然我会将一些不可说的内容或删除或用别的东西代替，以减轻其极端性，但一旦我这么做了，被运用的例子的价值肯定就会显著降低。我只希望读者能设身处地站在我的困难处境中想想，多多包涵。另外，如果有谁发现讲述的梦与他有关，请至少允许我在梦中有思想自由的权利。

I

第二版前言

这本难读的书在首版后不到十年就得以再版，在这里我不想感谢业内人士。因为一方面我已经在上述序言中感谢过他们了，另一方面他们到现在还对我提出的梦的新理解感到震惊，并且从未试图真正理解我的理论。而那些职业哲学家还是把梦当作意识状态的一个附庸，并且习惯于用颠来倒去、意思相近的几句话就把这个问题打发了。他们意识不到，从梦的问题出发，可以向各个方向发散，进行推论，从而给目前的心理学研究带来翻天覆地的变化。职业书评界的态度让人们觉得，本书肯定会葬身于外界对其的沉默中。我虽有一小批勇敢的追随者，他们按照我的理论对病人进行精神分析，根据我的例子对梦进行解析，利用梦的解析对神经症患者进行治疗，但是他们也不可能把第一版的书都购买一空。因此，我觉得我必须向更广泛的、受过良好教育，并且有好奇心的读者致以谢意，他们的支持促使我在九年后重新进行这项艰巨、在很多方面仍处于开始状态的工作。

我很高兴地宣布，此书仅需要很小的改动。我只在某些地方添加了一些新材料，根据新增的经验补充了一些具体观点，在某些地方重新改写了一下。所有对梦的描述和解析，以及从中得出的心理学结论，都保持了原样。不管怎样说，从主观来说，这本书经受住了时间的考验。熟悉我其他作品（关于神经症的病因及机制）的人知道，我从来不会把未完成的工作当作已完成的来出版。我总是试图，随着自己认识的深入不断完善自己的结论，但是就梦的领域而言，我第一次给出的结论就是我现在想要坚持的。在我多年从事的神经症的研究中，我常常有种不确定感，有时候会怀疑自己是不是错了。但是对于《梦的解析》，我很有信心。我那大量的学术对头也一定是出于某种显而易见的本能，而决定不在这方面找我的麻烦。

本书的大部分材料来自于我自己的梦，它们也不需要被修改。通过对它们进行分析，我阐明了释梦的方法和原则，在这之后它们显然就没什么用了。但是对我个人来说还有另一层意义，我也是在完成这个工作之后才意识到这点：它是我个人分析的一部分，是对我父亲之死———一个男人生命中的重要事件和沉重失去———的反应。自从认识到这点，我就觉得自己是永远不能把这影响带来的痕迹抹去了。对读者而言，通过哪些材料学会尊重梦并且对梦进行解析，其实是无所谓的。

一些不能被添加到原来的版本中，但同时又不可或缺的材料，我将在此版本中标明它的出处。

贝尔切特斯加登，1908 年夏

～∽○∽～

第三版前言

第一版和第二版相隔九年，而之后一年多就需要出第三版了。我当然为这样的变化而高兴，但是我既不把读者以前对本书的忽视当作其缺乏价值的证明，也不认为越来越多的人对此书产生兴趣就表明这书特别出色。

科学的发展进步也影响到了《梦的解析》。当我 1899 年写这本书时，还没有"性学理论"，对精神神经症复杂形式的分析还处于起步阶段。对梦的解析本来是为了从心理上帮助分析神经症，而从那时起在神经症上取得的进展反而反过来加深了我们对梦的理解。在一个原版中未被强调的方向上，关于梦的解析的理论也有了进一步的发展。通过我自己的经验还有斯特克尔以及其他人的工作，我更加认识到梦中（或者说是"潜意识"中的更恰当）象征的范围和意义。经过这些年后，需要被重新考虑的就是这些。我已经试图将新的发现插入原文中，或者通过脚注附于其后。如果补充材料超出了原文的叙述框架，或者不是所有的地方都从今日的视角加以完善，我还要请读者体谅，因为这正是我们的科学快速发展的结果和表现。我甚至敢大胆预言，如果以后还要出新的版本的话，其方向、重点必定与今日的不同。今后它们一方面须利用诗歌、神话、谚语和俗语来丰富材料，另一方面要更加深入地探讨梦与神经症和精神疾病的关系。

奥托·兰克先生在挑选补充材料方面给了我很大的帮助，并独自承担了付梓前的校对工作。我在这里要感谢他还有其他同事对本书的帮助和指正。

维也纳，1911 年春

～∽○∽～

第四版前言

去年（1913 年）纽约的布里尔教授将此书翻译为英文（The Interpretation of Dreams. 艾伦公司，伦敦），并出版。

此次，奥托·兰克博士不但对本书进行了校对，还亲自撰写了两段，丰富了本书的内容（见第六章附录）。

维也纳，1914 年 6 月

第五版前言

即使在一战期间，对《梦的解析》的兴趣也没有消退，并且在战争结束前就需要加印了。但是 1914 年之后就很难获得新的文献了，因为我和兰克博士压根没有接触到外文的资料。

赫罗斯博士和费伦齐博士将本书译为匈牙利语，并将很快出版。我的《精神分析导论》于 1916 年至 1917 年由海勒先生在维也纳出版，共 11 课，重点立足于梦，并且想论述得更精练些，使其与神经症的理论联系更为紧密些。总体来看，它像是《梦的解析》一书的节选，但是在某些地方它论述得更为详尽。

我一直不能下定决心对本书进行大改，以去除它的历史局限性，使其跟上我们现在的精神分析发展水平。其实，我认为在面世 20 年之后，它就已经完成了它的任务。

布达佩斯—斯太布鲁克，1918 年 7 月

第六版前言

由于出版商的困境，本书的新版有愧于读者的迫切需求，拖到现在才予以付印。而且本书与前一个版本一致，这是首次未予修改的情况。只是本次版本最后由奥托·兰克博士附上了参考文献的完整版本。

尽管我推断，本书在面世将近 20 年时，就已经完成了它的使命，但这一推断并未得到证实。我甚至发现，它其实还可以承担新的任务。如果说之前它是在试图解释梦的本质，那么现在它的任务同样重要，那就是去修正人们对那些解释产生的误解。

维也纳，1921 年 4 月

目录

夢的解析

我试图在这里展示对梦的解析，并且相信在这样做时，并没有超越神经病理学的范畴。因为心理学上的检验表明，梦是病态心理现象的第一种，癔症性恐惧症、强迫臆想症和妄想症也属于此类，只是出于实际必然须采取措施。显然，梦没有什么医学实践上的重要性，但是如果把它当作一种理论研究的范例，却是很大的。如果一个人不能解释梦中影像的成因，那他也无法正确理解恐惧症、强迫臆想症和妄想，给病人做出的治疗最终也将是徒劳无功的。

第一章 关于梦的问题的科学文献

接下来我将证明，有一种心理学技术能够用来解析梦。在这一解析过程中，每个梦不仅可以被解读为一种有意义的心理结构，而且这种心理结构在特定地方也属于清醒状态的精神活动。我还将试图解释陌生未知的做梦过程，并且回溯到精神力量的自然特质，因为梦就是在这些力量的共同作用或者相互冲突中产生的。我的研究止步于此，如果关于梦的问题的叙述牵涉到更复杂宏大的问题，并且这些问题的解决必须借助于另一类材料，那我的叙述将就此中止。

我将前人关于梦的著作以及当代科学对梦的研究状况做一概要总结，放在前面，因为在本书的论述过程中，并不需要时常引述这些研究成果。尽管进行了上千年的努力，对梦的科学理解却只取得了微乎其微的进展。这一事实在文献中得到了普遍承认，因而没有必要再去引证具体的某个观点。在文章最后附有这些文献的列表，从中可以找到很多与我们的主题相关的、具有启发性的评论和大量有趣的材料，但是没有或者仅有极少的文献涉及了梦的本质或者将梦的任何谜团彻底解开。受过一般教育的非专业人员对这方面的知识自然知之更少。

史前人类对梦的原始看法，以及梦对他们对世界和灵魂的想象产生了怎样的作用，这一课题非常有意思，但是我也只能将其从本书讨论的话题中割舍出去。我要向读者推荐约翰·卢伯克爵士、赫伯特·斯宾塞、E. B. 泰勒和其他作者的著作，并且只能补充说，只有当我们完成眼前所面临的梦的解析工作之后，才能充分理解这些问题和推测的涉及范围。

很显然，古希腊罗马人对梦的认识是远古时期对梦的理解的折射。他们认为梦与他们信奉的超自然世界有联系，梦从上帝和魔鬼那里带给人们启示，这些都是不言而喻的。在他们看来，梦对做梦者而言，必定具有一种重要的目的，一般来说，它们预示着未来。由于梦的内容以及梦带给做梦者的印象过于五花八门，自然很难使人们对梦产生一个一致的看法。因此有必要根据梦的价值和可信度，对它们进行分门别类。古代不同的哲学家在某些地方对占卜学采取了全然相信的态度，他们对梦的评价自然与这些紧密相关。

在亚里士多德的两部提到梦的著作中，梦已成为心理学研究的一个题材。我们被告知，梦不是上帝的神谕，不具有神圣的特性，而更倾向于是"恶魔的"，因为自然具有恶魔性，不具有神性。这就是说，梦不是来自超自然的启示，而是遵循着与神性有亲缘关系的人类精神的法则。梦被定义为睡眠者在睡眠中的心理活动。

亚里士多德对梦生活的一些特征已有了一些了解。例如，他知道睡眠中感觉到的轻微刺激将在梦中通过强烈的方式表现出来。（"当身体的某个部位感到略微有些热，人就能梦到他正在穿过大火，感到灼热难忍。"）他由此推断，身体发生变化的第一信号可能由梦向医生透露出来，而这一变化在白天是不易觉察到的。

我们知道，亚里士多德以前的古人并不将梦看作是心灵做梦的产物，而认为梦源于神灵的启示。这两种截然相反的思潮，那时候就已经形成，并且影响着历史上的每个阶段对梦生活的看法。人们将真实的、有价值的梦与虚荣的、欺人的及无价值的梦区分开来。前者给做梦者带来警示或预知未来；后者则使做梦者误入歧途或者将做梦者引向毁灭。

格鲁佩在麦克罗比斯和阿尔特米多鲁斯之后重新给出这样的梦的分类："梦可分为两类。第一类被认为只受到当前或过去的影响，但对未来却无关紧要。这一类包括失眠症，它直接再现了一个特定想象或其对立面——比如饥饿或饱足；还包括梦魇，它使想法在幻想中延伸——如噩梦或梦魇。相反，第二类梦则被认为决定着未来。它们包含：1）在梦中接受的直接预言（神谕）；2）对某些未来事件的预告（梦幻）；3）需要解释的具有象征意义的梦（梦兆）。这一理论持续了几个世纪。"

《梦的解析》的任务跟这些对梦的不同评价紧密相关。人们总是希望通过梦也能得到重要启发，然而不是每个梦都能被立刻理解，人们也不知道，那些不能被理解的梦是不是也包含着某些重要的东西。因此人们总是试图把不被理解的内容替换解释为易懂的、有逻辑含义的。这种释梦方法的权威是古代后期达米蒂斯的阿尔特米多鲁斯（Artemidoros），他的著作内容详尽，足以弥补同类著作失传带来的损失。

古代人对梦的非科学性理解，显然与他们整体的世界观相吻合。他们认为：世界观被投射到外界，是一种客观存在，但它只在精神生活领域具有现实性。在世界观的建立中，要对早上清醒状态下回忆起的梦进行思考，因为在回忆梦时，梦好像是来自另一个世界，与其他心理活动都十分不同。顺便提一句，这种认为梦是来自超自然力量的看法，如今还有大量拥护者。除了那些虔诚的、坚持神秘主义的作家（在那些没有被科学解释的领域，对超自然力量的信仰大行其道，他们当然有充分的理由这么做），甚至那些头脑理智、反对故弄玄虚的人也想用梦的不可解释性，来支持他们对超人类精神力量的宗教信仰。某些哲学学派（比如谢林）对梦的高度推崇，是古代认为梦具有神圣性的清晰反映。关于梦是否具有预言未来的力量的争论，一直都没有停止。虽然心理学上一直都没能提出足够的论据来反驳上述观点，但是显然每一个受过科学思维训练的人，都无法接受这种非科学推测。

因此要书写梦的科学认识史是很难的，因为在这些认识中，虽然某些地方很有价值，但是几乎每个方向上都没有什么长足进展，也没有形成基础，以使后续研究者能继续研究从而得出确定结论。正好相反，每个研究者都必须从头开始。如果我按照作者的顺序，汇报他们每个人的观点，那我就无法为目前的对梦的研究状况提供一个概括的总况。因此，我决定不是按照作者，而是按照主题，从材料到解决方法，列出出现在文献中梦的单个问题。

因为关于梦的文献太过散乱，并且时常牵涉到别的学科，因此我必然会有所遗漏。只要我没有遗漏一些基本事实，或者在阐述中丢掉一些重要方面，就还请读者不要苛求了。

不久前，大部分的作者还倾向于把睡眠和梦当作同一主题研究，事实上还有精神病理状态的其他与梦类似的状态，比如幻觉、幻视等也被联系在一起。与此不同的是，在最新的研究中梦被单独分离出来，并且梦的领域的具体问题被当作了研究对象。我在这样的变化中发现了这样的想法，那就是在研究模糊对象时，只有对一系列的细节进行研究才能获得解释并且取得共识。我在这里也是要提供一个对具体心理特质的细节研究。关于睡眠我倒不必花太多力气，因为它主要是生理学研究的问题，尽管在睡眠状态特性中肯定含有能引起精神变化的条件。因此，关于睡眠的文献未被纳入其中。

对于梦的现象的科学兴趣经常会引出下述问题（这些问题在一定程度上有重叠）。

第一节　梦与清醒状态的关系

清醒者天真地认为，梦就算不是来自另一个世界，那它也把做梦者带到了另一个世界。老一辈的布尔达赫（Burdach）细致而敏锐地描述了梦的现象，对此我们十分感谢，他的下列描述也总是被引用："梦从不会重复日常生活中的劳累和享受、快乐和痛苦，而更多的是让人们从这些中解脱出来。甚至当我们满脑子都想着一件事或集中能量于某件任务上，在梦里出现的也是一些完全陌生的东西，或者只出现与陌生事物相连的一点点现实因素，或者梦只是符合了我们的心境，而把现实状况用象征的方式表达出来。"在这一方面，J. H. 费希特（Fichte）直接称其为"补足的梦"，称它们是心灵自我治愈的一个神秘方式。L. 斯特姆佩尔（Strümpell）关于梦的特质和起源的著作受到各方面高度评价，里面同样说道："人一旦做梦，就脱离了属于清醒意识的世界。"他又说："在梦中，对由清醒意识整理好的内容还有其正常行为的记忆，完全失去了。"另外还有："在梦里，人完全与寻常事务以及清醒时的生活隔绝开来，对此毫无记忆。"

然而在关于梦和清醒状态的关系方面，更多的作者持相反意见。哈夫纳（Haffner）说："首先，梦使清醒生活继续进行。梦总是与不久前出现在意识里的意念相联系。如果仔细研究，几乎总能发现一条线索，它与白天发生过的事件紧密相连。"魏甘德（Weygandt）直接反对之前引用过的布尔达赫的观点："因为很明显在大部分的梦中，我们恰好是回到了习惯的生活，而不是从那里解脱出来。"莫里（Maury）简短地说："我们的梦表现的就是我们的所见、所说、所欲和所为。"叶森（Jessen）在他 1855 年的《论生理学》一书中，表达得更详尽："梦的内容或多或少由个人性格、年龄、性别、社会地位、教育程度、生活习惯还有他以前的整个生活经历所决定。"

关于这个问题，哲学家 J. G. E. 马斯（Maass）鲜明地表达了他的立场："经验证实了我们的观点：我们最常梦到的东西，也是我们投入最多热情的东西。我们的热情必定影响着我们梦的产生。有野心的人梦到（或者只是在他的想象里）已经摘得或者就要摘得的桂冠；恋人梦到其正甜蜜渴望的东西……所有沉睡在内心中的肉欲和厌恶，如果受到某种刺激而被唤醒，就能产生一些想象形成梦，或者把这些想象融入一个已经形成的梦中。"

关于梦的内容依赖于现实生活，古人也持有相同的看法。我在这里引用拉德斯德克（Radestock）的话："因受到忠告，薛西斯打消了远征希腊的想法，但是在梦里这一想法却一再被重新点燃。会释梦的波斯智者阿尔塔巴努斯中肯地告诉他，日有所思夜有所梦。"

在卢克莱修（Lucretius）的说理诗《物性论》中有这样一段："不管人们追求什么，不管我们忙于什么，头脑总是执着于它的目标，梦中的情况也是这样，律师总是在试图为他们的案子辩护，提出解决方案，将军总是在疆场作战。"

西塞罗（Cicero）早于莫里很多年就发表了相似的观点："我们白天看到的和想过的，在梦中继续进行。"

看来，关于梦与清醒状态的关系的两种看法彼此矛盾，不可调和。而 F. W. 希尔德布兰特（Hildebrandt）认为，梦的特点只能用"一系列通向矛盾的对立"来描述。"第一种对立说的是，一方面梦完全脱离了现实的、清醒的世界；另一方面这两方却是在不断相互渗透，彼此相互依存。梦与清醒时经历的现实完全不同，人们可以说，它们之间有着不可逾越的鸿沟。它使我们脱离现实，消除了对现实的普通记忆，使我们置身于一个完全陌生的世界中，我们在里面有着完全不同于现实状况的生平经历。"希尔德布兰特说："当我们入睡后，整个生命和它的存在形式就好像掉进了一扇看不见的陷落活门，就此消失不见。"一个人可能梦到一个去圣荷勒拿岛的航行，并且向被囚禁在那儿的拿破仑提供了一些上好的摩泽尔葡萄酒，因此他受到了前皇帝拿破仑最亲切的接见。他甚至为这有趣的想象因为醒来被打破而感到遗憾。人们比较这梦中的想象和现实情况，就发现这个人既不是酒商，也从来没有打算过成为一个酒商。他从来没有航过海，而且就算他要航海的话，圣荷勒拿岛也最不可能成为他的目的地。对拿破仑，他从没有过好感，甚至可以说他对拿破仑还有种咬牙切齿的爱国主义仇恨。而且当拿破仑在这个岛上死去时，这个做梦者还没有出生，这也就是说他们两个绝对不可能有什么私人关系。因此对这两段彼此吻合，却各自向前进行的生活片段来说，这个梦是介于两者之间的一个陌生经历。

然而，希尔德布拉特接着说："这种对立是真实而正确的，我认为隔绝中还有隐秘的连接，它们是并行存在的。我们可以说，不管梦中出现了什么，其材料都是从现实生活而来的，或者说是从围绕着现实生活的精神生活发展出来的。不管梦中的事情多么神奇，它也无法脱离真实世界，不管是高雅也好，滑稽也好，其基础材料都是要么来源于感官世界中已见的东西，要么来自我们清醒状态时已经想过的东西。换句话说，梦中出现的，都是我们或者于外部世界、或者于内心已经经历过的。"

第二节　梦的材料：　梦中的记忆

这几乎是一个不争的事实，那就是在某种程度上，构成梦的所有材料都来源于经历。这些经历在梦中被重建，也可以说被回忆起来。但是如果认为通过比较两者，就能够很容易地认识梦与现实的联系，那可就错了。更多的时候，这种联系必须被仔细研究，而且就算这样，很多梦与现实的联系依然不能被发现。其原因在于，迄今还没人能解释梦中展现的记忆功能的独特性，人们只是对其泛泛而谈。因此仔细研究梦的这一特点，还是很值得的。

首先会发生这样的情况，那就是人们会梦到一些东西，而他自认为对这一内容他从来不了解，也没有经历过。当然，他能记得梦到的某件事情，但是却想不起他是否以及何时经历过这样的事情。因此他对所梦事物的来源感到迷惑，并开始相信梦有独立创造的能力，直到在相当长的一段时间后，一些新的经历使他回忆起以前的事情，这才发现那个梦的来源。人们必须承认，他在梦中知道的和能回忆起的事情已经超过了他清醒时的记忆能力。

德尔贝夫（Delboeuf）根据他自身做梦的经验，讲述了一个令人印象深刻的例子。他梦到自己的院子被白雪覆盖，并且发现两只小蜥蜴被埋在雪里，已经被冻得半僵了。他作为一个动物爱好者，就把它们收留了，温暖它们，并且把它们送回属于它们的石墙小洞里。除此以外，他还给它们喂一些长在墙上的小蕨类植物的叶子，他知道它们很爱吃这东西。在梦里他还知道这植物的名字是 Asplenium ruta muralis。然后梦继续进行，在一段插曲后，他又重新梦到蜥蜴，并且很惊奇地发现，又有两只蜥蜴在吃剩下的蕨叶。然后他看向别的地方，发现第五只、第六只蜥蜴正往墙上的洞爬去。最后整堵墙都布满了蜥蜴，它们都正朝着那一个方向前进。

在清醒时，德尔贝夫只知道几种植物的拉丁语名字，而 Asplenium 不在其中。当他证实了叫这个名字的蕨类植物确实存在时，他大吃一惊。Asplenium ruta muraria 是正确的名字，与梦中出现的仅有丁点差别。这肯定不是巧合，但是对德尔贝夫来说，他在梦里是如何获得关于 Asplenium 的知识的，成为一个谜。

这个梦出现在 1862 年。16 年后，这位哲学家在拜访他的一位朋友时，翻看了一本花的标本集，这是瑞士一些地方作为纪念品向游客兜售的。然后一段记忆就被重新唤醒了，他打开植物标本集，找到了 Asplenium 所在那页，马上就发现他自己标注的拉丁文名字赫

Asplenium（铁角蕨属）

然在目。这样一切就合情理了。这位朋友的妹妹曾在蜜月期间拜访了德尔贝夫，那是 1860 年，也就是梦见蜥蜴的前两年，她当时带了这本标本集，准备送给她哥哥。这位植物学家口授了这些干枯植物的拉丁语名字，德尔贝夫花了一些功夫把它们一一标注在上面。

这样的巧合使德尔贝夫又回忆起梦中另一部分内容的来源，这使这个例子更有价值了。1877 年的某天，他拾起一本有插图的旧杂志，里面那组蜥蜴图跟他 1862 年梦到的一模一样。这杂志是 1861 年出版的，而自创刊之日起，他就订阅了这份杂志。

　　很明显，很多清醒状态下不能被回忆起的事情，都能在梦里重现。这是值得关注的、在理论研究意义上很有价值的事实。下面我要列举更多的"超记忆梦"，来使这一事实获得更多关注。莫里说，Mussidan（注：法国地名，米西当）这个词总是出现在他脑子里已经有一段时间了。他除了知道这是一个法国城市的名字，其余一无所知。一天晚上，他梦见跟一个自称来自 Mussidan 的人聊天，当被问起这个城市在哪里时，这个人回答说"它是多尔多涅行政区的一个外围小镇"。当莫里醒来后，他不能相信梦中获得的这个信息，但是地理词典表明，这个信息是百分之百正确的。在这个例子中，梦中出现的额外知识获得了证实，但是这一知识的来源却被忘记，无迹可寻。

　　叶森也讲述了发生在更早时期的相似的梦："这是老斯卡利格尔做的梦，他为维罗纳的著名人士写了一首诗歌。一个自称布鲁诺鲁思（Brugnolus）的人出现了，并且抱怨说，他把他给忽视了。虽然斯卡利格尔不记得听说过他，但他还是为他写了一些诗。斯卡利格尔的儿子后来在维罗纳了解到，当时那里确实有一个著名批评家叫布鲁诺鲁思。"

　　瓦世德援引了赫维·德·圣丹尼斯（Hervey de St. Denis）讲的一个"超记忆梦"："我曾梦见一位年轻的金发女人，她正与我妹妹交谈，并且向她展示了一个刺绣作品。在梦里，我觉得跟她很熟的样子，我甚至觉得我肯定见过她很多次。在醒来后，我还能清晰记得她的模样，但是却认不出来她是谁。然后我又重新入睡了，同样的梦又重复了一遍。在这个新梦里，我问这个金发女子，我是否之前已经有幸见过她。'当然了，'她回答说，'您回想一下伯尼克的海水浴场吧。'然后我立刻醒了，并且马上回忆起所有关于我是在哪里遇见这位美人的细节。"

　　瓦世德还谈到他熟悉的一位音乐家，这位音乐家在梦中听到一段旋律，他觉得对此完全陌生。直到许多年后他才在一本旧的音乐集中发现了这支曲子，显然他以前就听过，但是完全不记得了。

　　迈尔斯（Myers）应该在《心理研究的社会进程》中发表过一系列的"超记忆梦"，但可惜我现在没法找到这份材料。我认为，所有跟梦打交道的人，都必须承认这样一种普遍现象，那就是梦能为清醒时不具备的知识和记忆提供证据。在我对神经质病人进行精神分析时，一周中有好几次我都要向病人们证明，他们对于梦中所用的一些引用语或者猥亵语，其实早已熟知，只不过在清醒状态时，他们忘记了它们。在这里我还要讲述一个单纯的"超记忆梦"，从中我们可以看出，如果要获知梦中知识的来源，最简单的方法是到梦中去寻找。

在一个相对复杂的梦里，我的一个病人梦到在餐馆里点了一道叫作Kontuszówka的菜。然后他在向我讲述后，询问这大概是什么菜，因为他从来没听过这个名字。我回答说，这是一种波兰烈酒，这个名字不可能是他在梦里编造出来的，因为我早已从街边的广告牌上知道了这种酒。开始时这个男人并不愿相信我。几天后，他让自己的梦在一个餐馆里变成现实，并且发现这个酒名就在一个街道拐弯处的广告牌上，而他从几个月前就必须起码每天两次经过这个广告牌。

根据我自己的梦我了解到，找到梦里具体元素的来源在很大程度上依赖于偶然。比如，在我完成本书的前几年，我脑海中总是萦绕着一幅朴素的教堂尖塔的景象，我不记得曾经看见过它。但是我后来突然想起来并且很确定，它位于萨尔茨堡与赖兴哈尔之间的一个小站。时间是 90 年代后半期，1886 年我第一次走这个路线。又过了几年，在我已经完全潜心于梦的研究时，这时常出现的关于这一奇怪地方的梦中景象让我感到厌烦：我看向我的左侧，一片黑暗，隐约有一些奇怪砂石的轮廓。一个我不愿意相信的记忆在隐约闪光，它告诉我，这是酒窖入口。但是我既不能解释这梦意味着什么，也不知道这梦的内容从何而来。1907 年我偶然在帕多亚。自从 1895 年后我就再也没来过这，因此我感到很遗憾。而且我对这座美丽的大学城的首次拜访没能让我满意，因为我没能看到乔托在麦当娜·德尔·阿伦那教堂的壁画。当我得知，那个小教堂在那一天关闭时，我就中途返回了。在 12 年后的第二次到访中，我试图弥补这一遗憾，于是首先做的就是找去阿伦那教堂的路。在路上我的左手边，大概也就是在我 1895 年往后折返的地方，我发现了一再在梦里出现的那个有奇怪石头的地方。这确实是通往一座餐厅花园的入口。

儿时经历是梦中材料的来源之一，而且人在清醒时往往既不能回忆起这些经历，也没有利用这些经历。我将列举几位作者，他们意识到了这点并且对此进行了强调。

希尔德布兰特说："已经明确说过的是，梦有时通过一种十分神奇的重现能力，忠诚地将遥远的，甚至我们自己已经忘记的事情带回脑海中。"

斯特姆佩尔说："我们发现，更夸张的是，虽然儿时的经历被后来的记忆层层掩埋，梦依然能把它从最深最重的堆叠中找出来，那些地点、事物和人物景象都被还原为栩栩如生的新鲜画面。这种情况并不只限制在那些曾经有意识去记住的经历或者对当事人来说有重要精神价值的经历（如果这种经历出现在梦里，那么这也是清醒的意识乐于见到的）。其实梦的深层记忆更多地是重现了那些没那么重要的人、物、地点和经历，在当时人们可能压根没有想把这些经历记住，也不觉得它们对自己有什么重要意义，或者在后来已经完全忘记了它们，因此不管是在梦里还是在清醒状态下，这些重现的画面都显得那么陌生，直到人们发现它们的源头。"

福尔科特（Volkelt）说："特别值得注意的是童年和青少年时期的记忆是多么容易进入梦中。我们已经不再思考或者对我们来说早已丧失价值的事情，都在梦里被不知疲倦地提起。"

梦对儿时记忆的控制，弥补了我们有意识记忆的能力，并且给有趣的"超记忆梦"提供了产生的契机。关于这方面我还要通过几个例子来进行说明。

莫里讲述了这样一个例子：当他还是个小孩时，他经常从他的出生地米尔克斯到邻村特里波特去，当时他父亲正在那指挥建造一座桥梁。一天晚上梦让他重新回到特里波特，并且在那个城里的街道上玩，一个穿某种制服的人向他走来。莫里问他的名字，他说他叫C，是大桥的看守。醒来后对梦的真实性满腹狐疑的莫里问一个老佣人（这个老佣人从他童年起就一直陪伴他身边），她是否记得一个叫这个名字的男人。"当然了，"佣人回答说，"他是你父亲造桥时的看桥人。"

莫里又讲述了另一个梦，在这个梦里出现的童年回忆的正确性也被很好地证明了。F先生小时候住在蒙特布理森，在他离开那里25年后，他决定重回故乡并且拜访一些再也没见过的家庭旧友。在出发的前一夜，他梦到他已经回到了蒙特布理森。在那附近他遇到一位不认识的先生，这位先生自我介绍说他是T先生，是他父亲的朋友。F先生知道，他小时候记得那个名字，但在清醒时就是不记得这个人的长相了。几天后，他真的到了蒙特布理森，并且发现了梦中出现的那个地方，在那里遇到了一位先生，长得跟梦里的T先生一个样子，只不过比梦里的样子老得多。

在这儿我要讲述一个我自己的梦，在这个梦里被追忆的不是一种印象而是一种联系。我梦见过一个人，在梦里我知道他是我家乡的一位医生。他的脸比较模糊，看起来跟我中学的一名教员很像，我现在还偶尔能碰到那位教员。在清醒时我不明白为什么两个人被联系起来。在问了我母亲之后，我了解到我童年的这位医生只有一只眼睛。那位在梦中替代了医生形象的男教员，他也是只有一只眼睛。我已经有38年没见到那位医生了，而且我在平时的生活中从来也没有想起过他。

很多作者断言，梦中出现的元素很多都是来自做梦的前几天。如果是这样，好像就不能过于强调儿时经历在梦中起到的重要作用。罗伯特（Robert）甚至说："一般情况下，梦只涉及最近几天的印象。"在罗伯特梦的理论中，强调的是最近的印象的重要性，而久远的印象被压倒性地忽略了。通过我自己的研究，我能肯定罗伯特所说的是正确的。一位美国作家纳尔逊（Nelson）认为，梦中出现的最频繁的印象来自做梦的前两三天，就好像做梦当天的印象还不够模糊和久远似的。

很多作家都毫不怀疑梦中内容和现实生活的紧密联系，并且都注意到这样一个事实，那就是有意识地思考过的东西，常常只有在人不再去思考它们时，才出现在梦里。因此人们一般不会梦见刚去世的亲人，因为那时候人们内心还处于极度悲伤中，只有当悲伤不再充斥内心，亲人的形象才会出现于梦中。一位哈姆勒女士却通过观察，提供了与此相反的例子，她认为在这一点上，必须具体情况具体分析。

梦中记忆的第三个特点最为引人注目，也最难以理解，那就是在梦里不是那些清醒状态下认为重要的东西，而是最无关紧要、最没有意义的记忆被挑选出来得以重现。在这里，几位作者措辞强烈地表达了他们对此的惊奇。

希尔德布兰特："非常奇特，梦中的元素通常不是来源于重大的和激动人心的事件，也不是做梦当天的强烈而迫切的兴趣，而是一些无关紧要的附加物，这些无价值的断片来自很早以前的经历。我们家庭中亲人的逝去，让我们无法入睡，但是它时常从记忆中被删除。直到醒来的那一刹那，我们才又重新感到悲痛。与此相反的，擦肩而过的陌生人额头上长了一个瘊子，当时也没有特别注意，竟然能出现在我们的梦里。"

斯特姆佩尔说："分析梦时能发现，梦中的元素来自前几天的经历，但是这些经历确实是一些对清醒的意识来说毫不重要、毫无价值，以至于马上就被忘记了的事情，比如偶然听到的话、随意看到的别人的行为、瞬间看到的事物或人、读物中的一个小片段等。"

哈弗洛克·埃利斯（Havelock Ellis）说："我们清醒时的深沉情感和花费我们大量脑力的问题通常并不会马上出现在梦里。就刚刚过去的事情而言，在梦中再次出现的主要是白天生活中的琐碎事情、偶发事件和已经遗忘的印象。那被唤起的最活跃的心理活动就是那些一直沉睡的活动。"

正是考虑到梦中记忆的这一独特性，宾兹（Binz）表示了他对自己曾经支持过的梦的解释方法的不满："正常的梦向我们提出了同样的问题。为什么我们不总是梦到前一天的印象，而那些久远得几乎忘却的过去却毫无缘由地出现在梦里？为什么梦中意识经常能收到无关紧要的记忆影像，而那些存储着最具刺激性的记忆的脑细胞，却在大部分时候都处于沉寂和静止状态，除非清醒时有一个突然的刺激激活了这些记忆？"

显而易见，梦中记忆明显偏爱清醒时经历的那些无关紧要的和从不为人所注意的元素，这必然会让人们以为，梦根本不依赖于现实生活，或者至少具体来看，这种依赖性缺乏足够的证据。因此，惠盾·卡尔金斯小姐（Whiton Calkins）通过分析她和她同事的梦发现，看不出梦中内容与现实生活有什么联系的梦占总体的11%。希尔德布兰特的观点无疑是正确的，他认为如果我们花足够的时间去追寻梦的来源，就能从遗传学角度解释梦中景象。他当然表示这是一件"又复杂又不讨好的工作，因为大多数时候，我们只是从某人记忆库最遥远的角落中搜寻出一些毫无价值的东西，或者把一些从一发生就被埋藏于忘却的记忆中的、早已过去的、无关紧要的瞬间挖掘了出来。"我很遗憾，这位头脑敏锐的作者没有沿着这条看似前途无望的道路走下去，如果他这么做了，大概早已到达了梦的解析的关键位置。

对于任何记忆理论而言，梦中记忆的活动方式都是十分重要的。它告诉我们："只要在我们头脑中出现过的，就再也不会完全消失了。"或者，如德尔贝夫所言："即使最不重要的印象也会留下不可磨灭的印记，并且随时可能复活。"许多精神生活方面的别的病理现象也会促使我们得出这个结论。很多梦的理论试图将梦的荒谬性和不连贯性用我们白天的遗忘去解释（后面我将列举这些理论），但是考虑到梦中记忆的超寻常功能，我们就能看出这些理论是多么矛盾了。

人们可能会把梦的现象完全简化为记忆现象，也就是说在夜里那种重现能力也没有休止，而且以它自身为目的。这一观点与皮尔慈的说法相一致，根据他的观点，梦出现的时间和梦的内容存在一个确定关系，也就是在熟睡时，梦中内容来自久远的过去，在接近早上时，出现的是最近的印象。但是如果考虑到梦处理记忆材料的方式，这种观点是自始至终都站不稳脚的。斯特姆佩尔很有道理地明确指出，梦并不重现经历。也许在梦开头的第一步是以前有过的经历，但是接下来就完全不同了，要么完全改变，要么就是在某个地方被陌生的东西替代。梦只重现残片，这是目前为止理论研究出的一般规律。当然也有例外，那就是梦完全重复了曾经的经历，就好像我们醒时对其的回忆一样。德尔贝夫谈到他的一个大学同学的梦，梦中重现了他在一次死里逃生的车祸中所经历的所有细节。卡尔金斯小姐也提到两个梦，梦中完全重现了前一天的经历。我在后面也将讲述一个完全重现儿时经历的梦。

第三节　梦的刺激和来源

通过一句谚语——"梦来自于胃"——我们可以试图理解梦的刺激和梦的来源是什么。在这一概念背后隐藏着这样一个理论，那就是认为梦是睡眠受到干扰的结果，如果睡眠中没有任何干扰，那么人就不会做梦。梦就是对干扰的反应。

在已有的研究中，对引发梦的刺激因素的探讨是最多的。但直到梦成为生物学研究的对象之后，对这个问题的探讨才有希望得出结论。古人相信梦是神灵的启示，因此不需要去寻找刺激其产生的原因。梦来源于神的意图或者恶魔的力量，梦的内容就是这些真知和意图的表现。在科学领域首先出现的问题是：产生梦的刺激是单一的还是多种多样的；对梦的成因的解释是属于心理学还是属于生理学的范畴。大多数作者似乎一致认为，干扰睡眠的原因就是做梦的原因，它们是多种多样的，既可以来自躯体，也可以来自心理。然而，关于这些原因谁先谁后、谁更重要的问题，研究者们莫衷一是。

任何关于梦的来源的详细列举，都可以被归为四类，它们也可以作为梦本身的分类：

1. 外部的（客观的）感觉刺激；2. 内部的（主观的）感觉刺激；3. 内部的（生理上的）躯体刺激；4. 纯粹心理刺激。

（一）外部的（客观的）感觉刺激

哲学家斯特姆佩尔有关梦的著作已经在这个问题上给了我们很多启发。他的儿子发表了一份病人观察记录，这位病人患有皮肤感觉缺失症，几个高级感官也患有麻痹症。如果将这个病人剩下的能够感受外界刺激的感官与刺激隔绝开来，他就会昏睡过去。当我们想要睡觉时，我们也总是试图让自己置身于类似这个病人的情境中。我们关闭自己最重要的感觉通道和眼睛，并且试图把所有能作用于其他感官的刺激和变化隔离开来。当然即使我们的计划从来不可能完全实现（我们既不可能把所有刺激与感觉器官隔绝开来，也不可能让我们的感觉器官无感），我们还是能够睡着。一个强烈的刺激能把我们随时叫醒，这说明"即使在睡眠中，心灵也与体外的世界保持着持续的联系"。我们在睡眠过程中接受的感官刺激很可能成为梦的来源。

这样的刺激有很多，从那些睡眠过程中不可避免的，或者时常发生的，到那些偶然因素，这些偶然因素足以唤醒沉睡者，它们可以是一道射向眼睛的较强的光，一个可以听见的噪音，一种有气味的、能刺激鼻黏膜的物质……通过睡眠中无意识的躯体位置改变，我们可能会让某些部位暴露在外，因此感到寒冷，或者感到受压迫，或者产生触觉。在夜间，一只苍蝇也能让我们产生被叮咬的感觉，或者一些小小的事件也能同时扰动几个感官。观察者认真收集了一些梦例，在里面梦的内容和醒来时发现的刺激彼此吻合，因此那刺激被看作是梦的来源。

在这里我列举几个由叶森收集的梦例，或多或少地，它们的来源都可以回溯到一些感觉刺激上：

"每一种模糊听到的噪音都会引起对应的梦象。雷声使我们觉得置身战场；公鸡的鸣叫可以被转化成一个人惊恐的叫喊；吱嘎作响的门可能让人梦到入室抢劫。如果我们晚上蹬了被子，就可能会梦到我们赤裸着到处行走或者跌入水中。如果我们斜躺在床上，并且把脚悬空伸出床边，就可能梦到我们站在一个可怕悬崖的边上或者我们快要掉到一个陡直的洞中。如果我们的头碰巧滑到枕头下面，我们就会梦到头上有一块大岩石，正要把我们压在下面。精液的积聚会产生春梦。局部疼痛会让人以为自己在被虐待、被攻击或者正在受到伤害。"

"迈耶曾经梦到他被几个人攻击，他们将他打翻在地，从他大脚趾和二脚趾之间把一根桩子钉到地里。然后他惊醒过来，并且感到他脚趾中间夹了一根稻草。相似的一个例子由亨宁斯提供，他因为把衬衣扣得太往上，脖子受到了压迫，于是就梦到他被绞死了。霍夫鲍尔在年轻时梦到他从一个高墙上掉下来，然后醒来时发现，床板断了，他真的跌在地板上了。格雷戈里记录说，有一次他睡觉时把一个盛满热水的瓶子放在脚边，然后就梦到他爬上了埃特纳火山，那里的地面热不可耐；还有一个人睡觉时把膏药敷在了头上，然后就梦到他被一群印第安人剥去头皮；另外一个人穿着湿睡衣睡着了，梦见被拖着穿过了一条小溪；梦中发作的痛风让病人相信，自己在宗教法庭的法官手中，并且受着酷刑的折磨。"

如果在睡眠过程中人为地给出感觉刺激，就能使睡眠中的人产生相对应的梦，那就可以让那些旨在证明刺激和梦的内容是相似的论证更为有力。根据麦克尼西（Macnish）的报告，吉龙·德布泽戈恩（Giron de Buzareingues）已经做了这样的实验。"他故意让自己的膝盖裸露在外，然后就梦见夜间坐在邮车内旅行。他评论道，旅行者应该知道夜间邮车里膝盖会非常冷。又有一次，他让自己的后脑勺裸露着，然后就梦见他站在室外参加一个宗教典礼。他所在的国家有把头部一直遮盖住的习俗，只有在举行宗教仪式时才可以让头部裸露。"

莫里讲述了他对有意制造出来的梦的观察（其他的一些实验没有成功）：

1. 用羽毛刺痒他的口唇和鼻尖。——梦到的是一种可怕的折磨：在脸上贴上一层沥青面具，然后撕下来，最终把皮肤也一起撕下来了。

2. 把剪刀在镊子上摩擦。——他听见钟声，然后是警报声，它们让他觉得回到了 1848 年革命的日子。

3. 让他闻一些科隆香水。——他梦见他在开罗约翰·玛利亚·法琳娜的店内。接着就是一些记不清的奇妙历险。

4. 有人轻轻捏他的脖子。——他梦到有人正在给他贴水泡膏，然后梦到儿时给他看病的医生。

5. 有人把一块热烙铁靠近他的脸。——他梦到"司炉①"溜进屋里，通过把住户们的脚放在火盆上，强迫他们交出钱财。然后阿布兰特公爵夫人出现了，在梦里他是她的秘书。

6. 有人把一滴水滴到他额头上。——他梦到自己在意大利，大汗淋漓，正在喝奥维托白葡萄酒。

7. 有人让烛光透过一张红纸照他，且不断重复。——他梦见阴雨天和炎热的天气，然后又梦到自己置身于一场他曾经在英吉利海峡遇到的海上风暴中。

——————————

① 忘代省的匪帮。

赫维、魏甘德还有其他一些作者也曾经进行过类似的实验——人为制造梦。

"梦能将感官世界的突然感受编织进梦的构图中，因此它们的出现就好像是一种预先安排好的、在引导中逐渐到来的结果"，这句话已经在各个方面都被注意到了。希尔德布兰特说："我在青年时代，为了能准点起，总是定好闹钟。闹钟的声音总是被融入一个我以为的很长很有逻辑的梦中，就好像整个梦都只是为了它而做，梦中不能缺少的逻辑所通向的最终目标就是铃声的出现。这样的情况在我这里发生了上百次。"

在这里，我要列举有着其他意图的三个关于闹钟的梦。

福尔克特写道："一位作曲家有次梦到，他正在给学生上课，并且想把问题讲清楚。在讲完后，他问一个男孩子：'你懂了吗?'这个男生发疯似的喊道：'哦，是的!'他气愤地责备男生不该高声叫喊。接着整个教室的同学都喊道'Orja!'然后是'Eurjo!'最后是'Feuerjo!'此时他真的被街上'Feuerjo'的叫喊惊醒了。"②

加尼尔（Garnier）向拉德斯道科（Radestock）报告说，拿破仑一世梦到他乘坐马车经过塔格里蒙托河，再次受到奥地利人的炮击，他被梦中的炸弹爆炸声惊醒了，最后惊起大喊："我们遭到埋伏了!"

莫里做的梦很有名：他身体有病痛，在自己房间的床上躺着，他母亲坐在他旁边。然后他梦见此时正是大革命时期的恐怖统治时期，很多栩栩如生的杀戮景象出现，然后他自己被带上了法庭。在那他看到了罗伯斯皮尔、马拉、富基埃－坦维尔和所有那些恐怖时期的悲剧英雄，他为自己辩护，在所有记不太清的事件之后，他被判了刑，然后被好多人簇拥着带向刑场。他走上断头台，被刽子手绑在木板上，木板翻起，铡刀落下，他感到自己身首异处，然后在极度害怕中醒来——发现，床的顶板落下来了，正好砸到

拿破仑一世

---

② 三个尖叫声中，前两个无意义，最后一个是火灾时的叫喊声。

他的颈椎，就像梦中铡刀砍他脖子那样。

　　关于这个梦，洛兰（Le Lorrain）和艾格（Egger）在《哲学评论》上进行过有趣的讨论，讨论的主要是做梦者是否能够在如此短的做梦时间内塞进如此丰富的内容，因为从感受到外界刺激开始做梦，到被外界刺激惊醒，这段时间实在太短了。如果这是可能的，那么做梦者又是怎么做到的呢？

　　从这类梦中可以明显看出，梦最确定的来源是睡眠过程中接受的客观感觉刺激，在外行人眼中它甚至是梦的唯一来源。一个受过教育但没有专门看过梦的文献的人如果被问到梦是如何产生的，他会毫不犹豫地举例解释，梦的来源是他醒后发现的客观感觉刺激。但是科学研究不应该止步于此。通过观察到的事实，可以发现有些地方值得进一步提出问题，在睡眠中作用于感官的刺激并不是以它本来的形式出现，而是被另一种与之相关的想象取代。但是，刺激和刺激引发的梦之间的关系，用莫里的话来说是"具有某种密切关系，但这种关系并不是独一无二的"。比如希尔德布兰特的三个梦，人们要想，为什么同一刺激会引起三个如此不同的梦，梦的内容和促进梦产生的刺激间的关系到底是怎样的？

　　"我梦见我在一个春天的早晨散步，走过了一片绿色的田野，走到了邻村，在那儿我看到村民们穿着节日盛装，腋下夹着赞美诗，都在向教堂走去。当然了，这是周日，早礼拜即将开始。我决定加入他们，但因为之前走得太热，于是就到教堂边上的墓地去凉快一下。当我阅读墓碑上的各种碑文时，我听到敲钟人爬上了钟楼，我看见楼顶上有一只小钟，它即将发出晨祷开始的信号。钟挂在那儿有好一会儿都没动，然后开始摇摆——突然发出清脆而有穿透力的钟声——这声音是那么清脆响亮，因此使我从睡眠中醒来。当然，钟声其实就是闹钟的声音。"

　　"另一个梦境。明朗的冬日，街上堆着厚厚的雪。我同意去乘雪橇，但在被告知雪橇到了门口之前，我等了很久。接着，我准备上雪橇——皮毛坐垫铺上，暖脚笼摆上——终于我坐到了座位上。出发还是被各种事情耽搁，直到拉紧了马缰绳，给了它们出发的信号。雪橇挂铃发出熟悉的铃铛声，铃声响亮，以至于梦的织网一下子就被打破了。事实上除了闹钟的尖叫声没别的。"

　　"还有第三个例子！我看到一个厨房女佣，捧着几打摞起来的盘子，沿着过道向餐厅走去。她手中那摞得高高的瓷盘看起来很危险，好像要失去平衡。'小心啊，'我提醒道，'你的盘子要掉到地上了。'她当然迅速做了回应说，她已经习惯了这类工作之类的。但我仍忧虑重重地看着她向前走的身影。不出所料，她在门槛那里绊了一下，那些易碎的盘子掉了下来，满地都是盘子的碎片。但是，那声音好像不会停止，而且不久我就意识到，它不是盘子碎掉的声音，还是一种铃声。我醒来后发现，这只是闹钟的铃声。"

对为什么梦中大脑会把接收到的客观感觉刺激弄错这一问题，斯特姆佩尔和冯特（Wundt）二人几乎给出了相同的答案：这跟幻想产生的条件有关。如果感觉被置于我们的记忆群中，属于曾经有过的经验，并且这个感觉足够强、足够清晰、时间也足够久，可供我们思考的时间也充裕，那我们就能正确认识和解释这个感觉。但是如果这些条件没有被达到，那我们就会对这个客体产生错觉，在其基础上产生幻想。"如果有人在旷野里漫步，然后远远地看到一个模糊的物体，他很可能会首

心理学之父威廉·冯特

先认为那是一匹马。"再走近一些，他认为那是一头休息中的牛，最后能肯定地认出那是一群坐在地上的人。大脑在睡眠中通过感受到的刺激而产生的印象，也具有这样的不确定性。在这个印象的基础上，它产生了幻想，那些记忆中的影像或多或少地被唤醒，这个印象就具有了心理价值。记忆群中的哪些影像被唤醒，哪些能够被联想起来，斯特姆佩尔在这里没有给出确定答案，其随意性源自心灵世界本身。

我们面临着一种选择，我们可以承认，梦的形成真的没有什么确定的规则，因此也不必问，是否还有其他条件能对感官刺激引发的幻想进行解释；或者我们可以假设，作用于梦者的客观感觉刺激在梦的产生中只起到有限的作用，还有其他一些因素决定着，哪种记忆影像会将做梦者从睡梦中唤醒。事实上，如果人们详细分析一下莫里通过实验所创造的梦（出于这个意图，我已经详细叙述了这个梦），就会发现，实验中的有意刺激是梦的来源，但这只是梦的元素中的一个，梦的其余内容更多的是自发的，其细节十分肯定，以至于根本没必要单纯从外界引入的实验元素去解释。确实，如果人们了解到，那些客观刺激往往在梦中被转变为最特殊、最牵强附会的意象，他们就会开始怀疑幻想理论，以及是否真的能

够用客观刺激来制造相对应的梦。比如说，西蒙就告诉我们这样一个梦，在梦中他看到一些巨人坐在桌子旁边，并能清楚听到他们咀嚼食物时发出的可怕的咔咔声。当他醒来时，听到的是从窗外奔驰过去的马蹄声。如果没有做梦者本人的帮助，我可能会解读为，马蹄声使做梦者产生了跟《格列佛游记》中巨人国的巨人和有理性的马相关的联想。对那样的刺激来说，这样的联想显然是很不寻常的。选择别的联想难道不是更简单一些吗？

《格列佛游记》摘选

（二）内部的（主观的）感觉刺激

尽管有很多反对意见，但必须承认，睡眠中客观的感觉刺激作为梦的促进者确实有毋庸置疑的作用。如果这些刺激的性质和频率不能解释所有的梦，那我们就必须寻找产生类似作用的梦的其他来源。我不知道从何时起，人们开始把感觉器官产生的内部主观刺激与外部感官刺激放在一起谈论，最近关于梦的起源的讨论或多或少都强调了这一点。冯特写道："我认为，在梦的幻想中，那些主观的听觉、视觉感受起了最为重要的作用。我们在清醒时会发现，睡梦中会产生错觉，比如在一片昏暗中会看到一些混乱的光，耳朵中会有铃响声或者嗡嗡声，在其中要着重提到的是视网膜的主观兴奋性。这就解释了为什么我们在梦中会倾向于看到，相似或者相协调的物体以群体的形式出现在眼前，比如无数的飞鸟、蝴蝶、游鱼、彩色的珍珠、鲜花等。昏暗视野内的光尘会以幻想中的形式出现，和无数的光斑一起，它们在梦中表现为许多具体的影像，因为光的变动性，它们通常都是活动着的物体。为什么梦中总是出现各种动物的形象，其原因可能就在于此，这种繁多的形式变化其实是为了配合主观光影像的特殊形式。"

作为梦中影像的来源，主观感觉刺激有其明显优势，那就是它不像客观感觉刺激那样，依赖于外部而来的偶然因素。可以说，如果解梦需要它们，它们总是随时投入工作。但是与客观感觉刺激相比，它们的缺点在于，不能或者很难通过观察或者实验的方法来确定它们就是引发梦的因素。对于"主观感觉刺激所具有的促发梦的能力"（所谓的睡前幻视，米勒称其为**"幻视现象"**）的证明，主要由约翰内斯·米勒来提供。在入睡前，很多人经常会看到变化迅速的生动画面，在睁开眼睛后，它们还能持续片刻。莫里非常容易感受到这种情况，他对其进行了详细分析，并且就其内在联系提出了自己的观点，当然他更多地还是研究了那些影像与梦中影像的一致性（米勒也这样做过）。莫里认为，这些睡前幻觉的产生来自于某种程度上的精神运动，也就是注意力没有那么集中时。而且，人只要进入这种昏睡状态片刻，便能产生睡前幻觉，然后人们可能又会醒来，这样重复几次之后，人会最终进入睡眠状态。如果人们在不久的时间内醒来，就像莫里通常的情况那样，人们就会发现梦中出现的影像跟睡前飘浮眼前的幻觉是一样的。有一次，莫里在睡前一直看到一些表情扭曲、发型奇怪的古怪人物形象，他对它们的纠缠感到十分厌烦。他在醒后回忆时，发现那些人物形象也出现在了他的梦里。又有一次，他因为控制饮食而非常饥饿，在睡前幻觉中，他看见一个碗和一只拿着叉子的手，那只手正在把食物从碗中叉取出来。在接下来的梦里，他梦到自己坐在有丰盛饭菜的餐桌旁，听到进餐者用餐时的叉子声响。又有一次，在睡前他的眼睛又痒又痛，在睡前幻觉中他必须特别吃力地去辨认一些小字，随后他睡了一小时，醒来时，他记得自己的梦里出现了一本打开的书，字体特别小，而他必须特别费力地去读它。

跟影像类似，对词语、名字等的**幻听**也一样会出现在睡前幻觉中，然后在梦中重复，睡前幻觉就像歌剧中开头的序曲一样，它预示着主题曲的到来。

与米勒和莫里一样，一位后起的对睡前幻觉的观察者 G. 特朗布尔·拉德通过练习，能够使自己在逐渐入睡 2~5 分钟之后醒来，但不睁开眼睛，这样他就有机会把刚刚消失的视网膜印象与保留在记忆中的梦中影像进行对比。他很确定地认为，这两者每次都存在一种内在关系，视网膜上的光斑和光线的轮廓，就是梦中出现的结构的原型。例如，梦到自己正在研读一行行印刷清晰的文字，这与睡前幻觉中视网膜上平行排列的光点是相对应的。或者用他的话说："我梦中阅读的那页清晰文字逐渐变成另一种样子，对清醒的意识来说，那是真实印刷的一面纸，但是离得太远了，如果要看清它，人们就必须通过一页纸上的小孔来看。"拉德（Ladd）认为，没有任何一个有视觉影像的梦不依赖于视网膜内部感觉提供的材料。当然，他没有低估这种现象的关键作用。那种梦最常发生于在昏暗房间内入睡后不久时，而在早上即将醒来时，室内逐渐变亮、透过眼皮的客观光线是刺激的来源。视网膜上自身的光线刺激具有不断变化的特点，刚好与我们梦中不断出现的不断变化的影像流相吻合。如果人们认为拉德的观察很有价值，那就不应该低估梦的主观刺激来源的丰富性，因为众所周知，我们的梦主要是由视觉影像组成的。其他感觉领域所做贡献，甚至包括听觉，是很少的或者说是不稳定的。

（三）内部的（生理上的）躯体刺激

如果我们试图从有机体内而不是体外寻找梦的来源，那就必须想到，我们几乎所有的内部器官在健康状态时，都很少会给我们任何有关它们存在的信息；而在被我们称之为受刺激的状态，或者说疾病中时，那信号同时也成为我们痛苦感觉的来源，人们就必然会将刺激源与外部而来的感觉或痛苦刺激同等看待。斯特姆佩尔叙述了一个陈旧的经验："与清醒状态相比，在睡眠时心灵更能深刻而广泛地意识到躯体发生的变化。它只需去接收某种来自身体各部位和身体变化的刺激感受，就足以发现清醒时感受不到的状况。"亚里士多德早就声明，梦中完全有可能感受到疾病的开始，即使人们在清醒状态下还完全感受不到。一些医学工作者虽然不相信梦的**预言功能**，但是他们却至少会承认梦具有预知疾病的意义。

梦具有诊断功能的可信的例子在近代也不缺乏。缇西（Tissié）根据阿迪古（Artigues）的记录讲述了一位43岁妇女的例子。在看上去还健康的那些年，她就被焦虑梦所纠缠，然后医生在检查时就发现了她患有早期心脏病，不久她就死于这种病。

在很多梦例中，内部器官的功能失调显然是梦的刺激源。心脏病和肺病会使人做焦虑梦，这早已为人所认同。梦生活的这一方面已经被很多作者强调过，因此我只需列举一些参考文献：拉德斯托克（Radestock），斯皮塔（Spitta），莫里（Maury），缇西（M. Simon），西蒙（Tissié）。缇西甚至认为，患病的器官决定了梦中内容的特点。有心脏病的人梦一般都很短，并且以被吓醒作为结束，而且几乎总是会出现恐怖的死亡。患肺病的人会梦到窒息、拥挤和逃窜，并且常会一直梦到相同的噩梦。伯尔纳在实验中把脸朝下或者捂住呼吸器官，这些都成功地诱发了噩梦。消化功能紊乱的患者常会梦到享受食物或者感到恶心。每个人都能从自己的体验中理解性兴奋最终能对梦的内容产生什么样的影响，这是对"梦的来源之一是器官刺激"这一理论最有力的证明。

如果人们通读有关梦的文献就会发现，一些作者（比如莫里，魏甘德）研究梦这一问题的最初原因是，他们因为自身疾病而做梦。

不过从这种无可置疑的事实中找出的更多的梦的来源，其实并不像人们认为的那样重要。梦是一种现象，它发生在健康人身上，也可能适用于所有人、所有的夜晚，显然机体疾病根本不属于做梦的必备条件。我们关心的不是那些特殊的梦的来源，而是诱发正常人正常的梦的可能原因。

我们只需再前进一步，就能发现一个梦的来源，它比以前讨论的所有的都要丰富且不会枯竭。如果确定处于疾病状态的身体内部器官是梦的刺激来源，而且我们承认，心灵在熟睡时脱离了外部世界，却给身体内部更多的关注，那我们就可以推断，要使睡着的心灵接受刺激来产生梦的影像，并不要求器官一定处于疾病状态。我们清醒时感受到的模糊的总体感觉，按照医生的话来说，是所有器官的协同作用，但是到了夜间，这一总体感觉会产生有力影响，与它的部分一起发生作用，从而变成激发梦的景象的最为强烈，同时又最常见的来源。还需要研究的就是，器官刺激按照何种规则转化为梦中的想象。

这里涉及的有关梦的起源的理论，受到医生们的推崇。我们对自我核心的认识——缇西称其为"内脏自我"——与梦的起源一样，都处于未知的黑暗中，而且很难找到这两者间的联系。认为潜意识中的器官感受是梦中影像的来源，这种想法对医务工作者有特殊的吸引力，因为它能用一元论去解释梦和精神病的产生，这两者间有很多相似之处；因为内部器官感受到的一般感觉和刺激的改变，对精神病的产生有着重要作用。因此，有很多作者都独立地提出了躯体刺激理论，这也不足为奇。

1851年哲学家叔本华（Schopenhauer）的思想对一些作者产生了决定性的影响。按照他的观点，"我们看到这个世界"这一结果，其过程是，我们通过智力把遇到的外界的种种印象，置于时间、空间、因果关系中。来自器官内部和交感神经系统的刺激，在白天对我们的情绪最大程度上也只是施加一个没被意识到的影响，而在夜晚，当喧嚣的白天印象停歇了，那些来自内部的感受就能吸引我们的注意力了——就像我们在夜晚能听到那来源像小溪一样潺潺流淌，而在白天时它的声音被噪音所掩盖。但是除了对这些刺激施以自己的特殊影响外，理智还能对它们做出何种反应呢？理智把这些刺激置于时间和空间的模式中，并让它们按照因果关系发展，这样就产生了梦。施尔纳（Scherner）和随后的福尔科特试图进一步研究躯体刺激和梦中景象的关系，我将他们的贡献放在有关梦的不同理论这一节中讲。

精神病学家克劳斯（Krause）在一个特别有连贯性的研究中，把受机体决定的感觉看作是梦、胡话还有妄想的根源。有机体的任一部分都可以被当作梦或妄想的起点。机体决定的感觉可以被分为两类："1）在总的情绪中（一般感觉）产生的。2）在潜意识的有机体的主要系统内在的具体感觉中产生的，这里又分为五类：a. 肌肉的，b. 呼吸系统的，c. 胃的，d. 性的，e. 外围的。"克劳斯认为以躯体刺激为基础的做梦过程是这样的：被唤醒的感觉根据一些联想法则引发一个相近的想象，并且与它一起结合成为一个有生命力的构图。然而意识对这种构图的反应跟平常不一样。因为意识不会注意到感觉，而只注意到伴随而生的想象，这也是为什么真正的事实如此长时间内都没有被正确认识的原因。克劳斯用一个特殊术语"感觉具体化为梦中景象"来描述这一过程。

有机体的躯体刺激在梦的形成过程中的作用，如今已被广泛接受，但是关于这两者之间的关系原则则众说纷纭，而且往往含糊其辞。根据躯体刺激理论，梦的解析首先要解决这一任务，即把梦的内容回溯到引起梦的机体刺激上。如果不采纳施尔纳提出的梦的解析法则，人们就会面对这一棘手的事实，那就是寻找有机体的刺激来源除了靠分析梦的内容外，也别无他法。

但是对于所谓的"典型梦"的各种解释却有相当的一致性，因为这梦发生在很多人的身上，而且具有非常相似的内容，比如说这些为人们所熟知的梦：从高空坠落、牙齿脱落、飞翔，还有因为裸体或者穿得乱七八糟而感到尴尬的梦。最后一种梦可以直接解释为，人们在睡眠过程中蹬了被子，裸露在外，梦中的内容跟这种感觉是相吻合的。牙齿脱落的梦可以回溯到"牙齿感受到刺激"，尽管这种牙齿的兴奋状态不一定是某种病理性的。斯特姆佩尔这样解释飞翔的梦：因为在睡眠过程中，胸廓没什么感觉，这会让人以为自己在飘浮，而肺叶的起落产生的刺激，会让心灵产生合理的想象，以为自己在飞翔。从高处坠落的梦是由于当皮肤压力的感觉开始丧失时，胳膊突然落下或者腿突然蹬伸，这会让皮肤压力重新被意识到，这个从潜意识到意识的过程在心理上通过梦中的跌落感表现出来。这些看似很合理的解释的弱点显然在于缺乏依据，为了使梦得到合理解释，他们可以设定任何有利的情境，假设这组或那组机体感觉在心灵中出现、消失。我将在后面再次讨论这些"典型梦"及其来源的问题。

　　西蒙试图通过比较一系列类似的梦，推断出机体刺激影响梦的一些法则。他说："在正常情况下参与情绪表达的器官，在睡眠中，由于某些其他原因进入兴奋状态，每一种情绪都能引起这种状态，此时产生的梦就包含了与这种情绪相适应的想象。"

　　另一个法则是这样的："如果在睡眠中，一个器官处于工作、兴奋或者受干扰的状态，梦中的景象必定表现了涉及的器官的功能状况。"

　　穆里·沃尔德曾准备用实验证明，躯体刺激对梦的产生有重要作用这一理论适用于特定领域。他改变睡眠者的肢体位置，然后将产生的梦与其进行对比，他的实验结果为：

　　1）做梦梦到的肢体位置与现实中的大体吻合，就是说人们梦到与实际情况相符的肢体静止状态。

　　2）如果人们梦到移动的肢体，那么在完成这个动作的过程中，梦中出现的某个姿势肯定与该肢体实际姿势相符。

　　3）本来属于自己的姿势在梦中可能由他人做出。

　　4）梦中出现的动作可能会受到阻碍。

　　5）有着特殊姿势的肢体在梦中可能会表现为动物或者怪物，那两者之间有某种相似性。

　　6）肢体的姿势会让人产生联想，例如，如果涉及手指活动，人们会联想到数字。

　　通过上述结论，我认为，即使躯体刺激的理论也不能完全排除在鉴定梦中景象时它的随意性。

（四）纯粹心理刺激

　　在我们处理梦与清醒生活的关系和梦的材料来源时，我们发现，古往今来的梦的研究者都一直认为，人们梦到的东西是他白天所做的事或者他在清醒时感兴趣的东西。在睡眠中继续进行的来自清醒生活的兴趣，不光是把梦与生活连接起来的一种精神纽带，还给我们提供了一种不能低估的梦的来源。它与在睡眠时起作用的刺激一起，足可以解释所有梦的景象的来源了。我们也听到对上述说法的反对声音，因为人也会在梦中远离他白天所关心的事情，甚至大多数时候，只是当白天最让我们激动的事情失去了其当前的刺激性后，我们才会在梦里梦见它们。因此我们分析梦生活过程的每一步，都不得不加上"经常""一般来说""大多数"等限定词，并且时刻准备着接受例外情况的出现。

如果清醒时的兴趣和睡眠中出现的内部或者外部的刺激足以解释梦的成因，那我们就应该能够对梦的每一个元素来源做出满意的解释；梦的来源之谜将会被解开，我们剩下来要做的就只是把每一个梦中的心理刺激和躯体刺激分清了。而实际上，完全的解梦根本没有实现，每一个解梦者对很大一部分的梦中内容，都无法说出它们的来源。显然不像人们自信满满断言的那样——每一个人在梦中都在进行着他白天的工作，作为心理上的梦来源，白天的兴趣影响没有那么大。

其他精神来源还处于未知中。关于梦中景象是如何发展出的，它来自哪种最具有代表性的材料，这方面在所有释梦的文献中都是一个空缺——也许我们随后提到的施尔纳的作品除外。在这一尴尬情况下，也是由于人们很难找到参与梦的激发的精神因素，大部分作者都倾向于把它的作用尽量缩小。他们虽然把梦分为两大类，一类"源于神经的刺激作用"，一类"源于联想"，后者只能在重现中找到自己的来源。然而，"它们是否不需要躯体刺激就能产生"，对此的怀疑并没有因此消除。对*联想梦*的描述也是失败的："在联想梦中，根本不存在一个确定的内核。整个梦就是一个松散的连接。是不受理性和智力支配的想象过程，也不受躯体或心灵刺激控制，而是随心所欲地陷入自己多彩的变化和杂乱无章的混乱中。"冯特也试图减小精神因素在梦的产生中的作用，他认为"梦不是纯粹的幻觉。大部分的梦中想象实际上也许是错觉，它们来自虚弱的感官印象，这些印象就算是在睡眠中也没有完全消失"。魏甘德继承了这一思想，并且将其普遍化。他认为，所有的梦中想象，"其最初的诱因都是感觉刺激，然后产生了有重现能力的联想"。缇西进一步把精神因素排除在外："不存在什么纯粹精神来源"，"我们梦中的思想来源于外部世界"。

一些作者，像著名哲学家冯特一样，采取了一个折中的态度，他们表示，大多数的梦中躯体刺激和精神刺激（未知的或者已知的白天的兴趣）共同起作用，成为梦的来源。

在下文中，我们将了解到，通过研究意料之外的一个刺激来源，可以解开梦形成的谜团。非精神生活的那些刺激在梦的形成过程中起的作用被过高估计了，对此我们暂时也不必感到惊奇。这类刺激不仅易于发现、能够通过实验证实，而且对梦的躯体性来源的理解完全符合目前精神病学界的主流方向。大脑对有机体的支配虽然被特别强调了，但是任何能够证明精神生活不依赖于可证的躯体刺激，或者精神生活有其自主性的论断，都让现在的精神病学家害怕，就好像这样的认识必然会把人们带回到自然哲学的时代，或者回到纯形而上学的时代似的。精神病学家对心灵持怀疑态度，并且将其置于监管下，现在他们主张，任何心灵冲动都不能泄露出它们的能力。他们这种行为只能表明，对躯体和精神的因果联系的长存性，他们是多么不信任。即使研究表明，一个现象的主要刺激来源是精神的，沿着这条路继续研究下去的话，可能会最终发现这种精神来源的基础可能还是躯体生理的。我们目前的研究目标主要是**研究心理**，这也不需要否认。

第四节　为什么人醒来后就忘记做了什么梦

众所周知，梦在早上就化为乌有。当然梦可以被回忆起来。我们只能在醒来后通过回忆对其进行了解，但是我们时常相信，我们只能回忆梦的一部分，在夜间它们的实际内容要丰富得多。我们还能观察到，早上还栩栩如生的对梦的回忆会在白天逐渐消退，最后只留下一些零星片段。我们时常知道，我们做梦了，但不知道梦见了什么。对梦容易被遗忘这一事实，我们已经习惯了。一个人虽然做了梦，但是既不知道梦的内容也忘记了自己做过梦这回事，对此我们也不会感到奇怪。而另一方面，梦也能在记忆中展示其超乎寻常的持久性。我曾经分析过我的病人在 25 年前或更早时期做的梦，我也清晰记得自己在 37 年前做的一个梦。所有的这些都让人惊讶，并且不容易理解。

斯特姆佩尔对梦的遗忘做出了最详细的解释。显然这是一种复杂的现象，因为斯特姆佩尔关于其原因提出了不止一个答案：

首先，人们在清醒时忘事的原因也都适用于做梦状态。在清醒状态下无数的感觉和知觉会被立刻忘掉，其原因在于它们太微弱，或者由它们引起的心灵兴奋太微弱。许多梦的景象也是如此，它们被忘掉，因为它们太微弱了，而它们旁边的更强的景象却被记住了。当然强度因素并不是决定梦中景象是否被记住的唯一决定因素。像其他作者一样，斯特姆佩尔承认，人们反而会经常忘掉那些栩栩如生的清晰的梦中景象，而记住那些暗淡的、不易被感知到的景象。另外，人们在清醒时容易记住那些重复出现的，而忘掉只出现一次的东西。而大部分的梦中景象都是只出现一次的，这样的特点也同样使梦容易被遗忘。更重要的是第三个原因。如果感觉、想象、思想等要容易被记住，重要的是不能使它们彼此孤立，而是以适当的方式使它们彼此连接，成为一个整体。如果人们把一句短诗分解成各个词，再弄乱，那就很难把它记住。"如果各个单词被恰当排列，彼此帮忙，组成一个有意义的整体，那就很容易被记住，甚至是长期的。无意义的、令人困惑的，以及杂乱无章的内容都很难被记住。"而梦在大多数情况下都不易理解并且没有秩序。梦的各部分之所以容易被忘记、难以被记忆就是因为它们大多数都很快分散成各个碎片。但是拉德斯托克称，他的观点跟我们的不太一致，他认为最容易被记住的恰好是那些最奇特的梦。

斯特姆佩尔认为，从梦与清醒状态的关系中可以引申出别的在梦的遗忘方面起作用的因素。对清醒的意识来说，梦的易遗忘性看起来只是对以前提到的事实（梦几乎从不挑选现实生活中有意义的回忆，而是选择其中一些细节作为内容，这些细节没什么心理联系，而这正是清醒时回忆所需要的）的对照。心灵是由心理联系组成的，而梦的构成部分丝毫不具备这些联系，因而也就缺少任何可辅助记忆的手段。"这样梦的景象脱离了我们精神生活的根基，就像天空中的云朵在精神的空间内飘浮，醒来的第一阵气息就将它们吹散。"而且随着清醒意识的到来，注意力很快就被强势的感官世界所占据，很少有梦的景象能与这种力量抗衡。就像星光让位于阳光一样，在新一天的印象到来之时，梦就消失了。

最后值得思考一下的是，大多数的人其实根本不关心他们自己的梦，这也是梦容易被遗忘的原因。如果有人，比如说研究者在一段时间内对梦感兴趣，那他这段时间内也会做更多的梦，这其实是说：他比以前更容易、更经常地回忆他的梦了。

博那特列（Bonatelli）在斯特姆佩尔的解释基础上又补充了两个原因（见贝尼尼的著作），实际上它们似乎已被包含在后者的解释中了：1）睡眠和清醒的总体感觉的更替，不利于两者间的相互再现；2）梦中想象材料的排列对清醒的意识来说很难进行解读。

在提出这么多的梦容易被遗忘的理由后，就像斯特姆佩尔自己提出的那样，依然有很多梦被记住了，这实在让人惊奇。很多作者试图抓住梦被记住的规则，但这也相当于承认，在这方面依然是迷雾重重，没有最终答案。关于记忆的某些特性最近被恰当强调了，例如，当人在早上醒来，觉得自己已经把这个梦忘掉了时，随着白天的进行，可能由什么感觉契机激发了回忆，然后就想起了本来忘记了的梦的内容。对梦的总体回忆遭到反对，以批判的眼光来看，梦的价值总是被一再贬损。人们要怀疑，既然我们对梦的记忆是这么少，那保留的那些，是不是伪造的呢？

斯特姆佩尔也明确表达了这种对精确地重现梦的可能性的怀疑："因此，清醒的意识很容易不知不觉地增加一些东西到梦中：人们相信自己梦到了这所有的东西，而这其中就包括本来梦中没有出现的。"

叶森确定表示："目前人们在对那些看上去逻辑通顺、意义合理的梦进行研究和解释时，都没有注意到这一事实，那就是当我们对梦进行回忆时，都会潜意识、非故意地去填补梦的空缺部分。可以说很少或者说几乎没有任何一个逻辑合理的梦是像我们回忆中认为的那样连贯。就算是最诚实的人也不可能没有任何添加和修饰地讲述他的梦：人的理智总是倾向于把所有的东西放到逻辑关系中去看，这种倾向是如此强大，以至于他在回忆没有逻辑关系的梦时，会在潜意识中去把逻辑的断裂关系填补好。"

艾格的观点看上去是独立自主的，但几乎就是把叶森的话重新翻译了一下："观察梦有一些特殊的困难，在这种情况下避免错误的方法只有一个，那就是没有任何延迟地把刚刚经历的和观察到的记录下来，否则就会部分或者全部忘记。如果全部忘记了，后果倒也并不严重，而如果只是忘记了部分就很有问题了。因为我们在讲述过程中，很容易凭自己的想象对记忆中不连贯的片段进行补充，不知不觉间我们变成一个进行创造的艺术家，在重复讲述梦的故事时，虽然是怀着良好的愿望想要提供一个事实，但是这个事实建立在已经确立的合理结局上。"

斯皮塔也认为，只有当人们在重述一个梦时，这个梦杂乱无章的散乱元素才变成相互联系的框架："我们补充的是梦中缺少的那种逻辑联系，我们使原本毫不相连的元素按顺序或者按因果关系排列。"

因为梦只是我们的个人经历，并且我们只能通过回忆来认识它，而且我们无法对记忆的可靠性进行客观验证，那么我们对梦的回忆还有什么价值呢？

第五节　梦的心理特征

我们在对梦进行科学研究前，接受这样一个前提，那就是梦是我们自己的精神活动产物。但是与此同时，梦又像是一个外来的陌生东西，我们甚至不愿意承认自己是梦的创造者，比如我们习惯说"一个梦发生在我身上"，而不是"我做了一个梦"。这种对梦产生的**异己感**是从何而来呢？根据我们对梦的来源的探讨，这种**异己感**不是来源于梦中的材料，因为很大一部分的梦中材料都是来自清醒生活。人们可以问，这种印象是不是由梦中的心理过程的改变造成的，它造成的梦的心理特点是怎样的。

除了 G. T. 费西纳在《心理物理学纲要》中的一些评论外，没有人更强调梦生活和清醒生活本质间的差别，并且从中引出进一步的结论了。费西纳认为，要说明梦生活和清醒生活之间的区别，既不能将梦解释为"简单地将清醒的心灵活动压制到感觉阈值下"，也不能解释为对外界影响的注意力的丧失。他更倾向于认为，**梦和清醒生活的想象活动有着完全不一样的舞台**。"如果睡眠和清醒时的心理活动的舞台是一样的，那梦就只是在以较低的强度将清醒的想象活动继续，那它的内容和形式应该跟清醒的想象是一样的，但实际上，这两者显然截然不同。"

费西纳

这里精神的活动场所的改变到底指的是什么，费西纳在这里没有给出明确说明，就我所知，也没有人对上述观点进行过刨根问底的研究。如果对其进行解剖学上的解释，认为这里精神活动的舞台指的是生理学上的大脑定位甚至是大脑皮层的组织学分层，这显然是行不通的。然而如果假设它指的是一种精神结构，这种精神结构由一系列前后排列的若干系统组成，这大概有可能被证明是有道理而且是富有成果的。

其他一些作者满足于提出一个或者许多可被理解的梦的心理特点，并且将其作为进一步解释的出发点。

值得强调的一点是，梦的最主要的特点在入睡状态就已经出现，并且被称为**"预睡现象"**。按照施莱尔马赫（Schleiermacher）的观点，清醒状态的特点是——思考过程产生的是观念而不是影像。而梦主要是用**影像**进行思考，在接近睡眠状态时，人们会观察到，自主的活动越来越困难，而潜意识的想象通过影像的方式越来越多地出现了。**无力进行有意识的想象，而是随着注意力分散产生画面影像**，这是梦的两个主要特点，也是我们在进行梦的精神分析时必须接受的。通过那些影像——也就是睡前幻象——我们知道，它们的内容跟梦的内容是一致的。

梦虽然主要是通过视觉影像进行思考，但也不排除利用听觉影像或者在更小程度上利用其他感官产生的印象进行工作。许多事情也会在梦中被直接思考或者想象（也许是通过残余的语言想象），就像在清醒状态时那样。但是梦的特点主要表现为景象，也就是与回忆中的景象相比，它们更类似于感知到的景象。抛开关于幻觉的一切讨论不谈，我们可以和所有的精神病学家一起断言，梦产生幻觉，它用幻觉来代替思想。在这方面，视觉幻觉和听觉幻觉没什么区别；人们意识到，如果一个人伴随着对一个曲子的记忆入睡，就会产生对同样的旋律的幻觉。因为在打瞌睡时，清醒状态和睡眠状态是交替进行的，在清醒时，人们会发现，那一幻觉又变成微弱的对回忆的想象，而且这种回忆跟幻觉在性质上是完全不同的。

有意的想象转变为无意的幻觉，并不是梦不同于清醒思考的唯一方面。通过影像，梦合成了一个情境，这个情境被认为是新鲜的，它将一个想法**"情景化"**，就像斯皮塔所认为的那样。一般情况下（例外情况需要另行说明）人们在做梦时，不认为自己在思考，而是在体验，幻觉被当成现实接受。只有当我们认识到这点，对梦的心理特点的认识才是完整的。有人认为，人在梦中不是体验，而只是以一种特殊方式进行思考——也就是做梦，这种情况其实是在清醒时发生的。这种白日梦从不会混淆现实，我们需要把它和真正睡着了做的梦区分开来。

布尔达赫把目前谈到的梦的特点总结如下："梦的主要特点有：1）在梦中，我们的主观活动被当作客观的，因为知觉把想象的产物当成了感觉印象来接受。2）睡眠是自我控制的放弃。因此在入睡中含有某种程度的被动性在自我控制减弱的情况下，才产生与入睡伴随而生的景象。"

下面我要试图解释，当自我控制的力度降低，心灵是如何相信梦中幻觉的。斯特姆佩尔说，在这方面，心灵正确而恰当地运行着它的机制。梦的元素远非只是一些想象，而是心灵感受到的真实经历，就像在清醒状态下通过感官感到的一样。心灵在清醒时通过语言进行想象和思考，在做梦时就通过真实的感觉影像进行想象和思考。除此以外，梦中也有空间感，就像清醒时一样，感觉和影像被放置于一个外部空间内。人们必须承认，在梦中时，心灵对景象和感觉的接受，跟在清醒状态时一样。如果心灵在这方面出错了，那是因为在睡眠状态下它缺少一个标准来进行判断，接收到的感官感受到底是来自内部还是外部。它不能检验那些景象到底是不是客观事实。除此以外，它也判断不出来，哪些景象是可能被有意替换了的，哪些不是。它犯错误，还因为它不能把因果关系应用到梦的内容上。简言之，它对主观梦世界的相信是因为它脱离了外部的真实世界。

通过一些部分离题的心理学延伸，德尔贝夫得出了与上述相同的结论。我们之所以相信梦中景象就是现实，是因为我们在梦中没有什么别的印象能与其对比，因为我们脱离了外部现实世界。但是我们相信幻觉的真实性，并不是因为我们在睡眠状态下不能对其进行检验。梦可以提供给我们所有这样的检验：我们去触摸看到的玫瑰，但我们当然还是在梦中。按照德尔贝夫的观点，除了"处于清醒状态"这一事实外，我们没有任何可靠的标准来检验自己是在做梦还是处于现实中。如果我醒来发现自己赤裸着躺在床上，那我就会把从入睡到醒来这一阶段内发生的所有事情都解释为幻象。人们习惯这样的思考方式，那就是在"我"之外，有一个与之相对的外部世界，而在睡眠中，这种的思考习惯并没有消失，因此在梦中，"我"也会把梦到的景象当作真实世界。

如果要把脱离现实世界当作是梦的最主要的特征，那再提一下布尔达赫提出的体察细微的评述是很有意义的。他说到睡着的心灵与外部世界的关系，并且试图避免对上述结论做出过高评价："睡眠只在心灵缺乏刺激的状况下发生，但是其实睡眠的先决条件不是刺激的消失，而只是心灵对它们没有兴趣；一些感觉印象对心灵的平静是有作用的，就像磨坊主要听到磨盘转动声才能入睡，而对那些出于谨慎认为夜间必须点灯的人，在黑暗状态下是无法入睡的。"

"在睡眠中，心灵将外部世界隔绝在外，并从那界限撤回，但是联系并不是完全中断。如果人们在睡眠中什么也听不到感觉不到，而只是在醒来后才能重新听到感觉到，那人们是完全不能被唤醒的。感觉的延续性已经通过下列事实得到验证：人们不只是通过单纯感官刺激强度所唤醒，而是被与其相关的心理联系所唤醒。一个不相关的话语无法将睡着的人叫醒，但是如果叫他的名字，他就会醒来。心灵在睡眠时依然能区分这两者，因此如果一个感觉刺激的缺失也跟某种重要事件相联系，那睡眠者也能被唤醒。比如说，前面所述的开着灯睡觉的人会因为灯光灭了而醒来，磨坊主会因为磨盘停了而醒来。在此之前，感觉虽然一直都处于活跃状态，但是因为刺激的无关性或者说感觉得到了满足，因此它并没有因为那些刺激而受到干扰。反而当刺激停止后，感觉也停止了。"

这些反对意见不能被低估，但是就算先不看它们，我们也必须承认，在目前为止的讨论中，从梦脱离现实外界这一事实引申出的梦的特点，还不足以覆盖所有的梦的陌生性质。否则我们就可以把梦中的幻觉还原成观念，把梦中情景还原成思想，这样就能解释梦的任务。事实是，当我们从梦中醒来，试图对梦进行回忆时，不管我们是否全部或者部分地成功了，梦中的谜团却丝毫没有减少。

所有的作者都毫不犹豫地认为，来自清醒生活的材料在梦中发生了其他的更深刻的变化。斯特姆佩尔试图在下面指出其中一项："随着直观感觉和正常生命意识的停止，心灵也丧失了感情、欲望、兴趣和行动的根源基础。那些心灵状态比如感情、兴趣、价值判断，它们在清醒时与记忆景象相联系，此时也都感受到一种模糊的压力，结果它们与原来的记忆景象的联系消失了，清醒生活时感受到的景象与那些物、人、地点、事件和行为都被孤立地大量再现，但它们失去了原先的**精神价值**。这些景象由于失去了价值，因此在心灵中随心所欲地游荡……"

由于脱离外部世界，这些景象失去了原本的精神价值，斯特姆佩尔认为，这是造成对梦的陌生感的主要原因，这种陌生感使我们将梦和真实生活区分开来。

我们知道，入睡就代表我们对一种精神生活的放弃，即放弃对想象的主观控制。于是我们面临这样一个猜测，那就是睡眠状态能扩展到心灵的所有官能。有些官能完全停止了；别的剩下的是否仍旧不受打扰地继续工作，它们在这样的情况下能否进行正常工作，是目前问题所在。只是将梦的特点简单解释为精神系统在睡眠状态下的低强度工作，显然与我们清醒时对梦的判断相悖。梦是毫无逻辑的，在里面最极端的矛盾也被毫无冲突地结合起来，不可能的东西也得到承认，日常生活中有影响力的常识被无视，对伦理道德的迟钝无知被表现出来。如果有人在日常生活中像梦中那样行事，我们会认为他疯了；如果有人在清醒时像梦里那样讲话或者大谈梦中发生的事情，我们会认为他一定头脑不清或者头脑愚笨。

因此我们承认这样一个事实，那就是梦中的精神活动很低下，高级智力活动如果没有完全停止，至少也受到了严重折损。

在这一方面，作者们对梦做出的判断有着超乎寻常的一致性（例外情况将在别处讨论），这也直接导向一种关于梦的特定理论或者解释。下面是时候利用一些作者——哲学家和医生们——关于梦的心理特征的说法，对我刚做的总结加以补充了。

根据莱蒙尼（Lemoine）的观点，"无条理"是梦的唯一本质特征。

莫里同意他的观点，莫里说："不存在绝对合理的梦，梦总是包含一些不连贯、混乱、荒谬的东西。"

斯皮塔援引黑格尔的观点，认为梦缺乏所有的客观、可被理解的逻辑联系。

杜加斯说："梦是精神、情感和心理的无秩序状态，它是各种自身功能在缺乏命令和控制状态下的游戏，是一架精神自动机。"

甚至福尔科特也认为："清醒时受中心自我意识控制的想象也松弛、分离、混乱了。"按照他的理论，睡眠期间的心理活动绝对不是无目的性的。

西塞罗是对梦中联想的荒谬性批判得最厉害的人："没有什么能比我们梦见的更为荒谬、复杂，我们绝不能凭空想出那么让人惊讶的事情。"

费西纳说："这就好像心理活动从一个理智的大脑转移到了一个傻瓜的大脑中。"

拉德斯托克说："事实上，从这样疯狂的活动中找到确定的规则，似乎是不可能的。梦摆脱了严格的理智警察、受清醒意念控制的欲望和注意力的控制，然后让所有的东西陷入千变万化的旋涡混乱中。"

希尔德布兰特："比如，做梦者在做出理性结论时，常会发生多么惊人的跳跃啊！在看到熟知的经验常识被颠倒时，他又是多么镇定啊！在人们常说的，梦中事物变得过于复杂，以至于这种荒诞的张力使他不得不醒来之前，他又是多么容易就把可笑的悖论置于自然和社会的秩序之中了啊！如果我们偶尔心安理得地算出3乘以3等于20，如果一只狗念了一句诗，如果死人自己从坟墓中走了出来，如果一块石头漂在水面上，如果我们肩负崇高使命去拜访伯恩伯格公爵的领地，或者到列支敦士登公国去视察他的海军，或者我们在波尔塔瓦战役前被征收到查理十二世麾下当兵，对这些我们都是绝不会感到奇怪的。"

从这些印象中得出的梦的理论由宾茨（Binz）提起："十个梦中至少有九个

内容都很荒诞。在梦中完全无关的人和物被联系在一起，接着就像万花筒一样，一转眼，原来那组就变成别的了，但是比之前更加无意义、更加疯狂；这样变幻的游戏就在未完全睡着的大脑中持续进行，直到我们醒来后用手摸着自己的脑袋，自问，我们是否仍然具有理智想象和思考的能力。"

莫里发现在梦中景象和清醒思维之间有着可比之处，这对医生来说具有重大意义："在清醒的理智看来，梦中景象就好像是舞蹈症和残疾人所做出的动作。"他认为梦就是"思考和逻辑能力的一系列退化"。

其他一些作者对莫里的理论的援引，在这里不必再重复了。斯特姆佩尔说，在梦中——当然也在还没有显现出其荒谬性时——所有的逻辑都退回到了以关系和联系运作为基础的心灵中。斯皮塔认为，梦中的想象大概都是脱离因果关系的。拉德斯托克强调了梦在判断和得出结论方面的弱点。约德尔（Jodl）认为，梦没有批评能力，也不能通过总体意识对接收到的感知流进行修正。他还说："所有的意识活动都在梦中出现了，但是却以不完整、受抑制和彼此孤立的形式。"斯特里克和其他许多作者解释说，之所以梦到的东西跟我们清醒时所拥有的知识相矛盾，是因为在梦中事实被忘记了，或者想象之间的逻辑联系消失不见了，等等。

虽然这些作家对梦中精神活动如此评价，但他们依然承认，梦中有精神活动的某些残余。冯特的理论对梦的研究者们产生了深远影响，他也明确承认上述结论。人们可能会问，梦中表现出来的正常精神活动的残余有着什么样的特点。总体概括说，梦中受到影响最小的、看起来是"进行重现"的能力和记忆力，它们甚至胜过清醒时，虽然梦的荒谬性也可以部分地归咎于梦的**遗忘性**。斯皮塔认为，在睡眠时心灵的情感部分是没有受到影响的，而且它对梦进行指导。这里情感指的是"一个人的内部主观本质所具备的稳定的感情总和"。

肖尔茨（Scholz）认为，梦中呈现的精神活动把梦的材料进行了"比喻性再阐释"。西贝克（Siebeck）断言，在梦中心灵有一种对所有的感知和直观进行"补充解释"的能力。要对梦中的意识——它显然是最高精神功能——进行评估，是最大的困难。毫无疑问，我们只有通过意识才能对梦有所了解，斯皮塔认为，梦中只有意识，没有自我意识。德尔贝夫坦诚，他根本不知道这两者间有什么区别。

意念发展按照联想的法则进行，梦中出现的景象也是如此，事实上这一法则在梦中表现得更为清楚和强烈。斯特姆佩尔说："梦按照纯意念的法则或者那些意念的有机体刺激的法则发展，也就是说它不能进行反思和理解，也不能进行艺术审美和伦理判断。"

我在这里列举了作者们的观点，我将继续讲述他们对梦的形成的观点：在睡眠中，由各种有着不同来源的感觉刺激组成的总和，首先在心灵中引发了一系列意念，它们表现为**幻觉**（按照冯特的观点，因为它们是来自内部或者外部的刺激，所以称它们为"错觉"更为恰当）。它们按照熟知的联系法则连接在一起，然后按照统一法则进一步引发一系列的想象（景象）。然后所有的材料由心灵中残余的、还工作着的组织和思考能力尽最大能力进一步加工。但是我们还不知道那些不是来自外界的景象按照这一法则或者那一法则被联想起来，是由什么动机原因决定的。

把梦象彼此相互联系起来的意念是特殊的，它区别于清醒时思维进行的联想，这一点已经被一再提起。比如福尔科特说："在梦里，意念按照偶然的相似性和几乎不能被察觉的联系彼此追逐。所有的梦都有这种粗心的、随随便便的联系。"莫里认为意念的这种连接特点最有价值，因为在他看来这种梦生活跟某种精神疾病十分相似。他找出了"说胡话"的两个主要特征："1）它是自动的，其精神活动是自发的；2）想象联系的无效和无规律性。"他列举了两个很好的例子，其中话语的**语音相似性**提供了梦中意念的连接点。有一次他梦到去耶路撒冷或者麦加朝圣（pélérinage），在经历多次历险后，他发现自己在拜访化学家佩尔第艾（Pelletier），佩尔第艾在交谈后交给他一把锌质铁锹（Pelle），在随后的梦里这把铁锹是他的战斗武器。另一次，他梦见自己正沿着一条公路走，读着里程碑上标明的公里数（Kilometer），然后他发现自己在香料商贩店里，香料商贩有一个大天平，他把砝码（Kilogewichte）放在天平上，想给莫里称体重，并且对他说："他们不在巴黎，而是在济洛路岛。"接着又是一些影像，其中他看到了叫Lobelia的花，然后是将军洛佩兹（Lopez）（不久前他得知将军逝世的消息），最后当他玩一种叫Lotto的游戏时，就醒了过来。

但是我们也意识到，如果没有矛盾，我们就不会对梦中的精神作用做出如此低的评价。比如斯皮塔作为一个梦生活的贬低者，确信控制清醒生活的心理法则同样指导着梦，而杜加斯也认为："梦并不违背理性，甚至并不完全缺乏理性。"这些作者一方面这样说，另一方面又把梦描述为心理的无序状态和所有功能的瓦解，如果他们不把这两者协调统一、自圆其说，那他们的主张就没有什么意义。其他一些作者开始意识到，也许梦的疯狂未必不是一种手段，也许那只是一种伪装，从丹麦王子的疯狂中就可以推绎出这种敏锐的判断。这些作者肯定避免了从表面现象中做出判断，要不然就是梦提供给他们的表面现象是不同的。

像哈弗洛克·埃利斯（Havelock Ellis）就没有停留在梦表面的荒谬上，他把梦说成是："充满大量情绪和不完善思维的原始世界。"如果对其进行研究，我们就可以了解到精神生活发展的原始阶段。J.萨利（J. Sully）更全面、更深刻地表达了相同的观点。因为他大概是唯一认为梦具有隐藏的合理性的心理学家，因此他的观点值得格外重视："**梦是保存连续的人性的一种方式。我们在睡眠中，以一种原始的方式去看待事情和自己的感觉，此时很久以前支配我们的就被激活了。**"思想家德尔贝夫认为（当然他对自己提出的自相矛盾的材料没有进行反驳，因此他说的话不够科学）："在睡眠中，除感觉外，其他一切精神机能比如智力、想象、记忆、意志和道德，基本保持原样。它们只不过被应用到想象的、不稳定的事物中。做梦的人就像一个演员，按照自己的意愿扮演各种角色——疯子或哲学家、行刑者或受刑者、侏儒或巨人、魔鬼或天使。"赫维·德·圣丹尼斯似乎是对梦中精神功能作用持最激烈的反对态度的人，对此莫里进行过生动的反驳，但是我虽尽最大的努力去寻找他的作品，却还是一无所获。莫里谈到他时说："赫维·德·圣丹尼斯认为睡眠中的智力具有行动和注意力上的完全自由，他认为睡眠只不过是通过关闭感官与外界进行隔绝。因此按照他的观点，一个睡着的人跟一个思维清醒但是感官关闭的人几乎没什么差别；常人的思维和睡眠者唯一的不同之处在于后者的思维采取一种可见、直观的形式。由外界事物决定的感觉与其没什么差别，而记忆呈现的是当前的事件。"莫里还补充说："还有一个最重要的区别，那就是一个睡着的人的智能不能像一个清醒的人那样保持平衡。"

瓦世德让我们更好地了解到赫维·德·圣丹尼斯的书，从他那儿我们发现，圣丹尼斯通过下列方式发表了对梦的**无连贯性**的看法："梦象是意念的副本。意念是根本的，视觉景象是从属的。一旦确定了这点，我们就知道如何去通过观察意念的顺序来分析梦的结构；梦的不连贯就变得有条理了，奇异的想法也就变得简单且符合逻辑了。如果我们知道如何分析它们，那对奇怪的梦我们也能给予一个最符合逻辑的解释。"

J.史特尔克指出，一位早期作者伍尔夫·戴维森（我对他的著作不了解）在

1799 年对梦的不连贯性提出了一些类似的辩解："梦中想象的特殊跳跃根源于联想的法则，只不过那些联系往往位于心灵的黑暗角落，以至于我们觉得想象的连接有很大的跳跃，但其实并没有。"

作者们是如何看待作为心灵产物的梦的，在文献中表现出很大的分歧：从我们已经认识到的对梦的极度贬低，到认为梦的价值还没有被发现，直到认为梦的功能超过清醒生活的功能的过高评价。如我们所知，希尔德布兰特把梦生活的心理特征归纳为三对矛盾，并且在第三对矛盾中把对梦的价值判断归纳其中："一方面是一种拔高，经常被拔高为某种艺术；另一方面又被贬低为低于人类正常水平的精神生活的降低和削弱。"

"关于第一方面，每个人都能通过自身经验证实，在梦的编织创造中偶尔会出现深刻而隐秘的感情、温柔的感知、清晰的直观、敏锐的观察、机智的玩笑，所有这些我们都会谦虚地认为，它们不属于清醒时我们的恒定品质。梦中有让人赞叹的诗、出色的比喻、无可比拟的幽默和美妙的讽刺。梦以一种奇特的理想眼光看待世界，并且通过它对世界现象的本质理解，增强世界现象的影响。它为我们将尘世的美好置于真正的神圣光芒中，给崇高以最高的尊严，日常的恐怖被赋予最可怕的形式，可笑的也被极端化为无法描述的荒诞剧；有时候我们在醒来后依然感到这些印象充斥内心，以至于觉得现实的世界从来没有给过我们这样的体验。"

人们要问，那些极力贬低和大力称颂的人，他们面对的客体真的是一样的吗？是不是有些人忽略了荒谬的梦，而另一些人又忽视了深刻而微妙的梦呢？如果符合这两种判断的梦都存在，那我们又何必去寻找梦的典型心理特征呢？直接说在梦中任何事情都有可能发生——从最低端的精神生活到清醒时都无法企及的升华——不就已经足够了吗？虽然这种解决方法非常便利，但是它与所有梦的研究者接受的前提相互矛盾，这一前提是：在梦的总体特征中有一些特性，这些特性足以将那些矛盾一扫而光。

无须争辩，在过去的精神受哲学而不是自然科学统治的人文时代，人们更愿意、更热情地承认梦的精神成果。舒伯特宣称，**梦是精神摆脱外在自然力的解放，是灵魂摆脱了感官的束缚**。年轻时的费希特以及其他一些作者也是这样认为，他们把梦看作是精神生活在更高一个境界上的升华。对此我们很难理解，如今大概只有神秘主义者和信徒才会这样认为。

随着自然科学思维方式的兴起，对梦的尊崇逐渐有了反对意见。特别是医学工作者，他们倾向于把梦中活动看作是微不足道和毫无价值的，而哲学家和非专业观察者（也就是业余心理学家）在这一领域的贡献不应被忽略，他们的观点跟大众的预感更为一致，大部分都对梦的心理价值怀有信心。那些倾向于低估梦的精神价值的人，自然首先把梦的来源归于躯体的刺激；那些相信心灵在梦中依然保有清醒时的大部分功能的人，当然没有理由否认心灵本身也能产生致梦的刺激。

仅需进行冷静比较，就不难看出梦有很多超常的功能，其中记忆功能最为引人注目，我们之前已经对能够对此进行证明的、毫不少见的证据进行了详细讨论。另一个受到早期研究者赞扬的梦生活的优势是：**它能够自主地超越时间、空间的限制**。但是这一点很容易就被发现是一种错觉，就像希尔德布兰特评述的那样，这一优势其实是一种错觉，梦中超越时空跟清醒时思维超越时空是一回事，因为梦也只不过是思维的一种方式而已。关于时间性，梦还有另一优势，也就是梦脱离了时间顺序。像莫里梦见自己被送上断头台这类梦，似乎可以证明，与清醒时心理活动对思维内容的控制相比，梦可以把感受到的大量内容在极短的时间内表现出来。这一结论受到了多方质疑，洛兰和艾格发表的《关于梦的时长的错觉》引起了一系列有趣的讨论，但是这一棘手而深刻的问题好像还没有得到彻底解答。

梦可以继续白天的智力工作，并且得出白天没有得出的结论，它可以答疑解惑，可以为诗人和作曲家提供灵感来源，大量的报告以及查巴尼科斯（Chabaneix）收集的梦例都证实了这点。但是即使这些事实不受怀疑，对此的理解也总是受到原则上的质疑。

最后，关于梦的预言能力也是一个备受争议的话题，在这里是很难克服的，即使最坚定的怀疑主义仍然会遇到顽固的肯定。也许正确的做法是，对有关这个主题的所有事实都不进行否认，因为很可能不久之后，就会出现关于这些事实的自然心理解释。

第六节 梦中的道德感

清醒生活中的道德准则和道德感是否，以及在何种程度上在梦中延伸——我想把这个问题从梦的心理的大主题中抽离，作为部分问题进行单独研究。在我亲自对梦进行研究并且获得一定知识之后，才明白我为什么想这么做的动机。令人惊讶的是，像所有其他精神活动一样，作者们在这一问题上也表述得相当矛盾。一方面有人断言，梦跟道德准则完全没有关系，另一方面又有人说，人们的道德本性在梦中依然存在。

根据每夜的做梦经验，第一种论断的正确性应该是不容置疑的。叶森说："在梦中我们没有变得更好更高尚，恰好相反，良心好像在梦中沉默了，因为我们感觉不到同情，面对最严重的犯罪、偷盗、谋杀也无动于衷，并且即使做了这样的事也不会感到丝毫愧疚。"

拉德斯托克说："需要考虑到的是，梦中联想产生，并且与想象联结在一起，但是在这过程中人既不能反思与思考，也不能进行审美判断和道德判断。判断是最弱的，占据统治地位的是道德冷漠。"

福尔科特说："每个人都知道，梦中的性就好像脱缰的野马。做梦者自己毫无羞耻感，他失去了任何道德感和道德判断，因而他能看到任何人——甚至是他最尊敬的人——正在做那件事，那种事是他白天根本不好意思把它和他们联系起来的。"

最典型的反对意见由叔本华提出。他说，即使在梦里，每个人也是按照他的性格说话办事的。斯皮塔援引了 K. PH. 费希尔的话，费希尔表示，在梦里呈现的是主观的情绪和愿望，或者是任意的情感和热情，但是它们同时也反映了这个人的道德品质。

哈弗那说："我们先不要管那少数的特例，一般来说品德高尚的人在梦里也是品德高尚的，他会拒绝厌恶、嫉妒、愤怒以及所有其他不良恶习；而通常恶人在梦中看到的景象也跟他在清醒时看到的一样。"

肖尔茨说："尽管我们在梦中披上了或高贵或低贱的伪装，但是我们还是能认出那是我们自己，这是一个事实。高尚的人在梦中也不会犯罪，如果他确实犯了罪，那他会感到震惊，并且觉得这跟他的本性不符。罗马皇帝处死了一个臣民，因为这个臣民梦到他把皇帝的脑袋砍下来了。皇帝为自己辩护说，梦有所思者醒后必有所为，这其实并不是毫无道理的。对于一些我们内心从来都没想过的事情，我们常说：'我做梦也不会梦到这样的事情。'"而柏拉图则认为，那些梦到别人在清醒时才会做的事的人，才是最好的。

斯皮塔援引了普法福（Pfaff）更改过的一句谚语："告诉我你的梦，我就可以说出你的内心。"

我已经从希尔德布兰特的简短文章中引用了很多，他为梦的研究做出了形式上最完整和思想上最丰富的贡献。在他的文章中，梦的道德问题是一个重点。希尔德布兰特也认为有这样一个规律存在：生活越纯洁，梦就越纯洁；生活越复杂，梦就越复杂。

他相信人的道德本性在梦中依然存在："不管计算发生了多大的错误，科学法则发生了多么荒谬的颠倒，年代出现了多大的笑话，都不可能伤害到我们或者让我们产生疑虑，而我们却绝不能丧失对好和坏、正义和不正义、道德和恶习的区分能力。就算白天伴随我们的东西在入睡时慢慢隐退，康德的绝对命令却依然紧随我们的脚步，就算在梦里也不能被摆脱。这样的事实只能解释为，人性的基础——也就是道德本性——已经牢固确立，以致不受万花筒般的扰乱的影响，而想象、理性、记忆和其他相同层次的功能是受制于这种影响的。"

然而，随着对这一主题探讨的深入，双方作者的观点都有一些转变和前后不一致的情况出现。严格来看，那些认为人的道德属性在梦中完全丧失的人，应该对不道德的梦毫无兴趣。就像不能通过梦的荒诞性来证明清醒时的智力低下一样，他们也可以从容拒绝对自己的梦负责任，也不承认从梦中的恶行可以推断出梦者的邪恶本质。另一些认为"绝对命令"会延伸到梦里的人理应无条件为自己不道德的梦负责，但愿他们从不做这一类应受指责的梦，以免他们对自己的德行产生怀疑。

这样看来，没有人能够确切知道，他自己到底有多好或者有多坏，也没有人能够否认他曾经做过不道德的梦。在两组持对立观点的作者中，他们虽然对梦的道德问题看法不同，但是他们都试图解释不道德的梦的来源，而这又产生新的对立，因为有人认为其来源是心理功能，有人认为它来自躯体性的外在不良刺激。

事实的力量让双方都承认，不道德的梦是来自某种特殊的心理根源。

所有认为"道德延伸到梦中"的作者都小心谨慎以免自己为梦负全责。哈弗那说："我们对自己的梦不负责任，因为我们的思想和欲望都失去了根基，而这根基恰好是我们生活的全部真实所在。由于这个原因，梦中的欲望和行为也就没什么道德和罪恶的区别。"然而，如果梦是由做梦者间接引起的，那他还是要为罪恶的梦负责。就像在清醒时一样，他有义务——特别是在入睡前——清理自己的灵魂，以使其符合道德的要求。

对这种既拒绝又肯定的混合观点，希尔德布兰特给出了更深刻的分析。他认为梦的情景表现方式、梦的时空特点（在很短的时间内、很小的地点，会发生大量复杂的心理活动），以及梦中想象元素的堆积和无意义性，都可以引申出梦的不道德性，但是他同时也承认，他还在思考梦中的罪恶和过错是否就可以这样一笔勾销。

"当我们决心对那些指向我们意图和品质的控诉进行反驳时，我们常会说'我们在梦里也没想过这样的事情啊！'这样我们一方面表明，我们认为梦的领域是最遥远深广的，在那里我们本应该为自己的思想负责，但梦中的思想与我们的真实本质联系过于松散，所以它们可以被看作不是自己的。但是由于我们明确表示在这一领域不可能出现特定思想，这又让我们觉得，我们间接承认了自己的辩护不是完整的，因为它不能延伸到梦的领域。我相信，我们虽然是潜意识地这样说，但却说出了事实。"

"不能想象一种梦，其最初的动机不是来自之前清醒时的灵魂产生的诸如愿望、欲望、冲动之类的因素。"关于这最初的冲动，人们得说："梦没有创造它——而是对其进行了复制和扩展，梦只是把内心中的历史材料通过情景的方式表现出来，它把耶稣使徒的话'仇恨自己兄弟的人就是凶手'情境化。人们醒来后，重新意识到道德的力量，并且可以嘲笑梦中罪恶之梦的设定，但是做梦的原材料却不能被一笑置之。我们认为得为做梦者的错误负责——不是全部，只是部分的。'简言之，如果我们能够理解耶稣这一无可辩驳的话——罪恶的想法来自内心——那我们就会相信，对梦中犯下的罪行至少会有一点隐约的负罪感。"

坏冲动的萌芽和暗示每天都以诱惑的方式，通过我们的心灵。在其中，希尔德布兰特发现了梦中不道德的来源。他毫不犹豫地认为，要对一个人进行道德评判就得把这些不道德因素考虑在内。如我们所知，这样的思想和道德评判让所有虔诚的人和圣洁的人也都认为自己是罪人。

无疑，这些对立的思想在大部分人中和除伦理学以外的领域都是普遍存在的。有时候这一判断不被严肃对待。斯皮塔援引了泽勒对此的一段评论："心灵没有被很好地组织起来，因此它不能在任何时间都拥有充分的力量，或者说不能一直保有本质力量，那些古怪的、无意义的想象总是打断持续的、清晰的思考过程。确实，最伟大的思想家们也不得不抱怨那些梦幻的、戏弄人的、尴尬的想象的纠缠，因为它们会打扰他们的深入观察和崇高严肃的思考工作。"

希尔德布兰特的其他一些评价给这些对立的观点的心理学部分带来一丝光明。他指出，梦也许能带给我们对自己内心深处和褶皱处的惊鸿一瞥，那是我们在清醒时难以得到的。康德在他的《人类学》中透露了相同的认识，康德认为，梦的存在也许是为了让我们发现自己隐藏的本性，不是向我们展示"我们是什么样的人"，而是展示在另一种教育下"我们可能会成为什么样的人"。拉德斯托克说，梦时常揭示我们自己不想承认的事，因此我们时常要诬蔑梦是说谎者、是骗子，这当然是不公平的。埃尔德曼说："梦从来不向我展示，我应该如何看待一个人，但是从它那里我又确实了解到我是如何看待他的，了解到的东西时常让我自己也感到惊讶。"J. H. 费希特同样认为："与我们清醒时的自我审视相比，梦的特点更加真实地反映了我们的总体感觉。"贝尼尼的评述让我们注意到，让我们的道德意识感到陌生的冲动，只不过是类似于梦的这一已知的特性，那就是它拥有清醒时没有的意念材料，或者那意念材料在清醒时非常微不足道："那些被窒息和压制了很久的欲望又被唤醒，陈旧和消亡的热情再次复活，我们从未想过的人和事又出现在我们面前。"福尔科特说："那些进入了清醒意识但是没被注意或者马上被忘记的那些意念，时常在梦里向心灵宣布它们的存在。"在这里我终于可以提醒大家，根据施莱尔马赫的观点，在入睡时就有不自主的意念（景象）伴随产生了。

所有出现在让我们感到陌生的、不道德或者荒谬的梦中的全部意念材料，我们都可以把它们总结为**"不自主的意念"**。一个重要的区别：道德领域的**"不自主意念"**会让我们感到来自心灵的对立排斥，而其他的不自主意念只是让我们感到陌生。目前为止，还没有进一步的认识能够消除这种区别。

那么，梦中出现的这些不自主的意念有什么意义呢？从来自夜间的对立的道德冲动中，我们可以对于清醒和做梦时的心灵得出什么结论？在这里，出现了新的意见分歧和持不同意见的作者分组。希尔德布兰特和其他一些作者持有这一观点：不道德的冲动在清醒时也具有一定的力量，但是它被压制住了，不能表现为行动，而在梦中时那种压制消失了，因此它的存在可以在梦中被感觉到。就算梦不能展示人本性的全部，至少也是真实的一部分，它是我们认识自己隐藏的内心的手段。希尔德布兰特的理论为梦具有预警功能奠定了基础，它使我们注意到自己心灵中的道德弱点，就像医生承认梦可以使意识注意到不被察觉的身体疾病一样。斯皮塔不可能持有不同的观点，因为他指出梦的刺激来源（比如青春期心理的刺激来源），并且安慰做梦者说，如果他能在清醒时过一种严格的道德生活，并且只要罪恶的思想一出现就马上对其进行压制，不让它发展成熟，变成真的行动，那他就已经尽了自己最大的努力，做了所有能做的。根据这些理解我们可以把"不自主"的意念看作是白天时"受到压制"的，它们的出现是一种真正的心理现象。

其他一些作者认为，我们还不能够得出最后一个结论。叶森认为，不管是梦中的、清醒时的还是发烧说胡话时产生的不自主意念，都表现了"一种处于静止状态的意志活动和一种被内部活动唤起的景象及意念的机械式过程"。一个不道德的梦只能证明做梦者对意念材料有种认识，而不能说那就是他自己的心灵冲动。另一个作者莫里似乎也认为，梦境有一种能力，它能把精神活动分解为各个组成部分，而不是毫无计划地摧毁。他在谈到那些超越道德界限的梦时说："我们的冲动会超越良心的阻挡变成行动。我有缺点和邪恶的冲动，在我清醒时我会竭力对抗它们，并且常常获得成功，但在梦里，我总是屈服——或者更确切地说，我通过它们的影响力，可以没有恐惧和悔恨地做事。展现在我心灵面前的想法和梦中景象，显然是由我感受到的冲动和受意志压抑而尚未出现的冲动引起的。"

人们可以相信，梦能够将实际存在，但受到抑制或者被隐藏起来的不道德倾向揭露出来，对此莫里给出了最有代表性的表述："在梦中，一个人将他的天性和软弱全部暴露。只要他的意志力停止发挥作用，清醒时被意志禁锢的冲动就会释放，爱恨也就分明了。"在另一个地方还有这样的精辟论述："梦中呈现的主要是人的本能。可以说人在梦中回到了自然状态。外来的影响对心灵渗透得越少，在梦中自然冲动对他的影响也就越大。"然后他举了例子——他虽然在自己的文章中激烈批判某种迷信，但是在梦中他没少成为这种迷信的牺牲者。

莫里把他敏锐观察到的现象单纯归结为控制梦的**"自主心理"**。这种自主性是心理活动的对立面。从梦的心理学研究来看，这种观点显然损害了莫里之前给出的敏锐评述的价值。

在斯特里克勒的《关于意识的研究》中，他写道："梦不是单纯由错觉组成的。例如，人在梦中对强盗感到害怕，强盗当然是想象出来的，但那种害怕的感觉却是真实的。"我们应该注意到，人们不能像判断梦中的其他内容那样去判断梦中情感的发展。我们面临着这样一个问题，也就是既然梦中的心理过程是真实的，那可以把它归入清醒时心理过程的行列吗？

第七节　关于梦的理论和功能

梦的理论可以被这样定义：它是一种关于梦的言说，它试图从某一特定角度对观察到的梦的特点进行解释，并且在一个更广阔的领域内明确梦的地位。各种梦的理论不同之处在于，它们选择梦的这种或那种特征作为最基本的要素，并把它作为解释和联系的出发点。在理论中不必说明梦的功能，这种功能指的是梦的功利性用途或者其他什么用处。但是，由于人们已经习惯了对目的进行解释，因此那些与梦的功能紧密联系的理论更容易被接受。

我们已经了解了很多不同的对梦的理解，在这种意义上它们或多或少都可以看作是关于梦的理论。古人相信梦是上帝用来指引人们行为的启示，这是完整的关于梦的理论，它为人们提供任何值得被了解的信息。自从梦成为科学研究的对象，我们了解到一大批梦的理论，但是这其中有很多都是不完整的。

如果人们放弃把所有的理论都摆出来，那我们可以根据它们对梦中心理活动的质和量的假定，将那些理论松散地分为下列几组：

1) 由德尔贝夫代表的理论认为，清醒时的心理活动在梦中得到完全延伸。在这儿心灵并不入睡，它的功能完好，但是由于受到睡眠状态这一条件影响，与清醒时相比，它的正常功能会产生不同的结果。关于这类理论要问的是，梦与清醒时的思考的区别是不是都可以从睡眠状态这一条件得到解释。除此以外，他们的理论没有提到梦的功能，人们不明白，人为什么要做

> 梦，为什么心理结构的复杂机制要在它无法控制状况的情况下继续运行。要么就只睡觉不做梦，要么就在出现干扰刺激时醒来，这好像比第三种选择——做梦，更加合乎目的性。
>
> 2）相反，有一些理论认为，梦是心理活动的削弱，是松散的连接，是对复杂内容的简化。这些理论必定赋予梦一些不同于德尔贝夫所说的特征。根据这类理论，睡眠对心灵有着深远影响，它不仅是将心灵与外界隔绝开来，更主要的是，睡眠自己进入到心灵的运行机制中，让那机制暂时失去作用。我在这里斗胆将精神病理的材料与其进行对比，我想说，第一种理论是按照妄想狂的模式对梦进行设想，而第二种理论则把梦设想为类似智力低下或者精神错乱的产物。

医学界和科学界最喜欢的理论认为，精神活动在梦中犹如瘫痪，在梦中只表现片段的精神活动。从一般兴趣来看，这一理论大概是目前的主流。值得一提的是，这种理论轻率地绕过了释梦时的最大障碍——对梦中的矛盾进行解释。因为对他们来说，梦只不过是部分的清醒［"一种逐渐的、部分的、反常的清醒状态"赫伯特（Herbart）在《梦的心理》中如是说］，因此从其荒谬表现出的无能直到高度集中的智力活动，这一系列的梦中精神功能作用的变化，都可以由不断加强的清醒状态直至最后完全清醒状态来解释。

宾兹所代表的理论认为，从生理学的角度对梦进行解释是不可或缺的，或者说是更为科学的："这种（麻木）状态在黎明时逐渐结束。在大脑白蛋白中积聚的疲劳物质逐渐减少，越来越多地被分解或被不断流动的血液带走。到处分散的细胞群开始苏醒，但是它们的周围仍处于僵化状态。在我们被雾环绕的意识中，开始出现单独群体的独立工作，它们不受到控制联想过程的其他部分大脑的控制。由此产生的景象——它们大多与刚逝去不久的印象相符——通过一种不受约束的方式散乱地联结在一起。随着清醒脑细胞的逐渐增多，梦的潜意识性也随之降低了。"

这种认为"梦是一种不完整的、部分的清醒"的观点无疑在所有的现代心理学家和哲学家的著作中都能找到其受到影响的蛛丝马迹。在莫里那里，这一观点得到了最详尽的阐释。他似乎认为，清醒和入睡状态可以从一个组织结构转移到另一个组织结构，而且每一个部位都跟某种心理功能相对应。我在这里想要指出的是，即使部分清醒理论得到了证实，它的具体理论细节还是有待商榷的。

这种对梦的理解自然没有给关于"梦的功能"的讨论留有一席之地。对梦的地位和意义的判断由宾兹给出:"我们看到的所有事实,都让我们不得不承认,梦是一种躯体性的、没什么用的,甚至在很多情况下病态的一个过程。"

"躯体性"与梦联系起来,我们要感谢宾兹对此的强调,这大概不止有一个含义。首先,它指向了梦的来源。宾兹曾通过药物来做实验,通过刺激促进梦的产生。这类理论显然有这样一种倾向,那就是尽可能地把梦的刺激局限于躯体因素。最激进的表现方式是这样:在我们排除一切刺激进入睡眠之后,我们直到天亮也没有必要、没有机会做梦,直到第二天在逐渐醒来的过程中新感受到的刺激反映在梦这一现象中。但是睡眠中不可能没有刺激产生,这些刺激从各方面向睡眠者袭来,就像墨菲斯特抱怨的生命的萌芽一样,不仅从外部还从内部,甚至是从所有的躯体部位袭来,而它们都是人在清醒时根本没有注意到的。然后睡眠就受到了干扰,一会儿心灵中这个小角落清醒过来,一会儿那个小角落清醒过来,然后心理功能发挥了一会儿作用,接着又睡着了。梦就是对这些由刺激引起的睡眠干扰的反应,另外说一句,这种反应完全是多余的。

但是梦毕竟还是保有心灵功能,把它称作是躯体性的过程还有另外一层含义。它的目的是为了剥夺梦的**心理价值**。人们常通过一个古老比喻,把做梦比作是"不懂音乐的人的十指在乐器按键上乱弹",严格的科学对梦的功能的态度大概最能由此体现了。在这种理解中,梦完全是毫无意义的,因为完全不懂音乐的演奏者怎么可能演奏出一支曲子呢?

以前就不乏对这种部分清醒理论的指摘。布尔达赫说:"人们在说到梦是部分的清醒时,没有解释清楚它到底是清醒还是睡眠中;其次,他们所说的就是,心灵的力量在梦中有一部分是工作着的,另一些部分则处于睡眠状态。但是这种不平衡其实是贯穿整个生活的。"

那种把梦看作是躯体过程的主流理论,沿袭了罗伯特(Robert)于1886年提出的一个对梦的有趣理解。这一理解很有吸引力,因为它认为梦具备一种功能或者说一种功用。我们在谈到梦的材料时观察到的两个事实,被罗伯特拿来作为他的理论基础。这两个事实是:人们经常梦到一些无关紧要的印象,却很少梦到在日常生活中有重大意义的事情。罗伯特所说得完全正确,他认为,人们深思熟虑的事情从不会成为梦的刺激源,反而是那些不完整的或者在我们的头脑中一掠而过的总是出现在梦中。"梦之所以总是得不到解释,是因为它的起源是流逝的白天接收到的感官印象，而它们总是没有得到充分的认识。"印象进入梦的条件也就是，要么处理这一印象的过程受到了干扰，要么就是它太微不足道了，以至于都还没有进入处理过程。

罗伯特把梦理解为"躯体性的清除过程，对它的认识是通过我们对它的精神反应实现的"。**梦是那些被扼杀在萌芽状态的思想的流露。**"一个人被剥夺了做梦的能力，必定会在一定时间内精神错乱，因为大量的未完成思想加工的、肤浅的印象在他的大脑中积聚，记忆中保留的已完成的整体就会被窒息。"对负担过重的大脑来说，梦的作用就好像一个安全阀。梦具有**治愈**和**解除负重**的力量。

如果问罗伯特，心灵是如何通过梦中的想象解除负重，那我们就误解了他的理论。罗伯特显然是从梦的材料的两个特点中得出的结论——在睡眠中，对无意义的印象的清除表现为某一种躯体过程。做梦不是一个特别的心理过程，而是在清除我们收到的信号。另外，这种清除过程不是夜间心灵发生的唯一事件。罗伯特自己补充说，除此以外，还要对白天的刺激进行加工；"心灵中那些不能跟未被消化的思想分开的印象，通过想象借助思想线索连接为一个完美的整体，然后被当成无邪的想象图画并入记忆当中。"

但是在梦的来源上，罗伯特的理论跟主流理论形成了最鲜明的对比。按照主流理论的观点，如果心灵不是处于外部和内部感觉刺激的持续唤醒中，人就根本不会做梦。而罗伯特认为，做梦的推动力来自心灵本身——因为它由于负担过重而要求解除重负。罗伯特得出的结论前后一致，他认为作为梦的起源，身体方面的原因处于次位，在不能从清醒的意识中获取做梦材料的心灵中，躯体因素是根本不可能引起梦的。被认可的只是，梦中心灵深处发展而来的想象图景可能会受到神经刺激的影响。也就是说，罗伯特并不认为梦完全依赖躯体过程，梦虽然不是心理过程——在清醒的心理过程中也不占据什么地位——但是它是一种与精神活动有关的每晚的躯体过程，它能够保护心理结构免受过度压力，或者我们打个比方，它是**心灵的清理工**。

另外一位作者伊维斯·德拉格（Yves Delage）根据梦的这一特征——该特征在梦的材料的挑选上表现得很清楚——发展出自己的理论。他的理论使人受益匪浅，我们可以发现对同一事物的理解只要改变一点点，就可以得出效果完全不同的结论。

德拉格在失去一位挚爱亲人后，从自己的经验中发现，人们不会梦到白天时刻在想的事，只有等到头脑中这件事让位于其他事后，才会开始梦到它。在对别人进行了一些研究后，他证实这是一个普遍性的事实。关于年轻夫妇的梦，德拉格做了一些有趣的评论，它们整体上大概也是正确的："如果他们彼此深爱，那他们在婚前或者蜜月期间几乎不会梦到对方。如果他们做了春梦，很可能对配偶不忠，而与某些无关甚至有些反感的人发生瓜葛。"那么人们会梦到什么呢？德拉格认识到，梦中的材料由前几天或者更早时间段的印象碎片和残余组成。所有出现在梦中的东西，我们一开始倾向于把它们看作是梦的创造物，但是如果加以更细致的研究就会发现，它们是对经历过但未被了解的事物的重现，是"潜意识的记忆"。但是这种意念材料呈现了一个共同特征：与思维相比，那些印象可能更多地作用于我们的感官，或者说注意力在它们出现后马上就转移到别的地方去了。被关注得越少，印象越强，它出现在梦中的概率越大。

就像罗伯特提出的，现在有两组印象——无关紧要的和未完成的，但是德拉格发现了不同的逻辑关系。他认为，这些印象进入梦中不是因为它们无关紧要，而是因为它们未完成。当然无关紧要的印象在一定程度上也是未完成的，从本质上来看，它们像是被"拉紧弹簧"的新印象，它们在梦中得到释放。与那些虚弱的、几乎未被注意到的印象相比，如果对一个印象的加工过程恰好被阻碍了，或者这种印象被有意抑制了，它在梦中的作用就会更大。那些因受到白天的抑制和压抑而积蓄起的心理能量将会在晚上释放，变成做梦的动力。受到心理压制的印象会出现在梦里。

很遗憾，德拉格的思路在这里就中断了。他认为梦中独立的心理活动微不足道，这样他就使自己关于梦的理论直接回到了主流观点——"梦是大脑的部分清醒"——中去："总之，梦是思想没有方向、漫无目的的徘徊的产物，它依次附着在记忆上，这些记忆有足够的强度打断其进程，使游荡的思想停下来，把它们连接在一起，这种连接有时微弱犹豫，有时坚强有力，这得看当时大脑在何种程度上受到了睡眠的影响。"

3）第三类理论认为，做梦的心灵带有某种能力和倾向，清醒时完全不能或者只能部分实现的事情，在这里也能被完成。这种能力的活动多半使梦具有一种有用的功能。早期心理学研究者对梦的评价大多属于此类。在这里我只需引用布尔达赫的一句话，他说，做梦"是一种心灵的自然活动，它不受个体能力的限制，不受自我意识的干扰，不能通过自我设定来左右，而是感觉中枢健康生命力的自由游戏"。

布尔达赫和其他一些作者认为，这种在运用自身力量时的沉醉使心灵清爽，并且为白天的工作存储了新的能量，跟去度假一样。布尔达赫赞许地引用了诗人诺瓦利斯的美妙诗句，诺瓦利斯赞美梦的存在："通过梦，人们可以对抗生活的庸常和单调，它使受到束缚的想象力得到复原，生活中的景象被混乱地连接在一起，成人那一成不变的严肃被欢欣的儿童游戏所打破；如果没有梦，我们肯定早早就老了。因此，就算梦不是上帝的赐予，那也是一种珍贵的任务，它可以被看作是我们走向坟墓的朝圣之旅上的友好伴侣。"

普金耶（Purkinje）对梦的**振作**和**治愈**功能的描述更加令人印象深刻："特别是那些创造性的梦具有这样的功能。这里是想象的轻盈游戏，它摆脱了日常事务的束缚。心灵不愿继续白天的紧张状态，而是将这紧张状态解除，使自己从中复原。首先，它创造与清醒状态完全不同的状态。它通过愉悦治疗忧伤，通过希望和欢快的分散图景治愈忧愁，通过爱和友好治愈厌恶，通过勇气和安全感治愈恐惧，它用信念和坚定的信仰来消除怀疑，通过实现来消除徒劳的期望。心灵的创伤在白天一直张着伤口，睡眠则将它掩盖，并使其免受新的伤害，这样它就被治愈了。时间的疗伤功能也在这基础上起着部分的作用。"我们所有人都觉得，睡眠是精神生活的福利，广大群众通过他们的模糊感觉，得出这样一个先入为主的观念，那就是睡眠通过梦来施惠于人。

施尔纳于1861年试图把梦解释为心灵的特殊活动，这种活动只在睡眠状态才能展开。这种解释是最有原创性和最深远意义的。施尔纳的书有种夸夸其谈的风格，其中有对研究对象的沉醉的兴奋，这必定使人产生反感。因为他的书使梦的分析变得困难，所以我们欣然转向哲学家福尔科特对施尔纳的理论做的简短而清楚的总结。"从神秘的组合中、光辉灿烂的奔涌中，闪烁着感知到的神秘光芒，但是哲学道路却没有被照亮。"在施尔纳自己的追随者那里也能找到这样的评价。

有些作者相信心灵的能力在梦中毫无削弱，而施尔纳则不这样认为。他自己解释说明了下列问题：梦是如何使自我核心和自发能量神经麻木，又是怎样在这种分散作用下使认知、感觉、欲望和想象过程发生改变，以及这些心理功能的残余是如何不再具有真正的精神特性，只变成纯粹机械运动的。但是正因为此，被称为"想象"的心理活动摆脱了理智的统治和严格控制，翱翔起来。尽管梦从清醒时的记忆中获取材料，但是它以此建造的大厦与清醒时构建的东西有着天壤之别，梦不仅有再现的能力，还有创造的能力。它偏爱无节制的、夸张的、异乎寻常的东西。但同时，由于它摆脱了思维的桎梏，因此格外灵活、轻巧、变化万千；对于情绪的细微变化和热烈的情感，它都能体察入微，并且立刻就把内心变化通过外在直观影像表现出来。梦中的意念不会说概念的语言，它想说的所有东西都要通过影像来表达，但是因为概念在此处的力量并不弱，它直接参与直观影像的内容、力量和大小构成。显然，它所用的语言是离题的、累赘的、笨拙的。对其语言的条理清晰度影响最大的是，它倾向于不把物体表现为它自己的本来形象，而是采用一个陌生的影像来表现这一物体某时刻的特性。这就是意念的象征性。非常重要的一点是，梦从不会完整地描绘事物，而只是自由地勾勒其轮廓。因此它的材料看上去仿佛来自于灵感。但是，梦并不满足于只是重现客体，而是让梦中的自己与客体多多少少产生联系，从而制造一个情节。比如，一个由视觉刺激引起的梦，勾勒出街上的一些金币，做梦者将它们捡起来，很高兴地拿走了。

施尔纳认为，那些被梦中意念拿来进行艺术加工的材料，来源于白天模糊的躯体刺激。施尔纳的理论有点太天马行空了。它跟冯特以及其他生理学家的也许有些太过严肃的学说本来是相互对立的，但是在关于梦的来源和刺激源这方面，这两者形成了一个互补的关系。根据生理学家们的观点，内部躯体刺激引起精神反应，并且激发相应的意念，当这种意念穷尽时，梦就会用相关的联想来补充，在这一阶段，梦中心理活动就开始趋于结束。但是与此相反，施尔纳认为，躯体刺激只不过是给心灵提供了一个产生意念的动机。当其他研究者认为梦已经结束时，按照施尔纳的理论，梦象却刚刚开始。

当然，人们不可能知道，梦中意念能通过躯体刺激达到什么目的。它与躯体刺激玩游戏，通过某种象征，指出相应躯体刺激的来源。的确，施尔纳认为——福尔科特和其他一些人不这样认为——梦有一个最喜欢的表现整个有机体的方式，那就是表现为一座房屋。但是幸运的是，在表现中它没有局限于这种素材，而且它还可以用很多房子来表现单个器官，比如说来自肠道的刺激可能在梦中表现为一条有很多房子的街道。有时候，一座房子的某一部分真的代表了某一身体部位，比如说，在由头疼引起的梦中，天花板上布满恶心的蟾蜍一样的蜘蛛，天花板就代表了头部。

除了房屋的象征外，其他任意的物体都可以用来代表引起梦的身体各部位。"因此，正在呼吸的肺可以表现为带着呼呼声的、熊熊燃烧的火炉，心脏可以通过空的箱子或者篮子来表现；膀胱则是圆形袋状物或者只要是空心的物体即可。在由男性性刺激引起的梦中，做梦者会梦见街上有一支单簧管的上部、烟斗的嘴部或者一块皮毛。单簧管和烟斗大约表现的是男性器官的形状，皮毛代表了阴毛。在女性做的性梦中，连接大腿的狭窄处可以表现为被房子围绕的小屋，而阴道则被表现为一条穿过庭院的柔软湿滑的小路，做梦者必须通过这条路把信送到一位先生手上。"特别重要的一点是，在这类由身体刺激引起的梦中，意念通常会通过暴露兴奋的器官或者器官功能来使梦更一目了然。比如说由牙齿刺激引起的梦中，做梦者通常会梦到把牙拔掉。

　　梦中的想象不仅注意到了受刺激器官的形式，该器官的质料也被作为客体进行象征化。比如在由肠道刺激引起的梦中，人们会梦到泥泞的街道；在由泌尿系统刺激引起的梦中，人们会梦到有泡沫泛起的水。器官兴奋的类型或者受刺激产生的欲望，都可能以象征的方式表现出来。或者，梦中的自我与自身状态的象征形式产生具体的联系，比如在受疼痛引起的梦中，我们梦到与恶犬或者疯牛进行绝望的搏斗，或者女人在性梦中梦见自己被裸体的男子追赶。除了做梦所用到的各种形式，**意念的象征化活动是每个梦的中心力量**。福尔科特试图在他的研究中，进一步深化这种意念的本质，并为它在哲学体系中谋求一席之地，但是尽管他写得优美热情，但对于那些先前没有受过训练、对哲学的观念体系没有一知半解的人来说，他的理论都太难理解了。

　　施尔纳关于象征化的意念的理论没有提到梦的**功利性作用**。心灵在睡眠状态中与出现的刺激进行游戏。人们可以猜测，这种游戏是毫无规矩的。但是人们也可能问我，施尔纳关于梦的理论那么随意，显然它违背了所有学术原则，而我对其进行如此详细的研究，是否能提供什么有用的结论。对于没有研读施尔纳的理论就提出的批评，在这里我要持反对意见。施尔纳的理论以每个人自己对梦的印象为基础，里面提到的人都对自己的梦给予极大的关注，他们看起来也很擅长去体察心灵的那些模糊之处。而且，它不只是研究了一个延续数千年的谜，它的内容和联系都很丰富。严格的科学也承认，对于这个谜的解答，科学所做的贡献只不过是试图反对流行的观点，并且试图说明梦这一客体毫无内容和意义。坦白说，当我们试图对梦进行解释时，很难不带有想象的成分。想象有可能是神经节细胞的产物，在前面我引用过一个严谨精准的研究者宾兹的一段话，他描述了清醒状态的光芒是如何普照到大脑皮质中的睡眠细胞群的。与施尔纳对梦的解释相比，这一描述中也不缺少想象和不可能性。我希望可以证明，在施尔纳理论的背后有些对事实的正确认识，尽管它只是模糊地被感知，并且缺乏能够上升到理论的普遍性。目前我们可以把施尔纳关于梦的理论与医学理论，作为相反的两类观点进行对比，并且发现对梦的解释还是在这两种极端中摇摆不定。

第八节　梦与精神疾病的关系

　　当人们谈到梦与精神疾病的关系时，说的一般是下面三类：

1）病因和临床的关系，比如梦表现、引起一种精神病态或者在梦后遗留一种精神病态；2）因精神疾病而造成的梦的变化；3）梦与精神疾病之间的内在联系和相似性，它们都表明二者之间在本质上有亲缘关系。这两种现象间的多种关系曾经是早期医学工作者最热衷的题材，斯皮塔、拉德斯托克、莫里和缇西收集的文献表明，这一题材如今再次成为热点。对这一主题的最新关注来自桑特·德·桑科缇斯（Sante de Sanctis）。对我而言，关于这一重要主题仅仅提一下就足够了。

关于梦与精神病之间临床和病因的关系，下面的观察可以作为典型范例。克劳斯援引了霍尔鲍姆（Hohnbaum）的报告，其中说道，疯病的初次发作常常来源于恐怖的、让人害怕的梦，它的中心思想跟那个梦有着紧密联系。桑特·德·桑科缇斯带来对妄想狂病人的相似的观察结果，他解释说在有些病例中，梦是"精神失常的决定性因素"。强烈的、有着妄想型内容的梦可以一次就使人陷入精神疾病中，有时候精神病是通过一系列梦发展起来的，在这一过程中这些梦逐渐克服了怀疑。桑科缇斯有过一个病人，他在做了一个震动情感的梦之后，先是有过几次癔症发作，然后陷入了一种恐惧、忧伤的状态。缇西援引了菲力（Féré）的报告，里面有一个因癔症而瘫痪的病人，而其最初的原因就是一个梦。在这些例子中，梦被看作是精神错乱的病因，但是如果我们说，精神错乱首先表现在梦里，在梦里有了首次发作，这也是合理的。另外一些例子表明，梦中有一些疾病的症状，或者说精神疾病只是表现在梦里。托马耶使人们注意到焦虑梦，他认为这类梦可以被理解为癫痫突然发作的等价物。埃里森对夜间的精神错乱进行了描述（根据拉德斯托克所述），患有这一疾病的人在白天看起来完全健康，而在夜晚却会有规律地出现幻觉、躁狂症发作等。类似的观察也可以在桑科缇斯（一个酗酒的人像做梦一样，妄想出一个指责他妻子不忠的声音）和缇西那里找到。缇西报告了大量对最近的病例进行的观察，其中那些带有精神疾病特征的行为（比如那些来自妄想型假设和强迫型冲动的行为）就是来源于梦。吉斯莱恩描述了一个病例，那个人的睡眠被间歇性精神病所代替。

总有一天——这大概是毫无疑问的——医生们会在研究梦的心理学的同时，也研究梦的精神病理学。

特别清楚的一点是，人们能在精神疾病恢复的情况下观察到，即使白天功能一切正常，而夜晚做的梦有可能还是带有精神疾病的特征。根据克劳斯的说法，格雷戈里是第一个注意到这个事实的人。缇西援引了麦卡里奥的报告，里面描述的是一个躁狂症病人，他在痊愈后一星期，在梦里重新感受到了由他的疾病带来的意念和强烈的冲动。

迄今为止还很少有人研究，梦生活在慢性精神病影响下发生的作用。正相反，梦和精神疾病这两种现象之间存在一致性，这内在的相似关系却早早地就受到了关注。莫里最先指出，卡巴尼斯是对它们之间关系做出评述的第一人，后来是莱吕、摩罗，特别是哲学家梅因·德·比兰。这种比较肯定可以追溯到更早时。拉德斯托克在一个章节中收集了很多格言，里面也讨论了这个问题，并且认为梦和精神错乱是相似的。康德说过："疯子是醒着的做梦者。"克劳斯说："疯狂就是清醒状态下的梦。"叔本华把梦称作短暂的疯狂，而疯狂则是长时间的梦。哈根把精神错乱看作梦，但是这种梦不是由睡眠引起的，而是由精神疾病引起的。冯特在《心理病理学》中说："事实上疯人院中所有的现象都能在梦中被梦到。"

斯皮塔列举了这两种现象间具体的相似之处（跟莫里的观点很像）："1）自我意识丧失或者受到阻碍，以至于根本不能了解自己目前的状况，因此对任何事情都不会感到惊奇，并且丧失了道德意识。2）感觉器官的感知能力发生改变，具体来说就是在梦中能力削弱，而一般来说在精神错乱中则大大增强。3）想象间的连接只遵循联想和再现的法则，也就是说顺序排列是自发的，想象们（夸张和幻觉）各自所占的份额是不合比例的，所有这些都导致了下面这点：4）个性的改变和逆转，有时会发生性格特征的倒转（倒错行为）。"

对此，拉德斯托克又补充了几点："大部分的幻觉和错觉发生在视觉、听觉和总体感觉的领域。跟梦里一样，嗅觉和味觉提供的元素最少。——像做梦者一样，发烧的病人在说胡话时会陷入遥远过去的回忆中；人在清醒、健康时忘记的事情，会在睡眠、生病时想起来。"梦和精神疾病像来自同一个家庭一样，只有人们认识到它们长相间的具体相似点时，对其相似点的研究才具有价值。

"一个受着身体和精神双重折磨的人梦到了他在现实中没有的东西：健康和幸福。所以在精神疾病中幸福、宏伟、崇高和富有的轻快图景也会出现。如果认为自己拥有财富和想象自己的愿望被实现，而这些愿望在现实中被拒绝或惨遭失败，这是造成精神错乱的主要心理原因，也是所说的胡话的主要内容。一个失去了心爱的孩子的女人，就在做母亲的喜悦中胡言乱语；失去财富的人认为自己特别富有；一个受欺骗的女孩认为自己被温柔爱着。"

（拉德斯托克在这里的叙述是对格里新格敏锐观察的总结。后者清楚地揭示了梦和精神疾病共有的一个特征就是**愿望的满足**。根据我自己的研究，这一点是梦和精神病心理学理论的关键所在。）

"思想之间的怪诞联系和判断力的虚弱是梦和精神错乱的主要特征。"如果冷静判断，对自我精神活动的过高估计是毫无意义的，而它却都出现在那两种现象中；梦中意念的快速奔涌与精神疾病的意念流吻合。两者都缺乏时间概念。梦中的人格分裂——比如说自我认知分裂为两个人，陌生的那个自我纠正真实的自我——跟我们所熟悉的幻想型分裂症是一样的；做梦者也会听到自己的想法被陌生的声音说出来。甚至稳定的疯想也能在典型的、一直重复的病理梦那里找到相似之处。说胡话的人在病愈后，时常会说他生病期间就好像做了一个不缺乏愉悦的梦，他们甚至会告诉我们，有时候他们在生病期间能感觉自己好像是在做梦。而这种情况在睡眠梦中是时常发生的。

拉德斯托克同许多其他作者一样，在总结他的观点时认为"精神错乱是一种异常的病理现象，可以被看作是一种加强了的、正常做梦状态的周期性反复"。

与梦和精神错乱的对比相比，克劳斯试图通过寻找它们的病因（更确切地说是兴奋来源）来进一步发现它们之间的联系。他认为，二者之间的共同基本元素是**机体感受**，是**躯体刺激感受**，是**所有器官提供的总体感觉**。

梦和精神错乱之间的共同之处延伸到其具体特征细节，这一无可置疑的共同处是梦的医学理论最坚实的基础。根据梦的医学理论，梦是没有用处、具有干扰性的过程，是精神活动减弱的表现。但是人们不能期待，在精神错乱方面能对梦做出最终解释，因为众所周知，我们对梦的来源的认识还处于一个让人不满意的阶段。但是，我们对梦的理解的改变，也许可以影响到对精神错乱的内在机制的理解，当我们试图揭示梦的秘密时，也可以说我们在为解释精神疾病做出努力。

跋 1909：

在这里我需要做出说明，本书没有收录第一版和第二版之间有关梦的问题的文献。读者对此也许会有些不满，我也没少受其影响。通过目前的引入性的一章，我已经实现了自己对有关梦的问题的文献进行阐述的目的，继续进行这份工作不但将花费我额外的精力，而且也不会带来什么有价值的指导。因为在这期间的九年，既没有产生关于梦的问题的新的、有价值的材料，也没有出现对这一主题有启发作用的观点。在我的书面世之后，大部分的作品都没有提及或考虑过此书。当然，所谓的"梦的研究者"给予它的关注最少，因为这些科学家们不愿意学习新东西，这里有一个典型的例子，安纳托里·佛朗时说："博学者不好奇。"如果在科学中人们也有报复的权利，那我大概有理由忽视本书发表后的那些文献。出现在科学期刊上的零星几篇报道充满了不解和误解，在这里我只能要求那些评论家再去读一遍本书。也许我的要求也可以这么说：请他们去读一下本书。

已经决定采用精神分析疗法的医生和其他一些人，已经发表了大量的梦例，并且在我的指导下对其进行了分析。如果它们不仅仅是对我的结论的肯定，我就将其结果收入本书中。桑特·德·桑科缇斯关于梦的内容丰富的专著在出版后不久就被译成了德文，其时间与我的《梦的解析》相同，因此我和这位意大利作家不能够相互学习借鉴。其实我不得不遗憾地说，他这部靠勤奋完成的作品完全缺乏思想性，通过它人们甚至都不知道我在自己的书里研究了什么问题。

我想到的只是与我的梦的论文稍有牵涉的两部作品。一个是年轻的哲学家赫尔曼·斯沃博达的，他把由威尔·弗里斯提出的生物周期性（23 天或者 28 天）扩展到心理现象上，在他想象力丰富的工作中，他试图通过这把钥匙解开梦的谜团。梦的重要意义被低估了，在他看来，梦可以被解释为所有记忆的集合体，在夜里其表现为对生物周期的第一次或第 N 次完成。通过与这位作者的私下交流，我以为他自己并没有严肃看待他自己的理论。但是好像我这个结论是错误的，在后面我将举出斯沃博达的一些观察，但是它们并没有给出让我信服的结果。一个令人高兴的巧合是，在一个意想不到的地方我发现了与自己核心理论几乎完全相符的一个关于梦的观点。从时间关系来看，这个观点并没有受到我的书的影响。在文献中他是唯一的与我持相同观点的独立思想者，对此我欢欣鼓舞。我的这本书中有其关于梦的观点的引摘，它是 1900 年发布的第二版《一个现实主义者的幻想》，作者是林库斯（Lynkeus）。

跋 1914：

上述辩护写于 1909 年。自那时起情况发生了很大的变化，我在《梦的解析》中所做出的贡献已不再在文献中被忽视。但是现在的情况使我不可能再将目前的汇报进行扩展。《梦的解析》已经提出了一系列新的论断和问题，研究者们以不同的方式对它们进行了解释。他们引用了我的研究，在我发展出自己的观点之前，当然不可能展示那些作者的作品。那些有价值的新文献，我将在后面的讨论中提到。

第二章 梦的解析方法：对一个梦例的分析

从本书的题目就可以看出，我对梦的理解继承的是哪种传统。本书的意图主要是展示梦是可以解释的。对已经提到的梦的问题做出的解释，是在完成原本任务过程中的意外收获。"梦是可以解释的"这一前提，除了施尔纳的理论以外，与当下主流的所有梦的理论都相悖，因为要"解释梦"就是要给予梦一个"含义"，将梦作为一个重要的、有价值的组成部分纳入精神活动的链条中。但是据我们所知，在关于梦的理论中找不到梦的解析的一席之地，因为梦对他们来说不是精神活动，而是肉体的运作，它通过符号向精神系统传递信息。一直以来外行的意见都与之相反，而且这些意见本身也是矛盾的。他们一方面承认，梦是不可理解的、荒谬的；另一方面他们却无法断言梦毫无含义。凭着黑暗中的模糊感觉，他们推断，梦有含义，这含义即便是隐藏起来的，它也是某种思想过程的替代物。因此我们只要能正确找出梦替代了什么，便可发现梦的隐意。

非专业界一直在试图用两种完全不同的方法对梦进行解释。第一种方法将梦的内容理解为一个整体，并且试图将其用另一种可理解的、在某种程度上与其相似的内容代替。这就是**符号释梦**，这种方法在处理那些不仅仅是不可理解，甚至是极端荒谬的梦时，自然只能失败。圣经上约瑟夫（Josef）对法老的梦所做的解释，便是这样的一个例子。"有七只健硕的牛，接着有七只瘦弱的牛，它们把前七个健硕的牛吞噬掉了"，这被看作预言"埃及将有七个饥荒的年头，并且这七年会将之前丰收七年的盈余一律耗光"的符号替代。大多数由文学家编造出的梦，都符合这类符号解释，因为他们要把他们的想法以梦中的相似物的形式委婉地呈现出来。"梦主要跟未来有关，未来在梦中提前呈现"的观点，赋予梦**预言性**，并且在解释梦的符号意义时，会用将来时"将会"。

没有什么方法能指导人们进行这种符号释梦。释梦的成功依赖于可笑的灵感和不可言说的直觉，因此这种符号意义上的释梦被拔高为一种艺术，与特殊的天赋紧密相连。

而另一种释梦方法却完全无此要求。这种方法可被称为"**密码法**"，因为它视梦为一种密码，其中每一个符号都可以按照密码册找到确定的解答，也就是被翻译为另一已知的意义符号。比如说，我梦到一封"信"和一个"葬礼"等，于是我查了一下那"释梦书"，然后发现"信"是"痛苦"的代号，而"葬礼"可以翻译为"订婚"。接着我只需要用这些破译好的关键词，建立一个联系，并且再一次认为这个编造出来的联系预示着未来。达尔蒂斯（Daldis）在他的《Artemidoros》一书中将此过程进行了有趣的改变，也就是将这一过程纯机械化翻译的特征进行了修正。

在这儿不只梦的内容，还有做梦者的人格、生活境况都被考虑进来，因此同一个梦的内容，与穷人、独身者、贩夫走卒相比，对一个富人、已婚的人、演说家来说，具有完全不同的含义。此方法的主要特点就在于不是着眼于梦的整体，而是研究单个的梦的碎片。好像梦是一个混杂体似的，里面每一个碎片都必须被赋予特定意义。这一方法的产生，肯定是来自对那些散乱、矛盾、让人迷惑的梦进行解释的需求。

毫无疑问，上面介绍的这两种常用的释梦方法并不适用于本课题的科学研究。"符号法"在应用上有限制，不能广泛用于解释所有的梦。而"密码法"的可靠性又取决于每件事物的"密码代号"是否可靠。其可靠性事实上没有任何保证。人们也可以同意一般哲学家与精神科医生的看法，与他们一同将梦的解析视为一种幻想出来的工作，从而将这个问题一笔勾销。

然而我却有更好的想法。我认识到，古老而固执的通俗信念往往比目前的科学研究更接近事物的真相，而且这种情况绝对不是少数的特例。我必须坚持认为，梦确实有含义，而且有科学的方法能够对梦的含义进行解析。我发现这一方法主要通过以下途径解析梦的含义：

几年来，我一直在寻找几种精神疾病，如癔症性恐惧症、强迫症等的治疗方法。

因为，在与约瑟夫·布洛伊尔的通信中，我学习到，有关病理症状的结构被破解后，这些精神病症就会消失。于是，我便学习着这么来做了。

如果人们能将这种病态的想象追溯到引发精神疾病的因素上去，这种想象也将就此分崩离析，病人也得以从疾病中解脱。其他疗法的失败以及此种情况的神秘复杂性吸引了我，使我能不顾重重困难，试图将布劳耳开创的这条道路，走出康庄大道来。至于这个过程的方法和我的努力取得的成果，我将在其他地方进行详细补述。而在这精神分析的探讨中，我接触到了"梦的解析"的问题。在我要求病人将他有关某种主题曾产生过的意念、想法通通告诉我时，他们就会说到他们的梦，也因此使我联想到，梦应该可以被纳入心理链条中，可以通过追踪它，来从一个病态的想法回溯到往昔的回忆。接下来就演变成，将梦本身当作一种症状，利用梦的解释方法来解释病症。

病人需对此有心理准备。人们要努力劝说他，注意自己心理上的感受，同时尽量减少习惯性的对某些浮现的想法的批判。为达到目的，最好能使病人处于安静的环境，闭上双眼，并且特别强调，他绝不能批判产生的想法。他得了解，精神分析的成功与否将取决于他是否关注了所有涌上心头的感觉和想法，并且和盘托出。不能自行发挥，也不能因为觉得不重要、不相关或者无意义就压抑某个想法。他必须对自己的各种意念，保持绝对公平，毫无偏倚。一旦他的梦、强迫性出现的意念或其他病状，无法被解开，那就是因为他让批判阻滞了意念想法的浮现。

在精神分析工作中，我注意到，一个人在深思时的心理状态与他观察自己的心理过程的状态，是完全不同的。深思时的心理活动比自我观察时更活跃。当人深思时往往神情凝重、眉头紧锁；与此相反，人在自我观察时，却往往有平和的表情。这两种情形，都必须集中注意力，然而一个深思的人，另外还需批判某些浮现的意念，以阻止思维的继续进行，而有些意念甚至在被意识到之前，就已经被压制了。自我观察者则只需要抑制批判的冲动，如果他做到了，那将有无数本来不可理解的意念想法，浮现到意识里。

凭借着这些由自我观察者新发现的资料，可以对这些精神病态意念以及梦的形成做出解释。如人们所见，这样产生的精神状态，就精神能量（变动的注意力）的分布而言，很像人们入睡前的状态（以及催眠的状态）。由于某种控制力（某种程度上包括批判能力）的松懈，使得非自主的意念出现，从而影响了我们意念的变化。这种松懈的原因通常被称为"**疲乏**"，而这些涌现的非自主意念，往往转变为视觉或听觉上的幻象。

在分析梦或病态意念时，对其具体活动的观察被故意放弃，而将省下来的精神力（也许只是部分的）用于跟踪那些非自主出现的想法，它们同时也具有想象的特征（这是与入睡状态的区别）。这样，非自主出现的想象在这里是被希望的。

然而，对大多数人来说，对"自由浮现的意念"采取这种态度，而不是进行批判，仍有相当的难度。非自主的意念往往必须克服很大的阻力，才能浮现到意识层。但是，如果我们相信伟大诗人哲学家弗里德里·希席勒（Friedrich Schiller）的话，那么文学创作也需要这样的态度或者说条件。在他与科尔内（Körner）的通信中（感谢奥托·兰克，才发现了这份信件），席勒回答一位抱怨自己缺乏创作力的朋友说："在我看来，你之所以会有这种抱怨，完全是因为你的理智限制了想象力。在这儿，我必须提出一种观点，并通过一个譬喻使其更形象。如果理智对那已涌入大门的意念，仍要做太严格的检查，对心灵创作来说是非常有害的。单就一个意念而言，它可能微不足道，甚至很荒唐，但它却可以通过与接下来出现的意念结合，而产生有意义的组合，即便这些单个意念本身都同样没有价值。理智无法评判这些意念的价值，除非它能一直保留它们，直到能够看到它们之间彼此的联系。我觉得一个充满创作力的心灵，能把理智从大门的警卫哨撤回来，好让所有意念自由地、毫无限制地涌入，而后再通观整体，并且将这一大堆的意念进行整合。您那可贵的批判力（或者您自己称它什么），在面对转瞬即逝的疯狂可笑的念头时，产生的是羞愧和恐惧，而这些念头实际上会在任何创作者那里出现，甚至它们存在的时间长短将思考着的艺术家和做梦者区分开来。因此，您抱怨创作毫无成果，其原因在于，您对自己的意念批判得太早，将它过于严格地筛选了下去。"（1788 年 12 月 1 日的信）

如席勒所言——"把理智从大门的警卫哨撤回来"，对自我进行无批判的观察其实一点也不难。我的病人中的大多数，都能在第一次的指导后就做到这点，而我自己如果把闪过我心头的所有念头一一记下，我也可以很轻易地完全做到。用以摒除批判、加强自我观察的这种精神力量所能取得的成果，与注意力关注的内容紧密相关。

在应用这一方法时，人们首先得知道，他们不能把梦作为一个整体，而只应该把单个的片段作为注意力的观察对象。如果我对一个毫无经验的病人发问：

"由这个梦您能想到什么?"基本上他是毫无头绪的。我必须替他把梦做一次分解,然后再使他就各片断,逐一告诉我关于这一段他能想到什么,这也被称作梦中"隐念"。从这一首要步骤,我所采用的释梦方法就区别于通俗的、历史的、非常著名的"符号释梦法",而与前述的第二种方法"密码法"较为相近。与此相同,我也是就片段而非整体进行解释,同样,我也视梦为一大堆心理元素的堆砌物。

在对神经症的精神分析过程中,我大概已经对不下于一千个梦进行了解释,但是这些材料我不想作为经验应用到释梦的技术和理论中。因为对这些病人的梦所做的解释并不足以推广适用到普通正常人身上。除了这个,还有别的原因。因为所有这些梦的主题,往往脱离不了这些引起其心理疾病的病根。因此,这样的梦都必须附加一个过长的说明,来解释这种心理疾病的本质和原因。这些心理疾病本身已经非常令人感到陌生,所以如果我们这么做了,本来关注梦的问题的注意力会被引向歧途。我的目的主要是,在解释梦时,能够为更棘手的神经症的解决做一些准备工作。因为我要舍弃这类神经症患者的梦,所以就不能够对剩下的材料过于挑剔。剩下的只是一些健康的朋友偶尔于闲谈中提及的梦或一些在文献中被记录的梦。然而,很遗憾,对于这些梦我其实无法做真正的分析,以寻求其真实的含义,因为我的方法比起通常的"密码法"难度更大。密码法只要将梦的内容生硬翻译成已被确定的答案即可,而我认为,**同样的一个梦对不同的人、不同的关联将有不同的隐藏含义**。因此,与其利用那丰富而顺手的材料,即便它也是由正常人提供,并且与各种各样的日常生活联系着,我也只能依靠我自己的梦。当然人们肯定要质疑这种自我分析的可靠性。主观性在这里自然不能被排除掉。但按照我自己的判断来说,观察自我总是较观察别人来得真切,而且至少人们可以一试,看看用自我分析的方法到底能在释梦这条路上走多远。至于其他的困难,我需要在我自己的内心加以克服。每个人都不情愿暴露这么多的内心细节,而且也会担心陌生人会对自己产生误解。然而,一个人必须超越这些顾虑。德尔贝夫曾说过:"每一个心理学家都必须有勇气承认自己的弱点,如果他认为那样做会对困难问题的解决有所助益的话。"而且我相信,读者们对我的轻率举动的兴趣,很快就会转到对心理学问题的分析上。

因此,我将举出一个我自己的梦,来说明我的释梦方法。每一个这样的梦均须有一个"前言"。所以我想请读者们,先把我的兴趣,暂时当作自己的兴趣,专注于我的一些生活细节,因为这种转移对研究梦的隐藏含义是非常有帮助的。

　　前言　1895 年夏，我曾对一位年轻女病人进行心理治疗，她与我以及我家人素有交情。很容易理解，这种关系会给医生和病人带来各种不安。医生的个人因素牵涉得越多，他的权威就越少。治疗失败会使两家历来的友谊受到损害。事实上，我只取得了部分的成功，病人不再有"癔症焦虑"，但她生理上的种种症状并未好转。那时我尚未确知癔症的治愈标准，因此我鼓起勇气，向患者提出了一个治疗方法，但是患者看样子并未接受。有一天，我的同事奥托（Otto）拜访了这患者——伊玛（Irma）的乡居，回来后与我谈起。于是我问起她的近况，所得的回答是："好了一些，但没全好。"我知道我听后非常气愤，因为奥托的话，因为他的语气。那听起来就好像在指责我的不对，好像是在抱怨我对患者承诺了太多却没有兑现。而且我不由猜想，一定是那些最初就不赞成我的治疗的亲戚们，影响了奥托的看法。但我当时并未弄清楚自己的不快，也就没有说出来。在当晚，我还是把伊玛的病史写下来，希望能把它交给我们共同的朋友 M 医生，他当时是我们圈内的权威人士，我希望他能为我正名。而就在当晚（或者是隔天清晨），我做了这样一个梦，并且在醒来后马上就记录了下来。

1895 年 7 月 23 日/24 日之梦

　　在一个大厅里，我们招待了很多宾客，伊玛就在人群中，我马上走到她旁边，想回答她的来信，并且责备她到现在都还没有接受我的治疗方法。我对她说："如果你仍感到痛苦，那都怪你自己！"她回答道："你可知道，我最近喉咙、肚子、胃都痛得要命！"我很吃惊，然后打量她，发现她看起来苍白又浮肿。我想，我可能最后确实忽略了一些生理上的问题。于是，我把她带到窗口，检查她的喉咙。正如一般常戴假牙的淑女们一样，她也免不了有点抗拒。其实我以为她是不需要这种检查的。结果在她张大嘴后，我发现她右边喉头有一块大白斑，而其他地方也多有广泛的灰白小斑，都扩展成了灰白色的痂，看来很像鼻子内的"鼻甲骨"。我很快地叫 M 医生来再做一次检查，证明与我所见一致。M 医师今天看起来与以往不同，苍白、微跛，而且没有胡子。现在我的朋友奥托也站在伊玛旁边，另一个医生里奥波德（Leopold）在叩诊她的身体，并说道："左下方胸部有浊音。"又发现她左肩皮肤有炎症病灶（虽隔着衣服，我也能摸出这伤口）。M 医师说："毫无疑问，感染了，但是没什么大碍，只要拉拉肚子，就可以把毒排出来。"而我们都立刻明白，感染是从何而来。大概不久前，伊玛身体不舒服，奥托给她打了一针丙基制剂，丙基……丙酸……三甲胺（那构造式是加粗呈现在我眼前的）。其实，人们是很少这般轻率地使用这种药的，而且很可能当时针筒也不够干净。

这个梦与别的梦相比，有很多优越性。它可以很快被关联到白天发生过的事情上，它的主题也是明确的。前言中已经对此做出了说明。我从奥托那听到伊玛的消息，以及我一直写伊玛的病历直到深夜这件事，也影响了我梦中的思想活动。但是就算这样，就算读了前言和了解了梦的内容，也没有人能明白这个梦的含义是什么。我很奇怪，为什么伊玛会有那样奇怪的症状，因为显然它不是我原来治疗的那些病症，丙酸的注射，还有 M 医师的安慰之词，都让我觉得好笑。在最后，梦比一开始更加模糊，更快地掠过了。为了了解其含义，我必须进行更深入的分析。

♡分析

一　在一个大厅里　我们招待了很多宾客　那年的夏天，我们正住在贝莱福（Bellevue）丘陵中的独栋别墅，紧邻卡伦山。这座房子本是建来用以休闲的别墅，所以里面的房间都超乎寻常地高大宽敞。这梦发生在这儿，并且是我妻子生日庆会的前几天。白天时，我妻子刚表达了想在生日当天宴请一些朋友的愿望，而伊玛便是其中之一。因此，在我的梦中，就预演了我妻子生日当天应该出现的情况——我妻子生日、很多客人、伊玛也在、贝莱福的大厅。

二　我责备伊玛到现在都还没有接受我的治疗方法　我对她说　如果你仍感到痛苦　那都怪你自己　在醒时我也有可能说出这种话，而且可能事实上我也已经说过。当时我以为（日后我已认识到那是错误的），我的工作只是向患者揭示他们症状下面所隐藏的根源。至于他们是否接受那些解决方法——这些方法当然决定了治疗的成功与否——他们怎样选择，当然不能由我负责。对于这个现在已被改掉的错误，我心存感激，因为我认为自己应该治好所有人，而这个错误减轻了这个责任。在梦中，我告诉伊玛那些话，无非是要表示她今日之所以久病不愈，实在不是因为我治疗不力。如果是伊玛自己的责任，那当然就不是我的责任。难道这就是做这个梦的目的所在？

三　伊玛抱怨说　我最近喉咙　肚子　胃都痛得要命　疼痛是她找我时就

已有的症状，但当时并不太严重，她更多的是抱怨恶心、想吐。喉痛、腹痛、喉紧这些症状从来没被提起过。我很奇怪，为什么我会在梦中编造出这些症状，其原因目前我还没找到。

四　她看起来苍白又浮肿　实际上伊玛一直是脸色红润，所以我怀疑大概在梦中她被另一人"取代"了。

五　我被自己的想法吓到了　大概我以前确实忽略了一些生理上的问题　读者们都知道，一个精神医生常常会害怕自己把其他医生诊断的生理疾病也统统当作精神癔症来治了。一个不知何处来的微小的怀疑——我感到的惊吓是否真诚——让我感到轻松了。如果伊玛的疼痛来自生理原因，那就不归我负责了。我只负责去除精神癔症带来的疼痛。也许潜意识里，我反倒希望以前癔症的诊断是个错误，这样对我治疗无效的指责也就无从谈起了。

六　我把她带到窗口　检查她的喉咙　正如一般常戴假牙的淑女们一样　她也免不了有点抗拒　对她来说　其实完全不必　实际上以前我也从没有理由去检查伊玛的口腔。这梦中的情景，使我想到以前有个富婆来找我看病，她外表显得那般漂亮年轻，但一旦要求她张开嘴巴，她就尽量掩饰她的假牙。　其实伊玛完全不必这么做　这句话似乎是对伊玛的恭维，但我猜测还有另一层含义。如果认真分析，人们能够感觉到自己是否已经想到了所有应该想到的。伊玛站在窗口的一幕，突然使我想到另一段经历：伊玛有一位很亲密的、受我高度评价的朋友。有一天我去拜访她时，她正好就像梦中伊玛一般站在窗口，对她的医生——M医生（就是梦中的那位）说，她有白喉结的痂。M医生，还有白喉结的痂都在梦中呈现了。现在我想到，在过去的几个月里，我有充分的理由怀疑，另一个女人也患有癔症。确实，这是伊玛自己告诉我的。但是我知道她有哪些症状呢？有一个症状就是跟我梦中的伊玛一样，她也患有癔症性的窒息感。在梦里，我把我的病人用她的朋友代替了。现在我想起来了，我总觉得这个女人会像伊玛一样来找我寻求治疗。但是我又觉得不可能，因为她实在太内向保守了。她"抗拒"，就像梦中呈现的一样。另一个解释也可能是　她本不必这样　，到目前为止，她确实表现得很好，在没有外来帮助的情况下就控制了自己的病况。最后剩下苍白　浮肿　假牙这些线索无法在伊玛和她这位朋友身上找到。假牙可能来自那富婆；而另外，我更倾向于往糟糕的牙齿上联想。我想到另一个人物，她不是我的病人，而且我也不想接受她成为我的病人，因为我已经意识到，她在我面前局促不安，也不会是听从治疗的病人。她一向脸色苍白，而且即使她有一段时间状态特别好，她也是浮肿的。

这样我用了另外两个女人来取代伊玛，她们与伊玛一样都对我的治疗有抗拒。我之所以在梦中用她们取代伊玛，可能是因为对她们更加同情，或者我觉得她们更加聪明。我觉得伊玛太笨，因为她没有接受我的办法，而其他的女人可能较聪明、可能更会让步。所以 在之后 嘴很好地张大了 她说的话也比伊玛更多。

七 我发现她右边喉头有一块大白斑 而其他地方也多有广泛的灰白小斑 都扩展成了灰白色的痂 看起来很像鼻子内的鼻甲骨 白斑使我联想到白喉，还有伊玛的那位朋友；除此以外，还让我想起大约两年前我大女儿得的重病，以及那段痛苦阶段的诸多不如意。 鼻甲骨 的痂使我想起自己的健康问题，当时我常服用古柯碱来抑制鼻部的肿痛，而几天前，我听说一个病人因用了古柯碱，而使鼻黏膜大块坏死。古柯碱的推荐是由我于 1885 年发起的，也给我带来一连串的指责。而且有位 1895 年去世的挚友因大量滥用古柯碱，而加速了自己的死亡。

八 我很快地叫 医生来再做一次检查 这直接反映出 M 医生在我们之间的地位。但 很快地 已经足够引人注目，必须对其加以解释。这让我想起一段令人伤感的行医经历。当时磺酰胺（Sulfonal）还在被广泛使用，并且看不出什么副作用，而当我把此药开给一个患者时，病人出现严重的中毒反应，以至于我不得不赶紧向有经验的前辈们求助。这件事深深地印在了我脑海中。另一件事使这一印象更加深刻，那就是中毒的那位病人，她跟我的大女儿同名。直到现在我才发现这一点，这简直就是命运的报复，以人换人。一个玛提尔德换一个玛提尔德，以牙还牙，以眼还眼。我好像一直都在为自己行医上的失误自责，并且寻找一切能够自责的机会。

九 M 医生脸色苍白 没有胡子 微跛 M 医生实际上就是个脸色苍白、让他的朋友们担心的人。但是其他两个特征则肯定是属于其他人的。我想到我那位在国外的哥哥，他的胡子刮得一干二净，并且，如果我记对了，梦中的 M 医生跟他十分相像。前几日有消息传来说，他因为髋关节的关节炎而跛行。这肯定是我为什么在梦中把两个人混成一个人的原因。我还记得很清楚，我曾经因为这两人而情绪不佳。因为他们都曾经拒绝了我给出的意见。

十 奥托站在伊玛旁边 而里奥波德为她做叩诊 且注意到她的左下胸部都有混浊音 里奥波德也是医生，是奥托的亲戚，由于两人干的是同一行当，所以一直被人们作为彼此的竞争对手进行比较。在我主持儿童精神科门诊时，他俩都在我手下帮过忙。梦中的情景其实反映了那时的状况。当我跟奥托就一个病例进行辩论时，里奥波德则重新给那个孩子做了检查，并且为诊断决定做出了意想不到的贡献。像检察员布莱斯希（Brsig）和他的朋友卡尔（Karl）一样，他们俩的性格也迥然不同。一个胜在敏捷，而另一个沉稳、谨慎扎实。在梦里，我让他们俩作为对立面出现，无疑是为了突显里奥波德的认真。这种对比类似于前文中所说的不听话的病人伊玛和她看起来更聪明的朋友。这时候我发现了一个梦中思想的运行模式：从生病的孩子到儿科诊所。—— 左下的混浊音 与当时里奥波德参与的病例的细节完全吻合，并且他的仔细让我惊讶。除此之外，还有一种感同身受掺杂其中，也许是因为我对病人的感情，我对伊玛当然可能怀有那种友情。这位女士显然是有肺结核的症状。

十一 左肩皮肤上有炎症的病灶 我一下子就想到这正是我风湿痛的部位。每当我熬夜到深夜，这毛病就要发作。梦中说的话 虽说隔着衣服 我仍可摸出这伤口 也因此有第二层含义，就是说我是在摸自己的身体。另外，我也注意到， 炎症病灶 这句话很少用来指皮肤问题。 左上后部的炎症病灶 这一说法是常用的，并且是指肺部，因此又一次指向了肺结核。

十二 虽说穿着衣服 这只是一个插入语。儿童诊所里的孩子都是脱光衣服接受检查的，对于成年女性，我们当然不可能这么做。当人们谈论起名医，都要提到，他可以隔着衣服对病人进行诊断。除此之外，我不知道还能再深入想到什么。

十三 医生说 毫无疑问 感染了 但是没什么大碍 只要拉拉肚子就可以把毒排出来 这乍看十分荒谬可笑，但如同其他部分一样，这段也要被分解分析，仔细追究，倒也有一种含义。在梦中，我发现病人长有局部白喉。从我女儿患病的日子，我想到关于局部白喉和白喉的讨论。后者是由局部白喉发展而成的一般性感染。里奥波德发现的混浊音就是这种一般性感染的表现，并且让人想到肿瘤转移。虽然我觉得，白喉不会引起肿瘤，我更认为这是脓血症。

没什么大碍 是安慰之词。梦中的最后部分想要说明，病人的痛苦其实是来自生理性的原因。这大概是我试图为自己推卸责任的又一尝试，因为白喉带来的痛苦显然不能通过心理治疗来减轻。这时我开始自责起来，仅仅为了让自己良心轻松，我就给伊玛编造了这么严重的病。这看起来多可怕啊。除此之外，我又使这个好出路更加保险——让这安慰的话从 M 医生的嘴里说出来。我在这要让自己超脱于梦境，以便对它进行分析。

为什么这安慰之词完全是无稽之谈？

痢疾：还有某种牵强的理论认为，通过肠道可以将疾病物质从体内排出。我在梦中是在嘲笑 M 医生的无稽解释和奇怪的病理联系吗？关于痢疾，我想到了一些别的事。几个月前，我接收了一个严重消化不良的病人，其他医生都将他作为贫血症、营养不良来治疗，而我马上发现，他其实是患有癔症，但我不想对他进行心理治疗，而是让他去海外旅游。但几天前，我收到这个病人从埃及发来的绝望的信，里面说，他在那里又发作了一次，然后被当地的医生诊断为痢疾。我认为，这位不知名的医生被癔症蒙蔽而犯了这个错误，但是我也忍不住自责，因为我竟然让一个因癔症而肠胃不适的病人去一个容易引起生理上肠胃不适的地方。痢疾的读音听起来像白喉，这种替换在梦中很常见。

对，肯定是这样：关于痢疾的安慰之词从 M 医生口中说出，是有意在取笑他。因为我记得，他有一次也是这样取笑另一位医生的。他与这位医生一起被邀请参加一个会诊，这位医生态度乐观，而 M 医生则觉得自己必须对其看法进行批评，并且反对说，他在病人的尿中发现了蛋白。那位医生不为所动，而是轻松回答说："没什么大碍，尊敬的先生，蛋白会排出去的！"

毫无疑问，在梦中我有意取笑那位认不出癔症的医生。我经常在想：M 医生知道他的病人，也就是伊玛的那位大概得了肺结核的朋友，也可能有癔症吗？他认出了癔症，还是被蒙在鼓里？

但我在梦中这般刻薄地取笑他，究竟又有什么动机呢？答案很简单：M 医生和伊玛一样，都不赞成我的治疗方法。在这个梦里，我已经向两个人进行了报复。对伊玛是通过这样的话："如果你仍感到痛苦，那都怪你自己！"对 M 医生的报复是通过让梦中的他说出可笑的安慰之词。

十四　而我们都立刻明白　感染从何而来　这不太合理，因为在这之前我们连感染都没发现，感染是里奥波德发现的。

十五　大概不久前　伊玛身体不舒服　奥托给她打了一针　奥托确实说过，前不久他住在伊玛家附近的旅馆，因为那里有人突然觉得不舒服，他就给他打了一针。打针重新让我想起了我那不幸的、因古柯碱中毒的朋友。我当时建议他内服古柯碱来戒掉吗啡，没想到他却进行了古柯碱注射。

十六　打的药是丙基制剂　丙基　　丙酸　我到底是怎么想出这些来的？在我写病历并且做梦的当晚，我妻子打开了一瓶利口酒，上面写着安娜纳丝（Ana-nas）的字样，它是我们的朋友奥托送的礼物。他显然习惯找到各种理由送礼物，真希望有个女人能将他这种毛病治好。这利口酒有种劣质烈酒的味道，我一点也不想喝。我妻子认为：我们可以把它送给佣人，但是我更为谨慎，并且在拒绝的同时加上了人道化的评论——"佣人也是人，不至于要被毒死吧！"劣质烈酒的气味（Amyl）显然让我想到这一连串的、在梦中作为合成式出现的丙基、甲基等。梦中我进行了一次置换——在闻到酒气味（Amyl）之后，我梦到了丙基（Propyl）。这种置换情况可能恰好出现在生物化学中。

十七　三甲胺　对梦中出现的构造式我记得非常清楚，因为它用粗体写出，就跟画重点一样。三甲胺要把我引向何方，为什么它要以这种方式吸引我的注意力？我有一个老友，多年前我们就时常谈论各自的研究，在一次谈话中，他向我说明他关于"性"的化学研究，并且提到，他发现在三甲胺中也能找到性激素代谢的一种产物。三甲胺在我梦中可能代替了"性"，而在我眼中，"性"正是一个精神病学上的大问题。我的病人伊玛是一个寡妇，如果我硬要自圆其说的话，她的毛病可能就是由"性"的不满足而产生。当然这种说法必不会被那些追求她的人们所接受，但这样的分析，似乎颇能与梦里情节相吻合。

我意识到，为什么三甲胺的构造式如此清晰地出现在我梦中。总而言之，三甲胺不仅是关于那强烈性欲的暗示，还指向了让我满意的那个人，因为他赞同我的观点。这个对我来说十分重要的朋友，就不再出现在我的梦中了吗？不，他的研究重点在于鼻炎和鼻窦炎，并且在科学领域初步揭开了鼻甲骨与女性生殖器官的关系（伊玛脖子那的三个灰斑）。我让他给伊玛做检查，看看她的胃疼是不是跟鼻子有关。而他自己也患有鼻溃疡，这让我很担心，因此可能在梦里我把这个替换为脓血症了。

十八　其实　人们是很少这般轻率地打这种针的　这完全是在指责奥托的轻率。白天时，当他通过话语和眼神流露出对我的埋怨之意时，我就这样想过：他是多么容易受到别人影响啊，又是多么容易就下判断啊！除此之外，梦中那句话再一次让我想到那位因注射古柯碱而去世的朋友。前面已经说过，我根本就不想让他注射古柯碱。还有可怜的玛提尔德，她也是死于对于药物的轻率使用，我为此是十分自责的。在梦里，我一方面受到良心的谴责，另一方面又试图竭力摆脱这种良心谴责。

十九　很可能连针筒也不干净　这又是指责奥托的，但这来源又不同。我之前有一个82岁的老病人，我必须每天给她打两针吗啡来维持。昨天我偶然碰到了她的儿子。目前她生活在乡间，我听说她现在得了静脉炎。我马上想到，这肯定是由针筒的不洁造成的。我感到很骄傲，因为在我给她打针的两年间，从来没发生过这样的事，对于注射器是否清洁彻底，我一向是十分挂心的。我可是有良心的医生。我又想到我妻子，她在怀孕时患过血栓症。这样在我的记忆中关于我妻子、伊玛还有死去的玛提尔德就有三个相似的事件，它们显然在我的梦中被混成了一个。

这就是我对这个梦的解析。

在分析过程中，我尽力不为了使梦的内容和梦的隐藏含义联系起来，而故意让一些意念产生，让梦的含义自然展开。我意识到，在梦里我的某种意图得以实现，这也是做这个梦的动机。昨夜的一些事件（奥托带来的消息，还有写病历这件事）激起了一些愿望，并且它们在梦中得到了实现。整个梦的结果，就在于表示伊玛如今的痛苦不是我的责任，而是奥托的责任。奥托关于我没有把伊玛治好的抱怨让我生气，所以我在梦中报复了他，让他的抱怨针对他自己。这梦利用其他一些理由（随后我就要解释）使我从伊玛的病况中推卸了责任。这个梦展现了一个我希望发生的事实，它的内容其实是**欲望的满足，愿望就是它之所以产生的动机**。

目之所及就是这些。如果把梦当成是欲望的满足，那么每个细节都是很容易理解的。在梦中，我不仅通过责备他给病人进行的轻率的治疗（打的那针），来报复他针对做出的轻率反对，我还因为他送的那闻起来像烧酒的劣质利口酒报复了他，并且在梦中合二为一：打的针剂是丙基制剂。这样我还不满意，而是通过给他设立一个优秀的竞争对手来继续我的报复，我的意思好像是，比起你来我可更喜欢

奥托·兰克

他！奥托不是唯一一个在梦中承受我的怒火的人。我还对不听话的病人进行了报复，在梦里我把她替换成了另一个更聪明、更温顺的病人。我也不让 M 医生自相矛盾的话就这么轻易说出来，而是让他表现得完全像个无知的蠢货（"会有痢疾，拉拉肚子就好了"）。事实上，就像我想将伊玛替换成她朋友，奥托替换成里奥波德一样，看来我很想把他替换为一个更渊博的医生（就是那位跟我谈到三甲胺的朋友）。让我远离这些讨厌的家伙吧，让我自己选三个人来代替吧，这样我也不必承担那些莫须有的指责啦！在梦中，我通过种种复杂交错，来让那些对我的指责显得毫无根基。因为伊玛自己拒绝了我的治疗方案，所以她现在的病痛完全是她自己的责任。她的病痛与我无关，因为这是生理性的毛病引起的，通过心理治疗自然不能治愈。她的痛苦可以被解释为来自她的寡居生活（三甲胺），这种情况我也没法改变啊！她的痛苦还来自奥托给她打的那草率一针，针剂的内容很不合适，我当然是从来没给她用过那种药。伊玛的病痛还由那个注射器不干净导致，就好像那个因此而得了静脉炎的老妇一样，而在我这从来没有发生过这样的事。所有的关于伊玛病痛来源的解释，看起来都将我的责任推卸得一干二净。而事实上，这些解释不能互相支持，而是自相矛盾的。这个梦完全就是对我的意图的支持，这让我想到那个被指控借了邻居的沙发并且把它损坏了的人，他在辩护时先说，他归还沙发时，沙发是好好的，又说他借时，沙发已经坏了，最后说，他从来没借过沙发。如果这三个辩护说法有一个被采纳，那这个男人就得被宣布无罪。

　　除此之外还有一些主题牵涉其中，我看不到它们与我试图从伊玛的病痛中推卸责任这一主题有什么联系：我女儿的病，那与我女儿同名的女病人的病，古柯碱的害处，到埃及旅行的病人的病情，对我太太、我哥哥、M 医生的健康的关怀，我自己的健康问题，我那患有化脓性鼻炎的朋友。总体来看，它们指向了一个共同的含义，那就是医生对于健康的关心，不管是自己的，还是他人的。当奥托向我说明伊玛的病情后，我感受到的那种不明的尴尬，依然让我记忆犹新。这种掠过心头的感觉，终于在我的梦里宣泄了出来。那时的感受就如同奥托对我说："你对医生的责任没有给予足够的重视，没有良心，对你给出的承诺也没有去加以实现。"因此，我就在梦中，竭尽所能地证明，我是多么有良心啊！我是如此关心我的亲属、朋友和病人！然而奇怪的是，在梦里还有一些痛苦的回忆，它们不是站在我这一边，而是为奥托的谴责说话。这些内容看起来是不偏袒的，我的梦也是建立在这些内容的彼此联系上，但是它们与"我不需要对伊玛的病痛负责"这一主题有什么联系，在这里我还没有答案。

我不想断言，这个梦的含义已经被毫无纰漏地揭开了。

我仍可花更多时间来讨论它，解开新的谜团。在某些地方产生的想法，可以继续深入跟踪探讨，但是对于分析自己的梦，我还是有顾虑，相信每个人都能理解，因此我决定就先止步于此。如果有想要批评我太过含蓄的人，那只能请他自己试试，把这工作做得更为直白些。我满足于这刚获得的新认识——如果人们按照上述分析方法来对梦进行解释，就会发现，梦真的有它的含义，而不只是一般作者认为的，它只是表现了大脑活动的碎片。通过完成的释梦工作，我们可以认识到，**梦是欲望的满足**。

第三章　梦是欲望的满足

如果一个人沿着一条峡谷小路突然走到一处高地，在这里路分岔了，并且每个方向都提供了多种多样的景色，他这时候就需要停留一会来考虑一下，他到底要走哪条路。在我们实现初步的释梦后，也面临着这样的相似状况。那突如其来的发现是十分清楚的。一个乐器发出不规则的响声，是由乐手控制的，是来自外部的力量冲击，而梦与此不同，它不是无意义的，不是荒谬的，也不是指我们想象力一部分清醒着、一部分昏睡着。它完全是一种心理现象，是一种欲望的满足。它可以被认为与我们清醒时能够理解的精神活动紧密联系，它产生于一种极度复杂的精神活动。然而，当我们为这新发现而欢欣鼓舞时，一大堆的问题也出现在眼前。如果根据释梦法来说，梦表现了一种希望被满足的愿望，那么它的特殊而奇怪的表达方式从何而来？本来的想法在梦中经过了怎样的伪装，才变成我们醒来后能够回忆起的各种梦境？这种伪装经过了怎样的过程？梦中被加工的材料来自哪里？梦的特殊性（比如，梦中很多细节是自相矛盾的，例子见关于借沙发的那个寓言）来自哪里？关于我们自己的内心活动，梦能够告诉我们一些新鲜东西吗？它能够纠正一些我们一直以来的想法吗？我建议，先把这些问题放到一边，让自己专注于其中一个方面进行进一步研究。我们知道，在梦中表现的是一种愿望得到了实现。下一步我们要做的就是分析，这是梦的一般特征，还是那个具体的梦（关于伊玛打针的梦）的偶然特点。因为就算我们知道，每个梦都有含义和心理价值，我们也必须承认这一可能性，那就是，梦的含义不都是类似的。

我们第一个梦是欲望的满足，而另外一个就可能是恐惧的实现，第三个可能是反思，第四个可能只是重现了一种回忆。还有其他的愿望梦吗，还是除了愿望梦就没有别的类型的梦了？

"在梦中欲望得到满足"这一特征往往毫无掩饰，很容易就可以被发现，因此这一梦的语言直到现在才被人们理解，着实让人惊讶。我就可以随便地、带有实验性质地制造一个梦。比如，如果我晚上吃鳀鱼、腌橄榄或者其他什么很咸的菜，晚上我就会从睡梦中渴醒。在这之前我会做一个梦，梦的内容几乎每次都一样，都是我在喝水。我大口喝水，冰凉的水对那焦渴的人来说是那么好喝。然后我就醒过来，并且意识到我很渴，必须马上喝水。做这个梦的原因当然是我渴了。喝水需要在梦里得到实现。它有一个功能，我稍后再说。我的睡眠很好，一般来说不会因为有某种需要就醒过来。如果我可以通过在梦里喝水把我的焦渴去除，那我就不用醒来了。这是一种"舒适梦"。梦取代了真正的行动或者其他的生活中的东西。可惜不像我对朋友奥托和 M 医生的报复，对水的渴望没能在梦中得到满足，但它们产生的动机是一样的。不久前，我做了一个与这稍微有点不同的梦。这次我在上床前，就已觉得口渴，所以我把床头柜上的一杯水一饮而尽，过了几个小时后到了深夜，我又口渴不舒服。如果我要喝水，我就必须起来拿妻子那边床头柜上的水。于是我做了一个合乎我意图的梦，我妻子从一个容器中取水给我喝，但这个容器是我以前从意大利伊特鲁里亚带回来的骨灰坛，我早就把它送人了。里面的水喝起来是如此咸（当然了，里面有骨灰嘛），以至于我醒了过来。梦就是这么善解人意。由于满足欲望是梦的唯一目的，其内容可以是完全自私的。贪图自己的安适肯定要跟体贴别人起冲突。梦见骨灰坛很可能又是一次欲望的满足，很遗憾我不再拥有那坛子了，就像拿不到那放在我妻子床侧的茶杯一样。而且，这坛子与我越发感觉到的咸味符合，我知道，这种感觉会让我醒过来。

这样的"舒适梦"在我年轻时经常出现。那时我习惯工作到深夜，因此早起对我来说就成了一件难事。我早上经常梦到自己已经起床在梳洗了，过一会儿我就不得不意识到，我还没起床呢，但是在这中间我是能睡一会儿的。一个年轻同事也做过这样的为满足自己的慵懒而产生的可笑的梦。他住在离医院不远的地方，按照约定，女房东每天早上都要叫他起床。有天早上，他睡得特别香甜，房东对着房间喊："裴皮先生，起床吧！该去医院了。"于是，他做了一个梦，梦见他正躺在医院某个病房的床上，有个小黑板挂在他头上，上面写着"裴皮·H，医科学生，22岁"，于是他在梦中说道："如果我已经在医院了，那干吗还要去医院呢！"于是他翻了个身，接着睡。事后，他对这梦的动机直言不讳，无非是贪睡罢了！

还有另外一个梦，它的动机也是来自睡眠：我的一个女性病人曾做过一次不成功的下颚手术，按照医生指示，她必须每天持续在病痛的那侧脸做冷敷。然而，她一旦睡着了，就经常会把那冷敷的布料扯掉。有一天，有人让我说她几句，因为她又在睡梦中把敷布扔到地上去了。没想到她回答说："这次我实在没有办法，那完全是由夜间所做的梦引起的。梦中我置身于歌剧院的包厢内，正在兴致勃勃地看演出。而梅耶先生却躺在疗养院里，因为下颚痛而发出可怕的呻吟。我于是说，既然我自己没有这病痛，干吗需要这冷敷呢，于是我就把它丢掉了。"这可怜的病人所做的梦，使我想起当我们置身于不舒服的处境时，往往会脱口而出的活："我真的希望再舒服一点啊！"这个梦就展现了一种更舒服的处境。至于承担了病人病痛的卡尔·梅耶先生，只是她自己偶然想起的一位年轻熟人而已。

在一些健康人那里，我也很容易地收集了一些"欲望满足"的梦。一位了解我关于梦的理论的朋友，曾解释这些理论给他太太听。有一天，他告诉我："我太太昨晚梦到她来月经了，你大概知道这是什么意思吧?"当然，我很清楚，当一个年轻太太梦见她来月经了，其实是月经停了。我认为，在做母亲的负荷来临前，她大概还想再多享受一下她的自由日子。这实在是一个很巧妙的方式，来预告她的第一次妊娠的来临。另一位朋友写信告诉我，他太太最近梦见上衣沾满了乳汁。这其实也是怀孕的前兆，但不再是头一胎。这年轻的妈妈希望，第二个孩子能比第一个孩子有更多的乳汁吃。

一位年轻女人因为要照顾她那患传染病的小孩，几个星期没有社交活动。她做梦梦见她的孩子康复，她与一大群包括道岱特、鲍格特、普雷弗特的作家在一起，这些人都对她十分友善亲切，让她得了不少乐子。在梦里，这些人的面貌完全与她收藏的画像一样。她并不知道普雷弗特的容貌，在梦里他长得就像去她孩子病房做消毒工作的卫生员，他是很长时间内第一个踏入那房门的人。人们认为，这梦可以被解释为："除了那没有尽头的看护工作，终于可以来点乐子了！"

　　这些例子已足以证明，人们常常因为各种各样的原因做梦，这些梦均可以解释为欲望的满足，而且其内容往往毫无掩饰、一看便知。这些大多是简短而简单的梦，它们直接区别于那些作家们喜闻乐见的、令人迷惑的、复杂的梦。但是对这些简单的梦进行研究，也是十分值得的。人们可以从孩子那里得到形式简单的梦，因为他们的心理活动不像成人那么复杂。我认为儿童心理学对于成人心理学的作用，就如同我们通过研究低等动物的构造和发育来研究高等动物的那样。然而，目前为止，很少有有识之士能利用小儿心理的研究实现这一目的。

　　因为小孩子的梦往往是简单的欲望满足，因此与成人的梦相比，显得没那么有趣。虽然它们往往不必被当成谜团来解开，但是对于证明梦的本质是欲望的满足，还是很有价值的。我从自己的孩子那里收集了一些梦。

　　1896年夏季，在我们举家到荷尔斯塔特远足时，我那8岁半的女儿以及5岁零3个月的儿子各做了一个梦。我必须先说明，那年夏天我们住在靠近奥斯湖的小山上，在天气晴朗时，我们可以看到达赫山。通过望远镜还可以看到山上的西蒙尼小屋。这些小孩不断地用望远镜看它，我也不知道他们能有什么发现。在远足前，我告诉孩子们，荷尔斯塔特就在达赫山的山脚下。他们特别期待远足这天的到来。当由荷尔斯塔特再入耶斯千山谷时，小孩们更被那丰富多彩的景色所吸引。但5岁的儿子渐渐地开始不高兴，只要看到一座山，他便马上问道："那就是达赫山吗？"而我的回答总是："不，那还是达赫山下的小丘。"就这样地问了多次，他完全沉默了，也不愿跟我们爬石阶上去看瀑布了。我以为他太累了，想不到第二天早上，他神采飞扬地跑过来告诉我："昨晚我梦见我们走到了西蒙尼小屋。"我现在才明白，当初我说要去达赫山时，他就满心以为他一定可以由荷尔斯塔特走到他天天用望远镜遥望的西蒙尼小屋去。当他发现，我们只打算走到那些山前小山和瀑布，他由于失望而变得很不高兴。但梦却使他得到了补偿。我曾试图询问此梦中的细节，但细节太少了，在梦里他只听到一句："再爬石阶上去6小时就可以到达。"

　　在这次远足里，我那8岁半的女儿，也产生了一些必须靠梦来实现的愿望。我们这次去荷尔斯塔特时，曾带着邻居一个12岁的小男孩爱弥儿同行，这小孩完全像一个小骑士，在我看来，我小女儿对他相当有好感。次日早上，她告诉我："你知道吗，我梦见爱弥儿是我们家的一员，他称呼你们'爸爸''妈妈'，而且像儿子一样与我们一起睡在大房间里。然后妈妈进来了，把满手的用蓝色、绿色纸包的巧克力棒，丢到我们床底下。"她的弟弟显然一点也不懂释梦的道理，效仿着权威的样子声称："这个梦太荒谬了！"而小女却为了她梦中的某一部分奋力抗辩。根据神经症的理论就可以知道她在为哪一部分辩护："说爱弥儿是我家的一员，确实是荒谬，但关于巧克力棒却是有道理的。"而我不了解的恰好是这后一段，在这儿妻子给我做了一番解释。原来在由车站回家的途中，孩子们停在自动售货机前，吵着要买巧克力棒，而且那些巧克力棒就跟后来女儿梦见的那样，是用金属光泽的纸包起来的。但妻子认为，这一天已经够遂他们的心意了，这个新的愿望可以留给他们在梦里实现。之前我没有注意到这小小的一幕，只是听到过我们懂事的小客人让孩子们等爸爸妈妈赶上来再走。这一短暂的归属被小女儿在梦里变成了永久的收养。梦到这样的事情被兄弟们斥责为荒谬，而这是她表达自己对那小客人的亲近喜爱的唯一方式。至于为什么巧克力棒会被撒到床底下去，自然只能再去问我的女儿。

我的朋友也曾告诉过我一个与我儿子做的梦类似的梦，他遇到了一个8岁小女孩，她父亲带了好几个孩子去隆巴赫散步，并且想一直走到洛雷尔小屋，但是因为天色已晚，只得半路折回，只答应孩子们下次再来。归途中，他们看到了指示哈密欧的路标，小孩们又吵着要去哈密欧，但出于同样的原因，她爸爸也只能安慰他们说改天再去。次早晨，这小女孩心满意足地告诉她爸爸："爸爸，昨晚我梦见你带我去了洛雷尔小屋，还有哈密欧。"因缺乏耐心，她在梦里提早实现了父亲给的承诺。

对奥斯湖的迷人风光的眷恋同样诚实地反映在我3岁零3个月的女儿的梦里。这小家伙是第一次在湖上游玩，对她来说时间过得太快了，在登岸时她还不愿意下船，并且大哭不止。次日晨，她告诉我："昨晚我梦见我在湖上坐船航行了。"但愿这梦中的游湖更让她满意！

我的长子，8岁时就已经做过实现幻想的梦。他在兴致勃勃地读了他姐姐送他的希腊神话的当晚，就梦见与阿基利斯一起坐在迪奥密底斯所驾的战车上。

如果能允许我把孩子的梦话也归在梦的领域，下面这个梦就可以作为我收集到的年龄最小的梦。我的小女儿那时候只有19个月大，有一天早上她呕吐了，因此当天都没有给她吃什么东西。晚上，就听见她在梦里饿得喊："安娜·弗（洛）伊德，草莓，野草莓，鸡蛋，面糊。"她提到自己的名字是为了表明，她占有那些东西，出现的那些东西大概都是她想吃的。梦话中出现了两种差不多的草莓，这很可能是她对家庭医生给出的饮食建议的反抗，因为护士不允许她吃太多草莓，吃多了会不舒服。因此，她就在梦中发泄了她的不满。

当我们赞扬小孩因为没有性欲而总是那么快乐时，可不要搞错了，也有很多别的原因能让他们感到失望和失败，别的生命冲动也能成为他们做梦的动机。

这儿有另一个例证。我 22 个月大的侄子，在我生日当天接受了一个任务，就是要向我祝贺，并且送我一篮子樱桃。当时樱桃刚刚上市，还比较稀罕。这任务好像对他来说很难，因为他一直重复"这里面有樱桃"，但就是不愿把小篮子交出来。他还知道怎么补偿自己。本来他每天早上都要跟他妈妈说，他梦见穿白色制服的军官（曾经有一次，他在街上看到这军官，并且十分羡慕）。但在不情愿地给了我樱桃以后的第二天，他醒来后高兴地宣称："那个军官把所有的樱桃都吃光了。"

我不知道动物都会梦见什么，但是我的一个听众告诉我一个谚语，并且声称知道这个问题的答案，因为谚语中问道："鹅梦见什么？"回答是："玉米。"

关于梦是欲望的满足的整套理论，也蕴含在这两句谚语中。

我们认识到，到达我们关于梦的隐藏含义的理论的最短路径，大概就是研究谚语。当然，谚语中对梦不乏讽刺轻蔑之语，人们认为，谚语"梦就是泡沫"是对目前的科学的支持。但在口语中，梦确实是美妙的**"欲望满足者"**。当一个人发现，他的心愿变成事实时，他不是会发出这样的惊呼吗——"即使在梦里，我也没敢这样想啊！"

第四章　梦的伪装

　　如果我断言，每一个梦都是欲望的满足，那就是说，除了这种梦以外不再有其他梦，我敢肯定，我定会受到最强烈的反对。人们会反对说："有一些梦可以被理解为欲望的满足，这不是什么新鲜事，而是早就被作者们认识到了的。"如果说除了欲望满足的梦再没有别的梦了，这当然是不合理的概括。幸运的是，这种论断是很容易就可以被推翻的。因为有足够多的梦，它们非但没有一点愿望得到满足的迹象，而且充满了最痛苦的内容。悲观主义哲学家爱德华·冯·哈特曼（Eduard v. Hartmann）可能是最激烈地反对**欲望满足理论**的人。在《潜意识的哲学》第二部分，他说道："清醒时的所有烦恼，都会随着睡眠状态进入梦中。受过教育的人只能通过科学和艺术的享受来跟生活达成和解，但是这些享受却是唯一不会进入梦中的。"但是即使一些不怎么悲观的观察者也提出，梦中痛苦和不快比享受更加常见，如肖尔茨和福尔科特等人认为的。确实，萨拉·韦德和弗洛伦斯·哈勒姆女士在处理她们自己的梦时，做出了统计学的结论，那就是痛苦在梦中占优势地位。她们把58%的梦看作是痛苦的，有积极意义的梦只占28.6%。除了那些继续生活中各种各样的痛苦感觉的梦外，还有焦虑梦，梦中那种可怕的事情唤醒了我们所有不快的感觉，直到我们醒来。常做这样的梦的人群主要是儿童，而他们的欲望梦是毫无掩饰地呈现出来的。

　　梦是欲望的满足，这个我们在上一章中通过例子得出的一般性结论，在这里要被焦虑梦推翻了。确实，那一结论显得很荒谬。

但是，要对这些急迫的反对意见进行反驳，也不是非常难的事。只需要注意到：我们的理论不是基于梦的内容，而是基于其背后隐藏的思想，这些思想是通过释梦才能被人们所认识的。我们把表现出来的内容和隐藏的内容看作是对立双方。事实上，确实有这样一些梦存在，其表现出来的内容很痛苦，但是有人试图对这些梦进行解析，并且发现其背后隐藏的思想内容吗？如果没有，那么那两种对我的理论的反对都是站不住脚的，因为那些痛苦、恐惧的梦都有可能被解析为欲望的满足。

我们在进行科学工作时，如果遇到一个难以解决的问题，可以在原来存在的问题基础上再添加一个新问题。这可能很有利，就像两个核桃一起比一个核桃更容易被砸碎。因此在"痛苦、恐惧的梦怎么会是欲望满足的梦呢？"这一问题上，我们可以再加这样一个问题："为什么欲望满足的梦中，其内容虽然无关紧要，但却不直截了当地表达呢？"比如，以伊玛打针的梦为例，我前面已经做了长篇的分析，它肯定不是痛苦的，在解释后人们发现它是一个十分明显的欲望满足的梦。但是它为什么非得要求一个解释呢？为什么不把它的隐藏含义直接表达出来？确实，关于伊玛打针的那个梦看起来不像是欲望满足这种梦的类型。读者不会有这样的印象，在我对其进行分析前，甚至连我自己也不知道。如果我们把梦需要被解释这种现象称为**"梦的伪装"**，就会产生第二个问题：是什么造成了梦的伪装？

对于这个问题，人们可能会找到不同的答案。比如，在睡眠中，我们不能为梦中的思想找到相对应的表达方式。但是如果要对梦进行分析，我们就必须采用另一种方式来对梦的伪装进行解释。我要通过另一个我自己的梦对此进行解释，当然这又一次暴露我的一些言行不周，但是对这一问题的彻底解释应该可以弥补我的个人牺牲。

前言　1897 年春天，我了解到，我们大学的两名教授提名我为特别教授。这个消息使我十分惊喜，并且这两位出色的教授对我的认可并不能用私人关系来解释，这更加让我感到高兴。但是我又马上对自己说，对这件事我可不能抱有太大期望。在过去的几年里，部长都没有接受这种形式的推荐。而且有很多同事，他们资历比我高，成就也绝不比我小，而他们都还在徒劳地等待任命。我没有任何理由认为，在我这里会有更好的结果。我就是这样安慰自己的。据我所知，我不是虚荣的人，就算没有头衔，我对自己医生生涯以来的成就已经很满意了。除此之外，不管我说葡萄甜也好，酸也好，都无所谓，因为我根本够不到它们。

一天晚上，一个关系较好的同事来拜访我，他的命运就是我的前车之鉴。他被推荐为教授候选人已经有些时日了。如果有教授头衔，那在我们的圈子中简直可以被病人尊为半个上帝。他不像我那么逆来顺受，他总是时不时就去部长办公室介绍自己，希望能加速他的晋升。在拜访我之前，他又一次到部长那里去了。他说，他这次把一位高级官员逼得没有退路了，他直接问他的任命是不是受到了宗教信仰的影响。答案是："当然了，鉴于您目前的情感状况，您暂时不能胜任这个职位。""至少我知道了，自己现在处于什么位置。"我这位朋友如此做出了总结。这对我来说不是什么新鲜事，但是却加强了我听天由命的态度。同样的对于宗教信仰的考虑当然也适用于我的情况。

在访问后的次日早上，我做了下面的梦，这个梦的形式也很特别。它由两种思想和两种景象组成，每一个思想都对应连接一幅图景。在这里我只讲述梦的前半部分，因为剩下的内容跟我目前进行的讨论毫无关系。

1. 我的朋友 R 是我的叔叔。——我和他感情很深。

2. 他的面容出现在我面前，好像有所改变。它似乎被拉长了，有黄色的络腮胡子，十分显眼。

然后出现了两个其他的片段，紧接着又是一个思想和一个图景，我在这里略过不谈。

♥分析

当我上午想起这个梦时，我大声笑道："这个梦真是胡说八道！"但这个梦一直萦绕在我的脑海里，伴随了我整个白天，直到我在晚上抱怨自己说："如果在释梦过程中，病人只会说那个梦是胡说八道，那你肯定要责备他，并且猜想，在这个梦背后隐藏着让人不快的历史，因此他才会避免认识它。你要以同样的方式对待自己；你认为那个梦毫无意义，说明你内心在抗拒对此梦进行解析。不要让你自己就这样被阻止了。"于是我就开始分析：

是我的叔叔 这意味着什么呢？我只有一位叔叔，就是约瑟夫。但是他却有一段令人伤心的历史。三十多年前，他有一次出于挣钱的急切愿望而做了一些错事，因此受到了严厉的法律制裁。我父亲因为忧虑，几天内头发就灰白了。他总是说，约瑟夫叔叔从来不是一个坏人，只是不太聪明而已，他就是这样明确说的。如果 R 是我的叔叔约瑟夫，那我可能想表示：R 是个傻瓜。对自己这种想法我真不敢置信，而且非常不舒服。但是，我在梦中看到的脸，长长的脸形、黄色的胡须，我叔叔确实就长这样。而我的朋友 R 原来头发乌黑，当黑发开始转灰白时，就大大影响了他的青春光芒。他的黑色胡子一根根地发生了令人伤感的转变，一开始是红棕色的，然后是棕黄色，最后才变成了灰白色。朋友 R 的胡子正处于这一过程中，顺便提一句，我也是一样，我很不高兴地发现了这一点。我在梦中看到的脸既是我叔叔的，也是朋友 R 的。这就像高尔顿的合成照相技术，为了发现家庭成员之间的相似性，他会把多张面孔照在同一张底片上。毫无疑问，我很可能真的认为朋友 R 跟我叔叔约瑟夫一样，是个大傻瓜。

但是我还不知道，这样的联系是出于什么样的目的，对此我必须努力探索下去。

肤浅分析： 我叔叔是一个罪犯，而朋友 R 则无可指摘。他只因为骑自行车时撞倒过一个男孩，而受到过惩罚。我指的是这项过错吗？这可能让对比变得可笑。然后我又记起了几天前我与同事 N 的对话，我们谈的是同一个话题。我在街上遇见 N，他也被提名为教授，他听到了我被推荐的消息，恭喜了我。但我对此坚决不接受："您真不该开这样的玩笑，因为您自己也知道这种举荐是怎么一回事。"他开玩笑似地说："这可不好说。对我不利的因素有很多。您不知道，我被人到法院告了吗？我不必向您保证这个案子已经被驳回了。这完全是一次卑鄙的勒索，我可是竭尽全力，想让原告免于处罚。但是部长可能会以这个案子作为托词，我也可能因此不被任命。但是您不一样，您的品行是无懈可击的。"然后我就明白了罪犯是谁，同时也可以对梦以及梦的目的做出解释。我叔叔约瑟夫代表了两位未被任命的同事——一个是傻瓜，一个是罪犯。他们之所以被以这种方式表现出来，是因为，如果我的朋友 R 和 N 因为宗教原因不能被任命，那我自己的任命也很成问题；如果我把这两位的挫折归咎于其他原因，而这些原因与我无关，那我还有晋升的希望。这就是我做这个梦的步骤：它使一个朋友 R 作为傻瓜，另一个朋友 N 作为罪犯，而我自己不属于任何一类，我跟他们没有共同点。因此我可以为自己被提名为教授感到高兴，高级官员所说的关于 R 不能被晋升的理由也不能被用在我身上了。

我必须继续对这个梦进行解释，因为我感觉我还没有完成解释。为了给自己成为教授扫清道路，我竟然轻易就把受人尊敬的两位同事贬低了，这让我感到不安。但是当我意识到梦中表达的价值时，这种对自己的不满就减弱了。我当然不是真的把 R 看作傻瓜，或者不相信 N 对敲诈那件事的解释，关于这点我可以跟任何人进行对峙。在前面例子中，我不相信伊玛是因为奥托给她打的那针丙基制剂而导致病情恶化。这里跟那里一样，我梦中表达的都是我希望发生的。与第一个梦相比，在第二个梦里所表现的，可能更像是欲望的满足。在编织这个梦时，我巧妙地采用了事实性的依据，就像高明的诽谤里面总夹杂一点事实。因为朋友 R 得到另一位教授的反对票，而朋友 N 则无意中自己向我提供了诽谤的材料。然而，我再重复一次，这个梦看起来还需要进一步的解释。

现在我记起来，这个梦还有一块没有得到解释的内容。在我想到 R 是我的叔叔时，我突然在梦里感到对他的温暖亲情。这种感觉是对谁的呢？对叔叔约瑟夫，我当然从没有过这种柔情。R 却是我多年来可敬可爱的朋友，但是如果我走到他面前，用语言向他表达我对他的感情——就像梦中展示的柔情那样——他肯定会十分吃惊。我对他的感情在我看来是不真实和过度夸张了的，就像我对他智力程度的低估一样——我把他的人格和我叔叔的人格混在一起表达了。现在我开始意识到一个新的事实。**梦的感情不属于隐藏内容，不属于梦后面隐藏的思想，而是其内容的对立面，目的是使人无法认识其内容。**也许这就是它存在的理由。我记得我是如何不情愿对这个梦进行解释，也记得我是如何拖延解释并认为这个梦纯粹是胡说八道。从精神分析治疗中，我知道这样的拒绝意味着什么。它没什么需要了解的认识价值，只是纯粹的情感表达。如果我的小女儿不喜欢别人给她的一个苹果，那么在尝过之前，她就断言，苹果是苦的。如果我的病人表现得像小孩子一样，我就知道，这里要处理的东西肯定是他想要摒除的。我的梦也存在同样的情况。**我不想对它进行解析，因为里面隐藏了一些我抗拒的东西。**在完成整个梦的解析之后，我知道我自己到底在抗拒什么——即对 R 是个傻瓜的断言。我所持有的对 R 的柔情不是来自梦的内在思想，而是来自我对自己那种断言的抗拒。如果我的梦在这一点上进行变形，也就是变成它的反面，在梦中表现出的柔情就是为这种伪装服务，或者换句话说变形是故意的，是伪装的一种手段。我梦中的思想对 R 来说是一种诽谤，为了使我自己不注意到这点，梦变成它的反面——也就是对 R 的一种深厚感情。

这一认识很可能具有普遍性的意义。就像第三章中所列举的例子，**不加掩饰地表现欲望得到满足的梦是存在的。而那些经过伪装的欲望满足的梦，则必然包**

含对那种愿望的反抗，因此在阻碍下，那一愿望只能被变形表达。我想要找出这种内心精神活动所对应的社会现象。与这种心理活动相似的社会生活的变形要到哪里去找呢？只有在两个人的相处中，其中一个人拥有权力，而另一个人不得不对其权力有所顾虑时才会发生。在这种情况下，第二个人就会对他的心理活动进行歪曲，或者我们可以说，他伪装了自己的内心活动。我白天遵守的所有礼貌规矩都是这种伪装的一部分。甚至我在为读者们解释我的梦时，也需要这样的伪装。甚至，诗人也抱怨伪装的必要性：

"你所能知道的最高真理，却不能对学生们直言。"

政治学者如果要告诉当政者一些痛苦的真相，也会处于相似的境况。如果他不加掩饰，将真相和盘托出，那当政者肯定要禁止他的言论，如果已经脱口而出，就要受到事后的制裁，如果要出版，则事先被查禁。作者们会害怕这种审查，因此他们会削弱表达语气，或者将其进行变形。他们必须根据审查的强度和敏感度要么放弃某种具有攻击性的表达，要么以暗示代替直接表达，或者将让人不舒服的消息隐藏在某种**无邪的伪装**下。比如，他可以通过描述两个中国清朝官员之间的故事来影射本国的官员。审查越严格，掩饰的方法就越夸张，让读者了解真意的手法就越可笑。

审查现象和梦的伪装在很多细节上都是相似的，因此我们可以认为这两者有着相似的前提条件。我们可以假设，每个人的梦是由两种精神力量（冲动或者系统）控制的，其中一种力量表现为梦的愿望，而另一种力量则对梦的愿望进行审查，并且强迫其发生变形。这里要问的就是，这第二种行使审查作用的力量的本质是什么。如果我们想到，在分析之前梦内在含有的思想是不被觉察的，觉察到的只是从思想派生出来的梦的内容，也许我们就可以认为，第二种力量的特权就是，**它能进入意识中。**不通过第二系统，而是只通过第一系统的话，任何事情都不能进入意识中，因此要使一件事被意识到，必须让第二种力量发生作用，而在这一过程中，想要被意识到的这件事就会被改造为第二种力量认为合适的形式。在这里，我们想要谈的是一种特定的对意识本质的理解，"意识到"对我们来说是一种特殊的心理活动，它不同于并且独立于"设置"或者"想象"。在我们看来，意识是一种感觉器官，通过它能够感觉到别处来的内容。可以看出，这些基本假设是精神病理学不能放弃的。我们将在后面对此进行进一步的讨论。

如果我对这两种心理系统和它们与意识的关系采取确信的态度，那我在梦中对朋友 R 展现出柔情，但通过分析梦发现我事实上对他持蔑视的态度，这种情况跟人们的政治生活是完全相似的。想象一下，如果我们处于一个有国家机器的社会，嫉妒心很强的统治者把激烈的公众观点看作是对他的权力的挑战。人民反对一个不得民心的官员并且要求他下台，但是统治者为了表示自己不会受到民众的胁迫，他反而会授予那位官员一个很高的毫无理由的荣誉。同样，那种控制事件是否能进入意识的第二种力量，让我对朋友 R 怀有一种超常的柔情，这就是因为，属于第一种力量的欲望冲动出于我自身的特殊利益，把他贬斥为一个大傻瓜。

以上思考使我们觉得，通过梦的解析可以得到启发，认识到我们的精神系统是如何构建的，而在这方面哲学界迄今为止还没有获得什么成果。但是我们现在还不想沿着这条路走下去，而是在讨论过梦的伪装之后，再回到我们的初始问题上。曾经的问题是，为什么有着令人痛苦的内容的梦也可以被解释为欲望满足的梦　我们可以看到，如果出现了梦的伪装，如果痛苦的内容只是为了对实际的愿望进行伪装，那就是可能的。考虑到我们对两种精神力量的假设，可以说让人不悦的梦真的可能含有某些东西，它满足了第一种力量的愿望，但是其对第二种力量来说是尴尬的。因为每个梦都是起源于第一种力量，因此可以说每个梦都是欲望梦，第二种力量对梦来说是**一种抵抗力量**，而不是**创造力量**。如果我们只考虑第二种力量对梦的作用，那我们永远不可能真正理解梦。所有作者意识到的梦的谜团，将一直存在。

通过分析可以证明，每一个梦都有其隐藏含义，都是一种欲望的满足。因此我选取几个有着痛苦内容的梦，尝试对它们进行这样的分析。其中几个是癔症病人的梦，它们需要较长的前言，以在某些地方对癔症的心理过程进行解释。阐述中出现的这种困难是无法避免的。

当我对神经官能症患者进行分析治疗时，就像我以前提到的，我们必须经常讨论他的梦。在讨论过程中，我必须对他的梦进行心理学上的解释，而我自己也由此理解了他的病症，但是我常常会受到病人毫不留情的指责，我的同行对我的指责恐怕也不会比那更严厉了。病人们总是反对"梦是欲望的满足"这一结论。下面几则例子是对他们观点的证明。

一个机智的女病人开始说："您总是说，梦是一个得到满足的欲望。那我现在要讲一个梦，它的内容完全是您的理论的反面，因为在里面，我的欲望没有得到满足。您能通过您的理论对其进行解释吗？这个梦是这样的：'我想举行一个晚宴，但是家中除了一些熏鲑鱼外，什么都没有。我想出去买些东西，但是又想起来，这是周日下午，所有的商店都不开门。然后我想打电话叫些外卖，但是电话又坏了。结果我只好放弃了举行晚宴的愿望。'"

我当然回答道，只有通过分析才能真的了解梦的含义，同时我也承认，这个梦乍看是十分合理、有逻辑的，并且确实像是愿望得到满足的反面。我说："但是，这个梦是由什么引起的呢？您知道，梦的激发物总是来源于前一天的经历。"

分析：病人的丈夫是一个老实能干的屠宰工人。他在一天前对她说，他越来越胖了，因此想减肥。他要早起锻炼、控制饮食，最主要的是再也不参加晚宴了。她大笑补充说，她丈夫在固定聚餐日认识了一位画家，画家想给他画肖像画，因为就画家所说，他从来没见过像他那么让人印象深刻的面孔。她丈夫以他一贯的直率粗犷的态度拒绝道，他很感谢，但是他觉得对那个画家来说，年轻漂亮的小姐的屁股也会比他的整张脸更有吸引力。女病人此时深爱着她的丈夫，并且又取笑了他一番。她还请求他，不要给她买鱼子酱。但是这是什么意思？

据说，她从很久以前，就希望能在早上吃到鱼子酱，但是又不舍得破费。当然如果她向丈夫提出要求，就可以立马吃到鱼子酱。但是她却请求他，不要给她买鱼子酱，这样她就可以取笑他更长时间。

这个理由在我看来很缺乏说服力。在这样一个不足的解释后面一定隐藏着不愿告诉人的动机。人们可以想到受伯恩海姆（Bernheim）催眠的患者。在被催眠后如果问到他们的动机，他们不会说"我不知道我为什么这么做"，而是会捏造一个显然不成立的理由。关于我的病人所说的鱼子酱的事大概是与此类似的。我发现，她需要在生活中制造一个未被实现的愿望。她的梦呈现的也是愿望受阻而不是欲望满足。那她为什么需要一个未被满足的愿望呢？

至此引出的事件还不足以解释这个梦。我给她压力，让她继续说下去。在短暂停顿之后——她好像在克服某种阻力——她继续说道，她昨天去拜访了一位女性朋友，她其实是嫉妒她朋友的，因为她丈夫总是一再表扬这位朋友。幸运的是，这位女友长得骨瘦如柴，而她丈夫喜欢体态丰腴的女人。

"这位瘦弱的女友说了些什么呢?"

"当然说起了她的愿望,她想要更强壮一点。她还问我:'您什么时候再邀请我们做客呢?您做的菜太好吃了。'"

这样,这个梦的含义就清楚了。我对病人说:"在您朋友提出要求时,您大概是这么想的:我当然会邀请你了,然后你就可以在我这里吃得胖胖的,好让我丈夫更喜欢你!我还是别举办晚宴了吧。这个梦告诉你,你没法举办晚宴,这符合你不想帮助女友长胖的愿望。人们会在交往中吃胖这个道理,您是从您丈夫的减肥决心中了解到的,因为他决定通过不再参加别人家的晚宴来减肥。"现在只是还缺少一些能够证明这一解释的东西。梦中关于熏鲑鱼恰好还没有做出分析。"您梦中为什么会出现熏鲑鱼?""熏鲑鱼是我女友最爱的食物。"她说道。我恰好也认识她女友,并且知道熏鲑鱼对于她就好像鱼子酱对我这位病人一样,她们虽然喜欢,但只允许自己享用很少一点。

还可以用另一种更精妙的方式对这个梦进行解释,这种解释需要另外一些附加条件。这两种解释彼此不矛盾,而是有重叠部分,并且可以作为很好的例子证明,和其他精神病理结构一样,梦也常常包含双重意义。我们都知道,我的病人同时在梦中和现实中让自己的愿望落空(关于鱼子酱三明治)。她的女友表达了一个愿望,也就是希望能长胖一点。而她会梦到女友的愿望没有实现,对此我们毫不奇怪。这就是她本来的愿望,也就是希望她女友长胖的愿望不要实现。但是她没有梦到这点,却梦到自己的愿望没有实现。如果她在梦里指的不是自己而是自己的女友,她把自己放到了朋友的位子上,或者我们直接说她把自己认同为女友,那这个梦就可以做出新的解释。

我认为,她在现实中也是这样做的,她让自己在现实中愿望也得不到实现就是这样的身份认同的表现。但是这样癔症式的自我等同有什么意义?对此需要进一步的阐释。**自我等同**在癔症病情机制中是最重要的因素;它使患者的病情表现不仅能作为一个人进行体验,而且能分裂为多个人,同时要承受多个人的痛苦,他要通过他个人的方式来扮演戏剧中多个人的角色。人们可能会反驳我说,这只不过是众所周知的癔症式的模仿,癔症患者能够模仿他所看到的别人的症状,同时能够将他的这种印象上升重现为同情。这里说的只不过是癔症模仿的心理过程,但是这个过程跟遵循这个过程的心理活动是不一样的。与癔症式的模仿相比,心理活动更加复杂一点,它与潜意识的结尾过程相对应,通过一个例子可以说清楚这点。比如一个患有某种特殊抽搐的女病人与其他病人同住一个病房，而医生有一天早上发现别的病人也出现了这种抽搐，他一点都不会感到惊奇。他会直接说：其他人看到了那位病人的症状并且对其进行了模仿，这是一种**心理传染**。对，但这种心理传染是通过下面的方式发生的：

病人们彼此之间的了解一般说来要超过医生对他们的了解。在医生查房之后，他们就彼此询问。如果今天有一个病人发病了，其他人很快就会知道，她发病是因为她收到的一封家信使她重新想起了爱情的愁苦。她们的同情心被激起来了，她们会不自觉地认为："如果这样的原因能引起这样的症状的话，那我自己也可能会患上这样的病，因为我也有相似的情况。"如果人们意识到这样的结论，那他们就会开始害怕自己真的也会患上这样的病，这就进入了另一种精神范畴，很可能害怕的疾病真的就会发生了。也就是说，自我等同不是简单的模仿，而是出于同样病源的同化作用。它表现为一种相似，涉及的是处于潜意识中的共同点。

癔症患者的自我等同最多地表现在**性关系**中。女癔症患者最可能（当然不是唯一的）将自己等同为与其发生性关系的男人，或者等同于与同一个男子发生性关系的女人。语言中有"两个人好得像一个人一样"这样的表达，说的就是这个意思。自我等同发生在癔症幻想中或者梦中，在其中，人会想到性关系，而它不一定非得是真实发生的。前面说的女病人向她的女友表现了嫉妒之情（尽管她自己也承认，这是不公平的），并且通过编造出一个症状（愿望没有得到满足）来把自己等同为女友，这完全是癔症的思考方式。这样的过程还可以被解释为：在梦里，她把自己等同为女友，因为她觉得在现实的夫妻关系中，女友代替了她的位置，而她想取代女友在她丈夫眼中的地位。

另外有一位在所有病人中最聪明的病人对我的理论提出异议，但是我用自己的理论体系轻易地就对她的梦做出了解释，即一个欲望没有得到满足意味着另一个愿望得到了满足。有一次我向她解释了梦就是愿望的满足，第二天她就向我汇报说她做了一个梦，梦到跟自己的婆婆一起去乡村度假。我以前就知道，她很不愿意跟她婆婆一起度过夏天。我还知道，前几天，她已经在离她婆婆的乡间别墅很远的地方租了房子，这样就成功避开了与她共处。但她现在做的梦跟她希望的解决方法方向相反，而且这不是我的梦的理论的反面吗？当然了，人们只需要从梦中引申出有一致连贯性的结论，就可以对这个梦进行解释。从这个梦来看，我错了，但是希望我错了，这不正是她的愿望吗？这个梦表明她的欲望满足了。希望我错了的愿望通过在梦里乡村度假的事得到了满足，但是事实上这还指向了另一个更加严重的东西。之前我在分析她的材料时，发现在她生活中的某个阶段肯定发生了什么重要的事情，导致了她现在的疾病。她一开始矢口否认，说自己完全想不起这样的事情。但是我们马上发现，我是对的。而她希望我错的愿望，转变在梦中，变成她和她的婆婆一起去乡下，这与之前那个强烈的愿望相符合——显然她希望之前被我猜中的那件事从来都没有发生过。

在一个朋友身上曾经发生过一件小事，他与我中学同窗八年。对这件事，我没有进行分析，而只是凭着猜测进行解释。有一次，在一个小圈子内，他听了我的演讲，演讲还是关于梦是愿望的满足。回家后，他就梦到他的诉讼案全部败诉了（他是个律师），然后他就来我这里抱怨。我没有正面回答，而是说："人不可能每个案子都赢吧！"但是我心里想的是："我在八年里一直名列前茅，而他只是游荡在班级中游之间，那时候青春期内的他会不希望我也能彻底失败一次吗？"

我的另一个病人也提出了一个有着灰暗色彩的梦，用来反对我愿望梦的观点。这位病人还是一位少女，她说："你记得，我的姐姐只有一个男孩子。在我还在她那儿时，她失去了更大一点的孩子奥托。奥托是我最喜欢的小孩，实际上是我把他带大的。当然我也喜欢小的，但是完全比不上我对死去的奥托的喜爱。然后，有一天晚上我梦到，小卡尔躺在我面前，已经死了。他躺在一口小棺材里，双手交叉，周围环绕着蜡烛，这景象跟奥托死时一模一样，奥托的死对我真是一个打击。您现在告诉我，这意味着什么？您是了解我的，难道我是希望自己姐姐剩下的唯一的孩子也死掉的坏人吗？还是说，比起奥托来，我更希望卡尔死掉，因为我更喜欢奥托？"

我向她保证，第二种解释是不可能的。在短暂的思考之后，我就对她的梦做出了正确的解释，她也向我证实了其正确性。我之所以能做到这点，是因为我了解她之前的整个生活经历。

这位少女早早就成了孤儿，由她年长很多的姐姐抚养长大。在前来拜访的朋友中，她心有所属。有一段时间，这段没有说破的关系差点就要走向婚姻了，但是这一幸福的开端被她姐姐破坏了，其动机到现在还是不明不白。在断绝关系后，那位男子就不再上门来，我的这位病人就把全部柔情投入到了小奥托身上，而在奥托死后，她就搬出了姐姐家，开始独立生活。她不能摆脱对姐姐那位朋友的依恋，但同时她的骄傲又不允许她接近他。她也不能把自己的爱转嫁在其他后来的追求者身上。那位心上人是文学教授，每当他做报告时，这位少女就要到场倾听。除此以外，她还抓住任何能远远看到他的机会。我记得她前天告诉过我，那位教授要去听某场音乐会，她也想去，为了能看他一眼。这是做梦的前一天，而在她告诉我她的梦的当天，就是音乐会举行的日子。因此，我就可以很容易地构建出正确的解释，并且问她，她是否还记得奥托死后发生的事情。她马上回答道："当然了，在很久不见之后，教授再次来到我们这儿，我重新看到他，他站在小奥托的棺材旁。"这跟我预料的完全一样。然后对这个梦，我就做出了这样的解释："如果现在另一个男孩死去了，同样的情况就会重复。您可以整天陪着您姐姐，那位教授也肯定会来吊唁，在同样的情况下，您就又可以见到他了。这个梦只不过表达了您想再见到教授的愿望，而您内心在不断纠结。我知道，您现在有一张今天音乐会的票。您的梦表明，您迫不及待想要见到教授，以至于在梦中提前了好几个小时就见到了他。"

为了掩饰她的愿望，显然她选了一个适合的场景，那就是在葬礼上人们常常内心充满悲痛，完全不会想到爱情。当然在真实的情境中（梦中如实将其再现），在她喜爱的奥托的棺材旁边，在见到长时间不见的拜访者之后，这位少女很可能无法抑制自己对他的柔情。

另一位女病人做了相似的梦，她在年轻时就因为反应快、机智和开朗的性格而格外出众，这样的特质在治疗期间依然常有表现。但是她做的梦却有另一种解释。在一个很长的梦中，她好像看到自己唯一的 15 岁的女儿躺在一个"木箱"中，已经死去了。她想通过这个梦来反对我关于愿望梦的理论。但是她自己也意识到，梦中出现的"木箱"这一细节也许会把解梦导向另一个理解方式。在分析中，她想到在前一天的聚会中大家讨论起英语单词"box"，它可以有好几种德文翻译，比如"木箱""包厢""抽屉""耳光"等。我们从这个梦的其他补充部分知道，她意识到英语单词"box"可以被翻译成德语的"小容器"（Büchse），而它在粗话中还可以用来指女性生殖器官。因为她掌握一定的局部解剖知识，所以人们可以设想，木箱中的孩子指的可能是母体中的胚胎。分析到这一点，她已经不再否认，梦中的景象与她的愿望吻合。跟所有年轻的女性一样，她在发现自己怀孕后一点也不高兴，她承认自己不止一次地希望孩子能胎死腹中。在与她的丈夫发生激烈争吵后，她甚至用拳头击打自己的肚子，以便打到孩子。死去的孩子确实是她愿望的满足，但是这是从 15 年前就被放弃的愿望，因此人们在经过如此长的时间后，不再认识到这是愿望的满足，也毫不奇怪。这期间也发生了很多改变。

这两个梦都属于一组类型，这种类型的内容常常是**亲人的死亡**。在谈到*典型*梦时需要再次讨论一下这种类型。我会引入一些新的例子证明，尽管梦中的内容是做梦者不希望看到的，但是实质还是愿望的满足。下面要讨论的梦不是来自我的病人，而是来自我认识的一位聪明的法学学者。他告诉我这个梦，是为了阻止我对于愿望梦做出草率的结论。

这位提供消息的人说："我梦到自己挽着一个女士走向我的房子。在门口停着一辆锁着的马车，一个男士走向我，证明自己是警察，然后要求我跟他走一趟。于是我请求他给我整理事务的时间。您相信，我可能会希望自己被捕吗？"

——当然不会，我必须承认。"您也许知道，您为什么被捕？"

"是的，我相信应该是因为杀婴罪。"

——"杀婴罪？但是您知道，这种罪是母亲对自己的新生儿才能犯下的。"

"对。"

——"您是在什么情况下做的这个梦？前一天晚上发生了什么？"

"我实在不想告诉您，这件事有点麻烦。"

——"但我需要知道，要不然我们只能放弃对梦进行分析了。"

"好吧，我告诉您。那天晚上我不在家，而是在一位对我有重要意义的女士那里过的夜。在早上醒来时，我们又做了一次。然后我又睡着了，接着就做了这个梦。"

——"她结婚了吗？"

"结了。"

——"您不想跟她一起生孩子？"

"不不，这会让我们的关系暴露的。"

——"就是说，您没有进行正常的性交？"

"我很谨慎，总是在射精前就拔出来。"

——"请允许我大胆猜想，您夜里好多次都是用的这个方法，但是早上这次有点不确定您是否成功了。"

"嗯，很可能。"

——"如果是这样，那您的梦就是您欲望的满足。通过它，您可以放心知道，自己没有制造出孩子来，或者说这跟您杀了一个孩子是很相似的。我很容易就可以自圆其说。请您回忆一下，在几天前，我们还在讨论结婚的种种麻烦和其不合逻辑性，比如在性交中人们可以采用任何方法避孕，但是一旦精子和卵子结合形成胚胎之后，任何干预措施都是要受到惩罚的犯罪。然后我们想到了中世纪关于'灵魂何时进入胚胎'的争论，因为只有在有灵魂之后，堕胎才算作谋杀。您大概知道莱瑙那可怕的诗吧，他把避孕等同于对孩子的谋杀。"

"奇怪的是今天上午我还想起过莱瑙。"

——"这也是您梦的尾音。现在我还想指出您梦中的另一个小的愿望的满足。您挽着那位女士走到您房子前，就是说您带她回家，而不是您实际上在她那里过夜。构成梦的核心的愿望的满足，隐藏在这样一个让人不舒服的形式下，可能有不止一个原因。或许您可以从我关于焦虑神经症病因学的论文中了解到，我认为不完全性交是导致神经性焦虑的一个原因。如果您因为进行了多次这样的性交而产生了痛苦的心情，并且作为元素构成了您的梦，那这跟您的情况就是吻合的。这样的痛苦也被您用来掩盖愿望的满足。除此之外，杀婴罪的提及还没有得到解释。您为什么会想到这种只有妇女能犯下的罪？"

"我必须坦白，在几年前我就陷入过这样的状况。一位少女因为我怀孕了，为了避免可能的后果，她去做了人工流产。我之前对此事一无所知，但是很长一段时间内，我都害怕我和她的关系被发现。"

——"我理解，这样的回忆是您认为自己采取的措施失败并且感到不安的第二个原因。"

另一个青年医生从我的同事那里听说了这个梦，肯定印象十分深刻，因为他马上以同样的思维方式做了一个主题不同的梦。在做梦前一天，他上交了自己的个人所得税声明，因为他挣得不多，所以他是完全实事求是的。然后他梦到，一个税收委员会的熟人来找他，并且告诉他，其他所有的所得税声明都毫无疑义地通过了，但是他的税表却引起了普遍的怀疑，他要被罚一大笔钱。这个梦中的欲望满足只被潦草地掩饰了一下，他显然是想成为收入丰厚的医生。除此以外，这个梦还让我想起一个广为人知的少女的事情。很多人劝她不要嫁给那个脾气暴烈的男子，因为婚后他可能会对她施行家庭暴力。但是少女却回答说："但愿他打我！"她要结婚的愿望是那么强烈，以致于婚姻带来的不幸她都愿意承受，甚至把它上升为一种愿望。

与我的理论完全对立的那种常常出现的梦，可以被归到"反愿望梦"中，它们表现愿望的受挫或者将一些不被希望的事表现在梦中。大体上，它们可以被回溯到两种原则中，其中一个还没有被提到，尽管它在人们的生活中、梦中都扮演了重要的角色。

"希望我是错的"的愿望是促成梦的一个动力。 如果在治疗过程中，病人对我有抗拒的情绪，一般会做这类梦。而且我有很大的把握，在我首次向病人说梦是愿望的满足后，他们就会做这样的反抗的梦。是的，我还预料到，我的一些读者大概也会出现这样的情况，他会自愿地让梦中的愿望落空，以此来证明我的理论是错误的。我还想再讲一个这种类型的梦，它表现的也是相似的内容。一位少女反抗她亲人和权威的意见，竭力坚持让我继续治疗，她梦到：在家里，人们不允许她再来找我。然后她就向我提起了我之前的承诺，那就是在某些困难情况下我可以免费对她进行治疗。而我的回答是，我毫不会考虑钱的事情。

在这儿，真的很难证明这是愿望的满足，但是在这种情况下，除了一个谜团外，还有别的谜团存在，它的解决对解开第一个谜团是有帮助的。她梦到的我说的话是从何而来？当然，我从来没有对她说过类似的话。但是她的一位对她最有影响力的兄弟可能认为这是我所说的。梦中证明，她兄弟说的是对的，而且她不仅通过梦来证明她兄弟是正确的，甚至她的生活的内容和她的疾病都是为了支持兄弟的观点。

斯塔克医生做的一个梦以及他对它的解释，似乎在第一眼看到时给愿望梦的理论带来了特别的困难：

"在我的左手食指上我发现了梅毒的初期迹象（Primäraffekt）。"

稍加衡量就发现，这一令人不悦的梦中内容十分清晰而且逻辑连贯，因此不必进行太多分析。但是如果人们依然努力对其进行分析，就会发现初期迹象（Primäraffekt）相当于初恋（prima affectio），这种令人厌恶的溃疡用斯塔克的话说就是"带着强烈情感的愿望的满足的代表"。

反愿望梦的另一个动机太近在眼前了，以致可能会有被忽视的危险，而在很长一段时间内我自己也忽视了它。在许多人的性体质中有一种受虐狂的成分，它是由"侵犯性""虐待性"成分转变而来的。如果他们的快感不是来自肉体的痛苦，而是从被羞辱和精神的痛苦中得来，那我们即可称之为**"精神受虐狂"**。很明显，这一类人做的梦虽然可能是反欲望的、痛苦的，但实际上这些梦是他们受虐愿望的满足。

在这儿我举一个例子：一个年轻男人，早年曾百般折磨过他哥哥，并且他对哥哥一直有种几近同性恋的爱恋。但长大后，他顿悟前非，性格发生了很大的变化，他做了一个包含三部分内容的梦：（1）他被哥哥戏弄；（2）两个男人正像同性恋一样互相爱抚；（3）与他前途命运紧密相连的公司，被他哥哥卖掉了。从最后一个梦中醒来时，他心中充满痛苦，但是这其实是一个受虐狂的愿望得到满足的梦。可以这样解释：如果我哥哥将我的公司变卖，作为我早年对他的折磨的惩罚，那对我来说也是公平的。如果没有任何新的反对理由，我希望上述这些例证，可以足够证明一个含有痛苦内容痛苦的梦，其实仍然可以解析为愿望的满足。解析时总是会遇到一些做梦者不愿讲出或者不愿想到的内容，这绝不只是巧合。由梦引起的痛苦的感觉，跟人们不愿提及或者讨论某些话题产生的反感（它们常会成功埋葬那些话题）是一样的，如果我们被迫提及那些话题，就必须努力克服那种反感。但梦中一直出现的痛苦，并不意味着梦里就没有愿望的存在。每一个人其实都有一些不愿讲出来的愿望，有些甚至自己也想否认。但是，我觉得我们大可以合理地将所有梦的痛苦性质与梦的伪装放在一起考虑，并且获得这样的结论：这些梦均被伪装过，以至于人们无法辨认其愿望的满足。因为梦的主题或者从主题中生发出来的愿望总是会受到反感之情的排斥。因此，我们可以说，梦的伪装其实就是一种审查活动的结果。通过分析所有的梦中痛苦的内容，我们要修改表达梦的本质的公式："梦是一种对（受抑制和排斥的）愿望的（经过伪装的）满足。"

目前还未讨论过的是"焦虑梦"，它以一种特殊性归属在含有痛苦内容的梦中。如果把这类梦也算在愿望梦之列，相信对没有受过梦的知识启蒙的人来说，很难以接受。在此我只能简单谈谈焦虑梦，这种梦并非梦的解析的新的对象，它只不过是神经症焦虑在梦中的表现。我们梦中所感受的焦虑看起来只能通过分析梦的内容进行解释。如果我们想对这种梦再做进一步分析，就会发现通过梦的内容来分析梦中的焦虑，跟通过分析恐惧症患者的恐惧来分析恐惧症一样，是没有什么道理的。举例说，人们在靠近窗口时，可能会掉下去，所以必须小心，这一点没有错。但我们不懂为什么对恐惧症病人而言，靠近窗口带给他们的焦虑竟然会那么大、那么无法摆脱，它已经远超过事实上所需的小心。对这种恐惧症的解释，同样也适用于焦虑梦。这两者一样，焦虑或恐惧只是表面上依附在某种伴随的意念上，其真正来源其实另有他物。

因为梦中焦虑与神经症的焦虑有密切关系，所以既然提到了前者，那我不得不在此对后者做一番讨论。我曾写过一篇有关焦虑神经症的短文，主张焦虑神经症起源于性生活，多由于性欲没有被正常引导并正常发泄。这一观点的正确性经受住了时间的考验。由此，我们可以得出下面的结论：**焦虑梦的内容多与性有关，焦虑就是由性欲转化而来的。**以后，我将再找机会通过分析几个神经症患者的梦，来证实这个结论。同样，我也会继续努力，在完成梦的理论的过程中，再次探讨焦虑梦的决定因素以及它们与愿望梦理论的一致性。

第五章　梦的材料和来源

　　通过分析伊玛打针的梦，我们了解到梦是一种愿望的达成。一开始我们便把兴趣集中于对这一观点的讨论与证明上，希望能以此发现梦的一般特征。因此我们在解析过程中，暂时忽略了其他的科学问题。现在，既然我们已到达这条路的终点，我们就可以回过头来，采用一个新的出发点，对梦做更深一层的探究。而虽然关于"愿望的满足"的探讨远没有结束，此时我们也将暂时把这一话题搁置一边。

　　通过解析的方法，我们可以发掘梦中的"**隐意**"，而它远比梦的"**显意**"更为重要。通过梦的"**显意**"人们不能对其中的谜团和矛盾做出解释，因此我们必须对每个梦进行更详尽的个别探究。

　　以前的学者对梦与清醒状态的关系，以及梦的材料和来源所发表过的意见，已经在之前的章节中进行了详细的叙述。让我们回忆一下梦中记忆的三个特点，它们虽然被一再提到，但是并没有被完全解释：①梦总是偏爱最近几天的印象［罗伯特（Robert）、斯特姆佩尔（Strümpel）、希尔德布兰特（Hildebrandt）以及韦德－哈勒姆（Weed－Hallam）均主张此说］。②梦选择材料的原则完全不同于清醒状态的原则，因为它不找本质性的、重要的，而专门找一些次要的、被轻视的事情作为材料。③梦具有对儿时的印象的记忆，童年的一些细节在我们看来毫无意义，并且在清醒时我们完全记不起它们来，但是在梦中它们却得到重现。

　　当然，前面提到的作者们总结出的这些特点，都是基于对梦的"**显意**"的观察。

第一节　梦中最近的和无关紧要的材料

根据我自己的经验，我认为梦的内容的来源是做梦前一天的经验。这个观点不仅通过我自己的梦得到了证实，别人的梦也都是如此。基于这个事实，在解析梦时，我都会先问清做梦的前一天发生了什么事。在大多数情况下，这的确是一个最简捷的方法。在上一章中，我曾详细分析过两个梦（伊玛的打针与长着黄胡子的叔叔），这两个梦与前一天的经历有着非常明显的联系，因此没有必要进行进一步的讨论了。但为了证实，这种联系不是偶然而是一种规律，在这里摘录几段我自己的梦的记录，希望能通过足够多的梦例揭示我们要找的梦的来源：

①我去拜访一家不愿接待我的朋友，但同时却使一个女人等着我。

来源：前一晚有位女亲戚曾与我谈到，她买了一些东西，但是到她手里还得等些日子。

②我写了一本有关某种（不明确）植物的学术专著。

来源：昨天早上我在书店橱窗那儿看到一本有关樱草属植物的学术专著。

③我看到一对母女在街上走，那女儿是我的病人。

来源：在前一晚，一位女病人曾对我诉苦，说她妈妈反对她继续来此接受治疗。

④在S&R书局，我订购了一份年费20佛罗林（一种英国银币，值2先令）的期刊。

来源：当天我太太提醒我，每周该给她的20佛罗林还没给她。

⑤我收到社会民主委员会的一封信，在里面我被当作会员看待。

来源：我同时收到自由选举委员会和博爱社主席的来函，而事实上，我的确是后者的一个会员。

⑥一个男人像伯克林一样，站在海中陡峭的悬崖上。

来源：《妖岛上的德利佛斯》以及其他一些来自英格兰的亲戚的消息等。

人们可能会产生这样一个问题：梦真的只是由当天发生的事情引起的吗？还是说最近的一段时间内所得的印象均可导致梦的产生？原则上这也许不是一个重要的问题，但我认为，做梦前一天（梦日）发生的事，对梦的影响处于绝对首要的地位。每当我发觉自己的梦来自两三天前的印象，只要再细加分析，我就发现这虽是两三天前发生的事，但我在做梦前一天曾想到过这件事。因而"印象的重现"曾出现在"事情发生的时刻"与"做梦的时刻"之间，而且，对较早印象的回忆是由前一天的偶然事件引起的。

但是，另一方面，我仍无法接受史瓦伯答（Swoboda）所谓的"生物意义上的固定周期"。他认为，引起梦象的白天经验与梦中的复现，中间不会相隔超过18小时。

艾里斯（H. Ellis）也对这问题给予了关注，他说自己尽管费尽心血，但还是没有找出那样的时差。他讲述了一个自己的梦：

他梦见自己在西班牙，他想去一个叫达劳斯或瓦劳斯或扎劳斯的地方。但醒来后，他发觉自己根本记不起有过这种地名，于是就把这个梦搁置一边了。几个月后，他发现由圣斯巴斯提安到比尔巴劳的铁路途中，的确有一个站叫作扎劳斯，那次旅行比做的那个梦早了250天。我认为，每个梦的刺激物都来自经历，那些经历在"晚上从未真正睡着"。

因此最近的印象（不包括做梦当天的）与任何一个久远的印象一样，它们与梦的内容的关系别无二致。如果做梦前一天的经历（也就是最近的印象）与更早的印象有某种思想上的连贯性，那梦就可以从任一时间的生活经历中选取材料。

但梦为什么偏爱最近的印象呢？如果我们对举过的梦例进行更详尽的分析，也许就能得到某种结论。我要选择关于植物学专著的梦：

> "我写了一本关于某种植物的专著，这本书就放在我面前。我翻阅到书中一页折起来的彩色图片，每一个例子都附有一片脱水的植物标本，就像植物标本收藏簿一样。"

♡分析

当天早上我曾在一家书店的玻璃橱窗内，看到一本标题为《樱草属植物》的书，这显然是一本有关这类植物的专著。樱草花是我太太最喜爱的花，我有点自责，因为我总是不能像她希望的那样，回家时带这种花给她。由这送花的事，我联想起另一件最近才对一些朋友们提起的事。我曾用那故事支持自己的理论——"我们经常由于潜意识的目的，遗忘掉某些事情，其实，由这遗忘的事实，可以发现人内心不自觉的用意。"我所说的那故事是这样的：有位年轻太太，每年她生日时，她先生总会送给她一束鲜花，而有一年，她先生竟把她的生日忘了。结果那天他太太一看他空着手回到家，竟伤心地啜泣起来。这位先生完全不知道发生了什么事情，直到他太太说"今天是我的生日"时，他才恍然大悟。他拍着脑袋大叫"对不起！我完全忘掉了！"并且想马上出去买花。但她毫不感到安慰，因为她认为她丈夫对她生日的遗忘，分明是已不像往日那般将她放在心上的铁证。这位 L 女士两天前曾来过我家拜访我太太，说她感觉很好并且向我表示问候。她几年以前曾接受过我的治疗。

还有一些其他的补充事实：我确实曾写过一篇关于植物学的专著，我这篇关于古柯植物的论文，引起了科勒对古柯碱麻醉特性的兴趣。当时，我暗示古柯所含的类碱将来可能用在麻醉上，但我对此没有进行进一步研究。这让我想起来，在做梦醒来的那天早上（直到那天晚上我才有空对那个梦进行分析），我在一种白日梦似的状态下，曾想到过古柯碱的问题，我想如果我得了青光眼，我就到柏林去，在柏林的朋友介绍的医生那里做手术。那位医生不会知道我是谁，他一定会夸耀，在引进古柯碱麻醉后做这种手术是何等容易。而我将不动声色，不让他们知道这个发现我也做出了一定的贡献。在这白日梦里，我还想到，让一个医生向他的同行索取诊疗费是多么尴尬的事啊。如果他不认识我，那我就可以像其他人一样大大方方地付给他钱了。等到我清醒过来回味这白日梦时，我发觉这里面的确隐含着某种回忆。在科勒发现古柯碱不久后，我父亲得了青光眼，我的一位朋友、眼科专家柯尼斯坦医生为他做了手术。当时科勒亲自来负责古柯碱麻醉，而且他说，为了这次手术，参与引入古柯碱的三个人可都来了。

然后我的思绪又飘到最近一次有关古柯碱的事。几天前，我收到一份纪念文集，这是一些学生为了感谢他们的老师以及实验室老师而编纂的。在列举实验室的荣誉人物时，我一眼就看到他们将古柯碱的发现归于科勒的名下。然后我突然发现，我的梦跟前一晚的经历是有联系的。那天晚上，我送柯尼斯坦医生回家，路上我们谈到一个总能让我兴致盎然的话题。到了门口，刚巧加德纳教授（Grt-ner）和他年轻的妻子走过来。我禁不住向两人问好，并且夸赞他们看起来容光焕发。而这位教授就是我刚提到的那份纪念文集的编者之一，很可能与他的碰面让我想到了纪念文集。而且我刚提到的 L 夫人生日那天的失望，与柯尼斯坦的谈话内容也有关联。

现在我想再对梦中的另一决定因素做出解释。专著中有"已脱水的植物标本"，看起来就像植物标本册。植物标本册唤起了我中学的记忆。有一次，校长召集高年级学生，让大家一起检查和清理学校的植物标本册。我们发现了小虫，是书蛀虫。校长好像不太相信我的能力，因为他只指派给我几页。我现在还记得，其中包含了十字花科植物。其实我对植物学向来没什么兴趣。在植物学初试中，我被要求定义几种十字花科植物，但是我没分辨出它们来。要不是我的理论知识够好，我肯定会死得很惨。由十字花科我想到菊科，而我最喜欢的花——向日葵便是属于菊科。我太太比我慷慨，她经常从市场上买些我喜欢的花回来。

"那本专著就摆在我面前"，这又引起我另一联想。昨天我收到一封来自柏林的信："我多么关注你的关于梦的书啊！我看见它已经摆在了我面前，我正一页页翻阅。"我真羡慕他这种能力！多希望我的书已经写完了放在我面前啊！

"那折起来的彩色插图"。当我还只是一名医科学生时，我一股傻劲地只想从学术专著中获取知识。虽说当时经济并不宽裕，但我仍订阅了一大堆医学期刊，里面的彩色图片深深吸引着我。同时我也为自己这种扎实的学习态度感到自豪。当我开始自己发表论文时，我得为内容配上插图，我记得有一张画画得太糟，以致曾受到一位同事的善意揶揄。不知怎么回事，我又想到了自己童年记忆。我父亲开玩笑地把一本有彩色插图的书（一本叙述波斯旅游的书）给我和妹妹，让我们去撕。从教育方式上，这恐怕不是正确的做法。当时我只有 5 岁，而妹妹小我 2 岁，但我们两个小孩子无知地把书一页页地撕毁（就像洋蓟叶一样，一片片的）的景象，几乎是那段时间内唯一深深刻在我脑海中的记忆。在我上了大学之后，我开始发展出图书收藏癖（这点有些类似我喜欢阅读学术专著的嗜好，这种嗜好导致我梦中出现有关十字花科与洋蓟的内容）。我完全是个"书虫"。自从我开始自省，我就觉得这种疯狂的热情肯定跟童年时的那段印象有关，或者说童年记忆掩盖了我对书的收藏癖好更为恰当。当然，我很快意识到，人们很容易因为热情陷入某种麻烦中。在我 17 岁时，我就欠下了书商一大笔钱，并且无力偿还，尽管我是因为爱书欠下的债务，但是我父亲还是不肯原谅我。我年轻的这段经历立即让我想到做梦当晚我与朋友柯尼斯坦医生的谈话。因为在谈话中提到了，我不管是以前还是现在，都喜欢对自己的癖好让步。

关于这个梦我就不再继续解释了，因为它与我们的关系不大，但是我想指出解释的方向。在对梦进行分析时，我想到了与柯尼斯坦医生的谈话，而且是从不同的出发点想到的。如果我回想一下谈话中涉及的事情，就可以很好地理解梦的内容了。所有开始于梦中的思想过程——我和妻子对花的爱好、古柯碱、接受医生同行治疗的困难之处、我对学术专著的嗜好、我对某些学科比如植物学的忽视——都是那场谈话的继续发展，并且可以被回溯到谈话的众多分支中。这个梦再次具有**自我辩护**的特点，是对我自己的支持，就像伊玛打针的那个梦一样。是的，它继续之前出现的主题，并且根据出现的新材料进行诠释。甚至梦中那种看起来无关紧要的表达方式也是重要的。这个梦的含义是：我才是写那篇有价值的、成功的文章（关于古柯碱的）的人。这跟我之前对自己的辩护——我毕竟是一个学习勤奋、扎实的好学生——是一样的。这两种情况都是为了说：我可以允许自己那么做。但是我在这里就不再对这个梦进行详尽的分析了，因为我的目的只是要举例说明梦的内容与唤起梦的前一天经历的关系。如果只从梦的显意来看，梦的内容只跟前一天发生的某一事件有关。但是继续分析下去就发现，同一天的另一经历是梦的第二来源。在这两段经历中，第一段是无关紧要的、次要的，比如我在橱窗里看到了一本书，它的题目短暂地吸引了我的注意力，对它的内容我毫无兴趣。第二段经历却具有重要的心理价值：我与我朋友，他同时也是眼科医生，进行了大约一小时的谈话，而那话题使我们两个都很有感触，更使我想起了一些久藏心中的回忆，它们又使我百感交集。除此之外，因为熟人走过来，这谈话被打断了。那么，白天的这两段印象彼此有什么关系？它们跟夜里的梦又是什么关系？

在梦的显意里表现的都是无关紧要的白天印象，这似乎可以证明，梦喜欢选取生活中次要的东西作为它的内容。但是在经过分析之后，我们发现所有的内容其实都围绕着对我们来说重要，并且能激荡感情的经历。如果梦的含义只有一种正确的解释方法，通过分析得到梦中的隐藏含义后，就可以无误地得出一个新的、重要的认识。"为什么梦总是围绕着白天那些无关紧要的片段"这一谜团就被化解了；清醒的心理活动在梦中没有得到延续以及梦只是心理活动在琐碎小事上的浪费这两种说法也是我要反对的。正确的是与之相反的观点：日有所思才会夜有所梦，我们夜间梦到的就是在白天能够引发我们思考的事情。至于为什么我们梦见的是一些无关紧要的印象，而不是那些打眼一看就很重要的印象，我想最好的解释方法，就是再利用"梦的伪装"现象中所提过的心理力量中的**"审查制度"**来做一番阐释。有关那本樱草属的学术专著的记忆，使我想到与朋友的谈话。在那个病人做的关于受阻的晚宴的梦中，熏鲑鱼就暗指了她那位朋友。但是"学术专著"与"和眼科医生的对话"，这两个乍看毫无关系的经验印象间，究竟是怎样被牵连在一起的？在受阻的晚宴的梦中，那两个印象间的关系倒还看得出来，因为我那病人的朋友最喜欢熏鲑鱼，它很可能引起做梦者对她女友的联想。然而，在我们这新例子中，却是两个毫不相关的印象。第一眼看过去，除了说"那都是同一天发生的经验"以外，实在找不出丝毫共同点。那本专著是我早上看到的，而与朋友的对话是在当天晚上。通过分析可以得出这样的答案：这两个印象之间本来是没有联系的，但是在后来一个想象的内容引发了另一个想象。这个中间环节我已经在分析时提了出来。通过樱草属专著，我联想到这是我妻子最喜欢的花，还会想到 L 女士因为没有收到花而痛苦那件事。我不相信，这些潜意识中的思想就足以引发一个梦。《哈姆雷特》中写道："主啊！并不一定要让鬼魂由坟墓中跳出来，才能告诉我们这些！"但是且慢，我发现打扰我和朋友谈话的那个男人叫作加德纳（Gartner，意思是园丁），而且我觉得他妻子像花一样美。的确，我现在又想起那天在我们的对话中，主要谈到的是一位叫芙罗拉（Flora，罗马神话之花神）的女病人。这些有关植物的**意念群**就是中间环节，它们把无关紧要的印象和真正曾经让我激动的事情牵连在了一起。然后又产生新的联想，比如古柯碱又让我联想到柯尼斯坦医师和我的植物学方面的学术论文，并且将两个意念群彼此交融，前一经验的某一部分就是对后一经验的暗示。

我料想到，可能会有人批评我这种解释纯粹是主观臆测，或者说这根本是经过人为加工的。如果加德纳教授和他花容月貌的妻子没有出现，如果我和医生朋友谈到的女病人不叫芙罗拉，而叫安娜呢？答案也是很简单的。如果原来的思想联系没有出现，那么可能就会出现别的联系。这样的关系其实不难建立，像我们平常用来自娱的笑话或者双关语之类都能建立这样的联系。笑话的范围可是不受限制的。再进一步说：如果同一天内的两个印象之间，没有办法通过中间环节联系起来，那做的就是另外一个梦了。白天的另外一些无关紧要的印象掠过心头，转瞬即忘，但是其中一个就可能代替梦中学术专著的位置，与谈话中的某个内容相关联，然后就从梦的内容中表现出来。而在我那个梦中，显然梦中学术专著承担了连接的任务。我们不必像莱辛笔下狡猾的小汉斯一样，大惊小怪地发现："原来世界上的富人是最有钱的！"

按照我们以上的解释，那些无关紧要的印象代表的是心理上更具重要性的经验，这恐怕在一般人看来是陌生的、值得怀疑的。在后面的章节，我将试图再做说明，使这一看起来不太合理的解释更容易理解。在梦的分析中，我们获得了大量的、不断被重复验证的经验，通过它们，关于梦的过程的假设在这里得到了验证。这一过程就像一个心理重心的移置，它沿着中间联结环节铺设的道路进行。一开始，力量较弱的意念从力量较强的意念中吸取力量，直到它足够强，能够进入意识。如果这样的**移置**指的是感情的转移或者物理运动，都不会让我们感到惊奇。就像孤单的老处女把感情转移到动物身上；单身汉变成狂热的收藏家；士兵用自己的生命保卫一块彩色布片——旗帜；恋人因为多握了一会儿手就感到幸福；或者像《奥赛罗》里那样，一块丢失的手帕引发狂怒……这些都是无可辩驳的感情转移的例子。但是，如果我们采用同样的方式和原则，来决定什么应该出现在意识里、什么不应该——也就是我们想些什么，那我们肯定觉得这太不正常了，如果我们在清醒状态意识到这种心理过程，我们会把它称为**"想错了"**。在这里我们先透露一点后面要呈现的观察，那就是在梦的移置中的心理过程，不能说它是病态、紊乱的，而应该说它是与正常过程有所差别的、更具有原始特征的。

梦之所以会把无关紧要的小事作为内容，其实无非就是一种通过移置达到的"梦的伪装"，回想一下我们已经得出的结论——梦的伪装是在两种精神力量下审查制度发挥作用的结果。因此我们可以预期，通过梦的解析发现梦生活中真正具有心理重要性的那些来源，对它们的回忆在梦中通常被移置到对无关紧要的印象的回忆上。这种理解跟罗伯特的理论是截然相反的，因此他的理论对我们来说没什么用了。罗伯特阐述的事实，实际上根本不存在，而他的前提也建立在误解的基础上，因为他把梦的显意等同于梦的真正意义。除此之外，罗伯特的理论还有一些需要反驳的地方：如果梦的任务真是在于通过一种特殊的心理活动将头脑从记忆的残渣负荷中解放出来，那我们睡眠中进行的工作应该要比白天的精神活动更加痛苦和疲累才对。因为白天的那些无关紧要的印象数量显然非常多，一个夜晚的时间恐怕不足以将它们从头脑中驱赶出去。更可能的情况是，忘掉那些无关紧要的印象并不需要精神力量的积极参与。

但是，是否要完全摒弃罗伯特的理论，还有待商榷。我们迄今仍未对此做出解释：**为什么当天的，甚至前一天的无关紧要的印象，常常构成梦的内容**。这些印象往往不能马上与潜意识中的梦的真正来源联系起来，就我们的观察而言，这两者间的关系是后来出于某种有意的移置在梦中建立起来的。这种恰好指向无关紧要的印象的联系必定具有某种必然性，它是为了通过某种特性达成一个特别的目的。即使不是这样，梦中的思想也很容易将重点放在意念群中那些无关紧要的部分。

以下的经验也许可以在这方面给我们启示。如果一天里发生了两件或两件以上能够引发梦的经历，梦就会把它们合成一个单独的整体。把它们综合为一个整体是梦必须听从的"强制规则"。比如：有一个夏天的下午，我在火车车厢内邂逅了两个熟人，他们彼此间并不认识。一位是有影响力的医生同事，另一位则是我常常去看病的名门家属。我为他们双方做了介绍，但在旅途中，他们却始终单独与我交谈，因此我只好分别与这两位讨论着不同的话题。我当时请求我那位同事，对某位新人多加推荐，而同事回答说，他相信这年轻人的能力，但是这位新人的长相实在很难跻身名门。而我则回答说："正是因为这点，他才需要您的引荐呢！"然后我问起另外那位一起旅行的熟人他姑母（我的病人的母亲）的健康状况，那时她重病在床。在旅行结束的当晚，我就梦到我举荐的那位年轻朋友在一间高雅的客厅内，那里还聚集了一大群我认识的有钱有势的名人，当时正举行着我的另一个旅途伙伴的姑母的追悼仪式（在我梦中，这老妇人已死去，而我承认，我一直就与这老妇人关系不好），而那位年轻人正在以一种老练的态度念着追悼词。这样我的梦就找到了白天两件事之间的连接点，然后把它们结合到一个情境中。

立足于多次相同的经验，可以得出一个结论，那就是：**出于某种需要，梦会将所有的梦的刺激来源在梦中结合为一个整体**。

通过分析可以找到梦的源头，这源头是否总是当前的一个重要的事件，还是说它是一种内心的经历——是对具有重要心理价值的事件的回忆，是能够引起梦的某种思想念头？我在这里要对这些问题做出解释。通过无数的分析经验，我们认为答案是后者。梦的刺激来源可以是内心活动，这些内心活动因为受到白天思考的刺激，而变得具有新鲜性。现在是时候，对梦的起源材料进行分门别类的总结了。梦的来源包括：

①一件最近发生的，并且在心理上具有重大意义的事件，它直接表现在梦中。（比如艾玛打针的那个梦以及我梦到我朋友但他其实是我叔叔的那个梦）

②多件最近发生的、重要的事件，它们在梦中被合成一个整体。（关于年轻医生在追悼会上念悼词的那个梦）

③一件或数件最近发生的重要的事件，它们在梦中表现为同一时间发生的、无关紧要的事件。（关于植物学论著的梦）

④对做梦者来说有重要意义的内心活动（一段回忆或者思考），在梦中表现为具有新鲜性的，但无关紧要的事件的重复出现。（在所有我分析过的病人里，这一类的梦最多。）

通过梦的解析，我们可以确定有一个条件是确定的，那就是梦中某一部分会重复前一天刚发生的事件。这个在梦中得到表现的部分，要么属于梦的起始刺激源的意念群（不管是重要的，还是不重要的），要么来自某个无关紧要的印象，而这个印象或多或少都会与刺激源之间有着某种联系。因此，梦的内容的多样性，其实是由"移置过程是否发生"决定的。不同的选择导致不同的内容，就像医学上把梦解释为大脑细胞从半清醒到全部清醒的过程一样，通过这种不同选择来解释梦的内容对比，是十分简单的。

通过这四种可能情况，人们会意识到，一个重要的，但不具新鲜性的元素（比如一段思考或者回忆）在梦的形成过程中会被替换为现时的，但无关紧要的元素。只要以下两种条件得到满足，这种情况就会发生：1）梦的内容与刚发生的事件有联系；2）引起梦的刺激本身必须具有心理上的重要性。在上述的四种梦的来源中，只有第一类能够通过同一印象来满足这两个条件。现在，我们再来看看，如果这些无关紧要的印象只要还具有新鲜性就可以在梦中被用作内容材料，而一旦过了一天或者最多几天，它们就再不能用来作为梦的内容，那我们必然会认为，在梦的形成中，"新鲜性"使无关紧要的印象也具有了心理重要性，它不亚于对人们来说真正具有感情上的重要性的回忆或想法。在后面的章节我们再来讨论印象的"新鲜性"对梦的构建的意义。（详见第七章）

除此以外，我们还需注意，在夜间，我们可能在不知不觉间就对我们的记忆或者想象材料进行了重要的更改。"在做出重大决定前先睡一觉"，这种告诫是大有道理的。但是在这儿我们已从梦的心理学层面转到了睡眠心理学层面，后面还会有很多理由对此进行提及。

现在还有一个对方才的结论予以反对的意见：如果无关紧要的印象只要具有新鲜性就可以进入梦中，那么为什么梦中还包括过去生活的事件呢？用斯特姆佩尔的话说，那些事件在当时并没有心理价值，因此在很久以前就被忘掉了，它们是一些既没有新鲜性也没有心理重要性的印象。

我们对神经症患者的精神分析结果可以对此反对意见做出答复。解释是这样的：早期发生的具有心理重要性的印象在当时就被替换为无关紧要的印象（不管是在梦中还是在思考中），并且从此在记忆中扎根。那些一开始无关紧要的元素因此就变得不再无关紧要，因为通过移置作用，它们已经代表了那些有心理重要性的材料。真的无关紧要的印象是不可能重现在梦中的。

通过上述说明，人们有理由得出这样的结论，那就是梦的刺激源不可能是无关紧要的，也就是说没有无危险的梦。除了儿童的梦和与某些受到夜间感官刺激引起的简单的梦以外，我可以绝对地毫无保留地相信这个结论是正确的。除此以外，人们梦到的要么一看就知道具有明显的心理重要性，要么就是被伪装了，必须经过分析才能做出判断，最后发现它实际上是与重要性的事件有联系的。**梦从不关心无关琐事，我们绝不会容许它们来打扰我们的睡眠。**一个看来毫无危险的梦，在经过耐心分析后就会发现它其实一点也不单纯。如果人们允许我采用这样的语句来形容，梦可是"狡猾的黄鼠狼"。由于这种说法肯定会遭到反对，而我自己也想找机会对梦的伪装做更详细的说明，我打算再从我收集的看似无邪的梦中挑选几个来做分析说明：

（一）

一位聪慧高雅的少妇，在生活中表现得十分保守，属于"静水流深"那种类型，她讲述道："我梦见自己到达市场太晚，肉都卖光了，菜也买不到。"无疑，这是一个单纯无邪的梦，但我认为这不是梦的真正意义，于是我请她详述梦中的细节："她与她的厨师一起上市场，厨师拿着菜篮，当她向肉贩说出要买某种东西后，他回答说，那种东西再也买不到了。他拿给她另外一种，并且说那也不错。但她拒绝了，然后再走到一女菜贩那儿，那女人劝她买一种特别的蔬菜，黑色的成束捆着，但她回答说：'我不知道那是什么东西，我还是不买了吧。'"

这梦与当天白天的联系是十分清楚的。她当天的确到市场太晚，以致买不到任何东西。"肉铺子早已关门"，整个经历似乎可以这样总结。但且慢，这句话它的反面意思不是用来形容男士穿着不修边幅的俚语吗？但是做梦者自己没有使用这句话，或许她是故意避免采用它，现在就让我们对梦中的细节做一番分析吧。

♥分析

在梦中表现出言谈的特点的，不光是想了一些什么，还是说了、听到了一些什么（这些情况通常很容易区分），那其材料肯定来源于清醒生活中的言谈，当然它们只是被作为原材料，并且被分解、改变，但最主要的是它们被从原来的情境中分离出来。在分析时，人们可以从分析这些言谈入手。那肉贩子说的"那种东西再也买不到了"是从何而来的呢？答案是那话从我这儿来。在几天前，我曾劝病人说，童年那些最早的记忆是"再也想不起来的"，但是可以通过分析，从梦和"移置"中发现。因此，我就是肉贩子，而她拒绝承认旧的思想和感觉方式会推移到现在。那"我不知道那是什么东西，我还是不买了吧！"这句话又是从何而来呢？为了解析的方便，我们将这句话拆成两半："我不知道那是什么东西"，这句话是她当天与厨师为某件事发生争执时所说的，而且她还接着说了一句"您最好举止合宜！"在这儿明显有一个移置发生。在那两句对厨师所说的话中，她只选了一句无关紧要的话融入梦中，而被压抑下去的句子"您最好举止合宜！"却真正与梦的内容吻合。如果有人胆敢做了不合规矩的事情，忘记"关掉他的肉铺子"，人们就可以对他说那句话。卖菜女商贩的出现印证了我们的分析正在沿着正确的道路进行，绑成一束一束卖的蔬菜（后来她又补充说明是长长的），又是黑色的，这种又像芦笋又像黑萝卜的怪菜到底是什么东西呢？想必所有有经验的男女都知道芦笋是什么，而另外一种蔬菜——黑萝卜，它的发音跟"小黑，滚开！"很相像，在我看来，它也是指向了我们一开始透露出的那个性的主题：肉铺已经关门了。在这里不需要完全解释这个梦的含义，只要发现它含义丰富、绝不单纯就可以了。

（二）

这个梦是同一个病人做的单纯无邪的梦，从某些方面来说，这个与上一个可以形成对比。

她丈夫问她："我们那钢琴该调音了吧？"她回答说："那可不值得，反正那琴锤也快不灵了。"

同样，这又是一个对白天发生的事的重现。那天，她丈夫的确问过她这个问题，而她也的确如此回答。但她为什么会梦到这个呢？她虽然谈到那架钢琴是令人讨厌的老式盒子，发出的声音像难听的噪音一样，是她丈夫在结婚前就已拥有的东西等，但是解决问题的关键在于她说："这不值得。"这句话是她在前一天拜访女友时说的，她被要求脱下短上衣，但是她拒绝了，并且说"谢谢，不值得这么做，因为我马上就得走"。我记得在昨天的分析中，她突然抓紧她的短上衣，衣服上有一粒扣子是解开的。她好像想说："请不要看这边，不值得这么做。""盒子"（Kasten）这个词，可以被扩展为"胸部"（Brustkasten），而对这个梦的解释使我发现她从开始发育的年龄以来，就一直对自己的身材不满。如果我们把"令人讨厌"与"声音像难听的噪音"这件事也一起考虑，并且想到女性身体的小半球——是对照也是替代——能在暗示和梦里代替大的半球，这样我们肯定就会想到更早的时期发生的事情。

（三）

在这里我将暂时中断讲述那少妇的梦，而插入另一个年轻男人的简短无邪的梦。他梦见自己又把他的冬季大衣穿上，那实在是一件恐怖的事。表面上看来，天气骤然变冷是引发这个梦的原因。但再仔细观察一下，就会发现梦中前后两段，并没有因果联系，为什么在冷天穿上沉重厚实的大衣会是很恐怖的呢？在接受精神分析时，他本人首先想到，昨天有一个女子向他吐露，她最后一个小孩完全是拜避孕套破裂所赐。在这种印象的基础上，他重构了他的思考：薄的保险套不保险，但厚的又不好。避孕套是一种"套上去的东西"，而轻便外套也是套上去的。一个女子面对面向他讲述这种事情，对一个未婚的男人来说，未尝不是"一件恐怖的事"。

现在让我们回到那位单纯的女梦者吧！

（四）

她将一根蜡烛插到烛台上，但蜡烛断了，无法直立。学校的一个女孩子说她动作笨拙，但她回答说，这并不是她的错。

这也有一个真实的诱因。前一天她真的把一根蜡烛插到烛台上，但没有像梦中那样断掉。这个梦使用了几个明显的象征。蜡烛是能使女性生殖器官兴奋的东西，如果它折断了，也就是不能很好地直立站着，意味着男人的阳痿（"这不是她的错"）。但是一个从小受到精心教养，对所有猥琐事都完全陌生的年轻女士会知道蜡烛这方面的用处吗？碰巧的是，她能说出她是如何了解到这种知识的。有一次他们在莱茵河上划船，另一艘船驶过，一群大学生坐在那船上，他们兴高采烈地唱着歌，更恰当地说他们在喊歌：

"瑞典的皇后，躲在那紧闭的窗帘内，用阿波罗蜡烛。"

她当时并没听清或者没明白最后那句话，因此她问她丈夫那是什么意思。然后这些句子就入了梦，但是被置换为她在学校笨手笨脚插蜡烛那件事的回忆，由于"紧闭的窗帘"这一共同元素，这种置换成为可能。手淫和阳痿之间的联系十分清楚。梦中隐含的"阿波罗"将这个梦与以前的关于处女帕拉斯的梦联系起来。所有这些都不是单纯无邪的。

（五）

在这里我还要再举出同一个人做的看似单纯无邪的梦，因为我不想这么容易就从梦者的真实生活中找到对梦的解答。"我梦见自己在白天的确做过的事，那就是我把一个小箱子装满了书本，以致很难关上它。我这梦完全与事实一致。"在这儿，梦者强调这梦与现实之间的吻合。所有这些对梦的判断，还有对梦的评论，虽然是醒来后的想法，但是它们其实都属于梦的隐意的一部分，在后面的例子中这点还会得到印证。我们知道，梦的确叙述了白天发生的事。我想到要通过英语对这个梦做出解释，但要解释我如何得到这个想法的，却得绕一个大圈子。只要指出这里讨论的问题还是关于"小箱子"（box）（参见"木箱"中躺着死去的孩子的梦）就足够了，箱子装得太满了，再也塞不下别的东西了。至少这次没有什么不好的东西。

在所有这些单纯无邪的梦中，显然审查作用是作用于性因素。这是一个非常重要的题目，以后我们会再详细讨论。

第二节 梦的来源： 童年经历

除了罗伯特，我和其他梦的研究者一样，提出了梦的内容的第三个特点，**即童年最早期的印象也会在梦中出现**，这些印象在清醒时的记忆中已无迹可寻。这些印象出现的频率自然是很难判断的，因为在清醒后根本不能认识到梦中出现的元素是来自何处。要证明梦中元素来自童年时的印象，必须遵循一个客观过程，但是那些条件只能在极少数情况下得到满足。莫里有一个有力的论证，故事来自一个男人，他有一天决定在阔别故乡 20 年后，重新回去。在临行前一夜，他梦到自己在一个完全陌生的地方，在街上他碰见一个陌生男人，并且跟他攀谈起来。当他回到老家，他发现这个陌生地方紧邻他老家所在的城市，确实存在，而那个陌生男人则是他亡父的旧友。这有力地证明了，在他童年时他确实见过那个地方还有那个男人。除此以外，这个梦还可以被解释为**"迫不及待的梦"**，就像那个包里装着音乐会门票的少女的梦，还有父亲答应要带他去哈米欧出游的孩子的梦以及其他等。至于为什么梦者恰恰要挑选这段童年印象作为梦的内容，当然要通过分析才能发现其动机。

一位听过我演讲的人吹嘘自己很少做有伪装的梦，他告诉我，不久前他在梦里见到以前的家庭教师躺在保姆的床上，那个保姆直到他 11 岁才离开他家。那场景的地点也被他在梦中想起来。这引起了他的兴趣，然后他告诉了他哥哥，哥哥大笑着证实了这个梦的真实性。他哥哥对那件事记得很清楚，因为他当时已经 6 岁了。如果晚上有合适的时机做爱，这对情侣就要把年长一点的男孩用啤酒灌醉。我们的做梦者当时才 3 岁，他跟保姆同居一室，他们认为他构不成干扰。

在另外一种情况下，也可以十分确定，梦的元素来自童年，那就是所谓的不断出现的梦，这种梦在童年时期就出现了，也会时不时地出现在成年人的睡眠中。尽管我自己从没做过这样的梦，但从我的记录中可以挑选几个大家熟悉的例子。一位 30 多岁的医生告诉我，他从小到大经常梦到一头黄狮子，并且可以详细描述它的样子。有一天他终于发现了梦中狮子的实物，它是很久以前就不见了的瓷质物品，据他母亲说，那是他童年时期最爱的玩具，而他自己已经完全不记得了。

这样我们就从梦的显意转到了只有通过分析才能发现的梦的隐意上，人们惊奇地发现，童年的经历居然在梦中也起一定的作用，而鉴于童年经历的内容，我们从来都没想到过这点。我要再次感谢梦到黄狮子的那位可敬的同事，他提供了一个令人愉快、有益的例子。在阅读了南森的北极探险故事后，他梦见自己置身于一片冰的荒原上，正在用电疗法为这位患有坐骨神经痛的探险家治病！在分析这个梦的过程中，他记起一段童年经历，否则这个梦肯定永远没法理解。那大约是他三四岁时，有一天他好奇地倾听大人畅谈旅行探险的逸事，然后他问爸爸，那是不是一种很严重的疾病。显然他把"旅行"（reisen）跟"撕裂般的痛"（re-issen）混淆了。他兄弟姐妹的嘲弄可能促使他忘掉了这件令他觉得羞辱的经历。

另外一个例子与这个十分相似。当我分析有关樱草属植物论著的梦时，我也想到一段童年经历——当我 5 岁时，父亲给我一本有图片的书，让我一片片地撕碎。人们可能会怀疑，这样的回忆真的可能参与梦的构建吗？还是说这种联系是在事后的分析中才建立起来的？那些丰富、紧凑的联想印证了第一种理解方式：樱草属植物——最喜爱的花——最喜爱的食物——洋蓟；像洋蓟一样一片片撕成碎片——标本收藏册——书虫（它们最喜欢的食物就是书）。此外，我可以确定，我还没有向读者揭开的这个梦的最后一部分意义，与童年场景的内容有着最紧密的联系。

通过分析一系列其他的梦我们发现，引起梦的那些愿望（它们在梦中以被实现的方式呈现）也是来自童年的，人们惊奇地发现，孩子带着他们的本来欲望继续生活在梦中。

我现在要继续讨论以前提过的那个梦，它曾经带给我们新的启示，我指的是"朋友 R 就是我叔叔"那个梦。通过梦的分析，我们已经清楚认识到，我想晋升教授这一愿望是这个梦的主要动机之一；在梦中我对两位同事给予轻视，对朋友 R 的柔情可以被解释为我为自己那种态度感到不安，从而对 R 进行补偿的行为。这个梦是我自己的，因此我可以继续讲述，那就是通过上面的补偿行为，我的感情还是没有得到满足。我知道自己在梦中对两位同事不友好，但是在现实中，在清醒时我对他们却很尊敬。在聘任的事情上我不想跟他们有同样的命运，但是这种愿望的强烈程度恐怕还不能解释为什么我在清醒时和梦中对他们的评价如此截然不同。如果我对教授头衔的欲望那么强，那绝对是一种病态的野心，而我并不认为自己是这样的，我认为这种野心离我很远。我不知道别人在这件事上会怎么看待我，也许我真的有野心，但是如果这样的话，我早就转到别的追求上了，不会为了区区一个特别教授的头衔和地位如此殚精竭虑。

那么，我梦中展现的那份野心又从何而来呢？在这儿，我想起了一件童年常听到的轶事：在我出生那天，一个老农妇曾向我妈妈（我是她的头一个孩子）预言，她会给这世界带来一个伟大人物。这样的预言肯定十分常见，天下哪个母亲不是对自己的孩子怀有期望呢！还有那些老农妇或者其他年老的女人，她们已经失去了世界上的权力和力量，所以只好寄希望于未来了。再说，预言者这么说对她自己是绝对不会有什么坏处的啊！难道我的野心就来自于此吗？这又让我想起自己童年后期的另一经历，也许它是更好的解释：

在我十一二岁时，我父母经常带我到普拉特去。在一个晚上，我们在那儿看到一个人，他一桌桌地走过去，只要你给他一些小钱，他就能照你给的题目当场作一首诗。我被派去请他来我们这桌，他表示了感谢。在他开始自己的任务之前，他先给我念了几首诗，并且说他有预感我会成为一名内阁部长。这第二个预言让我印象深刻，现在我还能记起它。当时是"比尔阁内阁"时代。不久前，我父亲刚刚把中产阶级专家（赫布斯特、吉斯克拉、昂加尔、伯杰等人）的肖像带回家中，以增加门第光彩。这些杰出人物中也有犹太人，每个勤奋的犹太学生书包内都有内阁部长式的公文包。那段时期的经历肯定对我上大学前的志愿产生了影响，我因此想读法学，直到最后一个月才改了志愿。对学医的人来说根本没可能走向仕途。现在再回到我的梦上。我现在才发现，这个梦使我从灰暗的现在回到那段充满希望的"比尔阁内阁"时期，并且实现了我那时的愿望。我之所以如此不友好地对待那两位知识渊博、可敬的同事，把一个梦作傻瓜，另一个梦作罪犯，就是因为他们是犹太人，而我的行为举止都好像我已经当了内阁部长一样。我占据了内阁部长的职位，多么彻底的报复啊！他拒绝任命我为特聘教授，那我在梦里就要抢占他的职位！

在另一个梦里，我也注意到，虽然引发梦的导火线是最近的某种愿望，但那其实只是童年某种记忆的加强而已。这里是一系列的由"我很想去罗马"这一愿望引发的梦。在很长的一段时间内，我都只能通过梦来满足自己去罗马的愿望，因为每当我有时间旅行，出于健康原因我都不能去罗马。

例如，有一次我梦见我在火车车厢内，透过车窗看到罗马的泰伯河以及圣安基罗桥。然后火车开动了，而我发现自己根本没来过这座城市。梦中的罗马景色来源于我一位病人家客厅里的版画，昨天我对那幅画注视了片刻。在另一个梦里，我梦见有人把我带上一座小山，给我指出在云雾中若隐若现的罗马城。使我感到惊奇的是，它非常遥远，但是景物却非常清晰。这个梦有很多内容，在此处我就不详细描述了。但是"从远处眺望向往之地"的动机却非常明显。我在云雾中看到的首先是吕贝克城，而那座小山的原型是格里欣山。在第三个梦中，我终于置身罗马城内了，但我失望地发现那绝不是城市的景象："有一条流着黑色污水的小河，在河岸的一边是黑色的峭壁，另一边是一片开着大白花的草地。我碰到促克先生（我和他只是泛泛之交），并且决定问他到城里去怎么走。"显然，在梦中我徒劳地试图看到我清醒时从未去过的城市。如果我把梦中的景色分成各个元素，就会发现，白色的花指向我所熟悉的拉维那，它曾一度差点取代了罗马成为意大利的首都。在拉维那四周的

吕贝克城

沼泽地带，我看到这种美丽的水百合就长在那黑色的污水中。在梦中，这水百合像我自己家乡的奥斯湖所长的水仙花一样，长在草地上，因为如果它们长在水里，是很难摘到它们的。"紧靠水边的黑色峭壁"让我栩栩如生地回忆起卡尔斯巴德的特普尔河谷。卡尔斯巴德使我能够解释我向促克先生问路的一些奇怪细节。在构成梦的材料中，有两个关于犹太人的有趣轶事，它们隐含了既深刻又有些令人心酸的生活智慧，我们在谈话和书信中时常要引用它们。一个是关于"体质"的故事，说的是一个贫穷的犹太人没买票就混进了开往卡尔斯巴德的快车，结果被检票员发现了，每次查票时他都被从火车上撵下去，并且受到越来越粗暴的对待。在一个车站上他碰到了一个熟人，熟人问他要乘车去哪里，他回答说："去卡尔斯巴德，如果我的体质能支撑的话。"然后我想起另一个故事，讲的是一个不懂法语的犹太人在巴黎期间，向人问去里希尼街怎么走。巴黎也是我多年来的向往之地，当我踩到巴黎的地面上时，幸福感油然而生，我觉得我的其他愿望也肯定会实现。"问路"也是到罗马去的一个直接隐喻，因为众所周知，"条条大路通罗马"。此外，促克（zucker，德文意思是"糖"）这个名字也指向了卡尔斯巴德，因为我们总是把患有体质性糖尿病的人送到那里治疗。这个梦起源于我柏林朋友的建议，他建议我们复活节时在布拉格碰头。我跟他谈到的东西，肯定与"糖（促克）"和"糖尿病"有进一步的联系。

第四个梦紧接着上一个梦，再次将我带到罗马。我看到一个街角，并且十分惊奇地发现，那儿贴满了许多德文告示。就在这前一天，我在写信给这位朋友时曾推测说，布拉格这地方对一个德国的旅游者而言可能不会太舒适。因此梦中就表现了同样的愿望，我和他不是在波西米亚的一个城市而是在罗马相会。这也可

能是从大学时期就有的愿望，那就是我希望布拉格能够对德语更加宽容一些。此外，我在很小的时候就会捷克语了，因为我出生在斯拉夫人聚集的一个叫麦恒的小镇。我在 17 岁时听到的捷克童谣轻松地印在了我的记忆中，虽然我不知道它是什么意思，但是直到今天我仍能背诵它们。因此，在这些梦中同样有不少是出自我童年的种种印象。

在我最近的一次意大利旅行中，经过特拉西梅奴斯湖。我看到了泰伯河，但是在离罗马 80 公里远的地方我不得不遗憾地返回，对罗马的向往由此更为强烈，这也使我意识到自己对这座永恒之城的向往来自童年印象。正当我计划第二年经过罗马去那不勒斯时，一句话突然出现在我的脑海中，这句子我肯定在古典作家那儿读到过："在他决定去罗马之后，他焦躁不安地在房间里来回踱步，不知道是要成为温克尔曼这样的文人还是要成为汉尼拔大将军。"我似乎是在步汉尼拔的后尘，我和他一样，我们都渴望到罗马去，但是当所有人都在罗马等着他时，他却去了卡帕尼亚。在这一点上我与

汉尼拔将军

他很像，从我中学起他就是我最崇拜的英雄。和当时的很多同龄人一样，我更同情腓尼基战役中的迦太基人，而不是罗马人。到了高年级之后我对身为异族意味着什么有了初步的了解，反犹太的潮流开始在同学们之间兴起，我必须对此表示明确的立场，于是这位犹太将军的形象在我眼中显得更为高大了。在年轻的我看来，汉尼拔和罗马象征着犹太人的顽强和天主教组织之间的冲突。后来的反犹太运动对我们的感情影响很大，这也更加固了那时的想法和感觉。因此，在梦中去罗马的愿望实际上是其他一些别的强烈欲望的外衣和象征，为了实现那些欲望，人们愿意以迦太基人那样的顽强和决心战斗，但当时要实现那些欲望，就跟汉尼拔进驻罗马的终生愿望一样，时运不济。

現在我才意识到一段少年经历，它至今仍在感情和梦中发挥作用。我当时大

约 10 岁或者 12 岁，我的父亲开始带我去散步，并且在谈话中告诉我他的世界观。有一次为了展示现在的日子比以前的日子要好得多，他讲述道："在我年轻时，有一个周六，我在你的出生地的街道上散步，穿戴讲究，戴着一顶新的皮帽子。然后走过来一个基督徒，一下子把我的帽子打落在污泥里，并且大叫：'犹太人，滚开！'""然后你怎么办了？""我走到机动车道上，然后把帽子捡起来了。"我父亲平静地回答。这位手牵小孩的身强力壮的大男人，在我看来特别没有英雄气概。我对这种情形很不满，与此形成对比的是，汉尼拔的父亲——哈米尔卡·巴卡斯把自己的孩子领到家族祭坛前发誓，要对罗马人进行报复，这种做法更得我心。从此以后，汉尼拔在我的心目中就占有一席之地了。

我认为，我对迦太基将领的狂热可以再追溯到更小的时候，在这又是已经形成的感情被转移到新的载体上。在我学会看书以后，第一批看的书里就有特里尔的《执政与帝国史》。我还记得，我在自己的木头兵背上贴上国王的元帅们的名字，当时我宣称马塞纳是我最喜欢的元帅（我的生日又正好与这位犹太英雄同一天，刚好差了一百年，对他的偏爱也可能是出于这种巧合）。拿破仑把自己与汉尼拔相提并论，因为他们都越过了阿尔卑斯山。也许这种对战士的崇拜心理还可追溯得更远，我那时 3 岁，另外一个长我一岁的男孩一会儿跟我很好，一会儿又跟我宣战，这种关系肯定让较弱的一方产生了好斗的心理。

马塞纳元帅

梦的分析工作越深入，人们就会更多地发现童年经历的痕迹，它们在梦的隐意里充当了梦的来源。

我们听说，梦中重现的记忆很少是没经过缩短和改变的。但是照原样重现的例子还是存在的，在这里我要补充几个这样的例子，它们也是跟童年经历有关的。有一次，我的病人讲述了一个几乎没有被伪装的性梦，他在醒来后马上发现这个梦充分重现了他少年时的记忆。他虽然在清醒时记得有那件事，但是记忆已经非常模糊了，通过分析它才被重新唤起。梦者在 12 岁时去拜访一个患病在床的同学，可能是出于偶然，那个同学在活动身体时暴露了自己的生殖器。而我这病人当时不知怎的，一看到那同学的那部分，竟不由自主地也把自己的生殖器露了出来，还抓住同学的。同学惊奇又不满地看着他，他觉得很尴尬，就赶紧放手了。在23年后，这个场景在梦中得到重现——甚至包括当时内心感情的所有细节。所改变的只是他从主动者变成了被动者，而那个同学也被现在生活中的朋友代替了。

一般而言，童年的情景表现在梦的显意中时，是通过暗示隐喻的方式表现的，要对其进行探究就必须对梦进行分析。但这样的例子往往缺乏有力的证据来证明那是童年经历，因为人们早就把这样的经历忘得一干二净了。要推断出梦中出现的内容是否来自童年经历，必须根据精神分析提供的大量材料，从它们的相互关系中得出令人信服的结论。在进行梦的解析时，其内容往往是脱离前后关系的，而我让梦者回忆儿童经历也因此无的放矢，特别是当我没有把解释所需的材料全部摆出来时。所以我要继续我的叙述：

（一）

我的一位女病人的所有的梦都带有"匆忙"的特征：比如说她总是在急急忙忙赶火车等。在一个梦里，她梦见"自己要去拜访一位女友，她母亲让她乘车，不要走路，但是她不听，一定要跑着去，并且在路上还摔倒了"。分析中出现的材料让她回想起儿童的追逐游戏。某个特别的梦使她回忆起一种儿童喜爱的绕口令游戏，他们试图把"牛在奔跑，跑到跌倒"这句话用最快的速度说出来，就好像这句话是一个词一样。这也是一种"匆忙"。所有这些女孩子间的单纯无邪的"匆忙"游戏之所以能被回忆起来，是因为它们代替了另外一些不那么单纯的东西。

（二）

另一位病人做了这样一个梦：她置身于一间有各种各样机器的大房子里，在她的想象中整形手术室就是那样的。她听说我没有时间，因此她必须与其他五个病人一起同时接受治疗。但她拒绝了，而且不愿意躺到指定给她的床上（或许那不是床是别的东西）。她站在角落里，等待我说，那不是真的。其他五个人都在嘲笑她太小题大做了。她好像还在画一些小方格。这个梦的第一部分，其实是与我和我的治疗紧密相关的。第二部分则包含对童年场景的暗示。这两部分通过"床"衔接起来。"整形手术室"来自于我对她说过的一句话，当时我曾告诉她，她的治疗时间和性质跟整形手术一样。我肯定告诉过她，我目前时间不多，但是以后每天都会拿出一个小时来对她进行治疗。这句话肯定触动了她原有的敏感神经，这也是容易患癔症的儿童的一个主要特性：**他们对爱的需求永远无法被满足**。我这病人在六个兄弟姐妹中最小（因此，梦中有"与另外五个病人"这样的元素），虽然父亲最疼爱这最小的孩子，但她仍觉得亲爱的爸爸在她身上花的时间和关注不够多。而她等待着我说"那不是真的"，有着这样的原因：有一位裁缝的小学徒送来她定做的衣服，她付了款。然后她问她丈夫，如果这小孩在半路上把钱丢了，她是否还得再付一次。她丈夫嘲弄（就像梦中"嘲弄"）地回答："是啊！"于是她又不断重复询问，期待他回答"那不是真的"。这样梦中的隐意就可以被建构起来了，她想如果我花两倍时间对她进行治疗，那她是否必须付两倍治疗费呢？这种吝啬的或"丑恶的"想法（小孩时期的丑恶想法，在梦中往往表现为贪钱，而"丑恶的"这个词是连接两者的桥梁）。梦中出现的"期待我说出那不是真的"，其实是希望改变这种"丑恶"情形的话，那"站在角落"以及"不愿躺在床上"都是童年景象的一部分：她小时候弄脏了床，因此被命令到墙角罚站，并且爸爸吓她说他不再喜欢她了，而兄弟姐妹们嘲笑她。小方格指向的是她的小侄女，小侄女当时正在展示一种算数游戏，就是在九方格里填上数字，让它们在每个方向上相加都等于15。

（三）

这是一个男人的梦：他看见两个男孩扭打在一起，由周围四散的工具看来，他们应该是箍桶匠的儿子。一个男孩被摔倒了，他戴着蓝石子做的耳环，他抓起一根棍子，想去打那对手，但另一个男孩拔腿便跑，跑到一个女人身边，那个女人在篱笆旁边，看起来是那男孩的母亲。她是按日计工资的散工，她背朝着做梦者，然后她终于转过身来，面容可怕，梦者立刻吓跑了。人们看到她的下眼睑有着突出的红肉。

这梦采用了很多他当天遇到的琐碎小事做材料。当天他的确曾看见两个小孩在街上打架，并且有一个被摔倒。当他跑过去想劝架时，两个小孩都立刻跑掉了。"箍桶匠的孩子"这句话之所以能得到解释，是因为在分析他接着做的一个梦时，他说了一句谚语"打破桶底问到底"。"戴着蓝石子做的耳环"，根据梦者自己的观察，这多半是娼妓的打扮。这里可以补充一句嘲笑两个男孩的打油诗："另一个男孩叫玛丽（就是说他是女孩）。""站着的妇女"：在看完两个男孩打架之后，他沿着多瑙河散步，趁着没人时，对着篱笆小便。他继续走，遇到一个穿着讲究的老夫人友好地对他微笑，还想给他递自己的名片。

因为梦中的女人就站在他曾经小便的地方，因此她肯定也是在小便，因此"可怕的面容"和"突出的红肉"在这里指的应该是蹲下时露出的女性生殖器的样子。这种在儿童时期看到的景象在后面的记忆中作为"野肉"或者"伤口"重现。在这个梦里有两个事件被合二为一，他曾看过女孩子摔倒在地和蹲着小便。然后他记起来，因为这两次事件，他父亲发现他对性方面表现出好奇，因此对他进行了惩罚和恫吓。

（四）

从下面这位老妇人的梦里，我们可以发现大量的童年回忆，它们被拼凑成一个单一的幻想：

她匆忙地赶出去购物，结果在格拉本街她突然全身一软，跪倒在地。很多人围了上来，特别是出租车司机。但是没有人把她扶起来，她试了好多次，最后她肯定是成功了，因为人们把她扶上出租车送回家，后窗户里一个大的装满东西的篮子（跟购物篮很像）被塞了进来。

做梦的这个老妇人就是前面提到的总做带有"匆忙"特征梦的女病人，她在童年时总是玩追逐的游戏。毫无疑问，梦中第一幕景象来自看到马摔倒，同样"全身都垮下来"也是来形容赛马的。她小时候常玩骑马的游戏，她是骑士，在更小的时候她无疑更像是一匹马。对于"摔倒"的印象来自于童年：看门人的17岁的儿子突发癫痫摔倒在

格拉本大街

大街上，然后被人用车送回家。对此事她只是听说，但是"癫痫病发作"和"摔倒"就此被连接起来，并且在她的想象中发挥强大的作用。如果一个女子梦到摔倒，很有可能它有性的意义，因为她是"堕落的女人"。我们目前分析的这个梦的确有这样的含义，因为她摔倒的地方是格拉本，而格拉本街正是维也纳最出名的妓女聚集区。"购物篮"有多重含义，它还可做"拒绝求婚"讲，做梦者想起

自己曾多次拒绝别人的求婚，而后来她也抱怨自己受到了同样的对待。"没有人扶她站起来"可能就与此有联系。另外通过分析我们早已知道，购物篮还让她想起自己的幻想，她幻想自己已经放低身份下嫁了，因此必须亲自去市场买菜。最后"购物篮"还可以被解释为仆人的象征。此时她又回忆起几个童年事件。第一，她想到一个因偷窃行为被开除的女厨师，当时那女厨师双膝跪地求饶。她那时才12岁。第二，她想到一个女仆因为与家里的车夫私通而被解雇，后来车夫娶了她。这样的回忆使我们发现了梦中车夫（司机）的来源——事实上，梦中的司机没有扶起摔倒（堕落）的妇女。还有"随后塞进来的篮子"并且是"从窗户塞进来的"这两点需要解释。这可以使我们想到铁路运货工人的运货方式；还有这地方特有的民俗——"越窗偷情"；还有她在此地了解到的一件事情——有个男人把青李子从窗户丢到一个女子的房内；另外做梦者的妹妹因为一个路过的白痴往她房间内看而感到害怕。此时又有一个10岁时的模糊记忆浮现，她的乡下保姆与家中一个仆人私通，他们的行为连小孩子都有所察觉，因此他们两个人都被"开除"，"被丢出去"（梦象为这词的反面："被塞进来"）。我们从不同的道路都已经接近了梦中的故事。仆人的行李在维也纳也被蔑称为"七个李子"——"收拾起你那七个李子，滚吧！"

令人所收集的这些病人的梦，通过分析常常能追溯到3岁以前的记忆，当然它们是模糊的，甚至是完全不记得的童年记忆。这样的梦例有很多，但是要使从这些梦中得到的结论适用于一般的梦，恐怕还有待商榷。因为所有的做梦者都是神经症患者，特别是癔症患者，他们梦中出现的童年景象可能是受到神经症的影响，而不属于梦本身的特点。不过，我也分析了自己的梦，我自己当然没有那些病例症状，我也常常在梦的隐意中发现童年景象，并且一系列的梦都可以被回溯到同一个童年经历。我已经举过这样的例子，下面我要再举几个有着不同来源的梦。也许结束这章最好的方式就是列举一些这样的梦，它们的来源既包含最近事件的刺激，也包含早已忘记的过去童年经历的影响。

No.1 旅途归来，我又饿又累，躺在床上马上就入睡了，但人的重要生理需求在睡眠中也要让人注意到它们的存在，于是我梦到：我跑到厨房里去，想找些面食吃。厨房里有三个女人，其中一个是女主人，她手上正扭着什么东西，好像是在做丸子。她回答说，我得再等一会儿，等她做完才行（她说的话不太清晰）。我失去了耐心，就带着一种受到侮辱的感觉离开了。我穿上大衣，发现那太长了，于是我又脱下来，惊奇地发现这大衣上居然有毛皮镶边。我穿的第二件大衣，绣有土耳其式长条图案。一个长脸短胡子的陌生人走过来，阻止我穿衣服，他说那外套是他的。我展示给他看，说上面绣满了土耳其风格的图案。他问："您跟这土耳其（图案、长条）有什么关系？"但我们很快就友好相待了。

在解析这个梦时，我意外想起一本大概13岁时读过的小说，当时我是从它第一册的最后一部分开始读起的。我从来不知道书的名字还有作者的名字，但是却清楚地记得那书的结尾。书中主人公最后发疯了，一直狂呼着给他带来最大的幸福与痛苦的三个女人的名字。其中一位女人叫贝拉姬，我不知道为什么在分析这梦时会想到这部小说。提到的三个女人让我联想到罗马神话的三位命

罗马神话的三个命运女神

运女神，人类的命运都是由她们编织的。而我知道，梦中三个女人之一——那女主人，是已经生了小孩子的妈妈。就我自己而言，母亲是给我生命中最初的营养的人。女人的乳房满足了爱和饥饿。有个极力赞美女性美的年轻男人讲了这样一个故事，他说，他曾经有个非常漂亮的乳母，对于当时没有好好利用自己的机会，他表示十分遗憾。我习惯通过病人讲的轶事来解释神经症发生机制中的"推后"现象。一位女神将两个手掌对搓，好像在做丸子。一个女神竟然做这样的事情，多奇怪啊，必须得解释一下。由此我又想起另外一个更久远的童年回忆。在我6岁时，我母亲给我上了第一堂课，她想让我相信，我们是由泥土做的，因此也要回归泥土。这话不得我心，对这个说法我深表怀疑。于是我母亲合拢双手开始揉搓手掌——就好像揉丸子那样，只是没有生面团——然后她把揉下来的黑色皮屑给我看，证明我们是泥做的。对于这样的直观演示我大为吃惊，我似乎也就勉强地接受了她的说法，后来我听到关于这种说法的总结是："生命最后要回归自然。"所以，当我走进厨房时看到的确实是命运之神，就像我童年时那样，当我饿了时，我母亲总是站在炉子旁边警告我等一会儿，做好之后再吃。现在讲一

下"丸子"的事。至少它使我联想到大学里教我们"组织学"（如表皮）的一位老师，他曾指控一位名叫克诺洛（德文有"丸子"的意思）的人剽窃了他的作品，而"剽窃"的意思就是说把不属于自己的东西占为己有。这显然引向了梦的第二部分，在里面我被当成偷外套的人。我写下"剽窃"这个词完全是潜意识的，因为它出现在我的梦里。现在我发觉，它可以将梦的显意的各个部分衔接起来：贝拉姬（Pelagie）——剽窃（Plagiat）——横口鱼（Plagiostomen）或鲨鱼（Haifische）——鱼鳔（Fischblase）把旧小说、克诺洛事件和外套联系了起来，很明显这又牵涉到性方面的内容。当然，这一串联想相当牵强、无理，但如果这不是梦中形成的，我在清醒状态下是绝不能想出这些的。如果不是布吕克（在德文中也是"桥梁"的意思）这个可敬的名字让我想到我的学院，似乎这种联想联系就是毫无意义的，也是不需要的。在学院里我度过了愉快的学生时光——"你们每天都会渴求从智慧的乳房中吸取营养"——这完全跟梦中折磨我的欲望形成对比。最后，我又回忆起另一位令人怀念的老师，他姓弗莱雪（Fleischl），这名字的意思重新让人想到可以吃的东西（"肉"，跟"丸子"类似），我还记起了一幕悲伤的场景，在里面表皮屑有一席之地（作为母亲的女主人），还有发疯（那本小说），以及药房中买来的可以缓解饥饿感的药物：古柯碱。

我可以继续这样将这个复杂的思路推演下去，并对所有的梦的内容做出充分解释，但是我必须放弃这种做法，要不然我的个人牺牲就太大了。因此我将在这纷杂思绪中找出一头，由此直探梦中思想的谜底。梦中长脸短须、阻止我穿第二件大衣的人，长相跟我太太常去购买土耳其布料的斯巴拉多商人很像。他的名字叫波波维奇，一个很怪的名字，幽默大师史特丹汉姆曾开他的玩笑说："他道出了自己的名字以后，握手时脸都羞红了！"除此以外，我发现自己总是玩弄名字，比如贝拉姬、克诺洛、布律克、弗莱雪等。可以肯定，小孩都喜欢用别人的名字来搞恶作剧。但是我如此这般地玩弄名字，肯定是出于某种报复，因为我自己的名字就不断地被拿来搞一些无聊的恶作剧。歌德曾经评论过，人们对名字是多么敏感，人和自己的名字长在一起，名字就好像皮肤一样。赫尔德曾经用歌德的名字写下这样的诗：

"你来自诸神（Gttern），还是哥特人（Gothen），抑或是粪肥（Kote）？"

"你们神一般的形象（Gtterbilder）也还是得归于尘埃。"

我自知自己之所以把话题扯到对名字的戏弄上，是为了抱怨一下。但让我们就此打住吧。我妻子在斯巴拉多购物的事，使我想起另一次在卡塔罗购物的情形。那次因为太过谨慎，我失去了一次有利可图的交易良机。因为饥饿产生的一个梦中思想是："人们不能让机会溜走，而是应该抓住每一次机会捞点好处，就算会犯点小错也没什么关系；人不能错失良机啊，生命是那么短暂，死亡又是那么不可避免。"因为这里说的也包括了性的方面，又因为欲望不会因为"不合规矩"就裹足不前，它有理由害怕审查的功能，因此必须把自己隐藏在梦的后面。这样所有梦中思想都被表现出来，回忆得到重现，所有被阻止的，甚至带有性惩罚的威胁也在梦里隐现，对梦者来说，精神的滋养就足够了。

No. 2 这个梦需要更长的前言：我坐车去西站，在那乘火车去奥赛湖度假。发车时间更早一点的、去往伊希尔的火车刚到站。这时，我看到了都恩伯爵，他又要前往伊希尔朝见皇帝。虽然下着雨，他还是乘一辆敞篷车到了车站，然后直冲区间火车的入口走去，检票员不认识他，向他要票，但是他一句话没说，只是稍微摆了摆手。在他坐上火车离开后，我被要求离开站台，回到候车室去。我努力争取才被允许继续留在站台上。我为了打发时间，就观察人们是靠什么方法走保护通道找到车厢的，我准备大声抱怨，要求有同样的权利。同时我还在哼唱着什么，然后我发现那是《费加罗的婚礼》的咏叹调：

"如果伯爵先生想跳舞，想跳舞，只需要说一声，我就为他伴奏！"（其他人也许没有认出这个曲子）

整个晚上我一直精神亢奋，特别想找个人吵一架，我嘲笑仆人和车夫（但愿没伤到他们的感情）。一些带有革命意味的、反叛的思想突然一下子涌上心头，它们跟费加罗的台词十分吻合，我还想到我在法兰西剧院看过的博马舍喜剧。我想到了那些大人物（他们所做的努力就是出生在这世界上）的狂言被阿尔玛维瓦伯爵利用，用来得到苏珊娜的尊贵权力。还想到了我们那些恶作剧的记者对都恩伯爵的名字所开的玩笑。他们称他为"不做事的伯爵"。其实我真不嫉妒他，因为目前他很可能正战战兢兢地朝见皇帝，而在这儿筹划各种度假计划的我，才真是个"不做事的伯爵"呢！这时，走进来一位绅士，我认识他，他是医务检查的政府代表。因为他的所作所为，他给自己赢得了一个"陪政府睡觉"的谄媚绰号。他以政府官员的身份，要求一个头等间的一半，我听到一个乘务员对另一个说："我们把这位有半个头等间的先生安排在哪呢？"这是一个典型的特权例子，而我却要为自己的头等间付全票。我后来也得到了一个座位，但是这个包厢没有通道，所以半夜不能上厕所。我跟乘务员的争执无果而终；我报复性地提议说，不如我们至少在车厢地板上凿个洞吧，以备旅客的意外之需。入睡以后，在清晨 3 点 45 分时我因尿急从梦中醒来，在醒来之前做了一个梦，以下便是这梦的内容：

一群人，一个学生集会。某位伯爵（姓都恩或塔佛）正在演讲，当有人问及他对德国人的看法时，他以轻蔑的姿态答道："他们喜欢的花是款冬。"接着他把一片破碎的叶子，其实是一片已干皱的枯叶，插在纽扣孔内。我跳起来，但是我马上为自己这种态度感到吃惊。

博马舍喜剧《费加罗的婚礼》剧照

然后模糊地，我好像置身大学礼堂，门口被堵住了，但是人得赶紧逃出去。我闯过一排装修得十分漂亮的房间，显然那是政府的房间，家具的颜色介于紫色和棕色之间。最后我跑到一条走廊，那儿坐着一个胖胖的年老的看门女人，我想避免与她说话，她显然认为我有权利从这儿经过，因为她问我，需不需要有人掌灯带路。我以手势或者直接告诉她，她应该待在台阶这儿，在我看来我最终很聪明地摆脱了控制。然后我走到了楼梯下面，发现了一条陡峭向上的小路，然后我就沿着它走了。

又模糊了……我第二个任务好像是要马上逃离这城市，就像我第一次逃出礼堂一样。我坐在一辆出租马车内，告诉车夫尽快送我到火车站。当他抱怨说我可要把他累坏时，我回答道："我又没让你在火车轨道上赶车。"好像我们已经在只有火车能走的轨道上走了一大段似的。火车站上人山人海，我拿不定主意究竟是去克雷姆斯还是赞尼姆，后来想到皇帝可能要去那里，就决定还是去格拉次或什么别的地方吧。现在我置身于一节火车车厢内，它跟城市电车很相似，我的纽扣洞里插着一个奇怪的长长的编织物，上面有用硬硬的材质做的介于紫色和棕色间的紫罗兰，十分惹人瞩目。梦中场景就此中断了。

接着我又再次面对火车站，但这次一位老绅士与我一起。为了让人认不出我来，我正在构思一个计划，但是发现这个计划其实已经实施了。思考和切身经历是一回事。他好像是瞎子，至少有一只眼睛是瞎的。我递给他一只男用的玻璃便壶（这肯定是我们在城里刚买的）。我是一个看护，必须递给他便壶，因为他是瞎的。如果站务员看到我们，一定不会觉得我们惹人注意，我们就可以过去了。同时，我眼前栩栩如生地出现了这老头子的姿态还有阴茎的样子。

然后我因尿急从梦中清醒过来。

这整个梦让人觉得是一种幻象，它把我带回1848年的革命时期。这份记忆的重现可能是由1898年庆典和去瓦修的短期旅行引起的。我在瓦修旅行时，曾顺道去伊玛尔村玩，据说那是当年革命时期学生领袖费休夫退隐的地方。从梦中显意的好几处地方都能发现这个地方的元素。我又联想到英国和我哥哥的房子。我哥哥常在妻子面前以搞笑的方式念坦尼森伯爵的诗，诗的名字是《50年前》，而他的孩子们每次都会矫正他的老毛病——因为那首诗的名字应该是《15年前》。但是这个幻象是由看到伯爵都恩引起的，这两者的关系跟意大利教堂的表面和里面一样，两者并没有什么有机联系；此外，与表面不同的是，它是充满裂缝的、杂乱无章的，而且很多地方的内部结构部分都是硬挤进去的。梦的第一部分，包括好几种景象，在这儿我准备一一展开阐释。梦中伯爵的傲慢态度，几乎跟我15岁时在学校遇到的景象一样——我们的老师傲慢自大、不受欢迎，因此我们酝酿着"叛变"，担任领导的主策划是一位常以英国亨利八世为榜样的同学。他把主要攻击的任务分派给我，以讨论多瑙河对奥地利的重要性作用公开叛变的信号。我们这些叛变的伙伴中，有一位贵族出身的同学，也是全班唯一一位，因为他长得太高，所以被叫作"长颈鹿"。有一次他被暴君似的德文教师训斥，他站得就像梦中伯爵一样。"喜欢的花"以及那"纽扣洞内所插的某种像花的东西"使我想起那天我曾送兰花和耶利奇玫瑰给一位女友，我由此追忆出一部莎士比亚的历史剧本《亨利八世》，它再现了红白玫瑰战争的内战。《亨利八世》打开了这段回忆之路。（此时有两段小诗溜入分析中，一段是德文，一段是西班牙文：

"玫瑰、郁金香、康乃馨，所有的花都会凋零。

伊莎贝丽塔，不要为凋谢的花儿哭泣。"

西班牙文那段是出自《费加罗的婚礼》）

在维也纳，白色康乃馨已成了反犹太人的象征，而红色康乃馨则象征社会民主党人。这段联想中隐含着以前的一段痛苦追忆——我在美丽的萨克森（安格鲁

－萨克森）遇到一次反犹太运动。梦的第一部分的第三幕来源于我早年的学生时代，我参加了一个德国学生聚会，讨论哲学与一般科学的关系。初生牛犊不惧虎，我以完全的唯物主义的角度，拥护一个十分偏激的看法。一位比我年长的深思熟虑的学生站起来，把我们痛斥了一顿。后来他展示了对人们进行引导和组织的能力，还有一个跟动物有关的绰号。他在少年时曾养过猪，后来后悔了就又回到父母身边。"我跳起来"（就像梦中一样），十分粗野地反驳他说，既然我知道了他曾经养过猪，那我对他的说话语调就不再感到"惊奇"（而在梦里我对自己对德国的民族主义感情感到"惊奇"）了。会场马上产生一阵骚动，几乎所有同学均要我收回刚才说的话，但我仍坚持自己的立场。还好这位受辱的学长相当明智，不把我的话当作挑战，这场争端才平息下来。

梦的其他元素来自更深的层面。伯爵轻蔑地提及"款冬"，究竟有什么意义？在这儿我必须去问自己的联想思路：款冬（一种类似莴苣的菜）——莴苣——色拉——色拉狗（自己不吃的东西也不让别人吃的狗）。在这儿人们还能发现一大串骂人的词：长颈鹿（Gir—affe，而 Affe 德文意思是"猴子"）、猪、狗——我还拐弯抹角地引到"驴"上，来侮辱另一位大学老师。此外，我把款冬——我怀疑这是否正确——译为蒲公英。这想法来自左拉的小说《萌芽》（Germinal），里面提到"小孩子被要求带着有蒲公英的沙拉一起去"。狗的法文是 chien，听起来像另一种有较大功能的动词 chier（大便）（较小功能的动词 pisser 是小便的意思）。此时我们很快就能找到分属三种不同物理状态（固、液、气）的不雅的东西。在上述那本《萌芽》里，还提到将来的革命等，其中涉及一种特殊的战争方式，就是生产一种气体，俗语中"屁"也是这个词。现在我发现，引向"屁"的路早就铺好了：从各种花到西班牙的歌谣、伊莎贝丽塔、《伊莎贝拉和费迪南》《亨利八世》[在西班牙舰队和英国舰队的对抗中，海上暴风雨把西班牙舰队吹得七零八落，英国人胜利了，他们在一枚勋章上刻上"它把他们吹得溃不成军（Flavit et dissipati sunt）"]。如果我能把自己关于癔症的理解和治疗详尽地写出来的话，我还曾想过要半开玩笑地把这句话作为"治疗"那一章的题目。

现在让我们分析梦的第二部分，但是由于当局的审查，我不能对其进行详细解析。在梦中，我似乎取代了某位革命时期的杰出人物，这人曾与一只鹰有段传奇的冒险经历，据说他还患有大小便失禁等。虽然这些大部分都是一位宫廷顾问告诉我的，但是我仍然觉得说出来肯定要受到当局的禁止。梦中那套房跟我看过的这位大人物的私用马车的装潢布置一样。而且"房间"也常常指"女性"。梦中走廊的女管家指涉的是，我以前曾受到一位有智慧的年长女子的好意招待，但是我在梦中却没有表达相应的谢意。"灯"则暗指格里帕泽（奥地利著名剧作家），他根据自己的亲身经历写了《情海惊涛》里面关于希洛和里安达的那部分——梦中西班牙"无敌舰队"与暴风雨。

格里帕泽

　　在这里我只是想证明，梦中的元素是来自童年经历，因此这个梦的另外两部分我就不再详谈。如果人们猜测，我是因为性材料才回避谈论这部分的，虽然没错，但是也不尽然。事实上，虽然有很多事不能告诉别人，但是我们对自己并不必隐瞒。在这里需要探究的不是我为什么要隐瞒真相，而是我在自己面前依然要将梦的部分内容隐藏的动机，它来自梦的内部审查作用。因此我必须说，分析表明，我梦中的三个情节中有着脱离实际的自大和在清醒生活中长期被压制的疯狂，它们在梦中甚至表现在显意的层面上（"在梦中我觉得自己十分聪明"）。当然我在当晚也处于一种亢奋的情绪，梦也受到这点的影响。浮夸自大表现在各个方面：在提到格拉茨时我用了一句"格拉茨还值多少钱"，如果人们富得流油大概就会这么说。如果读者们还记得大师拉伯雷对高达康和他儿子庞塔顾艾的生活和行为进行的绝妙描写，就能发现梦的第一个情节中含有的那种自夸了。我承诺向读者提供两个出现在梦里的童年事件：为了旅行，我买了一个棕紫色的新皮箱，这种颜色在梦中出现了多次，比如用硬质材料制成的棕紫色的紫罗兰，它位于一个女生饰品旁边，还有部长房间里的家具。我们都知道，小孩们认为新东西能引人注目。人们曾告诉我一件我的童年轶事，我只对人们对此的描述有印象，对事件本身已经完全不记得了。据说我在两岁时，仍偶尔尿床，当父亲责备我时，我对他说："我会在 N 市（最近的一座大城）给你买一个新的大红色的床。"这就是出现在梦中的"我们肯定在城里刚刚买了便壶"的来源——一个人必须遵守诺言。此外我们还可以注意一下男人便壶和女人的箱子、盒子之间的关系。我的这个诺言充分表现了小孩的夸大倾向。儿童尿床对梦的重要影响在之前的梦的解析中已经得到了阐释。从对神经症患者的精神分析中也可以看到，尿床与日后性格中的野心有很大关系。

　　在我七八岁时发生的小事，我记得十分清楚。"有一个晚上要睡觉时，我不顾爸妈的禁令，硬要睡在他们的卧室内。我父亲在斥责我时说："这种男孩子将来一定没出息'！"这句话当时必定严重地打击了我的自尊心，因为这情景后来在我梦中又出现过无数次，而且每次出现都会附带我所有的成就，仿佛我要向父亲证明，自己是有出息的。这童年的景象为梦中最后出现的人物提供了材料——为了报复，我把人物关系颠倒过来，那老人明显是指我父亲，因为梦中老人瞎了一只眼，而我父亲一只眼睛患有青光眼。在梦中是我照顾他小便，就如我小时候他照顾我一样。通过"青光眼"，我联想到自己对古柯碱的研究使他的青光眼得以顺利接受手术，我因此遵守了自己的诺言。此外，在梦中我对他持有嘲弄的态度，因为他眼睛瞎了，还得我用"玻璃尿壶"给他接小便，这个还暗喻我那引以自傲的有关癔症的理论。

　　不管怎样，我这两件发生在童年的跟小便有关的事情，跟野心是有紧密联系的。但是这个充满夸大、野心的梦发生在去奥斯湖的火车车厢中。当然车厢内刚好没有厕所，使我必须在旅途中憋尿，并且在清晨因尿急而醒来。很多人认为尿急的感觉就是这梦的真正刺激来源，但我却持相反的看法，我认为梦里的念头是原因，排尿的需求是结果。首先，我在睡眠时很少受到任何生理需要的干扰，至少不会在这种三更半夜的时刻。人们可能会继续说，在其他的旅行中，有着更舒适的条件时，我很早醒来后，也几乎不会有这种排尿的需求。关于这点，就算让它悬而不决也没什么关系。

　　从梦的解析中获得的经验，使我注意到一个事实——有些梦看似得到了彻底的解析，通过梦的来源和作为引发物的欲望就能证明，这样的梦很多时候都是从最早的童年经历出发，建立起重要的梦中思路，但是我在想，在这一特征中是否含有梦的本质前提。如果我的这种想法可以普遍适用，就意味着每一个梦的显意都跟最近的经历有关，每个梦的隐意都跟最早的经历有关。其实我在分析癔症时就提到过，这些最早的人生经历在记忆中一直保有活力。这样的推断当然很难被证实，最早的童年经历对梦的形成的可能影响，我会从另一个方面再次进行探讨（第七章）。

　　在本章开头列举的梦的记忆的三个特征中，第一就是梦偏爱不重要的材料，我们把它归因于梦的伪装，从而很好地解决了这个问题。另外两个特征说的是，梦强调最近的和童年时期的经历，但是我们还不能根据梦的动机对其进行解释，对此必须做进一步的研究和解释。我们了解到对梦进行解析就好像打开一个可以窥视精神结构内部的窗口，因此睡眠心理学或者我们今后研究心理结构时，都应该给予其应得的位置。

但在这儿，我还想再提醒大家，请注意一下，由最后这几个梦的分析中得出的另一结论——梦看起来时常是多义的，就像我们举的梦例中，梦包含了好几个愿望，它们一一得到满足。而且一个愿望往往被另一个愿望所遮蔽，最底层的愿望可以追溯到童年。"梦看起来时常是多义的"这句话中的"时常"换成表示频率更高的词"总是"是否更为恰当呢？

第三节　梦的躯体刺激来源

如果我们想引发受过一般教育的门外汉对梦的问题产生兴趣，那就可以问问他们，他们认为梦的来源是什么。他们好像对此都自信满满，觉得自己知道这个问题的答案，他们多半马上联想到"消化障碍"（谚语"梦来自胃"）、"偶然的睡姿"、"睡眠中发生琐碎的小事"，但他们不知道这些根本不足以囊括所有梦的来源。

在本书第一章里，我们已经详尽地讨论过一些来自躯体的刺激对梦的形成产生的影响，在这里我们只需再回忆一下我们探讨的成果。我们已知道躯体上的刺激可分为三种：由外界刺激物引起的客观存在的感官刺激，仅能主观觉察到的感官的内在兴奋状态，以及由内脏发出的躯体刺激。此外，我们也注意到，那些有关梦的研究倾向于将梦的精神来源置于次要地位，或者干脆完全否定其作用。我们在仔细研究了有关躯体刺激来源的理论后发现，感觉器官的客观刺激（包括睡眠中偶然出现的刺激和对睡眠中的心灵产生影响的兴奋）的重要性通过大量的观察和实验得到了证实。而只能主观觉察到的感官刺激，则可以由梦中再现的睡前景象得到证明。至于由内脏发出的躯体刺激，虽不能确切证明它与梦中景象和意念的关系，但是消化、泌尿和性器官的兴奋状态能够对我们的梦产生影响这一认识，已经得到了广泛的认可。

因此，"**神经刺激**"和"**躯体刺激**"被认为是梦生理性的来源，也就是说在很多研究者看来，这是梦的唯一来源。

但是我们也已经发现了很多怀疑，怀疑的不是这种躯体理论是否正确，而是它是否"充分"。

尽管提倡这种理论的研究者们非常自信，尤其是对偶然的、来自外界的神经刺激方面，因为在梦中可以毫无困难地找到那种刺激的表现。然而他们也承认，梦中出现的丰富的景象，不能完全归结于外部感官刺激。惠盾·卡尔金斯小姐曾经花六周的时间研究这个问题，她分析了自己和同事的梦，发现来自外界的感觉刺激元素在她们的梦中分别占 13.2% 和 6.7%；在所有的梦例中只有两例是由机体感觉引起的。我们通过自己肤浅的观察得来的经验，已经能够预测到这点了，而这统计数字更加证实了这点。

因为关于"神经刺激"的梦已经有了很好的研究，有人提议将它作为下级问题从梦的问题中分离出来。比如斯皮塔就把梦分为"神经刺激梦"和"联想梦"。但是如果躯体刺激和梦中的想象内容之间的联系没被查明，这种分法就不能令人满意。

"外来刺激并不多见"是对之前的学者的研究结论的第一个反驳，除此以外，尚有第二个质疑："从这种梦的来源出发，并不能解释梦的内容。"这个理论的支持者需要对以下两点做出解释：第一，为什么那外来的刺激在梦里不是表现为它本身，而是用别的东西代替？第二，为什么这错误感受到的刺激在心灵中能产生变化多端、无法预料的反应呢？关于这些，斯特姆佩尔说，因为心灵在睡眠中与外界隔绝，所以不能正确认识客观感觉刺激，只能根据来自各方的朦胧印象构建幻象，用他自己的话说就是：

"在睡眠时，由外界或内在的神经刺激，在心灵上引发出一种或多种感觉，一种感情或者干脆说一种心理过程，它在心灵中被感知到，唤起了属于对清醒状态时的某些经历的回忆，也就是说唤起了单纯的或者有部分心理价值的某些早期感受。"

这个心理过程或多或少地召唤起这样的图景，通过这些图景，由神经刺激引发的印象就获得了它的心理价值。人们习惯说，睡眠中心灵对神经刺激印象的解释，就相当于清醒时语言对行为的解释。这种解读行为的结果就是我们所说的**"神经刺激梦"**，即梦的组成部分是由神经刺激在心灵中发挥作用而产生的，这一过程遵循的是重建其心理影响的法则。

冯特的主张在主要观点上与上述理论相同，他认为梦中的意念，绝大部分来自感官的刺激，尤其是全身性的刺激，因而引发的多半是不真实的幻象，或者只利用小部分的真实记忆扩展成幻觉。按照这种理论，梦的内容与梦的刺激之间的关系就像斯特姆佩尔用一个比喻形容的那样，是"不懂音乐的人，用他的十根指头在琴键上乱弹"。这就是说，梦不是一种由心理动机引发出来的精神现象，而是一种生理刺激引发的结果。心灵无法通过其他方式表现它在接受刺激后的反应，因此不得不表现为精神上的现象。基于相似的前提，梅涅特把这种被迫出现的想象比作数字转盘上高高地凸出来的数字。

冯特

虽然梦的躯体刺激理论被人们广为接受，看上去也很具吸引力，但是它的弱点还是显而易见的。在睡眠中，每一个引起心灵幻象的躯体刺激，常常可引发无数种不同的梦的内容。但斯特姆佩尔和冯特都无法指出"外界刺激"与心灵用来"解释"它的"梦内容"之间的关系，也就无法得出"这种刺激经常使心灵产生这样的梦"的结论。其他的反对意见多半是针对这个理论的基本假设——"在睡眠中，心灵是无法正确认识外界刺激的真正本质的"。早期生理学家布尔达赫曾告诉我们，在梦中心灵仍能正确解释感官印象，并且正确地予以反应。在他看来，一般印象有可能被睡眠者忽略，但是对睡眠者来说特别重要的感觉印象不会被忽略（如保姆和孩子的例子）。一个人在睡觉时，听到别人叫自己的姓名往往马上惊醒，但听到其他的声响却往往无动于衷。当然，这是基于一个大前提——在睡眠中，心灵仍能区分各种不同的感觉。一个逸事中讲到

佛罗林

一个睡眠者，人家问他："你睡着了吗？"他回答："没有。"再问他："那么你借我十个佛罗林（钱币）吧。"他却马上说："我已经睡着了！"

躯体刺激理论的缺陷还可以通过另一种方式证明。观察得知，虽然我梦中出现某些刺激元素，但是这些外界刺激不一定会强迫我做梦。比如，我在睡眠中感受到了皮肤刺激和受压的感觉，那我可能会产生各种各样的反应。我可以对其置之不理，在醒来后才发现大腿露在外面或者一条胳膊被压在身子底下。病理学给我提供了无数的例子，我们发现，强烈的感觉和活动刺激可以在睡眠中不起任何作用。其次，在睡眠中我可以感觉，比如说疼痛有可能会贯穿整个睡眠，但是它并没有进入我们的梦中。第三，我还可能因为感受到刺激而清醒过来，这样我就可以摆脱那一刺激。第四个可能的反应是，神经刺激引发一个梦。但是其他的可能性的概率完全不少于这最后一种。如果除了躯体刺激外，梦再也没有别的触发来源了，那前三种情况就不可能发生。

我在这儿指出的躯体刺激理论的种种漏洞，其他一些作者也是认可的，比如施尔纳，以及接受施尔纳观点的哲学家福尔科特。他们试图对产生于躯体刺激的多彩梦象进行进一步的定义，他们想把梦看作是精神的东西，即一种心理活动。施尔纳不仅对梦形成时展现的各种心理特征予以诗意、生动的描述，他还认为自己发现了心灵处理刺激的方式。在他看来，当意念摆脱了白天的束缚，梦中想象便试图通过象征，再现出刺激和产生刺激的器官的性质。有一种**梦书**就可以被拿来解梦，从梦象中就能找到对应的躯体感觉、器官状态和刺激类型。"比如说梦见猫说明做梦者处于气愤的情绪中，而白色光滑的面包代表赤身裸体。"人的整个身体在梦中可能表现为一栋房子，各个身体器官就是房子的各部分。在"牙刺激的梦"中，口腔对应着有着穹形高顶的门厅，咽喉到食道的部分则被表现为楼梯。"在头疼梦中，头顶部表现为一间房间的天花板，上面爬满了恶心的、蟾蜍一般的蜘蛛。""这样的象征被梦选来代表相应的器官，呼吸的肺的象征是熊熊燃烧的火炉，心脏是空盒子或篮子。膀胱是圆形袋状物或中空的东西。""特别重要的是，在梦的结尾，处于兴奋状态的器官或者它的功能就会毫无掩饰地被展示出来，大多数情况下都是跟做梦者自己的身体有关。像牙刺激梦一般会以做梦者把牙从嘴里拿出来作为结尾。"这个梦的解析的理论，很难得到学者们的赞同。首先，它显得太夸张了。对于是否要承认其合理性，人们肯定要迟疑。如人们所见，它通过象征，使过去那种梦的解析的方式复活，不同的只是它把范围局限在人的躯体方面。施尔纳的理论缺乏科学性，因此会大大损害其应用性。解梦过程中的主观随意性没有被排除出去，更何况一个刺激可能在梦中表现为多种多样的内容。甚至施尔纳的追随者福尔科特，也不能证明房子确实代表人的躯体。另一种反对意见是，梦对心灵来说既无目的也无功用，因此根据我们正在讨论的理论，只要能在接收的刺激基础上进行想象，心灵就满足了，它不需要招呼远处的早已不存在的刺激过来。

施尔纳的这一与象征理论紧密相连的躯体理论，还受到另一种严厉的批评。如果刺激无处不在，并且我们通常认为心灵在睡眠时比在清醒时更接近那些刺激，那为什么心灵不是整夜做梦呢？为什么在一夜内个体并不梦见所有的器官？为了避开这一批评，施尔纳等人增加了一个条件，那就是在眼睛、耳朵、牙齿、肠道等中必须有某种特殊的刺激产生，才能产生梦。现在的难题就是，这种客观刺激无疑只在极少数的情况下才是可能的。

如果说梦见飞翔是因为肺叶的胀缩，那么正如斯特姆佩尔所说，这种梦得更常见才行，要不然就得证明在做这梦时做梦者的呼吸特别快。当然，还有第三个更好的解释，那就是当时一定存在某种特殊的动机，它把做梦者的注意力引到内部器官的感受上。但是这样我们已经远超过施尔纳的理论范围了。

施尔纳和福尔科特的理论，其价值在于唤起我们注意某些有待解释的梦的特征，以求新的发现。毫无疑问，梦中包含了机体器官和其功能的象征。梦中的水往往代表想小便的冲动，而直耸的棍棒或木柱象征着男性生殖器等。与其他单调苍白的梦相比，我们不得不承认充满运动和色彩变幻的梦是受到了视觉的刺激。同样，含有噪音和声音的梦也必然是受到听觉的影响。施尔纳讲过一个梦，漂亮的金发男孩们排成两排面对面站着，相互攻击，然后回到原位。最后做梦者本人坐到桥上去，从下牙中拔出一颗长牙。福尔科特也汇报过相似的梦，梦里有两排抽屉，最后也是拔出一颗牙。因为两位作者都收集了大量这样的梦例，所以我们不能把他们的理论当成主观臆测弃之不顾，而是应该研究一下他们理论内核中有价值的那部分。我们现在面临的任务就是为这样因牙刺激产生的象征找到其他的解释方式。

在我们对梦的躯体来源的探讨中，我还没有说明我自己关于梦的解析的论

点。通过一种以前梦的研究者们从未用过的方式，我们能够证明梦作为一种心理
活动有它自己的价值，**欲望是梦形成的动机**，前一天的生活经历为梦的内容提供
了直接材料。而其他的梦的理论，如果忽略了这种重要的研究方法，只是把梦当
成由躯体刺激产生的、无用的精神反应，那我们无须细究就可以否定那种理论。
不然的话，那就是说我和早期学者研究的梦是两类梦（事实上，这根本不可能）。
这样剩下的问题就是通过我的理论，对梦的躯体刺激理论中阐述的事实进行
解释。

　　在这方面，我们已经有了初步的成果——我们提出了这样一个前提，**就是梦
把同时存在的所有刺激整合为一个统一的整体**。我们已知道，如果当天有两个或
者更多的让人有印象的经历，那么从中产生的愿望在梦中就会合成为一个；同
样，这些具有心理价值的经历又与当天一些无关紧要的经历（后者的作用主要是
使前者彼此衔接）综合成为梦的内容。因此，梦其实是睡眠中的心灵对所有活动
着的材料的反应。就我们目前已分析的有关梦的资料看来，我们发现梦的材料是
心理残余、记忆痕迹的综合，因为梦偏爱现时的或儿童时的经历，因此它们必定
是被我们赋予了一种目前无法定义的**"新鲜性"**的。因此不难预测，以感觉形式
表现出来的新鲜刺激，在睡眠中被添加到此时处于活跃状态的记忆，会形成什么
梦。这些刺激对梦的形成确实重要，因为它们具有"新鲜性"，为了给梦的形成提
供材料，它们与其他活跃的心理活动相结合。换一句话说，睡眠中的刺激必须与
那些我们熟悉的在心灵中残留的对白天经历的印象结合，形成一种"欲望的满
足"。然而，这种结合并非是必然发生的，就像我们已经知道的，对睡眠中受到
的躯体刺激，可以有好几种不同的反应。一旦这种结合确实发生了，说明躯体刺
激找到了一种想象材料，它们两者——躯体的来源和精神的来源——都会表现在
梦的内容中。

　　即便躯体刺激是梦的一种精神来源，梦的本质也绝不因此改变。梦依然是一
个欲望的满足（这种欲望由当时活动着的材料决定），无论它以何种方式表现
出来。

　　在此，我准备讨论一些特殊因素的作用，它们对梦的外部刺激有着不同的重
要性。我认为人在睡眠时，在接受强烈的客观刺激时怎样反应，是由个人的、心
理的、偶然的因素在不同的条件下的相互作用决定的。如果睡眠者通常或者偶然
睡得很熟，而刺激的强度不是很大，那他有可能对刺激置之不理，刺激没有影响

他的睡眠；在相反的情况下，他有可能会醒来，或者试图将刺激编织进梦中，在梦中克服它。在这些不同的情况下，外界的刺激入梦的频率因人而异。就我自己而言，由于我向来睡得很好，很少受外界刺激干扰，所以外部客观刺激很少进入我的梦中，而我很容易因为精神动机而做梦。事实上，我只记得自己有一个梦是与一个客观的、痛苦的肉体刺激来源有关。我认为在这梦里，我们可以看出外界刺激是如何影响梦的：

我骑着一头灰色的马，一开始胆怯、笨拙，看起来就好像我斜靠在马上似的。然后我碰到一位同事P先生，他穿着一身粗花呢制服笔直地坐在马背上，他提醒我某件事情（可能是告诉我，我的坐姿很差）。然后我开始觉得骑在这匹十分聪明的马背上越来越舒适，非常轻松自如。我的马鞍是一种衬垫，它占据了马颈到马臀之间的空间。我正骑在两驾运货车之间，我想摆脱它们。在街上骑了一段时间之后，我转过头来，想下马。最初我想停在一座面朝街心的小教堂，但我实际上是在它附近停下的。旅馆也在同一条街上，我本来可以让马自己走过去，但我宁可牵着它到那儿。不知怎的，我好像认为骑着马到旅馆面前再下马会很尴尬。在旅馆面前，有个工作人员把一张纸条递给我，那张纸条是他在我前面发现的，为此他还嘲笑我。纸条上被画了双线强调："什么都不要吃。"还有一句话不清楚，好像是说"不要工作"，然后我有种模糊的感觉，好像我是在一个陌生的城市，在那我不工作。

乍看，这个梦不是产生于痛苦刺激或者受到了痛苦压迫，但就在前一天我因长疖子而活动受限，后来竟在阴囊底部长了一个苹果大的疖疮，每走一步对我来说都是极大的痛苦。发烧、疲倦、没有食欲以及过重的工作负担——所有这些都让我感到身心俱疲。虽然我还能进行医疗工作，但至少有一件事，是我一定无法做的，那就是"骑马"。"骑马"活动构成了我这个梦，这是一种对病痛的最强力的否定方式。事实上，我根本不会骑马，我也没做过骑马的梦。我这一生中只骑过一次马。没有马鞍的话我就更不喜欢了。但在梦中，我却骑着马，就像我根本没在会阴处长什么毒疮似的。或许可以说，我之所以骑马，是因为我希望自己没长什么疮。由梦的描述我们可以猜测，我的马鞍其实是指能使我无痛入睡的膏药敷料。也许，正是这样的舒适使我最初几小时睡得十分香甜。然后那疼痛的感觉不断出现，我几乎要被唤醒。于是梦就出现了，为了抚慰我："继续睡吧，不要醒来！你既然可以骑马，可见并没有长什么毒疮，哪里有人那里长了毒疮，还能骑马的?"这样梦成功地把痛感压制下去,而使我继续沉睡。

　　但是梦并不满足于通过一个固执的信念,让我忘却自己不能承受的痛苦,如果这样,它就像一个失去孩子的母亲或者失去财产的商人的疯子般的错觉。实际上,被否认的痛觉的细节和为了掩盖这种痛觉构造起来的图景,都被梦拿来当作材料,以便把心灵中活跃的活动与梦境连接起来,并且表现出来。我正骑在一匹灰色马上,这颜色与我最近一次在乡间看到的同事 P 的椒盐色制服一样。我生疖子的原因大概是吃了放太多调味品的食物。从病源上讲,人们认为糖能引起疖疮。自从朋友 P 从我这里接手了一名女病人后,他在我面前就趾高气扬的,好像骑在高头大马上似的。在治疗那位女病人时,我用了很多方法,取得了一定的成绩(在梦里,我一开始斜靠着马,就像特技骑马者那样)。但事实上,那位女病人就像"周日骑士"故事里头的马一样,带着我到处走,去她想去的地方。因此马在这里是象征着女病人的(在梦里是十分聪明的一匹马)。"我骑在马上感到轻松自如"是指在 P 代替我前,我在病人那儿的感受。记得城里名医中有一位支持我的同事曾说过:"我认为您稳坐马鞍(我认为您相当称职)。"在我身体有如此病痛之时,还要每日为病人进行 8~10 小时的心理治疗,可真称得上是一件大功德。但我自己也知道,如果我不赶紧恢复健康,我是无法继续这繁重吃力的工作的。而且梦中出现的灰暗情景就是对如果我继续工作可能产生的后果的暗示。(那纸条就像神经衰弱的病人拿给他们的医生看的:"不工作,不吃东西。")我发现这梦可以由骑马代表愿望的达成,另外还可以追溯到童年的一个回忆,儿时的我与年长我一岁的侄子(现住于英国)吵架。这梦还利用了一些我去意大利旅行的片段材料:梦中那街道正是威洛纳与西恩两个城市的景象。再更深一层的解析引向性方面,我记起一位从没有去过意大利的女病人做的梦,梦中有意大利美丽的田园风光(去意大利,德文为 gen Italien;生殖器,德文为 Genitalien)。同时这还跟我作为医生在 P 先生之前拜访过的女病人家,还有我那疖疮所长的位置有关。

　　在另外一个梦里,我也同样成功地将打扰我睡眠的躯体刺激除掉。它是来自感官的刺激。这偶然的刺激与梦内容的关系也是在很偶然的情况下发现的,这之后我才能理解梦。当时我住在提洛尔(在阿尔卑斯山中)的别墅里,在一个仲夏的清晨,醒来时我只记得梦见"教皇死了"。面对这短短的毫无影像的一个梦,我竟完全无从解析,唯一扯得上关系的是,在几天前我看到报纸上有关教皇身体略有不适的相关报道。然而当天早上我太太问了我一句话："今天清晨你听到教堂的钟声了吗？"事实上，我完全没听到这钟声，但这一句话使我对梦中情景恍然大悟。钟声来自虔诚信教的提洛尔人，它们打扰了我的睡眠，为了继续睡下去，我便做了"教皇已死"的梦，来对他们进行报复。

前面几章中已经提过了很多梦，它们可以用作例子，阐释"神经刺激"。我梦见自己开怀饮水就是一个。躯体刺激显然是这类梦的唯一动机，"渴"的感觉就是欲望。这个梦与其他的简单梦的相似点在于：梦中的躯体刺激似乎就能构成一个欲望。那个在夜晚撕掉脸颊上的冷敷料的女病人，她的梦表现出的愿望，是对痛苦刺激做出的特别反应，这似乎使梦者暂时忘却了痛苦，同时把痛苦推到别人身上。

我关于三位命运女神的梦很明显是个**饥饿梦**，而对食物的需求可追溯到童年时期对母亲乳房的渴望，但它却用一个天真无邪的欲望取代了某种不能公之于世的欲望。在有关都恩伯爵的梦里，展现的是一个偶然的身体需求是如何与最强烈（同时也是最压抑的）的精神冲动结合起来的。加尼尔写道，拿破仑被炸弹惊醒以前，那声音先使他做一个战争的梦。这充分表明，心理活动处理睡眠中产生的感觉，为的是实现梦的动机。一位年轻的律师，由于全神贯注于某件破产讼案，在午睡时梦见与莱西先生（由这件讼案才认识的）在胡希亚汀碰面（地名，在德文中是"咳嗽"的意思）。不久他惊醒过来，才发觉他妻子因气管炎而不断大声咳嗽。

现在，让我们把拿破仑（也是一位出色的睡眠者）的梦，与之前提过的贪睡的医科学生的梦做一下比较。医科学生曾被女房东叫醒，提醒他是去医院的时候了。他却继续睡了过去，并且梦见自己正躺在医院的床上。梦认为：既然我已在医院了，那我就不必现在起床赶去医院了。很明显，这是一种**"方便梦"**。做梦者自己也承认那是做梦的动机，同时他也发现了一个梦具有的一般秘密——所有的梦，就某方面来说，均属于"方便梦"。它们可以使梦者继续酣睡而不必惊醒。"梦是睡眠的维护者，而非扰乱者。"针对心理唤醒因素，我们将在其他地方来为这一论点辩护；现在我们已经证明这个观点适用于外来客观刺激。在睡眠中，心灵要么对外界刺激完全不予理睬（如果刺激的强度或者重要性没有达到的话），要么就利用梦去否定这些刺激。还有第三种情况，由于不得不承认这些刺激，心灵只好寻求一种解释，把这些真实的感觉编织到梦中，以便消除它对睡眠的影响。拿破仑之所以能够继续酣睡下去，就是因为他认为企图干扰他睡眠的只是对阿科尔枪炮声的回忆而已。

睡眠的欲望使自我失去了意识，再加上梦的审查作用以及以后将提到的"**加工润色**"作用，便使梦形成。在所有情况下，睡眠的欲望都被认为是形成梦的动机之一，每一个形成的梦都表明睡眠的欲望得到了满足。这个普遍的、永存的、不加改变的睡眠欲望与梦中的其他欲望有什么关系，我们将在别处讨论。由睡眠欲望的理论，我们发现了可以弥补斯特姆佩尔和冯特理论的不足的内容，它还可以纠正在解释外界刺激时出现的错误和主观任意性。其实，睡眠的心灵能够对外界刺激予以正确的感受，按照自己的兴趣，也许会让人从睡眠中醒来。因此，在对外部刺激的所有处理中，只有能通过那至高无上的睡眠愿望的审查的，才能表现在梦中。梦所用的逻辑可用这样一个例子代表："那是夜莺，而非云雀"，因为如果那真是云雀，那么这美妙的夜就要结束了。对于外界刺激，心灵可能有不止一种处理方式，它们都能通过梦的审查，但只有与心灵中愿望冲动最相符的才能被选为梦的内容。因此，我们可以说梦中发生的每一件事都不是偶然的。心灵没有正确认识刺激，不是因为它不能认识从而产生错误，这种错觉更多的是一种掩护，就像梦的审查作用采用的**转移置换**，我们日常的精神过程也免不了这种歪曲事实的毛病。

如果外界的神经刺激和躯体内部的刺激的强度足够引起心灵的注意——如果它们只够引起梦，而不使人惊醒——它们即可构成梦的出发点和梦的材料的核心，一种适当的愿望的满足就产生自这两种心灵上的梦刺激间。事实上，我们可以发现许多梦均可从其内容中找出躯体上的因素，甚至有些情形是，本来那愿望并不存在，但却因为要形成梦而被唤醒。不管怎么说，梦就是一定情境下欲望的满足。它的工作就是表现一种愿望的满足，这种满足可以通过当前获得的感受实现。甚至当这些感觉带有痛苦的成分，也不妨碍它们被用来达到构成梦境的目的。心灵中也存在这样的欲望，那就是不想满足欲望，这看起来好像是矛盾的，但是通过两个心理功能和它们之间的审查作用，就可以解释这一点。

在我们心灵中藏匿着的若干"被压抑"的愿望，属于第一系统，第二系统试图阻碍它们的达成。这里不是从历史的角度说的，不是说这些愿望一开始存在，然后被消灭了，而是说（能够应用于神经症研究的）这种压抑理论认为，被压抑的欲望虽然受压抑，但是它们是持续存在的。当人们说"受压抑"时，是用了完全正确的语言表达方式。鼓励受压抑的欲望实现的心理机制也是持续存在，并且运行良好的。但是如果这种受压抑的欲望得到了实现，第二系统（通向意识）就被认为失败了，就会表现出痛苦。概括而言：如果在睡眠中产生了一种源于躯体的痛苦的感觉，梦就利用这种感觉使原来受压抑的某种欲望得到满足，当然或多或少地会受到审查作用的影响。

这一事实可以解释一系列的焦虑梦，但另外一些梦却不太适用这种愿望理论，它们需要另外的不同的阐释。因为梦中的焦虑免不了带有神经症的特点，它**来自性心理兴奋**，焦虑是与受压抑的爱欲相吻合的。因此这种焦虑，就像整个焦虑梦一样，具有神经症的症状。我们面临的难题就在于搞清，梦中欲望满足的倾向究竟在到达何种界限时就会失败？在另外的焦虑梦中，焦虑是来自躯体因素（譬如某些肺脏或心脏有病的患者，偶尔会做呼吸困难的焦虑梦）。但是它们也可能被用来在梦中实现那些被强力压制的欲望。如果出于精神动机做了那样的梦，那同样的焦虑也可以通过梦得到缓解。把这两种看起来对立的情况联合起来，并不是很困难。两种心理因素：一种是感情倾向，一种是想象内容，它们彼此相通，如果在梦中出现了一种，那么另一种也会出现；一会儿是来自躯体的焦虑引起了受压抑的想象，一会儿是被解放的、伴随性兴奋的想象引起了焦虑。在一种情况下，人们可以说，躯体的刺激被心理化解读了；另一种情况下，可以说一切都来自心理，但是曾经受到压抑的内容很容易被置换为与焦虑吻合的躯体性因素。如果我们对此的理解有困难，那不应该怪梦，这些困难之所以产生，是因为我们已经进入了"焦虑形成"和"压抑"的问题范畴。

毫无疑问，躯体内部的刺激无疑包括了身体的普通机体感觉，它能控制梦的内容。这不是说它本身能提供梦的内容，而是说它能使梦中思想在所有材料中挑选最适合其特性的部分作为代表，舍弃其他部分。此外，这种由当天遗留下来的身体的总体感觉以及附着其上的心理意象也都对梦有很大的意义。这种感觉在梦中可能会持续，也可能被克服，如果它是痛苦的，也可能被转到它的反面。

如果睡眠时来自躯体的刺激不是十分强烈，那么依我看来，它们的角色跟白天遗留下来对无关紧要的事的印象差不多。我的意思是说，要进入梦中，它们必须与心理来源的意念内容相契合，否则它们就不会进入梦中。它们就像是一些便宜的现成货色，视需要可以随时取用，不像那些珍贵的材料，在利用它们时需要小心谨慎。这种情况就像是，当艺术赞助人拿一块稀世宝石，比如一块玛瑙，请艺术家制作一件艺术品时，那他就必须视宝石的大小、色泽以及纹理来决定雕刻什么样的作品。而一旦他用的材料是质地均匀、俯拾即是的大理石或砂石，那么艺匠就可以完全依照他自己的想法来雕刻。仅需通过这种方式，就可以明白为什么那些几乎每夜都发生的普通的躯体刺激没有在每夜的梦里出现。

也许，通过一个释梦的例子能将我想说明的观点表达清楚。

有一天，我对梦中常有的一种"动弹不得的感觉"发生兴趣。这种感觉就是说在梦里不能从某处走开，而且常常伴有焦虑，我一直在思考这意味着什么。结果当天晚上我做了这样一个梦："我衣冠不整地走出住所，从楼下走向楼上，我上楼梯是一步三级，我因为自己健步如飞而得意。突然我看到女佣人正从楼梯上向着我走下来，我感到十分尴尬害羞，想马上跑开，但我却'动弹不得'。"

♡分析

梦中情境来自真实的生活。我在维也纳住的房子有两层，楼下是我的诊所和书房，楼上是起居室，两层间的楼梯在外面。我每天深夜工作完之后，就从这个楼梯走到睡房去。在做梦的当晚，我的确衣冠不整地上楼，衣领、领带、纽扣已经全部解开了。在梦中更为夸张，我几乎衣不蔽体。一步三台阶本来就是我平常上楼梯的方式，但是在这梦中可以被认作是一种欲望的满足，因为我能如此步履轻快，表明我心脏功能很好，这对我是一个安慰。另外，这种健步如飞的上楼与后半段的动弹不得正好形成了对比。不需要多加论证就可以看出，在梦中将运动的动作表现得非常完美是毫不费力的，人们只要想象飞翔的梦就了解了！

但梦中我上楼去的那房子不是我家，一开始我无法认出那地方，但后来迎面而来的女人让我想起这是什么地方。我每天出诊两次去给一位老友打针，这女人是她的女仆。梦中的地点的确就是我每天都要走两回的那老妇人家的楼梯。

为什么这些"阶梯"与"女仆"会进入我的梦中呢？为自己衣冠不整而羞愧，无疑带有"性"的成份在内，但那女仆比我年纪大，而且一点也不吸引人。这些疑问使我想起这样一件事：每天早上，当我去她家看病时，总是想在上楼时清喉咙，我把痰吐在楼梯上。这两层楼连一个痰盂也没有，所以我心里暗自认为楼梯不干净，责任并不在我，她本来就应该在这放个痰盂的。那老女管家整天拉着脸，她有洁癖，在这方面她跟我有截然不同的看法。她总是躲在暗处看我是不是又随便吐痰了，一旦被她发现，她就会大声嘟囔抱怨。后来她每天遇到我时，也不再对我表示尊敬。在做梦的当天早上，我又因为那女仆的恶言增加了自己对她的反感。当我看完病走出前门时，那女仆在大厅里将我拦住，告诉我说："大夫！您本应该擦擦靴子再进来的，我们的红地毯又被您搞脏了。"这就是为什么"楼梯"和"女仆"会出现在我梦中的全部原因。

"大踏步上楼"与"吐痰在楼梯上"是有内在联系的。咽喉炎与心脏的毛病应该是对吸烟的惩罚，我自己就抽烟，连我自己的女管家对我的尊敬也因此减少，我在两家均不得人缘，这在梦中就合成为一件事了。

我必须将对此梦的解释推迟到后面，直到我报告了"衣冠不整"的"典型的梦"的来源之后再做详谈。由刚才的梦可以看出，梦中的"动弹不得的感觉"往往是在某种内容的需要下产生的。它不是来自睡眠时的运动系统状况，因为就在不久前，我又步伐轻快地跑上楼（似乎就是为了证明这个事实）。

第四节　典型梦

通常来讲，如果做梦者不想告诉我们梦背后的潜意识思想，那我们就无法对他的梦进行解读。梦的解析技术的应用性也就因此受到严重限制。每个人都有权利，按照他的个人特点自由地构造梦，因此常使别人难以理解。但是另有一些例子，几乎每个人做过相同内容的梦，我们习惯认为这种梦在每个人身上都有相同的意义。由于这种**"典型的梦"**，不论梦者是谁，它几乎有同样的来源，所以这类梦似乎特别适合我们对梦的来源进行探讨。

带着一种特别的期待，我们试图将梦的分析技术应用于这些典型梦。但是我们不得不不情愿地承认，恰好是在这一类材料上，我们的技术似乎不太恰当。因为在对这类梦进行解析时，做梦者往往不像其他时候那样产生很多联想，或者产生的联想不够清晰，数量也不够多，因此我们不能通过做梦者本人的帮助完成解析梦的任务。

为何有这种困难，以及我们如何弥补技术上的困难，我将留到下一章再对其进行讨论。读者们也会明白为什么我在本章只叙述几种典型梦，而将详细讨论留待以后了。

（一）尴尬的裸体梦

梦见在陌生人面前赤身裸体或穿得很少，可能有时并不引起梦者的尴尬羞愧。但我们要研究的是那些人们在裸体梦中确实感到羞愧和尴尬的情况，他们在梦中想要逃离、躲藏，但是却奇怪地动弹不得，人们不能离开原位，也感到自己无力改变当前的尴尬状况。我相信大部分的读者都有过这一类的梦吧。

一般来说，裸体的样子和方式都不太清楚。梦者可能会说："我当时穿着内衣。"但那很少是一幅清楚的图景。大多数情形下，做梦者对裸露程度的描述十分模棱两可："我穿着内衣或衬裙。"通常，那种衣不蔽体的程度还没大到能够引起羞耻感。在身着皇家军服的士兵身上，"裸体"往往被"没有按规定着装"所取代："我走在街上，没带佩刀，军官们向着我走来"，或是"我没戴领章"或是"我穿着一条方格的平民穿的裤子"等。

一个人感到羞愧时，面对的几乎都是面目模糊的陌生人。在典型梦中，人们虽然衣不蔽体，并且自己感到尴尬，但是并没有多少人反对或者只是被稍微注意了一下。周围的人呈现出一种漠不关心的态度，或者像我在一个特别清晰的梦里看到的，他们有一副肃穆呆板的表情。关于这点值得思考一下。

"梦者的尴尬"与"外人的漠不关心"构成了梦中的矛盾。在梦者看来，周围的陌生人应该表现出吃惊、嘲笑或愤怒的表情才对。我认为外人憎恶的表情可能被"梦中欲望的满足"去除，而梦者本身的尴尬却因某些理由保留下来。对于这类部分内容被"欲望满足"改变的梦，我们还没能完全了解。正是基于这个事实，安徒生写出了有名的童话《皇帝的新衣》，而最近弗尔达又以诗人的手法写出类似的《护身符》。在"安徒生童话"里，有两个骗子为皇帝编织了一件贵重的新衣，号称只有好人和诚实的人才能看到它。国王穿着这件看不见的新衣出来，而所有人都害怕这件新衣的试金

《皇帝的新衣》

石的作用，所以他们都假装没有看到国王的裸体。

但是，这就是我们梦中的真实写照。我们可以如此假设：无法理解的梦的内容促使记忆中的某种情景重新具备意义。但是它原先的意义被剥夺了，因为它要适应新的目的。但是我们知道，通过心理第二系统的有意识的思考，对梦的内容的这样的误解是时常发生的，并且是最终构成梦的一个元素。更进一步，我们还了解到，同样的误解在同一个人的强迫症和恐惧症中也有着同样的作用。甚至，我们还可以指出引起误解的材料来自何处。梦就是那骗子，梦者本人就是那国王。道德倾向透露了一个模糊的事实，那就是在梦的隐意中包含着一种不被允许的、受压抑的愿望。在我对神经症患者的分析中，从梦的逻辑来看，这一类的梦无疑是以儿童早期记忆为基础。只有在我们的童年时代，家庭成员、保姆、女仆和客人这样的陌生人才会看到我们穿戴很少，也只有在那时，我们丝毫不感到羞愧。我们发现，有些年长的孩子们，他们被脱下衣服时，非但没有不好意思，反而感到兴奋，他们大笑、跳来跳去、拍打自己的身体，而母亲或在场的其他人总要斥责几句："咳，多丢脸啊，不许这样了！"儿童们总是有裸露的欲望。我们随便走到哪个村庄，都会碰到两三岁的小孩子在你面前掀起他的衣服，也许他们还是以此向你致敬呢！我有一位病人，仍清楚地记得他8岁时，脱衣上床后，想只穿内衣跳着舞到他隔壁妹妹的房间去，但却被佣人禁止了。在神经症患者的童年时期，在异性小孩面前裸体的记忆确实具有相当重要的意义。患妄想病的病人，常在脱衣穿衣时，感到别人在窥视他，这也可以直接归于童年的这种经验。在其他性变态的病人那里，也有因这种童年冲动的加强导致的"暴露狂"。

童年时期天真烂漫的日子在日后回忆起来就像天堂一样。但天堂其实就是每个人童年幻想的实现。这也就是为什么人们在天堂里总是赤身露体而不羞愧，而一旦有了羞耻心后，我们便被逐出这天堂的幻境，性生活和性文化从此开始了。但是我们依然能通过晚上做梦回到天堂。我大胆猜测，我们童年的早期（从没有记忆的日子开始至3岁）的印象，不管其真实与否，都试图被重现出来，这种重现就是欲望的满足。**裸体的梦是暴露梦。**

"暴露梦"的核心是梦者本人当前的形象（而非童年时的自己）和他衣不蔽体的状态，关于这种状态的记忆因为叠加了很多日后穿着的印象以及审查的作用，往往是十分不清楚的。此外，还有让梦者感到羞愧的旁观者们的存在。在我收集的这类梦中，从未出现过幼儿时那些真正的旁观者，毕竟，梦境并不是单纯的追忆。奇怪的是，童年时有"性"趣的对象在所有的梦中都没有出现，不管是"癔症"梦，还是"强迫性神经症"的梦。只在妄想狂那里才出现这样的旁观者，虽然他们是不可见的，但是妄想狂深信他们的存在。出现在梦里的是一群陌生人，他们对裸露的人毫不关心，这恰好是一种对立的愿望——梦者只想对他熟悉的人做出裸露行为。在梦中"一群陌生人"还经常被随意联系到其他内容上，它是反面欲望，也是"秘密"。人们发现，在妄想狂原本的旧事实中也有这种颠倒倾向。人在梦中绝不是独自一人，而是一直被窥视着，窥视者是"一群陌生的、奇怪的、面目模糊的人"。

除此之外，在暴露梦中，压抑功能直接表现出来。羞愧的感觉无疑是来自第二系统对"暴露"做出的反应，不管怎样，暴露的情景虽然受到压抑但还是表现了出来。避免这种羞愧感觉的唯一办法就是，尽量不要使那情景重演。

关于"动弹不得的感觉"我们以后将再次讨论。在梦里，它主要是表现意愿的冲突，表现"不"。循着一个潜意识的目的，"暴露"将继续进行，而审查作用则要求其结束。

我们这种"典型的梦"与童话、其他小说的关系并非是个别的或者偶然的。有时诗人能以其敏锐的洞察力，发现他的作品可以追溯到他自己本身的梦境，这种由梦境到作品的转变是他写作的工具。有位朋友介绍我看凯勒尔的作品《年轻的亨利》，里面有这样一段：

"亲爱的李，我希望你永远无法体会奥德修斯全身赤裸、满身泥泞地出现在瑙希伽及其玩伴面前时的感受！你想知道那是什么感觉吗？且让我们仔细分析这个例子吧。如果你离乡背井，远离亲友而迷途于异乡，如果你历尽沧桑，如果你饱经忧患，心中充满愁苦，孑然一身，那么可能某天晚上，你会梦见你接近了故乡。你看到故乡最美的颜色闪耀着光出现在你面前，可亲可爱的人们向你走来，然后你发现自己衣衫褴褛、近乎赤裸、全身泥泞地到处走，一种莫名的羞愧和恐惧占据了你，你想遮蔽自己的身体，想藏起来，然后就满身大汗地醒来了。只要还存在人类，只要人们还会做满是忧愁的梦，那荷马描绘的景象就是来自人性最深最永恒的本质。"

诗人唤起的人性最深刻、最永恒的本质，通常能引起读者的共鸣，这种心灵冲动植根于童年。那些意识清醒、无可挑剔的游子的欲望在梦中爆发，表现为一直受压抑的、不被允许的童年愿望，因此在瑙希伽的传说中被具体化了的那些梦，总是转变为**焦虑梦**。

我自己梦见自己大踏步上楼梯，后来又在楼梯上动弹不得，根据这些主要特征，可以判断这也是一种**"裸露梦"**。这也可以追溯到我童年期的某些经历，只有在了解了这些之后，我们才能知道女仆对我的态度（比如说，**她责怪我弄脏了地毯**）是如何使她在我梦中扮演了那种角色的。现在我真的可以做出合理的解释了。

在精神分析中，人们必须学习从时间上相近的事件中找出逻辑联系，两个乍看毫无关联的思想如果在时间上依次发生，那么它们就必须被当成一件事来加以阐释。就像如果我写了一个 a，又写了一个 b，那它们必须被念作一个音节：ab。释梦的手法也是如此。**阶梯梦**来自一系列的梦，这一系列中的其他梦的意义我也明白了。包含在这一系列中的梦必须能在逻辑关系上与其他的梦相契合。其他的梦都是关于我对一个保姆的回忆，从吃奶时到两岁半都是她在照顾我，但是我对她的记忆已经十分模糊。最近我从母亲口中得知，这妇人又老又丑，但却十分聪明伶俐。从我做的有关她的梦看来，她似乎待我并不太和善，当我达不到她对清洁的要求时，她就会斥责我。因为我那病人家里的女仆也在这方面对我加以斥责，在我的梦中她就是我那儿时保姆的化身。可以说，虽然保姆对我十分苛刻，但是我对她依然有着某种喜爱之情。

（二）关于亲友之死的梦

另一类典型梦的内容包括至亲如父母、兄弟、姐妹或儿女的死亡。这组梦还可以被分为两类：一种是人们在梦中没有感到悲伤痛苦，因此醒来后会为自己的铁石心肠感到惊讶；另一种梦里，人们为亲人之死感到极度的悲伤，甚至于在梦中大哭不止。

我们可以把第一种梦放到一边，因为它们其实不算是"典型的梦"。如果我们对这种梦进一步分析，就会发现其内容实际上暗示着另外的表面上看不出来的某种愿望。就像我们提过的梦见姐姐的孩子躺在小棺材里的例子。这梦不是意味着梦者希望她小外甥死，而是就像我们由分析得知的，只是表现了一个隐藏的愿望——自从很久以前在另一个外甥的葬礼上见过她的心上人之后，她已经很久没见过他了。梦见的葬礼表明了她想再见他一面的愿望。这个欲望才是梦的真正目的，因此她在梦中不会感到悲伤。我们可以看出，这个梦包含的感情不属于梦的显意，而应该归于梦的隐意，想象的内容受到了梦的伪装的作用，但是里面的感情保持了原样。

在另外一种梦那里，梦者确实想到亲友的死亡，同时感到悲痛。正如梦的内容一样，这类梦确实隐藏了希望梦中有关的人能死去的愿望。我预料到，这种说法势必会引起曾有过这类梦的读者们的反对，因此，我必须在更大的基础上寻找证据来证明这一论点。

我们曾经举过一个梦例以证明梦中实现的愿望不总是目前的愿望，它可能是过去的、已放弃的、被层层遮盖的或受到压抑被深埋的愿望。因为它们在梦中出现了，所以我们必须承认它们的存在。它们不是像我们想的如死者一样，而是像奥德赛中的那些幽灵，一旦喝了人血就会苏醒过来的。那梦见死孩子躺在盒子内的例子就包含了一个 15 年前的愿望，而且梦者也承认那时确实有过那样的愿望。我还要补充一点，它对梦的理论也许是有重要意义的——甚至这样的愿望也是来自童年的回忆的。有关梦者最早的童年回忆即来自这愿望的存在。做梦者小时候（什么时候已经不确定了）听说，她母亲在怀她时，曾患过抑郁症，而特别盼望这孩子会胎死腹中。在她长大后，自己有了身孕，她像她母亲一样做了那样的梦。

如果有人梦见父母、兄弟或姐妹的死亡，并且感到悲恸，我绝不会认为这证明他希望他们"现在"死亡。释梦的理论也不需要有这种证明，它只是说，做梦者在童年的某个时候，曾经对那种死亡怀有希冀。但我担心，这样的说法不足以平息各种反对言论，很可能，他们通过自己的思考或者感觉，认为自己没有过那样的愿望。因此，我只好利用手头上所收集的例证来勾画出潜藏下来的童年的心理状态。

首先，让我们看看儿童和他们兄弟姐妹之间的关系。我不明白，为什么我们总是先入为主地设想兄弟姐妹是相亲相爱的。事实上，成年人中有很多人都对兄弟姐妹怀有敌意，而且我们常能证明这种敌意是来自童年时期的不合，它们持续至今。当然也有很多人虽然在小时候一直与兄弟姐妹处于敌对状态，但是现在却能与他们和平相处、相互扶持。年长的孩子欺负年纪小的孩子、责骂他、抢走他的玩具；而年纪小的孩子却敢怒而不敢言，对年纪大的既羡又惧或者针对年纪大的孩子的压迫，展开首次的追求自由和正义的反抗。父母们说，他们的孩子一直不太和睦，却找不出什么原因。事实上，不难看出来，就算是一个乖孩子，他的性格特征也跟我们在成年人身上所期望的有所不同。儿童是绝对的自私者，他强烈地感受到自己的需求，并且追求**无条件的满足**，他们会针对自己的竞争对手，特别是兄弟姐妹。但是我们不能说孩子"坏"，只能说"过分"，因为不管是按照我们的判断还是按照法律规定，他们都不应该为自己的坏行为负责。这是对的，因为我们期望，在所谓"童年期"阶段，利他助人的冲动与道德观念开始在小小心灵内逐步发展，套句梅涅特的话，一个**"继发性自我"**将掩盖和抑制原始自我。当然，道德观念的发展并非在所有方面都同时进行，而且，童年的"非道德时期"的长短也因人而异。如果道德观念发展失败了，我们习惯称之为**"退化"**，因为发展显然受到了阻碍。原始自我被后来的继发性自我覆盖后，还是能在癔症发作时至少部分地显露出来。所谓的癔症症状和调皮的孩子之间恰好有惊人的相似。而强迫性神经症则恰好相反，它相当于当原始自我蠢蠢欲动时所强加的道德观念。

许多人，他们目前与兄弟姐妹十分要好，如果有人死去，他们会悲痛万分，但在梦中才发现他们早年的潜意识中的敌意，仍未完全消失。观察3岁以前的孩子对其弟妹的态度，是十分有趣的。在这之前，这孩子是独生子女，而现在他被告知，鹳鸟带来了一个新孩子。这孩子在详细端详了这新来的小家

鹳鸟

伙之后，肯定地说："鹳鸟还是再把他带回去吧！"我确信，儿童能够判断新生儿可能会给他带来什么坏处。我有一位相熟的女病人，她现在跟小她4岁的妹妹相处得很好，但是我知道，当她知道妈妈生了一个新妹妹时，她回答说："我可不把我的红帽子给她！"虽然说小孩是后来才真正认识到这种情况的，但她的敌意是当时就产生了的。我还知道，一个还不到3岁的女孩试图把小婴孩在摇篮里掐死，因为她感觉到婴儿继续存在的话对她没什么好处。小孩在这么大时就能够强烈而清楚地表达嫉妒心了。如果年幼的弟妹真的不久就夭折了，他就再度挽回了全家对他的钟爱，那么在鹳鸟再送来一个弟妹时，为了能使自己继续独享钟爱，他希望新来的小孩夭折难道不是自然的吗？当然，在正常情况下，小孩对弟妹的这种态度，只是因为年龄阶段导致的。在某些阶段，年长一点的女孩已经能对新生儿产生一种母爱的本能。童年时期针对兄弟姐妹的敌意比我们观察到的更普遍。

　　就我自己的儿女而言，由于他们年龄太接近，使我丧失了观察的机会。为了补偿这点，我仔细地观察了我小外甥，他独享的"统治"在15个月后被另一个女性对手打破。虽然他一开始一直对新妹妹表现得十分有风度，抚爱她、吻她，但还不到2岁，开始牙牙学语时，他马上就利用了这新学的语言，表示了他的敌意。一旦别人谈到他妹妹，他便打断谈话，气愤地哭叫："她太小了，太小了!"在过去几个月，他妹妹发育良好已经长得够大而不能被骂作"太小了"时，他又找出另一个"她并不值得如此受重视"的理由。他回忆了所有可能的理由，然后说："她一颗牙齿也没有。"我们家人都记得我另一个姐姐的长女的轶事，在她6岁时，花了半个钟头缠着每个姑姑、姨妈，想要得到确认，她问："不是吗，露西现在还不能了解这个吧?"很明显，比她小2岁半的露西是她的竞争者。

✦

　　梦中兄弟姐妹的死对应的是一种加强的敌意，在我所有的病人身上都是如此。只有一个例外，但很容易就可以把它解释为对这一结论的肯定。有一次，当我正坐着为某个女病人解释某件事情时，由于我突然想到她的症状可能与这有关，于是我问她是否做过这种梦。想不到她居然说自己从来没有做过这样的梦。她说她只记得在4岁时做过一个跟这个毫无关系的梦，从此这个梦在她人生中不断重复：

　　一大群小孩，包括所有她的哥哥姐姐、堂兄、堂姐们，正在草地上玩，突然间他们全都长了翅膀，飞上天，离开了。

　　她本身并不了解这梦的含义，但我们却不难看出，这梦代表着所有兄弟姐妹的死亡，审查作用对其表现形式影响不是很大。

　　我大胆地做了进一步的分析：两兄弟的孩子都是放在一起养的。在这些孩子中，曾有个孩子夭折，而当时还不到4岁的梦者可能问过一个睿智的成年人，小孩子死了以后变成什么这个问题。回答大概是"他们会长出翅膀，变成小天使"。经过这种解释以后，那些梦中的兄弟姐妹们长了翅膀，像小天使一样，当然最重要的一点是他们飞走了。但是小天使的编造者却独自留了下来，想想看，一群孩子中的唯一一个！孩子们在草地上游戏，然后飞走了，我们几乎不会误解，他们肯定是指"蝴蝶"，看来这小孩已经受到了古人思想的影响，古人认为灵魂具有蝴蝶般的翅膀。

也许有人会打断我的叙述，反驳："小孩子大概的确对其兄弟姐妹有敌意，但他们竟会坏到想置对方于死地吗？"持这种看法的人显然忘了一个事实——小孩子对"死亡"的概念与我们成人的概念并不完全相同。他们完全不理解腐烂尸体的恐怖、冰冷坟墓的阴森、对无尽头的空白的恐惧。所有的这些成年人都无法承受，所有神话中关于"彼岸"的内容都证明了这一点。他对死亡的恐惧完全陌生，因此他可以把可怕的话当成儿戏，来吓唬其他的孩子："如果你再这么干一次，你就会死，就像弗朗茨一样！"可怜的母亲听到后会震惊万分，从此不能忘掉大部分的孩子都活不过童年。一个8岁的孩子在参观了自然历史博物馆后，对他母亲说："妈妈，我实在太爱你了，如果你死了，我一定把你做成标本，摆在房间里，这样我就可以天天见到你！"小孩子对死的概念就是如此与我们不同。

如果小孩没有看到过死亡前的痛苦景象，那"死亡"对他而言只是"离开"，不再打扰活着的人们。他们分不清这个人不在了，是由于旅行、解雇、疏远还是死亡。如果在小孩很小时，一个保姆被开除了，而且过了不多久母亲死了，那么我们在分析中往往可以发现，这两个经验在他的记忆中被叠加在一起。小孩往往并不会强烈思念某位离开的人，这常常使一些母亲大感伤心，比如这些母亲在暑假离开了好几周去旅行，在回来后了解到，在这么长的时间里，小孩一次也没有问起过母亲去了哪里。但如果她真的去了那"未被了解的地方"——没有人能从那里返回——看起来小孩最初似乎忘了她，但渐渐地他们便会开始回忆起母亲来。

如果一个小孩有动机希望另一个小孩离开，那就没有什么能够阻挡他将自己的愿望通过某种形式表现出来，而死亡就是其中一种。**死亡愿望梦**中包含的心理反应证明，不管儿童和成人的梦在内容上有多大的不同，他们的愿望都是相似的。

但是，如果一个小孩对自己的兄弟姐妹的敌意可以通过孩子的自私心理解释，因为兄弟姐妹是他的竞争者，那么他希望父母死是怎么回事呢？因为父母对孩子来讲，是爱的提供者，他们能满足他的需求，让父母继续存在不正是自私之心需要的吗？

对这难题的解决，我们可以由这样的经验入手：大部分的**"父母之死的梦"**都是梦见与梦者同性的双亲之一的死亡，如男人梦见父亲之死，女人梦见母亲之死。我虽然不敢说所有的梦都是这样，但至少大部分时候是，因此我们要对具有普遍意义的因素加以解释。简单来说，似乎在童年时小孩就展现出对性别的偏爱，就好像儿子视父亲、女儿视母亲为爱的竞争者，只有排除对手后，他们才能得到好处。

在各位斥责这种说法极为可怕之前，请再客观地想想父母与子女间真实的关系如何。人们必须把社会文化要求的儿女必须孝顺父母的准则与日常真正观察到的事实进行区分。在父母与子女间不止有一个原因导致他们间的敌意，只是很多情况下，这些产生的愿望无法通过"审查作用"而已。让我们先考虑一下父亲与儿子之间的关系，我认为由于我们赋予了"十诫"崇高性，使得我们对事实的感受钝化了。也许我们不敢承认大部分的人性，越过了第五诫的界限。在人类社会的最低以及最高阶

克洛诺斯

层里，对父母的孝道往往让步于其他方面的兴趣。暗含在人类社会古代神话、传说中的模糊信息，让我们对父亲有着霸道专权、嚣张跋扈的不好的想象。克洛诺斯吞食其子，就像野猪吞食小猪一样；宙斯将其父亲"阉割"而取代他的位置。在古代家庭里，父亲的权力越大，他儿子作为后继者成为他的敌人的可能性就越大，儿子就越急切地希望父亲死，以便自己能早日继位。甚至在我们中产阶级的家庭里，父亲也拒绝儿子的自由意志，剥夺他们获得自由的必要手段，使他们之间的敌意不断发展。医生往往可以看到，对父亲死亡的悲痛并不能压制住获得自由之身的满足感。在现代社会中，**父亲梦**仍死死抓住由来已久的"父性权威"不放手，诗人易卜生曾在他的戏剧里描写了父子之间永恒的冲突，反响极大。母亲与女儿之间的冲突多半开始于女儿长大到想争取性自由，而母亲却扮演了看守者的角色。女儿的含苞欲放，也提醒着母亲即将老去，很快她就不会有性欲了。

每个人都曾亲眼见过所有这些关系的表现。但对一些视孝道为天经地义、理所当然的人，为什么也会梦到父母死去，关于这点还无法解释通。关于这点，上面的解释已经让我们明白，这还得回到童年时对父母死亡的愿望上。

神经症方面的分析更证实了我们以上的说法。因为分析结果显示，小孩最原

始的"性愿望"发生在很早的年岁，女儿最早的感情对象是父亲，而儿子的对象是母亲。因此对男儿而言，父亲变成讨厌的对手，同样地，女儿对母亲也是如此。在兄弟姐妹的情况中我们已经解释过，这种感觉是如何变成对死亡的愿望的。一般而言，在父母方面也很早就产生了同样的性别选择，很自然地，父亲溺爱小女儿，而母亲袒护儿子，只要性别的魔力还没有干扰到他们的判断，他们还是能够对子女进行严格教育的。孩子能够发现这种偏爱，因此就会与不偏爱他的那一方作对。小孩子认为成人爱他的话，并不只是要满足他某种特殊需要，成人还必须对他在各方面的意愿做出让步。小孩这么做，一方面是遵循自己的性本能；另一方面，如果他选择的双亲中的一方，也选择了他，那他的行为就会变本加厉。

人们习惯于忽视儿童大部分的幼稚倾向，但其中有一部分在儿童期依然能被看出来。一个我认识的8岁女童，当她妈妈离开餐桌时，她就利用这机会，俨然以母亲自居："现在我是妈妈，卡尔，你要再多吃些蔬菜吗？再吃点吧，拜托了。"一个还不到4岁的天赋异禀、活泼可爱的小女孩，更加清晰地道出这种儿童心理，她直率地说："现在妈妈可以走了，然后爸爸一定与我结婚，而我将成为他太太。"这并不意味着小女孩不爱她妈妈。如果在父亲远行时，男孩被允许睡在母亲旁边，而一旦父亲回来后，他又被叫回去与他不喜欢的保姆睡觉，他一定会希望父亲永远都不在，这样他就可以一直睡在亲爱的、美丽的妈妈身边。实现这一愿望的方法显然是父亲的死亡，因为他从自己的经验可以知道，就像祖父一样，如果人死了，就会离开，再也不回来了。

虽然这种对小孩的观察完全符合我提出的解释，但是神经症医生却不能完全赞同这种说法。那些由神经症患者做的梦也都得加上前提，那就是它们也都是**欲望梦**。有一天我发现一位妇人十分忧郁，她啜泣着告诉我："我再也不愿见我的亲戚们，他们害怕我。"然后她毫无过渡地开始讲一个梦，她当然不了解那梦的意义。那大概是她4岁时做的，梦的内容是："一只狐狸或山猫在屋顶上走来走去，然后有些东西掉下来，又像是我自己掉下来，然后母亲死了，被抬出屋外。"讲到这里，梦者痛苦大哭。我告诉她，这个梦意味着她小时候希望母亲死的愿望，正是这个梦使她认为，亲戚们都怕她。在我告诉她这些之前，她提供了一些材料使梦得到解释。在她很小时，街上的小顽童曾经骂她是"山猫眼"，而当她3岁时，她母亲被屋顶上掉下来的瓦片砸中，流了很多血。

　　我曾经有机会，对一个经历过各种不同精神状态的年轻女病人做透彻的研究。在她最初发作时，她陷入一种狂暴的、神志不清的状态，特别是对母亲，她表现出一种特别的厌恶，只要母亲走近她的床，她便对母亲又打又骂。而同时她对另一位长她很多岁的姐姐表现出亲爱、温顺的态度。后来她变得清醒而冷漠，并且睡眠极差。也就是在这时我开始对她进行治疗，对她的梦进行分析。在大量的梦中，她都或多或少地以伪装过的方式表现她母亲的死亡。她有时梦见参加一个老妇人的丧礼，有时梦见她与姐姐坐在桌旁，身着丧服。在渐渐康复时，她又有了癔症恐惧症，而最大的畏惧便是担心她妈妈会发生意外。不管她当时身在何处，只要一有了这种念头，她就需要赶回家确认母亲还活着。加上我其他方面的经验可以看出，这个例子很具有启发性，由此可以看出，心灵对同一个使它兴奋的意念可以产生好几种不同的反应，就像用不同的语言对其进行翻译一样。在狂暴的、神志不清的状态时，我认为当时"第二精神"已完全被平时受压抑的"第一精神"打败，以致对母亲的潜意识的恨意占了上风，通过运动强烈表现出来。后来，病人变得清醒冷漠，这表明心灵的骚动已平息下来，审查作用的统治得以重新确立，这时对母亲的敌意只有在梦境才能出现，在梦中表现了希望母亲死亡的愿望。最后，当她更加正常时，她产生了对母亲过分的关切——这是一种**"癔症式的逆反应"**和**"自卫现象"**。通过这些不难解释，为什么一些患癔症的女孩们会对自己的母亲有超乎寻常的依恋。

　　在另一个例子里，我有机会对一个年轻男子的潜意识精神生活进行深入研究。他患有严重的"强迫神经症"，几乎活不下去了，他不敢到街上去，因为他害怕自己会杀掉所有遇到的人。他整天只是在处心积虑地想办法，为市镇上发生的任何可能牵涉到他的谋杀案，找出自己不在场的证据。当然，此人的道德感与他所受的教育一样，都有相当高的标准。由分析证明（顺便说一句，这种分析使他得到痊愈），在这痛苦的"强迫观念"后面隐藏着他对过于严厉的父亲的谋杀冲动。使他吃惊的是，在他 7 岁时，他曾明确表明过这种愿望。当然，这冲动是来自更年幼时。当这年轻人 31 岁时，他父亲因一种痛苦的疾病去世，于是这种强迫观念便开始在心中作祟，将谋杀对象转变为陌生人。一个想把自己的父亲从山顶上推到悬崖下的人，人们可以相信，他一定也不会吝惜旁观者的生命的，人们最好把他关在自己的房间里。

　　以我丰富的经验来看，在所有后来患有神经症的病人童年时期，父母在他们的心理中扮演很重要的角色。对双亲中一方的爱、对另一方的恨构成了开始于童年的永久的心理冲动，也是决定后来神经症症状的重要来源。然而，我不相信神经症的病人与一般正常人在这方面存在明显不同，这也就是说，我不相信这些病人能制造出一些与正常人完全不同的新奇东西。更为可能的是（对正常儿童的平日观察可以证实这点）：在大多数正常的儿童心中，对自己父母爱或恨的感情表现得不那么明显和强烈，而在日后患神经症的儿童那里，那种感情则明显表露出来。

古人留给我们的传说可以用来支持我们这一认识，而只有当人们承认儿童心理的那一广泛前提后，那些传说的深邃而普遍的意义才能被理解。

我指的是有关俄狄浦斯王的传说和索福克勒斯的同名戏剧。

俄狄浦斯是底比斯国王拉伊俄斯与王后伊俄卡斯达生的儿子，在他未出生前，有神谕预言他长大后会杀父，所以他一出生就被遗弃了。他被他国国王收养，成了该国王子。直到后来他因自己出身不明而去求助于神谕。神谕警告他，要远离家乡。因为他命中注定杀父娶母。他离开了他自以为的家乡。就在这离家的路上，他碰到了拉伊俄斯王，在偶然发生的争端中他杀死了父亲，当时他当然不知晓他的身份。在到了底比斯后，他答出了挡路的斯芬克斯的谜语，被感激的国民拥戴为王，并且娶了伊俄卡斯达为妻。他在位多年，期间国泰民安，他与没有相认的生母生下了一男二女，直到最后底比斯瘟疫

俄狄浦斯

流行，底比斯人再次去求神谕。索福克勒斯的悲剧就是从这开始的。使者带回神谕说，只有把杀死拉伊俄斯国王的凶手逐出国度才能停止这场浩劫。但凶手在哪呢？"久远的罪恶的晦暗痕迹难以发现，它到底在哪儿？"

这部剧的情节就是一步步揭开真相，但是这个过程是逐步升高，同时艺术性地给予延迟的，这跟精神分析的工作有点像。俄狄浦斯王就是杀死拉伊俄斯的凶手，并且更糟的是他本身竟是死者与伊俄卡斯达的儿子。由于发现

了这在不知情的情况下酿成的可怕罪恶，俄狄浦斯受到了沉重打击，最终自己弄瞎了眼，远走他乡，神谕应验了。

《俄狄浦斯王》是一部命运悲剧，它的悲剧效果来自神的至高无上的意志和人类徒劳的挣扎之间的冲突。观众会深受触动，并且得到教训，那就是人类应该服从神至高无上的意志，对自己的无能要有自知之明。近代作家也纷纷以他们自己的故事来表达类似的冲突，以达到同样的悲剧效果。但是尽管这些作品也是表现，无辜的人类经过各种努力也没能阻止诅咒或者神谕的实现，观众们却并没有被打动。但就这方面而言，近代的悲剧是失败了。

《俄狄浦斯王》这部戏剧带给现代的观众或读者的感动不亚于它当时给古希腊人带来的感动，对此唯一可能的解释是，这种效果不是来自命运与人类意志的冲突，而是在于这冲突的情节中所显示出的某种特质。在我们内心深处也存在某种声音，它辨识出了俄狄浦斯命运里面的强制力。而对于《女祖先》等近代的命运悲剧，我们则斥为无稽之谈。的确，在俄狄浦斯王的故事里，可以找到呼应我们的心声的内容，他的命运之所以会感动我们，是因为我们自己的命运跟他一样，在尚未出生以前，神谕就把同样的诅咒加在我们身上了。**我们所有人第一个性冲动的对象都是自己的母亲，而第一个仇恨、想要施加暴力的对象是自己的父亲，我们的梦也使我们相信这种说法。**俄狄浦斯王杀父娶母只不过是我们童年时期的欲望的满足。但是我们比他要幸运，自从我们没有变成神经症以来，我们成功地将对母亲的性冲动化解，同时忘掉了对父亲的嫉妒。我们儿童时期的愿望在俄狄浦斯身上得到了实现，然后我们将这愿望竭力压抑到内心当中。当诗人在人性的探究过程中，将俄狄浦斯的罪恶公之于众，同时也迫使我们认识到自己内心压抑的冲动，它们只是被压抑而不是被消除，所以它们一直都存在。戏剧中结尾的合唱展现给我们一种鲜明对照：

"看吧！这就是俄狄浦斯，他解开了宇宙的谜团，从此拥有至高权力，所有的臣民都称颂羡慕他的幸福幸运！但是，看吧，他沉沦在怎样的厄运苦海中啊！"

这段训诫深深地击中了我们和我们的骄傲，自童年起我们便为自己的聪明和力量自豪。就像俄狄浦斯一般，我们怀着自然赋予的欲望，全然不知它违背道德，等到它们被暴露之后，我们又把目光从童年景象上移开，不忍直视。

在索福克勒斯的这部悲剧里，清楚无误的是，俄狄浦斯的传说来自远古的梦的内容，其内容就是由于初次的性冲动的出现，儿童与父母的关系产生了紊乱。俄狄浦斯在当时还不知道自己的身份，并且时而为神谕担心。伊俄卡斯达为了安慰他，提到一个很多人都做过的梦，她认为这个梦没什么意义：

有很多人梦见自己在梦中娶了自己的母亲为妻。他们认为这个梦没什么意义，于是就能过一个轻松的生活。

从古至今都不乏梦到与自己的母亲性交的人，但是人们在讲起这梦时，总是十分愤怒、惊讶。很容易理解，这就是我们解开那个悲剧的关键，它可以补充那些梦见父亲之死的梦。俄狄浦斯的故事，其实就是对这两种**"典型的梦"**产生的幻想反应。就像那些做类似梦的成人怀有的抗拒感一样，这样的传说内容必然也含有恐惧和对自己的惩罚。为了使它符合宗教目的，它又被再次改编，以致于人们常常对它产生误解。想要使神力的万能与人类的责任心达成协调的努力，不管是在这个材料上，还是在别的材料上都会失败。

另外还有一个伟大的文学悲剧——莎士比亚的《哈姆雷特》——与《俄狄浦斯王》有着同样的根基。对同一内容的不同处理，显示出了两个时代的人们在心理生活上的差距——人类感情生活的压抑在世俗化过程中的发展。在《俄狄浦斯王》里，儿童的愿望就像在梦中一样被公之于世，并且实现了；而在《哈姆雷特》里，这些一直都被压抑着，就好像在神经症患者中那样，只有通过压抑的效应才能看出它的存在。对于具有极大感染力的近代戏剧，人们本来公认其效果之大就在于，人们琢磨不透人物性格。这部剧着重刻画了哈姆雷特要完成这件加在他身上的复仇使命时表现出的犹豫。这犹豫的原因或动机原剧并未透露，而各种解读的尝试也没有让人满意。歌德曾经提出一个现在都还流行的观点，他认为哈姆雷特代表人类中的一种类型——他们的直接行动力因为过分的思考活动而陷入瘫痪（"他有一种因为过度思考带来的苍白脸色"）。而另外一种观点则认为，作者在这展示给我们的是一种病态的、优柔寡断的性格，这种描写的原型是"神经衰弱"患者。然而，就整个剧本的情节来看，哈姆雷特绝不是一个没有行动力的人物。我们看到他在两个场合充满行动力，一次是在盛怒下，他刺死了躲在挂毯后的窃听者；另一次是他故意地甚至是诡计多端地，以一种复兴王子的无情毫不犹豫地杀死了两位谋害他的臣子。那么，为什么他却对父王的鬼魂吩咐的任务犹豫不前呢？唯一的解释便是这个任务具有某种特殊性。哈姆雷特什么事都做得出来，但对一位杀掉他父亲、篡夺王位、霸占他母后的人，他却无法进行复仇行动，那是因为这人实现的正是他自己压抑已久的童年欲望。于是对仇人的恨意被内心的自责所取代，因为良心告诉他，他自己其实并不比这杀父娶母的凶手好多少。这里我是把故事中人物的潜意识翻译为意识层面可懂的语言；如果有人认为哈姆雷特是一个癔症患者，我也只能承认，从我的分析中确实能导出这样的结论。在他与奥菲莉亚的对话中表现出对性欲的反感，在作者的心中也是与日俱增，直到他在《雅典的提蒙》中将这种反感最为强烈地表现出来。当然，我们也可以说，哈姆雷特的遭遇其实是莎士比亚自己的心理投射，而且布兰德（George Brandes）对莎翁的研究报告指出，这一剧本创作于莎士比亚的父亲去世不久。这就是说，当他写这部剧时，仍处于失去父亲的悲痛情绪中。我们还知道，莎士比亚有个早夭的儿子，名字叫作哈姆涅特（发音近似哈姆雷特）。就像《哈姆雷特》处理了儿子与父母的关系，他同时期的另一作品《麦克白》则是关于"无子"的主题。就像所有神经症的症状和梦的内容，它们都可能被过度解读，这种过度解读对人们能够完全了解它们是起促进作用的。每一个真正的文学作品都是诗人心灵中不止一个动机和冲动的产物。在这儿我只是试图，对创作者心灵冲动的最深一层进行解读。

对于这种亲友之死的**"典型梦"**，我必须再补充几句，以说明它对梦的理论具有何种意义。这些梦呈现给我们一些极不寻常的现象，一些由被压抑的愿望构成的思想，逃过了审查作用，以它的原本面貌表现在梦中。这种梦只有在某种特殊状况下才有可能发生。以下两种因素有助于这种梦的产生：首先，我们认为，那种愿望是离自己最远的，我们认为"我们做梦也没想过那样的事"，因此梦的审查作用便对此怪物毫无戒备，就像所罗门法典中没有预料到要设置杀父之罪的刑罚一样；其次，在这种情况下，这种受压抑的、意想不到的愿望往往特别容易与前一天的残留印象相结合，表现为某种对亲人的生命安全的关怀。这种关怀只能利用相对应的愿望进入梦境，而在梦中那种愿望往往都能被白天对某人的关怀所掩饰。如果有人认为，这些都很简单，只不过是人们把白天想到的，在梦里继续罢了，那关于亲人之死的梦就被脱离了梦的解析的背景，那么这种完全可以得到解决的问题就成了毫无必要的谜团，并且持续存在。

探索这种梦与"焦虑梦"之间的关系，是相当有启发性的。在亲人之死的梦里，受压抑的愿望已经找到了一条路，来逃避审查作用以及与审查伴随而生的伪装。梦中总是伴有对痛苦的感受。同样地，"焦虑梦"也只在审查作用全部或部分失灵时才会出现。另一方面，如果躯体刺激直接引起了真实的焦虑感觉，审查作用就会大大加强。因此，我们知道了，为什么存在审查作用，并且要进行梦的伪装：它这样做就是为了阻碍焦虑的发展或者其他形式的痛苦感情的发生。

在前面，我已经提到过儿童的自私心理，在这里我再次提到，是因为我认为梦也有这样的特点。梦是绝对的以自我为中心，每个梦中都有所爱的自我，就算有时候是经过伪装的。梦中实现的欲望总是这个自我的欲望。表面看来动机为"利他"的梦，都是假象。以下我将举出几个反对这种说法的例子，并对它们加以分析。

No. 1 一个还不到 4 岁的男童告诉我这样的梦：

他梦见一个很大的有装饰的盘子里，放着一大块烤猪肉，突然间那些肉没有切碎就一下子被吃光了。他没有看到吃它的人。

在这小家伙的梦中，吃了这顿丰盛的烤猪肉的陌生人是谁呢？他当天的经历肯定可以提供给我们一些线索。几天来，这小孩一直按医生的指示只喝牛奶。在做梦当天，由于他太顽皮了，被罚不能吃晚餐。因为他早就已被限制少吃食物，所以对这样的惩罚他很勇敢地接受了。他知道自己今晚再吃不了东西，但是却不想说任何暗示他肚子饿的话。教育已经在他身上表现出作用，这表现在他梦中便成了梦的伪装的起源。毫无疑问，他自己就是那个对丰盛菜肴，也就是烤猪肉，有所期待的人。但由于他知道自己是不准吃这些东西的，于是他不敢——像其他饥饿的孩子梦到的——直接坐在餐桌旁大吃一顿。因此梦中吃掉烤肉的人就是匿名的。

No. 2 有天晚上，我梦见在一个书店外的摊子上，看到了一本针对爱好者的收藏版的新集，我总是习惯买这些收集本（关于艺术作品、世界历史、成名艺术家）。这本新集的名字是《著名演说家》（或《著名演说》）。第一卷的名字是雷歇尔博士。

分析时，我发觉，这个德国国会反对党雷歇尔——一个出名的长篇大论的演说家，他的名声会构成我的内容，这太不可思议了。原来事实是这样的：几天前我开始对几位新病人进行心理治疗，必须每天说 10～11 个小时的话。也就是说，我自己才是那个滔滔不绝的演说家。

No. 3 另一次，我梦见一位我认识的大学教授对我说："我的儿子患了近视。"接着是一些简单的对话。然后在第三部分便出现了我与我的长子。从这梦的隐意来看，父亲、儿子和教授 M 都不过是稻草人，为的是掩护我与我的长子。后面我会就其中另一特点再做详细讨论。

No. 4 从以下这个梦，可以看出真正的自私感情，是如何隐藏在对别人的体贴关怀之后："我的朋友奥托看起来生病了，脸色潮红，眼球突出。"

奥托是我的家庭医生，我对他深表感激，因为几年来都是他在照顾我家小孩的健康，他对小孩的疾病治疗都十分成功，而且只要有机会他都要找理由送礼物给他们。在做梦当天他来我家拜访，我太太注意到他看起来十分疲累倦困。当晚我就梦见他看起来像得了巴塞杜氏病（突眼性甲状腺肿）。如果人们不遵照我解梦的原则，就会认为我是在关心朋友的健康，而这种担忧表现在梦中。但这与我的主张——梦的欲望的满足——是矛盾的，也不符合我认为梦来自自私的冲动这一点。但是如果要这么解释的话，请解释一下为什么我要担心奥托患上巴塞杜氏病呢？奥托的面容与这种病的症状并无相似之处。另一方面，我的分析把我引向6 年前发生的一件事。当时我们一些人，包括 R 教授在内，正坐夜车穿过黑夜中的 N 森林，森林离我们的避暑地还有几小时车程。由于司机不够清醒，竟把我们整个车翻下河岸，幸亏我们运气好，都没有受伤。但这当晚只能在邻近的小旅馆过夜。一位先生，他显然患有巴塞杜氏病——就像梦中那样，面色褐红、两眼突出，只是没有甲状腺肿——他为我们服务，并且问我们需要些什么。R 教授以其一向的坦率态度回答："不要什么，借我一套睡衣就好！"但这位仁兄却回答"很抱歉，这个我可办不到"，然后就离开了。

继续分析下去，我想起巴塞杜氏不只是一个疾病的名字，也是一位出名的教育家的名字（现在我已十分清醒，倒觉得这种事实不是十分可靠）。我曾嘱托朋友奥托，如果我有什么意外的话，请他全权负责我的孩子的身体发育问题，特别是在他们青春期时（因此我提到"睡衣"）。梦中奥托的疾病与上述的那位慷慨相助的先生一样，无疑是想说，虽然他像那位 L 男爵一样答应帮忙，但是如果我真的出了意外，他不会向孩子们提供任何帮助。这梦中蕴含的自私感情如此可见一斑。

但是这梦里的愿望的满足表现在哪里呢？我并不是想通过这个梦对朋友奥托进行报复（虽然他经常在我梦里被欺负），而是以下的情况：就像我在梦中把奥托比作 L 男爵，我把自己当成另一个人 R 教授。因为我有求于奥托，就像 R 当时有求于 L 男爵，这就是关键所在。我当然不敢把自己与 R 教授相比，但是他跟我一样，他在学术界之外独创了自己的道路，一直到晚年时才获得他应得的头衔。所以再一次满足了我想成为教授的愿望！甚至"直到晚年"也是一种愿望的满足，因为这意味着我还能活很久，足够使我在儿女青春期亲自照顾他们。

关于其他的典型梦我本身是没有经验的，如梦见自己在空中愉快地飞翔或焦虑地坠落之类的，我对此所有的知识都来自对别人的精神分析中。从所得的一些资料来看，这些梦也是重复了童年景象，也就是关于童年运动游戏，它们对孩子总是有特别的吸引力。几乎所有的舅舅、叔叔都与孩子做过飞的游戏，要么举着孩子在房间里跑来跑去，要么把孩子放在膝头然后突然伸直腿，或者把膝盖抬高然后突然下落。小孩们欢呼着，不知疲倦地要求再来一次，特别是他们感到害怕或者头晕时。日后他们在梦中又重复这种感觉，但是在梦中支持他们的手被省略掉，就像他们自己在空中飘浮或者坠落。众所周知，所有小孩都喜欢荡来荡去或玩跷跷板一类的游戏。当他们看了马戏团的表演以后，他们对此的记忆就又被重新唤醒了。当有些男孩癔症发作时，仅仅包含这类动作的熟练再现，这些动作本身虽然很单纯，却往往会引起当事者性兴奋的感受。用常用的、概括的语言来说：童年时期的"追逐"游戏在飞翔、坠落、摇晃的梦中得以复现，而原来的快感则变成了焦虑。每一个母亲都知道，在现实生活中孩子的追逐游戏也常以争吵和哭泣结束。

因此，我有充分的理由反对那种理论，即认为飞翔和坠落的梦来源于睡眠时的触觉和肺部的胀缩运动感觉。我认为，这种感觉来自记忆，被重现在梦里，它们是梦的内容，而不是梦的来源。

然而，我必须承认，对这些典型梦我还不能给予充分的解释。实际上，是我所用的材料置我于困境之中。我的意见是这样的：当某种心理动机需要它们时，这些触觉和运动感觉便在典型梦中被唤醒，不需要它们时，它们就被忽略掉。至于这些梦与童年经历的关系，则可由我对神经症的分析得到佐证。但我还不能肯定，这些感觉在后来的生活过程中被赋予了什么其他的意义——虽然都是典型的梦，但意义却可能因人而异。我非常希望通过仔细分析一些其他的好例子来补充此处的不足。也许有些人会有疑问，为什么这种飞翔、坠落、摇晃的梦不计其数，而我却仍抱怨资料不足。对此我必须做出解释，因为自从我开始关注释梦以来，我自己还从来没有做过这一类的梦，虽然我处理过许多神经症患者的梦，但并不是所有梦中隐藏的全部含义都能得到解释，而且对神经症的发生负有一定责任的心理力量阻碍了我对梦的完全解释。

No. 5 考试的梦

每一个通过了中学结业考试的人，都抱怨自己被考试不及格的梦所纠缠，梦中自己必须要补考。对于已得到大学学位的人，这种典型梦又被另一形式的梦所取代——他往往梦见自己未能通过结业考试。尽管他在梦中清楚记得自己早开业多年、早已成为大学教授，或早已成为办公室主任，但他们对梦的反抗却仍是徒劳。我们童年时期因为劣行而遭受处罚，对此的回忆在我们学生时代的两次关键性考试的苦难日子里被唤起。神经症患者的"考试焦虑"因为童年的恐惧而加深。在学生时代过去以后，虽然父母或教师不会再惩罚我们，但是现实生活中那种无情的因果关系承担了对我们进行进一步教育的任务，于是我们会梦到中学或者大学结业考试——那时候谁不是小心翼翼地想做圣人呢？只要我们自觉某件事做得不公正，或者不够完美，或者说只要我们感到一种责任的压力，我们便自然而然地觉得自己需要被惩罚。

为了对**考试梦**做更进一步的研究，我在这儿举出一位同事在一次科学讨论会发表的有关这方面的心得。依他的经验看来，他认为这种梦只发生在顺利通过考试的人身上，而那些考试失败者则不会做这种梦。各种事实已经证明，梦者如果第二天要从事某种可能有风险而必须负责任的活动，当他担心完不成任务时，就会做这种梦。考试的焦虑梦追忆的必定是一些这样的情况，那就是梦者曾经为某件事产生巨大的焦虑，但是这件事的结果证明他的焦虑根本就是杞人忧天。通过这样的梦能充分看出清醒意识对梦的内容有多大的误导。梦中的抗议"但，我早就已是一个医生了"等，事实上都是梦的一种安慰，它可以被解释为："不要担心明天的事！想想当年你要参加毕业考试前的紧张吧！结果什么都没发生，你现在已经是一个医生了！"然而，梦中的焦虑是来自做梦当天印象的残余。

能够验证这种解释的我自己以及他人的梦虽然不多，但这种解释的有效性已经被证实了。譬如，我当年没能通过法医学的考试，但我却从不梦及此事；相反地，对于植物学、动物学、化学考试，我一度非常焦虑，而且我的焦虑不是没有理由的，但是不知是命运还是老师的厚爱，我的这些科目都通过了。而在梦中，我却常重温参加这些科目考试前的焦虑。关于中学考试，我常梦见历史考试，在这一科目上我的成绩很好，但我必须承认一个事实，那就是考得好是由于当时的历史老师（在另外的一个梦里，他成了一个独眼的善人）注意到，在我交回的考卷上，三个题目中间那个被我用指甲画了叉，以暗示他在批改这道题目时不要太严格。有一位病人，他曾放弃中学考试，后来才又补考通过，但在后来的公务员考试中失败了，也没有当成公务员。他告诉我，他常梦见前一个考试，但后一个考试却从来没有在梦中出现过。

我在之前指出的、在解读大部分典型梦时遇到的典型困难，在解读考试梦时也出现了。那就是梦者提供的相关材料太少，因此不能对梦做出充分解释。只有通过搜集更多的梦例，人们才能对此产生更好的理解。不久前我有一种确定的观点，认为"你已经是一个医生了"等这样的抗议，不仅是一种安慰，还暗含了一种责备。意思大概是这样："你现在已经这么老了，在人生的路上走了那么远，但是你现在还是在办蠢事、幼稚的事。"这种自我批评和安慰的混合应该就是考试梦的**隐意**。如果"蠢事、幼稚的事"与（前面提过的例子中的）不断出现的性行为相联系，也不会显得突兀了。

威廉·斯特克尔做出了关于升学考试梦的第一个解释，他总是把这种梦与性体验和性成熟联系起来。我自己的经验经常能够证实他的观点。

第六章　梦的运作

　　以前人们都是尝试通过对记忆中保存的梦的显意，进行直接分析，来解决梦的问题。他们对梦呈现的内容进行解释，有些甚至不经过解析就直接从梦的内容获取结论。现在我们却面对一个与此相反的事实，那就是在梦的内容和我们的观察结论之间还存在新的心理材料，即通过分析得出的**梦中隐意**或**梦中思想**。真正的梦的意义是从这些隐意中得来的。因此我们面临的将是一个崭新的任务，即研究梦的显意与梦的隐意之间的关系，并探讨后者是如何变成前者的。

　　梦的隐意与显意就像用两种不同的语言表达同一种内容。更确切地说，梦的内容在我们看来就是梦中思想通过另外的表达方式呈现给我们，显意和隐意就好像译本和原文的关系，我们只有通过比较两者，才能了解那些符号和句法规则。只有掌握了这些，才能理解梦的隐意。梦的显意就像象形文字，其符号必须被翻译成梦的隐意所采用的文字。我们当然不能把重点放在这些符号的图形特点上，而应该按照其意义的象征关系来**破译**，否则我们就会误入歧途。譬如说，现在我面前呈现一个字画谜，有一座房子，屋顶上有只木舟，然后是一个大字母出现；还有一个无头的人在飞跑等。我一定会批评这画的组成逻辑和各部分都很荒唐而毫无意义。木舟不可能摆在屋顶上，无头人不可能会跑；而且人哪能比房子还大？还有，如果整个画面是一幅风景画，那么一个字母与这画根本不配，自然界中怎么会有字母呢？因此，如果要对这字画谜做出正确的解释，只能抛开对整个画面和其组成部分的批评，相反地，将这每一个组成部分均视为有意义，而努力找出与它们相对应的音节或者单词，也许就能找出这幅画表现的关系了。这些字句通过适当的方式组合起来以后，它们再也不是毫无意义的了，而很可能组成了一句富有诗意的寓意深长的格言。梦其实就是这样一幅画谜，我们的前人在解梦的领域犯的错误是，把画谜当成了艺术创作来评判。因此，梦中画面在他们看来是毫无意义、毫无价值的。

第一节　压缩工作

研究者在比较梦的内容和梦的思想时，首先注意到的便是梦中进行了大量的**压缩工作**。与梦的隐意的冗长丰富相比，梦的表现内容显得过于简短、贫乏、精炼。如果叙述一个梦需要半张纸，那么通过解析得到的隐意则需要前者数量的6~8倍甚至10倍的纸张才写得完。这比例因为不同的梦而不同。但就我的经验看来，多半是这样的。一般而言，我们都低估了梦被压缩的程度，因为人们在认识到梦的隐意之后，就认为这已经是完整的梦的含义，殊不知通过进一步的解读还可以找出隐藏其后的其他思想。因此有必要指出，其实没有人能够肯定一个梦已经被完全解读了；即使解读看起来令人满意、毫无缺漏，这个梦依然可能隐藏着别的含义。因此严格地说，压缩的程度是无法定量的。

有人认为，梦的隐意与显意间不成比例，是由于梦的形成过程中，相当多的心理材料被压缩了。因为我们经常有这样的感觉，自己昨天晚上做了一大堆的梦，但早上起来却忘了一大半，如果能记得所有的梦的内容，那写出来差不多就可以跟梦的隐意等量齐观了。这种说法无疑是正确的：如果我们一醒来便努力回想梦中的内容，肯定能记得很多，随着时间的推后，记得的就越少。这虽然乍看上去有一定道理，但是人们还是可以提出反对意见。我们自以为梦到的比记得的要丰富得多，这其实是一种错觉，这种错觉的来源以后会再详细解释。而且，"有可能遗忘掉一些内容"这一说法并不能用来解释梦的压缩工作，因为我们通过记得的那部分就可以分别找出一大堆意义来了。如果梦的大部分内容真的都记不起来了，那我们就不能探索那一部分的梦中隐意。我们没有理由认为，遗忘掉的梦跟我们记得的梦包含着同样的梦中思想。

　　考虑到每一部分的梦的显意在分析时，都能产生大量的联想，读者一定禁不住怀疑，在分析时**后发的联想**难道可以被归入梦中思想吗？即我们有理由认为那样的联想在睡眠状态下是活跃的，并且参与了梦的构建吗？难道看起来不更像是，那些联想不是在梦的构建中产生，而是在后来的意识分析中才产生的吗？对这反对意见，我只能在某种条件下给予赞同。确实，有些联想是在分析时才出现的，但是我们可以看到，出现的联想必定与梦中意念存在某种方式的联系。这些新的联系是一些支路甚至是中断的，它们的连接是通过其他的、隐藏得更深的思路实现的。我们不得不承认，分析时产生的大部分意念早在梦形成时就处于活跃状态。因为如果我们从一系列的意念入手，许多乍看之下与梦的形成并无关联的意念，却能带给我们一个确实与梦的内容有关联的结果，而这正是梦的解析不可或缺的关键，我们只能通过分析那一系列意念才能找到这样的关键。在这里我再次提出前面说过的关于"植物学专著"的梦，虽然我没有将它的含义完全分析出来，但是它表现出的梦的压缩工作已经够惊人的了。

　　那么，在睡眠状态下，人在做梦以前的心理状态又是怎样的呢？梦中意念是同时出现的，还是相继出现的，还是各自从不同中心同时出发，然后汇合为一个整体的？我认为，根本没有必要对梦形成时的心理状态人为设置一个概念。不要忘记，我们现在在讨论的是一种**潜意识**心理过程，它与有意识有目的的自我观察过程是远远不同的。

　　但是梦的形成建立在压缩工作的基础上，是毋庸置疑的。那么，这过程又是如何实现的呢？

　　如果考虑到在被发现的梦念中，只有一小部分通过观念元素出现在梦中，那人们可以得出这样的结论，就是说压缩工作是通过"删略"的手法来实现的，也就是说梦并非"梦中思想"的忠实译者，它的翻译是高度不完整和残缺的。但我们不久就会发现，这种观念其实是存在缺陷的。但让我们暂且以这一结论为出发点，进一步追问：如果梦中思想只有少部分表现为梦的内容，那么选择它们的决定性条件又是什么呢？

　　为了解决这问题，我们必须对那些满足了这些条件的梦的内容进行研究。那些构建过程中的压缩工作表现得最为明显的梦，最适合进行这种研究。对此我选择前面提到过的"植物学专著"梦。

（一）"植物学专著"的梦

我写了一本关于某种植物的专著，这本书就放在我面前。我翻阅到书中一页折起来的彩色图片。每一个例子都附有一片脱水的植物标本，就像植物标本收藏簿一样。

这个梦最显著的元素就是植物学专著。这是由当天的印象引起的：当天早上我确实在一家书店的玻璃橱窗内，看到一本标题为《樱草属植物》的书。但是梦中并未提到该植物的科属，只知道这本书跟植物学有关。这植物学专著马上让我想到自己发表过的有关古柯碱的研究，而古柯碱又引导我想到纪念文集和关于大学实验室的事情，还有我朋友、眼科专家柯尼斯坦，他对古柯碱在局部麻醉上的临床应用颇有功劳，当晚我曾与他谈过一阵子，后来被别人打断了。关于如何付给医生同事治疗费用，我也曾想过很多，柯尼斯坦也让我回想起那些。这谈话才是真正的梦刺激，而关于樱草属的专著虽是真实的事件，但却是无关紧要的小事。如我所见，植物学专著位于两段经历中间，是两段经历的共同点，它原封不动地接受了来自无关紧要的小事的印象，通过大量的联想与具有心理价值的经历联系起来。

然而，不只是"植物学专著"这个合成概念，连它的各个部分——"植物学""专著"——也被分开，并且通过多层联系被深深地编织到梦的思想中。属于"植物学"的联想包括加德纳（Gärtner，意思是园丁）教授、他妻子的花容月貌、我病人芙罗拉还有我谈到过的丈夫忘记送花的 L 女士。加德纳又使我想到实验室以及与柯尼斯坦的谈话，谈话也涉及了芙罗拉和 L 女士。从与花有关的女人，我又联想到两件事：我太太最喜爱的花，以及我匆匆一瞥看到的那本专著的标题。此外，"植物学"还使我联想到中学时代的一段插曲还有大学考试，以及另外一个在谈话中出现的主题，即我的爱好——开玩笑说我最爱的花是洋蓟，这又与忘记送花的事联系起来。洋蓟一方面使我回想起意大利，另一方面又使我回忆起童年与书的初次接触。"植物学"就这样成为各种思路的交汇点。并且，我敢肯定所有的思路都与我和柯尼斯坦的谈话有着千丝万缕的联系。在这里，人们像置身于一个思想加工工厂，就好像韦伯的著作中说的那样：

"一步牵动万缕，梭子来去，丝线看不见地流动，一下就串起千条。"

梦中的"专著"还涉及两个主题：一个是我的研究工作的片面性，另一个是我的爱好的昂贵代价。由这初步的研究看来，"植物学"与"专著"之所以被选作梦的内容，是因为它们与梦中思想有许许多多的连接点，也就是说，梦的内容中每一个元素都有很多意义，它们代表不止一种"梦的思想"。如果我们仔细考察梦中其他元素与梦中思想的关系，就可以了解更多。我打开的"彩色图片"引入了一个新主题，就是我同事们对我的研究做的批评，以及梦中涉及的我的嗜好问题，更远地还可以追溯到我童年时曾经将彩色图片撕成碎片的记忆。"已脱水的植物标本"使我想起自己中学时收集植物标本的经历，并且对那个记忆特别予以强调。因此，我看出了"梦内容"与"梦思想"之间的关系：梦中思想不仅多次决定了梦的内容元素，而且每一个梦中思想在梦中都表现为多种元素。联想把一个梦中元素引向多个梦中思想，把一个梦中思想引向多种梦中元素。在梦的形成过程中，并不是一个或一组梦思想通过压缩为梦提供内容，像从人民大众中选举人民代表一样，从梦思想中选出代表，而是，整个梦中思想被施加某种处理工程，在里面得到最好、最多的支持的元素才被选择，从而表现在梦的内容中，类似于获得联名投票。无论是哪种梦的解析都证实了这样的基本原则：梦的内容元素来自整体梦思想，每一个梦的元素都能够被多次联系到梦思想上。

　　为了说明"梦思想"与"梦的内容"的关系，再举一个新例子并不是多余的。下面这个例子的特点是各种相互关系非常高明地交织在一起。这个梦来自我的病人，他患有"幽闭恐惧症"，不久你们就可以看出为什么我这么欣赏这梦的结构，并且给它起这样一个名字：

（二）"一个美丽的梦"

　　一帮人正在 X 大街上开车前行，街上有一间普通旅馆（但事实上并没有）。旅馆里正上演戏剧，他一会儿是观众，一会是演员。戏剧结束后，大家都必须换衣服，这样才能到城里去。一部分人被带到了隔壁的房间，而另一部分人被带到二楼换衣服。楼上的人很生气，因为他们已经换好了，但下面的人还没有换好，所以他们不能下来。他哥哥在楼上他在楼下。他对哥哥很生气，不知道为什么要这么匆忙（这一部分不是特别清楚）。除此之外，谁在楼上谁在楼下在刚到时就已经被分配好了。然后他沿着 X 街的上坡往城里走，但是他的脚步是那么沉重、那么费力，以至于很难离开原地。一位年长的先生向他走来，并且辱骂意大利国王。在上到坡顶后，他的脚步就变得轻松自如了。

　　上坡时举步维艰的印象特别清晰，甚至在他醒后，他分不清刚才是真实还是梦境。从梦的显意来看，这个梦的内容非常平常、不值一提。但这次我要一反以往的常规，从最清晰的部分开始解释。

　　他梦到的或者说在梦里感受到的上坡时的呼吸困难，是梦者在几年前生病时曾有过的症状，再加上其他一些症状，当时他被诊断患有肺结核（也可能是一种癔症的伪装）。通过我们对裸露梦做的研究，已经对这种梦中运动受限制的感觉有所了解，现在我们看到，这种材料也可以为其他目的服务。梦中有一段描写了上坡时如何感到困难，到了坡顶之后，就变得轻松。我听到这里，就联想到了法国小说家都德的名作《萨福》。里面描写了一位年轻人抱着他的心上人上楼，一开始她像羽毛一样轻，但是越往上爬，她的身体就变得

都德

越重。整个情景象征着他们爱情的进展。都德在这里，是要警告年轻男子不要与出身卑微和来历不明的女子相爱。尽管我知道我的病人与一位女演员有过感情纠葛，而且已经断绝了关系，但我并不期望我的解释是正确的。而且《萨福》中的情节与梦中的情节正好相反：梦中他一开始举步维艰，后来变得轻松；而小说中描写的是一开始轻松，后来才变得沉重。但令我吃惊的是，我的病人回答说，他前一晚在剧院中看到的剧情跟我刚才的解释完全一致。那部戏剧叫作《维也纳巡礼》，描写的是一位一开始受人尊敬的少女最后沦为娼妓，后来又勾搭了一位上层社会的男子，开始向上爬，但最后却跌入底层的故事。这部戏又让他想到另一部叫作《步步高升》的剧，当时这部剧的广告宣传画就是一排楼梯。

接下来继续解释。在 X 大街上住着一位女演员，梦者刚刚结束与她的情人关系。街上并没有小旅馆。因为那女演员的缘故，他夏天时在维也纳待了一些日子。他当时就下榻在（abgestiegen，还有下坡的意思）这个旅馆的附近。离开时，他对司机说："我很高兴，至少我没有发现跳蚤（这也是他病态恐惧的一部分）。"司机回答说："这地方怎么会有人住呢，这都算不上一个旅馆，只不过就是一个小店。""小店"这个词马上让他想到一句诗：

"有一个特别和善的店主，我是他最近的客人。"

乌兰德的诗中提到的这个店主是一棵苹果树。然后思路又被引到了另一首诗上：

"浮士德（与年轻魔女一起跳舞）：我曾经做过一个美梦，梦中看见一棵苹果树，两颗苹果闪着光，我被它们吸引了，爬到树上。

美丽的魔女们：苹果是你们的欲望所在，如果没有它们，即使身在天堂你们也不满足，我很高兴，它们也生长在我的果园里。"

对于苹果树和苹果，人们不会理解错。那位女演员深深吸引梦者的，也是她那一对美丽的乳房。根据分析的前后关系，我们完全有理由认为，这个梦可以回溯到梦者的童年。如果这是正确的，那它指的肯定是现年 30 岁的梦者以前的奶妈。对婴儿来说，奶妈的双乳就像客店。奶妈还有都德笔下的萨福似乎都是暗指梦者刚分开不久的情人。

在梦中也出现了梦者的哥哥，梦中哥哥在楼上，梦者在楼下，这是一种对现实情况的颠倒，因为就我所知，梦者的哥哥丧失了他的社会地位，而梦者的社会地位依然牢靠。在讲述这个梦时，梦者避免说哥哥在楼上，他在楼下。因为如果人们说一个人在下面，还有一个意思是说，他已经丧失了财产和社会地位，已经没落了。为什么梦中要对事实情况颠倒处理，肯定是有理由的。通过它，我们可以进一步研究梦的内容和梦的思想的关系，对此我们也是有线索的。这种颠倒指的是什么，我们可以轻易看出来。在《萨福》里面是一个男人抱着与他发生性关系的女人，而梦中的思想正相反，是一个女人抱着一个男人，当然这种情况只有在童年时期才会发生，指的是奶妈抱着沉重的婴儿。从梦的结尾来看，萨福和奶妈都被同一个暗示表现出来。

就像都德之所以选萨福这个名字，是考虑到女同性恋之间的习惯，梦中描写的有一些人在上面，有一些人在下面，也是关于性幻想的内容。这种受压抑的性欲，与他的神经症也是有关系的。通过梦的解析，不可能发现梦中呈现的是幻想，还是对于真实经历的回忆，我们能知道的只是梦中的思想内容。至于它有什么现实意义，还得通过梦的分析之外的工作才能确定。真实的和幻想的内容都出现在梦里，而且不只是梦里，而是在所有重要的心理构建中，他们都是同等重要的。就像我们已经知道的，一大群人意味着秘密。他哥哥不过是通过"回顾幻想"，变成他后来所有情敌的代表。老先生骂意大利国王那段插曲，利用了最近一段无关紧要的经历，再一次联系到下层人士努力跻身于上流社会的努力，就像都德对年轻男士的警告同样也适用于吃奶的婴儿。

为了研究梦的形成过程中的压缩工作，我提供第三个例子。我将讲述对这个梦的部分分析。在这里，我要感谢一位年长的、正在接受精神分析的女士。她当时正处于严重的焦虑状态，她的梦中包含了大量性思想，这种发现一开始让她特别吃惊甚至感到惊恐。因为我不能对此梦进行完整分析，所以梦的材料被分成了一组组的，乍看上去彼此间好像没什么联系。

（三）金龟子的梦

她记得自己抽屉里有两个金龟子，她必须把它们放掉，要不然他们就会窒息而死。打开了抽屉，金龟子已经奄奄一息。一只金龟子飞出了窗外，但是当她按照某人的要求关上窗户时，另一只金龟子被窗棂压碎了。

♡**分析**

她丈夫出门了，14岁的女儿与她睡在一张床上。晚上时，女儿对她说，有一只蛾子掉到水杯里了，但是她没能把它捞出来。在早上时，她对那只可怜的蛾子表示同情。在梦者晚上看的书中讲到，男孩子们把猫扔到沸水中，并且描绘了猫的挣扎过程。这两件事都是属于无关紧要的事件，但它们参与了梦的构建。关于虐待动物这一主题，她又继续产生新的联想。几年前，当他们在某地度暑假时，她女儿对动物表现得十分残忍。她捕捉了一些蝴蝶，并且向母亲要砒霜以把蝴蝶毒死。有一次，一只身上被插了针的飞蛾在屋里到处乱飞，另一次，一些正在变蛹的毛毛虫被活活饿死。她女儿在更小的年纪，总是喜欢把金龟子和蝴蝶的翅膀撕下来，现在她也被自己以前的行为吓到了，她现在是一个好心肠的姑娘了。

该病人反复考虑这个矛盾。然后她又想起另外一个矛盾，就是外表和心灵的矛盾。就像艾略特在《亚当·贝德》中呈现的：一个女孩很美，但是却十分虚荣、愚蠢，还有一个女孩很丑，但是内心高贵。一位出身高贵的人，却诱骗那个蠢丫头，而一个工人，却有高贵的内心，并且行为举止也都遵从内心。人们不能以貌取人。从外表上看，谁能知道梦者正受着肉欲的折磨呢？

就在她女儿捕捉蝴蝶那一年，她们附近发生了严重的金龟子虫灾。孩子们对那些虫子感到气愤，于是把它们碾碎，十分可怕。我的病人看到一个人把金龟子（也叫五月虫）的翅膀撕掉了，然后吃了它的躯干。而她就出生在五月，也是在五月结的婚。婚礼结束三天后，她写信给自己的父母，描述她是多么幸福。但事实绝不是这样。

在做梦当晚，她翻检了一些旧信，在孩子们面前朗读了各种各样的严肃的、奇怪的信，其中一位钢琴教师的信特别搞笑，她那时还是少女。另外还有一位出身高贵的追求者的来信。（这就是引发梦的东西）

她女儿读了一本莫泊桑写的坏书，为此她深感自责。女儿向她要的砒霜，让

她想起《富豪》一书中让杜克·德·莫拉返老还童的"砷药丸"。"给它们自由"让她想起《魔笛》中的一段:

"我不强迫你去爱,但是我也不给你自由。"

"金龟子"让她想起凯特欣的话:

"你像甲虫一样爱我。"与此同时,坦豪森说:

"因为你被邪恶的欲望振奋。"

她丈夫出门在外,她一直处于恐惧和忧虑中,她害怕他在旅途中会遭遇什么不测,这种恐惧表现在她白天大量的白日梦中。在不久前,在接受精神分析时,她发现自己潜意识中对丈夫"开始衰老"怀有埋怨之心。这个梦中隐藏的欲念也许可以通过下面讲的事情被认识。做梦几天,当她与丈夫做爱时,她被自己脱口而出的命令句吓到,她说:"你去上吊吧!"这句话是她几个小时前不知在哪读到的,一个男人在上吊时,产生了有力的勃起。这种对勃起的愿望,通过可怕的伪装从受压抑的状态被解放了出来。"你去上吊吧!"意思就是说"不管付出什么代价,你一定要勃起!"《富豪》中詹金斯医生的砷药丸就是从这来的,做梦者还知道,效力最强大的春药——斑蝥(所谓的西班牙蝇),是由压碎的金龟子制成的。梦的内容的主要部分就是想表现这些。

对于打开还是关上"窗户",她和她丈夫一直都有分歧。她睡觉时喜欢让空气流通,而她丈夫却不喜欢。"奄奄一息"实际上是她自己在这些天来的主要症状。

在上面谈到的三个梦里,与梦中思想不断有联系的梦中元素被特殊标记了出来,因此可以清楚地看出梦中元素与梦思想的关系。但是因为对这三个梦的解释都没有进行到底,所以为了证明梦中元素可以与多个梦思想产生联系,应该对一个梦进行一次详细的解析。在这里,我还是选之前提过的伊玛打针的那个梦。很容易就可以看出来,在梦的构建中,"压缩"不是唯一的手段。

梦中的主要人物是伊玛,梦中的她有她平时现实生活中的特征,也就是说她就是她。但是当我在窗边对她进行检查时,对另一个病人的记忆被拿来利用了,如梦中思想所示,我想把伊玛换成那位女士。因为伊玛患了白喉症,我对长女的忧虑被唤起了,她便代表了我孩子。又因为一位中毒致死的病人跟我女儿重名,所以她还代表了那位病人。在梦的发展中，伊玛的长相一直没有变；然后她好像又是我们曾经在儿童医院神经科诊断过的一个小孩，在诊断中我的两位朋友表现了他们的不同性格。我自己的女儿显然是这个诊断的一个转折点。"不愿意张开口"这个特点暗指我曾经检查过的一位女士，通过同样的联系，我自己的妻子也被牵涉进来。此外，我在她喉咙里发现的病变还影射了其他一些人。

在对伊玛这一人物进行探索时，我想到的所有人物都没有真正出现在梦里，他们隐藏在伊玛背后，她变成了一个集合形象，尽管她的很多特点是自相矛盾的。她是其他人的代表，因为梦的压缩，其他人被删掉了，但是她身上表现出的特点能让我回忆起不同的人。

梦的压缩工作中，还能通过别的方式制造这样的集合形象，那就是把两个或更多的人的特点压缩为一个。比如我梦到 M 博士，他的名字、说话、行为方式都是 M 博士，但是他的长相和病痛属于另一个人，即我长兄；苍白的脸色这一特点，可以联系起两个人，他们两个人在现实生活中都有这一特点。另一个类似的"混合人"来自我梦见叔叔那个梦。但是这里的梦中形象又不一样了。我不是把分属两个人的特点合并，以便对每个人某种特点的回忆被缩减，而是像高尔顿制作家庭肖像那样，把两个影像曝在一张底片上，这样共同的特征就被加强了，不符合的特征彼此抵消，在照片上就变得模糊不清了。关于我叔叔的那个梦中，属于两个人的特点——因此被加强的特点——就是"黄胡子"。除此以外，它还通过"头发变灰白"暗指我和我父亲。

梦的压缩主要是通过形成"集合人物"和"复合人物"来实现的。很快我们就会有机会，从别的方面对它进行探讨。

"伊玛打针"的梦提到的"痢疾"也可以联系到好多梦思想：在德语中"痢疾"的发音跟"白喉"相近；它可能是影射被我送去东方旅行的病人，我没看出他有癔症。

梦中提到的丙基（propylen）这个词也是压缩工作中一个有趣的产物。梦的思想其实是想说戊基（amylen），但是在梦中被替换成丙基（propylen）了，这应该是梦形成过程中发生的**移置现象**。事实也确实如此，通过对梦进一步的分析，证明这种移置是为压缩工作服务的：如果我在丙基（propylen）这个词上多停留片刻，就会发现它听起来很像 Propylaea，是雅典神庙入口的意思，但不止在雅典，在慕尼黑也可以见到这样的神庙入口。而约在做这梦的一年前，我曾去慕尼黑探望一位病重的朋友，梦中三甲胺（trimethglamin）这个词紧跟在丙基（propylen）后面，而这位朋友曾对我提过三甲胺这种药物，因此可见，梦思想中也提到了我这位朋友。

我忽略了一个显眼的情况，那就是，在这儿的，还有其他的梦的分析中，重要性差别很大的联想都被同等地用来连接梦中思路。我必须承认，梦思想中的戊基（amylen）表现为梦的内容时被替换为丙基（propylen），这是一种人为的过程。

一方面，梦中有一些有关我的朋友奥托的意念。他不了解我，他认为我有错，他送了我一瓶有戊基（amylen）怪味的酒。另一方面，还有一组与前者形成对比的、有关我柏林的朋友威廉的意念，他真正了解我、支持我，他还给我提供了一些很有价值的有关性过程的化学作用的资料。

在有关奥托的意念中，特别引起我注意的都是一些引起梦的刺激，戊基（amylen）就属于特别清楚地反映在梦中的元素。关于威廉的意念恰好与奥托的形成对比，而且里面被强调的元素也是奥托组概念中被强调的。在整个梦里，我一直有种明显的趋向，那就是要把使我感到痛苦的人物转变成与他相反的、使我感到愉快的人，我通过一点点地唤起朋友的形象来对付反对我的人。因此，在奥托组的意念中，戊基（amylen）使我联想到属于威廉组的三甲胺，这两者都属于化学领域；而且三甲胺能在梦的内容中呈现出来，是因为受到了多方的支持。戊基（amylen）也原封不动地反映在梦的内容中，但是它受到了威廉组意念的控制，在整个记忆中搜寻，最终找出一个元素，这个元素能够为戊基（amylen）提供两个连接点。从戊基（amylen）可以联想到 Propylaea；而在威廉组那里，慕尼黑的Propylaea 是它的对应项，通过 Propylen-Propylaea 这两组意念被连接起来。就好像一个折中办法一样，这个中间元素得以进入梦中。它是一个具有两者共同特点的中间元素，与不同内容有着多方联系。很明显，一个元素要在梦的内容中表现出来，必须与梦思想有着多重联系。为了形成中间连接环节，必须毫不犹豫地把注意力从本来想表达的东西，通过联想，转移到与其相近的东西上。

对"伊玛打针"这个梦的研究，让我们对梦的形成过程中的压缩工作有所了解。我们认识到了，梦是如何选择多次出现在梦思想中的元素的，怎样构建一个新的统一体的（集合人物、混合人物），以及作为压缩工作的组成部分，具有共同特点的中间连接因素是如何产生的。至于压缩工作的目的以及它所采用的方法，需要等到我们对梦形成时的心理过程进行讨论之后，再做研究。目前就让我们满足于这样的结论：**梦的压缩工作表现的是梦中思想与梦的内容之间的一种值得注意的关系。**

如果对象是词汇和名字，梦中的压缩工作表现得最为清楚。跟物体一样，梦中内容也经常跟词语相关，并且其组合方式与对物体的想象也是一样的。这样的梦的结果就是会产生奇怪的、稀有的新词。

No. 1 有一次我收到一位同事寄来的论文，根据我的判断来看，他对最近的一个生理学发现的重要性做出了过高估计，很多表达都是言过其实的。于是当天晚上，我梦见了一句明显针对这篇论文的批评："这种语言风格是典型的 norekdal。"一开始，我不明白这个词是什么意思，它肯定是一些形容词 kolossal（巨大的）和 pyramidal（顶尖的）的最高级的讽刺性模仿，但是我找不到它的词源。最后，我才发现这怪字可以分成 Nora（娜拉）与 Ekdal（埃克达尔），这两个名字分别来自易卜生的两部著名戏剧。不久前我在报上读到了一篇有关易卜生的评论，评论的作者就是我在梦中批评的作品的作者。

No. 2 一位女病人告诉我一个短梦，最后是以一个毫无意义的复合词结尾的。她梦见自己和丈夫参加了一个农民的庆典，然后说："这会以一般的 Maistollmütz 结束。"在梦中有一个模糊的想法，认为那是一种玉米面做的食物，一种玉米糊。分析后，把这个词分成 Mais（玉米）—toll（疯狂）—mannstoll（慕男狂）—Olmütz（奥尔谬兹），所有的部分都出现在她进餐时与亲戚们之间的谈话中。除了暗示着刚开幕的五十周年展览庆典，Mais 还隐藏着下列词语：Meien（迈森产的瓷器，表现的是一只鸟），Mi（她亲戚的英国女教师去了奥尔谬兹），mies（犹太人的粗俗玩笑话，意思是恶心的、令人厌恶的）。从每一个组成部分中都可以引申出一长串的思想和联想。

No. 3 一位熟人深夜去拜访一个年轻男人，按门铃后熟人想给他一张名片。就在当天晚上，他梦到：一个商人在他家设置家用电话，一直工作到深夜。商人走后，他家的电话一直断断续续响个不停。他的仆人把那个人找回来，那个人说："作为 tutelrein，竟然连这样的事都不会做，也太奇怪了吧！"

显然，引起这个梦的无关紧要的元素只有一个。只有当梦者把梦中情节回溯到早期经历时，它才有意义，这个早期经历当然也是无关紧要的，但它通过想象作用代替了别的东西。在他小时候，他和父亲住在一起，有一次在睡眼蒙眬中，他把一杯水打翻在地，家用电话的线湿透了，持续不断的响铃声把他父亲从睡眠中吵醒。因此持续不断的响铃代表湿透了，而断断续续的响铃则代表滴下的水。可以从三个方向解释 tutelrein 一词，从而引出再现梦中思想的三个主题。Tutel 是一个法律名词，表示"监护"（Tutelage）。Tutel（也许是 Tutell）也是一个粗俗词，指女人的乳房。剩下的部分 rein（纯洁），加上 Zimmertelegraph（家用电话）这个词的前一部分，构成 Zimmerrein（家务培训），这样就跟地板弄湿有密切关系，而且其读音很像梦者家庭成员的名字。

No. 4 在我自己的一个较长、混乱的梦中，航海似乎构成了梦的中心内容，下一个码头叫 Hearsing，再下一个叫 Flie。Flie 是我柏林朋友的名字，我曾经经常去柏林。Hearsing 是一个复合词，一部分来自维也纳近郊铁路站名，它们往往是以 ing 结尾，如 Hietzing、Liesing、Mödling（古米提亚语，旧名是 meae deliciae，意思是我的快乐）。另一部分来自英文 Hearsay（德文词是 Hrensagen），指向的是诽谤，并且与前一天一件无关紧要的引起梦的刺激联系起来：在 Fliegende Blätter 刊物上有讽刺中伤侏儒的诗——《*Sagter Hatergesagt*》。由 Fliess 与 ing 字尾拼成的字——Vlissingen 确实存在，这是我哥哥从英国来拜访我们时需要经过的港口。但 Vlissingen 在英文中是 Flushing，意思是 Blushing（脸红）。这让我想起一些曾在我这里接受治疗的、患红色恐惧症的病人。我还想起来，别贺切列夫最近发表了一篇有关这种精神症的论文，这论文让我感到气愤。

No. 5 另一次，我做了一个有两部分的梦。第一部分是一个我清晰记得的单词 Autodidasker，而第二部分则是我几天前产生的简短单纯的幻想的翻版。我的幻想是，我在下次见到 N 教授时，我一定对他说："上次我曾就那病人的病况请教您，如您所料，他得的是神经症。"因此，这新创的词 Autodidasker 不仅含有或者代表某种隐意，而且这隐意肯定与我的打算——对 N 教授的诊断予以推崇——有联系。

Autodidasker 很容易就可以被分成 Autor（作家）、Autodidakt（自学者），以及 Lasker（拉斯科），而从后者可以联想到 Lasalle（拉萨尔）这个名字。第一个词 Autor 是引发梦的因素，而且是有心理价值的。当时，我给太太买了几本我哥哥的好友——奥地利知名作家 J. J. 戴维的书，据我所知，他还是我同乡。有天晚上，我太太告诉我，戴维的一本小说中讲了一个天才如何被埋没的故事，这故事深深地感动了她。于是我们的话题转到了我们在自己孩子身上发现的天赋。受那个故事的影响，她对孩子们的发展表示忧虑。而我安慰她说，她害怕的差错绝对可以用"教育"避免。当晚，我的思路走得更远，满脑子交织着我太太对子女的关怀以及其他一些杂事。那小说作者对我哥哥的婚姻做的评论将我的思路引向别处，引至 Breslau 这个地名：一位我们熟悉的妇人结婚后就搬到那地方去住，而在 Breslau，我找到两个例证 Lasker 和 Lasalle。它们均可证实我的担心——"我的子女可能会毁在女人身上"，这就是我梦中思想的核心。同时，这两个例证还代表了两种引致男人毁灭的路。这些思想可以被概括为"追逐女人"，这使我联想到自己至今未婚的哥哥，他叫亚历山大（Alexander），我们都习惯叫他亚力克斯（Alex），听起来像是 Lasker 转换过来的，这时候我的思路又从 Breslau 转向另一条道路。

然而，这些姓名、音节上的游戏还有另外一层意义。这代表了我内心的某种愿望——希望我哥哥能获得幸福的家庭生活，这是以下面的方法展示出来的：左拉（Zola）的描述艺术家生活的小说，在题材上与我的梦的思想有相似之处。众所周知，作者在书里通过插曲的形式借 Sandoz 之口，描述了作者自己的家庭幸福。而这名字很可能是这样变形而来的：Zola（左拉）如果颠倒过来念（小孩最喜欢将名字倒念）便成了 Aloz，但这种改变还不够，Al 这一音节与 Alexander 的第一个音节一样，于是它变成第二个音节 Sand，这样就凑起 Sandoz 这书中人物的名字。Autodidasker 也是利用同样的方式产生的。

至于我的幻想"我要告诉 N 教授，我们两人一起看过的病人患上了神经症"是通过下面的途径发展出来的：在那一年的工作快要结束时，我碰上了一个棘手的病例，我对自己的诊断能力感到了挫败。我当时以为他的病是一种严重的器质性毛病，可能是脊髓的某种病变，但无法确诊。如果把这病诊断为神经症就能解决所有的难点，但是病人对"性"方面的问题均极力否认，因此我不敢说他是神经症。由于这种困难，我不得不求助于一位大家都很敬佩的权威医师。他听了我的怀疑之后，认为这些怀疑是有道理的，然后提出了他自己的意见："你继续观察他一段时间吧！他得的肯定是神经症。"这位医师并不赞同我关于神经症病源的理论，所以虽然我并不反驳他的诊断，但我内心对此仍有怀疑。几天以后，我告诉这病人我实在无能为力，请他另访高明。然而，出乎意料地，他承认自己撒了谎，对此他感到十分愧疚，想请我原谅。然后他终于告诉我一些我早就猜出来的与性有关的病因。有了这些，我就能确诊他得的是神经症了。这让我松了一口气，但同时，我又觉得丢脸，毕竟我不得不承认我所请教的那位前辈要比我高明，他没有被以往的病史引入歧途，依然能做出正确的诊断。因此，我决定下次与他碰面时，一定马上告诉他，事实证明他是对的，我错了。

这正是我在梦中所做的。但是，承认自己的错误，又怎么会是欲望的满足呢？我真正的愿望就是要证明我对子女的担心是多余的，更确切地说，我在梦中对我太太担心的情况也有忧虑，我希望自己的忧虑被证明是错误的。围绕这个主题思考的正确与错误问题，并未与梦的思想中的核心问题脱节。由女人引起的，或者更确切地说，由性引起的器质性或功能性损害，表现为"梅毒性瘫痪"或"神经症"，拉萨尔（Lasalle）应该是死于后者。

在这结构完整、经过解析后意义清晰的梦里，N 教授不仅仅是作为类比，证明我自己是错的；联系到布雷斯劳（Breslau）和我的一个朋友婚后在那定居，也不仅是一个偶然，而是与我们在会诊病情后展开的谈话有联系。当 N 教授对那个病人做出诊断后，他问我："你现在有几个孩子？""六个。"他以一种关切的、长者的神态再问我："男孩还是女孩？""男女各三个，他们是我最大的骄傲与财富。""嗯！你可得小心些，女孩子没有什么问题，男孩子们的教育以后会麻烦些！"我辩护说，至少到目前为止，他们都还十分听话。很明显，他这第二次有关男孩子们未来的诊断，并不比他第一次关于那个病人的神经症的诊断更让我愉快。于是，这两件前后相继发生的印象便连在一起，而且当我在梦中加入关于神经症的故事时，我便利用它来代替了有关孩子教育的谈话，关于孩子的教育问题其实更接近梦的思想的核心，因为它与我妻子后来表示的担心更为密切。因此，N 教授所说的男孩子在教育上会产生些困难这一说法是正确的，我当然也担心这大概是正确的，这种担心在梦中隐藏到"但愿我是错的"这一欲望背后。于是，同一种幻想却代表了两种对立的选择。

No. 6 一天早晨，在半梦半醒之间我体验到一种巧妙的词语压缩。在一堆我几乎想不起来的梦片段中，我面前突然出现了一个又像手写体又像印刷体的词。这个词是 erzefilisch，它属于一个句子，这个句子没有前后文联系，完全独立地溜进了我的意识当中，这句子是"它对性欲具有 erzefilisch 的影响"。

我马上认识到，这个词应该是 erzieherisch（教育上的），但是有一度我不知道梦中出现的是否是 erzifilisch 这个词。通过这个词，我马上想到了 Syphilis（梅毒）。当我还在半睡眠状态时，我就开始对这个梦进行分析，绞尽脑汁想弄清楚这个词为什么会进入我梦中，因为无论是个人方面还是职业方面，我都与这种病毫无关系。我想到了 erzihlerisch，里面的 e 可以通过下面的事件得到解释：昨天晚上，我们的家庭女教师（Erzieherin）让我讲讲卖淫的问题，她对这方面的问题没有正确的认识，为了能对她进行这方面的教育（erzieherisch），关于这个问题我讲了（erzhlt）很多，然后给了她一本黑塞写的《关于卖淫》。然后我突然明白，不应该从字面意思上理解 Syphilis，它应笼统指一种"毒"，指向的当然是性生活。这个句子可以被很有逻辑地翻译成：通过我的讲述（Erzhlung），我想在性方面对家庭女教师（Erzieherin）进行教育（erzieherisch），但是同时又担心，这种教育对她是种毒害。（Erzefilisch = erzäh-（erzieh-）（erzefilisch））。

梦中词句的创造跟我们熟知的妄想狂的情况很相似，在癔症和强迫症病人中，这种情况也不少见。儿童在做语言游戏时，有时候好像把词句当成了客观物体似的，有时甚至还发明新的语言，自己创造新的句法形式，这些都是出现在梦和精神神经症中的这一类现象的来源。

对梦中这些无意义的字句的分析，特别能看出梦工作中的**压缩作用**。虽然我只举了几个例子，但是这一类材料并不少见，也不是偶然观察到的。正好相反，它是经常出现的。但是，几乎所有的对梦的解析都是出于精神分析治疗的需要，因此只有很少的梦例被记录和散播出来，而且可能只有对神经症有所了解的人才能明白它们的含义。例如，冯·卡尔平斯卡医生（1914 年）报告了一个包含了无意义词 Svingnum elvi 的梦。值得提及的情况还有，在梦中，如果一个词本身是有含义的，但它被赋予了其他含义，那就等于它失去了含义。例如，陶思科（1913年）记录一个十岁男孩的梦，梦里出现了 Kategorie 这个词，在梦里意思是"女性生殖器官"，而它本义是"小便"。

如果在梦中出现了语句，并且明显没什么思想性，那它就是一个例外，梦中的语句来自从梦的材料中被回想起来的语句。那语句有可能保持不变，也有可能被轻微改变。梦中的话都是由回忆起来的话拼凑而成的，其前后关系可能不变，听起来也是一样，但是它的含义可能增加了或者表达了不同的意思。梦中的话语也经常只是为了暗示当时话语发生时发生的事件。

第二节　移置工作

我们在收集以上的"梦的压缩工作"的例子时，就已注意到另外一种作用的存在，它就是重要性不下于"压缩"的**"移置工作"**。我们已经发现，在梦的显意中扮演重要部分的元素，在梦的思想中却并不重要。作为呼应，人们也可以把这个句子反过来说。梦的思想中的重要内容，可能完全不会在梦中出现。梦就是这样让人无从捉摸，从它的内容往往并不足以找出梦的思想的核心。举例来说，在以前提过的"植物学专著"的梦里，梦的内容中最重要的部分显然是"植物学"，但在梦的思想里最核心的问题，却是同事间由于职业责任感引发的冲突与矛盾，以及我对自己在个人嗜好上耗费太多时间的不满。"植物学"除了用来做个"对照"（因为植物学一直都不是我喜欢的科目）从而与梦的思想发生了一点点关联外，再也无法在梦的思想中找到一点地位。在我的病人做的有关《萨福》的梦里，梦中表现的是上坡下坡，在上面、在下面的内容，而梦的思想担心的却是与底层人发生性关系的危险。由此可见，梦的思想中似乎只有一个单一元素被从梦的内容中表现出来，而且被不恰当地夸张了。同样，金龟子的梦中，主题是性欲和残忍之间的关系，在梦的内容中只表现出残忍这个因素。它表现的是另一种联系，根本没提到性，也就是说它与原来的内容发生了偏离，变成了某些陌生的东西。在关于我叔叔的梦中，那漂亮的胡子在梦的内容中算得上是个核心，但却与我们分析后找出的梦的思想中的野心欲望风马牛不相及。由这些梦，我们有理由认为，在梦中发生了移置作用。但与此完全相反，在"伊玛打针"的梦里，我们发现梦的内容中的每一个元素都在梦的思想中有对应的部分。因此分析过这种梦后，再碰到以上所举的梦例，我们不免为这梦思想与梦内容间在意义和方向上完全不定的关系，感到惊讶。如果我们对正常生活中的心理过程进行观察，就会发现如果一个意念被从一大堆意念间挑选出来，在意识界受到了特别重视，那它就是具有特别的心理价值（某种程度的兴趣）的突出意念。但是，我们却发现在梦思想中各部分具有不同价值，在形成梦时这些价值不复存在，或者说是没有被考虑。毫无疑问，在梦思想中有具有高度心理价值的元素，我们可以直接判断出来。但是在梦形成过程中，那些附有强烈兴趣的重要部分往往成了次要部分，它的地位反而被某些梦思想中次要的部分所取代。乍看起来，似乎在梦的形成过程中，每个意念的心理价值高低并没有被考虑进来，唯一重要的就是它们的联系点的多少。我们可以这么认为，梦中出现的并不是梦思想中重要的意念，而是那些出现多次的意念。但是这种假设对于我们了解梦的形成过程并没有太大帮助，因为人们不会相信，多重联系和自身的重要性在梦的选择中所起的作用有所不同。在梦思想中最重要的意念往往也重复出现，因为每一个梦思想的组成部分都是由这些核心发散出来。但是，梦仍可能拒斥那些被特别强调并且多方面联系支持的部分，而在梦内容中采纳其他的被多方面联系支持的部分。

为了解决这一难题，人们必须利用另一种印象，而它是人们在研究梦的多重联系时获得的。也许一些读者已经得出了自己的结论，认为梦中元素的多种联系特征并不是什么了不起的发现，因为这几乎是不言自明的。在梦的分析中，人们总是从梦中元素出发，然后记下所有与它们相关的联想，这样获得的思想材料中会多次出现梦中元素，完全是理所当然的。我不认为这种结论是正确的，但是我下面要说的却和这个听起来差不多：**通过梦的分析揭示出来的思想中，有很多与梦的核心相去甚远，看上去似乎是为了某种特定目的而设的人为添加物。** 很容易就可以看出，它们的目的在于，在"梦思想"与"梦内容"之间建立一种联系，这种联系往往是不自然的、牵强的。如果这些思想被从分析中删除，那么梦的内容的组成部分可能完全找不到与梦思想的多重联系，甚至一点联系都没有。这样我们就可以得出结论：在梦的选择中具有决定作用的"多种联系"，可能并不总是梦形成的首要关键，它可能只是我们尚未认识到的某种心理力量的附属产物。然而，就每一部分要进入梦内容而言，它仍是非常重要的因素。因为就我们观察得知，在梦的材料中它获得了支持，然后就出现了。

现在，我们大概可以这样假设：在梦的运作中，存在一种心理力量，它一方面将具有高度心理价值的元素的重要性削弱；另一方面，根据多种联系的法则，赋予其他心理价值很低的元素以新的重要性，这样它们就得以表现在梦的内容中。如果真是这样，那么在梦的构建中，每个元素身上都发生了心理价值强度的转移和移置，后果就是梦内容和梦思想之间的差异。这里我们所假设的心理运作其实是梦的运作中最基本的部分，我们称其为梦的**"移置作用"**，而**"梦的压缩"** 与**"梦的移置"** 是构建梦的两个主要功臣。

我认为，要认识梦的移置工作中所含的心理力量并非难事。移置工作的结果便是梦内容与梦思想的核心不再吻合，梦表现的只不过是潜意识中欲望的伪装。对于梦的伪装我们已很熟悉。由它我们可以追溯出在精神生活中某种"心理步骤"对另一种所做的"审查"，而梦的移置工作便是达成这种伪装的一个主要方法。用一句法律用语说，就是**"生效者受益"**。因此我们可以推测，梦的移置作用产生于审查作用的影响，是一种内部精神的自卫。

在梦的构成中，"转移""压缩""多种联系"等工作究竟以何种方式相互影响，哪种作用占主要地位，哪种占次要地位，这些问题我们将留待以后再讨论。现在我们要提出第二个条件，如果一个元素要进入梦中就必须满足这一条件："它们必须逃脱因自卫产生的审查作用。"在后面的探讨中，我们将把"梦的移置作用"当作毫无疑问的事实予以采纳。

第三节　梦的表现手段

随着我们探讨的进行，在梦的隐意表现为梦的显意过程中，我们还会发现，除了梦的压缩和移置作用外，还有另外两个条件，它们对于选择什么材料进入梦中也起着不可置疑的影响。就算可能会使研究中断，我还是要提前对解释梦的过程做一个初步的介绍。我毫不怀疑，要解释清楚梦形成的过程，并且对那些批评意见进行反驳，最好的办法就是用某一个梦作为例子，对它进行详尽的分析（就像我在第二章对伊玛打针那个梦所做的那样），然后收集我发现的联想，还原整个梦的构建过程，也就是说通过合成一个梦来对它进行分析。实际上，按照这种方法我已经对几个例子进行了这样的工作，但在这里我不能这么做。其原因，一方面在于一些精神材料本身的性质；另一方面，一些肤浅的思考者们出于多方考虑会阻止我那么做。但是那样的考虑不会影响梦的分析，因为梦的分析可以不完全，即使只对梦的一小部分结构进行分析，它依然具有自己的价值。而梦的合成则必须是完整的，要不然就失去了它的可信性。如果要对梦进行完整的综合，那我只能挑选读者不熟悉的人进行。这样一来，只有我的神经症患者才符合这个条件，因此我只能将这方面的问题暂时延后，直到我在另一本书中，将对神经症患者的心理分析与我们目前这个问题结合起来时再做讨论。

在构建梦的合成的尝试中，我认识到在解释梦的过程中出现的材料并不具有相同的价值。梦的一部分由基本的梦的思想组成，也就是说，如果没有梦的审查，那些基本的梦的思想就可以不经伪装地在梦中原样呈现。梦材料的另一部分通常被认为是不重要的。人们也不认为所有的思想都参与了梦的形成。相反的是，在做梦后发生的经历中（也就是在做梦与解梦这个时间段内发生的）可以找出一些与梦中思想产生关联的事件，这些事件包括了所有由梦的显意指向隐意的连接途径，以及中间的一些连接关键。

在这里，我们只对梦中思想最核心的部分感兴趣。他们通常表现为一个思想和经过重重伪装的记忆的复合体，他们具有我们所熟知的清醒时思考的一切属性。梦中那些思路可能不只是来自于一个中心，但它们之间彼此联系。每一个思路几乎都伴有一个矛盾的对立面，它们是通过对比关系相互连接的。

这复杂的综合体的每一个部分当然也处于多种多样的逻辑联系中。它们构成了前景、背景、离题、说明、条件、例证和反驳。当整个梦思想处在梦的运作的压力下时，这些元素就被扭转、被碾碎、被挤压在一起——就像碎冰被挤成一堆那样，因而就产生这样的问题：已经形成框架结构的那些逻辑关系发生了怎样的变化？梦是如何表现"如果""因为""就像""虽然""不是这个就是那个"以及所有其他连接词的呢？没有这些连接词，我们是无法理解任何句子或语言的。

首先，人们必须回答说，梦本身无法表现梦中思想之间的这些逻辑关系。大部分梦根本不考虑这些连接词。它只是对梦思想中的内容进行加工处理。因此在解释梦的过程中，必须完成的任务就是恢复被梦的工作所破坏的联系。

梦之所以无法表达出这种连接关系是因为梦的精神材料的性质。与能够运用语言的诗歌艺术相比，绘画和雕刻这些造型艺术确实具有内在的局限性，这局限性来自于它们在表达某种思想时所使用的材料的性质。在绘画寻得自己的表达原则以前，它曾经尝试要克服这一缺陷——在古代的绘画中，人物的口中都吊着一小段文字说明，用来叙说画家无法用图画所表现的想法。

也许有人会在这里提出反对意见，对梦不能表现逻辑关系的说法提出质疑。因为有些梦，表现出极其复杂的智力活动——反对或证实某些叙述，甚至加以讥讽或比较，就像是清醒时的思考一样，但这仍然是具有欺骗性的表面现象。如果我们对这些现象进行进一步的研究，就会发现，所有这些都是梦的材料的一部分，而不是梦的智力活动的表现。这样的梦的思考的假象只是再现了梦的思想的内容，而不是梦的思想之间的关系。**而真正的思考总是关于思想之间的关系的。**在这里我要举出一些例子。最简单的反驳方式是，梦中出现的言语都是对曾经发生过的言语的真实再现，或者只有极小的改动，而且在梦的材料中总能发现它们。它们常常只是暗示了包含在梦思想中的一些事件，而梦的意义也许和它相差十万八千里。

但是我也承认，在梦的构建中也存在一些批判性的思考活动，它们不只是简单地重现梦的材料中思想的内容。在这段解释的最后，我将阐述这种思考活动扮演的角色，到时候就可以清楚地看到这种批判性思想活动并不是从梦思想中产生的，从某种意义上说，它是在梦结束后由梦本身产生的（见本章最后一节）。

暂时只能说梦中思想的逻辑关系还没有在梦中突出表现出来。在梦中出现的矛盾，要么是针对这个梦整体的矛盾，要么就是来自梦中思想的矛盾。梦中的矛盾如果要与梦中思想的矛盾相吻合，只能通过最间接的方式。但是就像绘画艺术中除了用口中挂着的一小段说明以外，还找到了另外的表现方式——至少可以表达出画中人物想用文字来表达的意图，如表达感情、恐吓、警告等，梦也根据自己特有的属性，对表现方式进行适当改变，寻找到能够表现出思想间具体的逻辑关系的方法。经验表明，不同的梦在这一方面差异很大，一些梦完全不考虑材料间的逻辑顺序，而有些梦则力求将它们充分表现出来。这样，梦与它处理的材料有时候相差不多，有时候却相差甚远。如果在潜意识中，梦的思想间已经建立了时间顺序（例如在伊玛打针的梦中），梦对梦中思想的时间顺序的处理还是会有所不同。

梦的运作到底是通过怎样的手段来表现这种难以表现的梦思想中的逻辑关系呢？在这里我试图将它采用的方法一个个列举出来。

梦有理由认为，梦的思想的各部分之间存在着不可否认的联系，梦在总体上将所有的材料结合为一个单一的情境和事件。它把所有的逻辑联系表现为同时性，就像一位画家把所有的哲学家和诗人都画在雅典帕纳萨斯学院的墙上那样，当然，被画的人从来都没有一起出现在一个大厅或者一个山顶上过。但是从思想上来看，他们确实构成了一个共同体。

梦在各个细节上都是使用了这种再现的方式。只要梦向我们展现出两个密切相关的元素，就可以肯定在梦思想之间与之相对应的部分也存在着某种特别密切的联系。在我们的书写规则中也是采用了同样的方式：ab 代表着一个音节中的两个字母，如果 a、b 之间留有空格，那就表示 a 是前一个字的最后一个字母，b 则是后一个字的第一个字母。因此，梦中元素如果**并列**出现，那它们就不是无关的梦思想出于偶然排列排在一起的，而是表示梦思想中这两部分具有密切的联系。

为了表现因果关系，梦采取了两个在本质上相同的过程。如果有这样一个梦中思想——"因为是这样的，所以那样的必定会发生"——在梦中就会表现为从句（前半句）是开始的梦，主句（后半句）是主要的梦，时间顺序也会发生颠倒。但是梦中比较详尽的那部分总是代表着主句。

一个很好的例子来自我的一个女病人，她在梦中采用了这种表现因果关系的方式，对此我将做充分的描述。它包括了一个短的序曲和一段牵涉广泛的梦，梦的内容明显围绕着一个主题。这个梦的题目可称为**"花的语言"**。

开始的梦是这样的：她走进厨房，那里有两个女仆。她挑她们的毛病，责备她们还没有把她那份食物准备好。同时她看见厨房里大量的厨具都口朝下堆叠着，正在晾干。两个女仆要出去提水，必须蹚过直接流到她屋前或者院子里的那条小河。

接着的主梦是这样的：她从高处下来，越过一些构造奇特的栅栏，并且因为她的衣服没有被勾到而感到高兴。

开始的梦跟她父母的住处有关。梦中所说的话，是她母亲经常说的。那一堆家用厨具，则来自位于同一建筑物的一家杂货店。梦的另一部分与他父亲有关，他经常纠缠女仆，他最后在一次河流泛滥时患重病死去。因此，隐藏在开始的梦背后的思想是这样的："因为我出生在这种家庭，所以生活在简陋和恶劣的环境中。"主梦也包含了同样的想法，不过却以一种愿望的满足表现出来："我出身高贵。"所以隐藏的真正想法是这样的："因为出身是如此卑微，所以我的一生就只能这样了。"

据我所知，梦分成两个不相等的部分，并不意味着隐藏在这两个部分后的思想间存在因果联系，更好像是相同的材料在两个梦中从不同的角度被表现出来（在一个晚上做的一系列梦最终导致射精或高潮的梦就是这样的，在这一系列梦中肉体需求越来越清楚地表现出来）。有时，两个梦也可以从梦材料的不同中心出发，它们的内容可能重叠，因此在一个梦中表现为中心的内容，在另一个梦中可能只表现为一种暗示，反之亦然。但是在某些梦中，存在一短一长的序梦和主梦的话，通常表明这两者间存在因果关系。

表现因果关系的另一种方法适合材料不丰富的梦，它把梦中的一个影像（不管是人还是物）转变成另一个。当这种转变发生在我们眼前，而不仅仅是注意到某物代替了某物时，我们才真正地要考虑其因果关系的存在。

这两种表现因果关系的方法，实际上是同一种方法。在这两种情况中，因果关系都是通过时间顺序来表示的。一种情况是通过梦的顺序来表示，而另一种情况则通过一个景象直接转变为另一个景象来表示。必须承认，在大多数情况下，因果关系根本无法表现出来。在做梦过程中，逻辑关系消失在各个元素之间不可避免的混乱之中。

"要么，要么"这种二者择一的情况在梦里是无法表现的，它们通常都出现在梦里，似乎二者都是一样的有效。伊玛打针就是一个现成的例子。它的隐意很清楚："我不用替伊玛依旧存在的病痛负责，因为这要么是因为她不愿接受我的治疗方案，要么是她的性生活不如意，再不然就是因为她的病痛是器官性，而不是癔症带来的。"梦同时满足所有的可能性，但这些可能性实际上是相互排斥的，而且为了合乎梦中的愿望，它还会毫不考虑地加上第四个可能。在分析完这个梦后，我把梦思想之间的关系，通过"要么，要么"连接起来。

然而，在叙述一个梦时，叙述者常用"要么，要么"的修辞方法，比如说"要么是个花园，要么是个起居室"，而表现在梦里却不是二者择一的方式，而是一个并列的关系，通过"和"加在一起。"要么，要么"通常是用来指一个含糊的梦中元素，这个元素是能够被分开的，在这种情况下，解释的原则是：把两个情况看成同样有效，用一个"和"字把它们连接起来。

比如，有一次我的朋友在意大利逗留，我很长时间都没有他的地址。那时我梦见收到了附有他地址的电报。它是用蓝色字体印刷的，第一个字模糊不清："要么是 Via（经由），要么是 Villa（别墅），要么是 Casa（房子）。"

第二个字很清楚，"Secerno"，念起来有点像意大利的人名，这让我想起了自己和这位朋友对词源学的讨论，并且也表露了我对他的愤怒，因为他那么久都不告诉我他的住址。在分析后发现，第一个字的三种可能的情况都是各自独立的，并且都能成为一连串思想的起点。

我在父亲葬礼的当晚，梦见一张告示／张贴／海报，就好像铁路候车室里贴的禁止吸烟的告示那样，上面写着"请你闭上双眼"或者"请你闭上一只眼"。而我习惯把它写成"请你闭上双眼／一只眼"。

这两种不同写法都有它本身的意义，在解释梦时可以向不同的方向发散。我那时选择了最简单的葬礼仪式，因为我很清楚家父对这种仪礼的看法，但是家里其他的成员对这种清教徒式的简单葬礼不怎么欣赏，认为会被那些参加葬礼的人们轻视。所以，其中一句话"请你闭上一只眼"意思就是说"请你假装没有看见"。在这里我们很容易看出"要么，要么"这一表达的模糊性。梦工作不可能用一个单一的表示两种含义的连接词来表现梦思想，因此在梦的内容上，主要的思路也被分为两条。

因为这种"要么，要么"的关系很难呈现，因此在有些梦例中，是通过把梦分成相等的两段来克服这一困难的。

梦处理对立和矛盾的方式非常引人注目——它根本不理会它们，对梦来说，"不"似乎是不存在的。梦特别喜欢把对立的部分结合成一个统一体，或者把它们表现为同样的事物。此外，梦还喜欢把一个元素替换为它的对立面，因此在一开始时，如果我们发现梦思想中一个元素出现了正反两面，那我们就不能确定它到底是有正面意义还是反面意义。

在刚才提到的那个梦中，从句已经被解释为"因为我的出身是如此卑微"。梦者梦见自己从木栅栏上面爬下来，手里拿着盛开的花枝。由这个景象她又联想到那手持百合花宣告耶稣诞生的天使画像，她的名字恰好又是玛丽亚。同时她又回忆起，当街道用青色树枝装饰，举行"耶稣圣体游行"时，那些身穿白袍的少女。因此，梦中这开花的枝条无疑暗示着贞洁。"枝条上长着红花，看起来就像是山茶花。梦是这样进行的，当她走下来时，花已经凋谢了大半。"紧接着的无疑是对月经的暗示。这样看来，似乎是纯洁的少女握着花枝，上面的花像是百合花，这同时暗指茶花女：茶花女平时戴白色的山茶花，但在来月经时，则戴红色的。同样，开满花的枝条（见歌德《磨坊主的女儿》一诗中"少女的花"）同时代表着贞洁和其反面。这梦表现了她为自己这一生纯洁无瑕而感到欣慰，但同时在几点上（如花的凋谢）也透露出一些相反的想法，为自己童年时期在贞洁方面的过失感到愧疚。在分析梦的过程中，我们能够清楚地把这两种思想分开，自我安慰的那部分比较表面化，而自责的思想则埋藏得较深。这两种想法截然相反，但是性质相似、意义相反的元素在显梦中是以同一个事物表现出来的。

耶酥圣体游行

在梦的形成中，最受喜爱的形成机制只有一种，那就是相似、一致，或者是相近的关系，即"恰似"。这关系和别的不同，它在梦中能通过各种不同的方式表现出来。梦思想间早已存在的对比或"恰似"的关系是构建梦的首要基础，梦的工作大部分不过是在制造一些新的对比关系，来替代那些已经存在，但是无法通过审查的自卫功能的元素。梦的压缩工作对这种"恰似"关系的表现是有利的。

相似、一致、具有相同属性，在梦中这一切都表现为**统一**，这些关系要么早就存在于梦思想间，要么是在梦中才被创造出来。第一种情况可以被称为"自我等同"，第二种则称为"复合"。"自我等同"主要用在人身上，而"复合"则指被混合为一个统一体的事物。当然，复合也可以被用来指人，地点常常被当作人一样看待。

自我等同就是，与共同元素有联系的人出现在梦的显意中，而其他人的出现则被压抑住了。但是这个梦中面目模糊的单一人物出现在所有的关系和场合中，不仅代表了他自己，还将其他人物概括在内。在复合作用中，则扩展到几个人，梦的影像概括了各个人的特点，而不是表现他们的共同特征。这些特征组合成了一个新的统一体，即一个复合人物。复合的真实过程可以通过不同的途径实现。有时，梦中人的名字其实是与其相关的人的名字，这种情况与我们清醒时的认识十分相似，我们可以知道，尽管梦中长相不同了，但是所指的就是那个名字出现在梦里的人。有时，梦的影像可以一部分像某人，一部分又像另一个人，或者并非是从外貌上涉及第二人，而从梦中人的姿态、话语和所处的情境中表现了第二人的特点。在最后的这种情况下，自我等同和创造一个复合人物之间的区别就不太大了。但是，制造一个像这样的复合人物的尝试，也可能会失败。在这种情况下，梦中情景就归于相关人物中的一个，而另一个人（通常是更重要的人）则表现为不起什么作用的旁观者。梦者可能这样描述这种情况："我母亲也在场。"梦内容中的这类元素就像象形文字中使用的"决定因素"，它们不是用来发音，而是用来说明别的符号。

　　促使两个人物合二为一的共同元素有可能出现在梦中，也可能被删除。一般来说，自我等同或者制造一个复合人物就是为了节省对这共同元素的重复表现，也就是"A仇视我，B也仇视我"，我不需要将那种敌意表现两次，只需要在梦中制造一个由A和B合成的人物，或者让A完成B的某些特有行为，就可以通过新的联系构成一个复合人物形象，他们共有的相同元素就是他们都对我怀有敌视的态度。利用这种方法便能使梦的内容得到显著的压缩；如果我利用别人就可以将要表达的情况表现清楚，我就不需要直接出现在那种复杂情景中了。这也不难看出，利用自我等同来表现，可以逃过审查作用，这种审查作用的抵抗正是梦最严厉的工作。审查作用所反对的，也许恰好在于梦思想材料中对某一特定人物的特定意念，所以我就寻找另外一个人，他也和这被反对的内容有关，但是涉及较少。因为两个人的特点中有触及审查作用的点，所以人们就会从双方特点中搜寻一些无关紧要的，构建出一个复合人物，这样的自我等同人物或者复合人物就可以逃脱审查作用，从而在梦的内容中表现出来。通过梦的压缩作用，审查作用的要求也得到了满足。

　　当梦表现出两个人共有的元素时，这往往暗示着另一个被隐藏的共同元素，但它因为审查作用而无法被表现出来。共同元素常常利用**移置作用**来达到顺利出现的目的。因此，梦中复合人物具有的无关紧要的共同元素，使我们做出这样的判断：梦思想中必定还有一个非无关紧要的共同元素。

　　根据以上的讨论，自我等同或者复合人物在梦中是为不同的目的服务的：第一，它表现了两个人之间的共同元素；第二，它表现了被置换了的共同元素；第三，它表现的仅仅是希望出现的共同元素。如果存在希望两个人具有共同元素的想法，那么这两个人在梦中往往被置换为对方，因此这种关系在梦中也表现为自我等同。在伊玛打针的梦中，我希望将她和另一个病人置换，也就是说，我希望另一个病人和伊玛一样接受我的治疗。梦达成这愿望的方法是，虽然让伊玛出现，但是她在接受我检查时的态度却是我以前看到那位病人在接受检查时的态度。在关于我叔叔的梦里，这种置换成为梦的中心：我通过不恰当地对待和评价同事，把自己和部长等同起来。

根据我的经验，**每个梦中都涉及做梦者本人**，丝毫没有例外。如果自我没有出现在梦的内容中，而是以陌生人代替，那么我可以很有把握地说，通过**自我等同**，自我一定隐藏在这陌生人背后，自我就是这样进入梦的内容中的。在另一些情况下，如果本人的自我确实出现于梦中，那么也有可能是别人的自我通过等同作用，隐藏在本人的自我后面。因此在分析这种梦时，我应该把我和此人共同具备的元素（这元素是附着在此人身上的）转移到我自己身上。在另外一些梦里，我的自我和别人一起出现，通过自我等同的分析，会发现别人其实也是我自己。因此通过分析这些自我等同，就能够发现那些被审查作用排斥出去的某些自我意念。我的自我在一个梦中多次呈现，有时是直接呈现的，有时是通过替换为别人呈现的。通过多次的自我等同，大量的思想材料被压缩。在一个梦中，梦者本人的自我通过多种方式多次出现，这根本不足为奇，就好像在清醒的思考中，自我也会被放置在不同的时间、地点或不同的联系中一样，比如这句子："当我想到，我以前是一个多么健康的孩子。"

地点名称的自我等同要比人的自我等同更容易理解，因为在梦中具有重大影响力的自我没有被牵涉在内。在我的那个关于罗马的梦中，我发现自己置身于一个被称为罗马的地方，但是却惊奇地发现街头贴有大量的德文告示。后者是种愿望的满足，它立刻让我想到布拉格。这愿望也许可以追溯到我青年时代的德国民族主义时期，那已经过去了。在我做这个梦时，朋友（弗里斯）约我在布拉格碰面。所以罗马和布拉格的自我等同可以解释成一种愿望的共同元素：我想在罗马见朋友，而不是在布拉格，因此为达成这个愿望，我在梦中将布拉格和罗马进行了置换。

之所以能够制造一种复合结构，是因为梦中经常会出现一些绝不可能靠感知得来的元素，这就使梦具有幻想的特征。构建梦中复合影像的心理过程，就跟我们在清醒时想象或者描摹半人马或者恐龙一样。区别只在于：清醒时在新构造

中，有意识的印象是最重要的；而在梦的复合
过程中，梦思想中的共同元素是决定因素。梦
中的复合结构可以有好多种方法实现。最单纯
的方法便是**把一件事物的属性直接附加到另一
件事物上**。更复杂的方法则是把两个物体的特
征结合起来，形成一个新的对象，它巧妙地利
用了两者在现实中可能具有的所有相似点。新
的产物也许是荒谬的，也许是奇妙的，这由结
合的材料是什么，以及其拼凑的技巧而定。如
果被压缩为一个整体的对象很不和谐，那么表
明梦的工作只满足于制造一个有着明显的核
心、不确切的特征的复合物。在这种情况下，

半人马

我们可以说，结合成单一景象的过程是失败的。这两种表现方法彼此重叠，产生
的两个视觉景象互相竞争。在绘画上，如果我们想表现一个由各种视觉景象组成
的总体概念，表现在画面上也会如此。

梦当然是这种复合结构的集合。我在前面对梦的分析中，已经提出了很多例
子，在这里我再补充几个：我们之前提到过一个梦，在里面用"花"或者说"花
的凋谢"来描写了梦者的人生过程。梦中的自我在手中握着开花的枝条，而我们
也说过，这同时代表着纯洁和性的罪恶。花朵的排列看上去像是樱花的，而每一
朵花看上去则是山茶花，因此这种植物总体上看起来是来自异国。这个复合物的
共同点可以从梦中思想中找出来。开花的枝条像是一种礼物，梦者是想通过这礼
物表示友好，赢得别人对自己的喜爱。因此小时候是樱花，后来是山茶花。而异
国特征则暗示着一位四处游历的自然科学家，他曾经为她画了一幅花的素描，想
以此赢得她的芳心。在另一位女病人的梦中则出现了一个这样的复合体，那既像
是海边淋浴用的小屋，又像是乡村房子外面的厕所，又像是城市楼房的顶楼房
间。前面两个元素的共同点在于"人们的赤裸与脱衣"，而第三者则是（她小时
候）可以观看"脱衣"的地方。另外一个男人的梦中产生了两个地点的复合，人
们在这两个地点都可以进行"疗养"，一个是我的诊疗室，另外一个则是他第一
次与太太认识的公共场所。一个女孩的哥哥答应请她吃鱼子酱，然后她就梦见哥
哥的腿上沾满了鱼子酱的黑色颗粒。这种（道德上的）"感染"还有对小时候得

的红疹（而不是黑的）的回忆，它在这里与鱼子酱颗粒组合成一个新的复合体，它们的共同点是——"都是从哥哥那里得的"。与其他的梦一样，在这个梦里，人体的一部分被当作物体来对待。在费伦齐报告的一个梦中，有一个由作为医生的人和马组成的复合体，而且还穿着睡衣。在分析过程中，这女病人发现睡衣这一元素来自她小时候看到父亲穿着睡衣的情景。这三个部分的共同之处在于，它们都与她小时候性好奇的对象有关。在她小时候，保姆时常带她到一个军队的养马场去，因而她有许多机会来满足她那未被压抑住的好奇心。

❧

我在前面说过，梦没有办法表达"矛盾、对立"，不能表达"不"。在这里我将首次提出反对意见。如我们所见，有一些构成对立的元素，是直接通过自我等同被表现出来的，也就是这种"对立"与"置换"是紧密连接的。关于这点我已经举过许多例子了。另外还有一类对比是一种"颠倒的、恰恰相反"的关系。它们在梦中的表现方式十分奇特，甚至可以说是好笑。"恰恰相反"的内容不是直接呈现在梦中，而是利用一些已经出于别的理由建立起来的、与它关系相近的梦中材料，将这些梦中材料颠倒呈现，来昭示它自己的存在。这个过程用实际例子解释要比描述容易多了。在那个美丽的梦，即**"楼上和楼下"**的梦里，表现的爬楼梯方式恰好和梦的原型——都德的《萨福》中描写的情景——相反：在梦中向上爬的动作开始困难，后来却轻而易举；而在都德的故事中开始容易，后来困难。另外，梦者和哥哥的"楼上""楼下"的关系在梦中刚好颠倒过来。这说明在梦的思想中，两段材料间存在着颠倒或者对立的关系，然后我们发现梦者童年时想象自己被奶妈抱着，而小说的情节刚好相反，主人公是抱着自己的心上人上楼。

我梦见歌德抨击 M 先生的梦也一样，在人们对梦进行解析之前就先得弄明白这种颠倒关系，否则解析是不会成功的。在梦里，歌德抨击一位年轻的 M 先生；而实际情况却是，就像梦的思想中包含的那样，另一个重要的人物（我的朋友弗里斯），被一个不知名的小作家抨击。在梦里，我根据歌德去世的日子计算时间，实际上那计算却是基于一位瘫痪病人的生日。梦的思想中的决定性思想来自对这样一种意念——歌德应该被当成疯子对待——的反对。梦表达的是这样的意思："刚好相反，如果你不明白书里讲什么，那么你（评论家）才是白痴，而非作者。"在我看来，所有包含"颠倒"的梦都跟轻蔑的态度（将反面展现给一个人）有关（譬如说，在有关《萨福》的梦中，梦者把他和其兄弟的关系颠倒过来）。另外，值得注意的是，在由被压抑的**同性恋冲动**引发的梦中，经常运用这种"颠倒"手法。

除此以外，颠倒或者表现事物的反面，这是梦在工作中最喜欢的、被多方面运用的手段之一。首先，它可以抵抗梦思想中的某一特定元素，来实现梦的满足。"真希望这件事正好相反！"这往往最恰如其分地表达了，自我对于记忆中让人不悦的一段的反应。而且，"颠倒"是逃避审查作用的有效方法，因为它将梦的材料进行歪曲，这样它们就可以被表现在梦中了，当然这也给正确理解梦制造了困难。因此，如果一个梦顽固地拒绝泄露其含义，那么我们完全可以尝试将显意中的某些特定部分颠倒过来，很可能情况就马上变得明朗了。

除了内容颠倒以外，我们还要注意时间的颠倒。梦的伪装最常见的方法就是把事情的结果或者一连串思想的结论放在梦的开始，而把结论的前提以及事情的原因留在梦后面。如果没有考虑到这种梦的伪装的技术措施，人们在面对解释梦的任务时就会不知所措了。

确实，在某些梦例里，我们需要把许多梦内容颠倒过来才能找到它们的含义。比如，在一个年轻的强迫症患者的梦中，隐藏着对童年愿望的记忆，他小时候希望严厉的父亲死去。梦内容是这样的：

因为父亲责骂他回家太晚。通过梦的分析还有梦者的联想，可以看出来，这个梦其实是想说，他生父亲的气，对他来说，父亲回来得太早了。他更希望，父亲干脆永远别回来了，这跟希望父亲死的愿望是一致的。在他小时候，有一次父亲长时间不在家，他对另一个人进行了性侵犯，并且被威胁"你等着，等你父亲回来再说！"

如果我们要对梦思想和梦内容的关系进行进一步的深究，最好的方法便是把梦作为起点，研究梦中表现手法的形式特征和其背后的梦思想之间的关系。每个梦中结构的感觉强度差异、每部分或整个梦之间清晰度的差异，都属于那些形式特征，它们在梦中是很引人注目的。每个梦中结构的感觉强度差异包括了很多等级，从人们认为的完全再现现实（虽然不能保证），到让人心烦的、所谓的梦典型的混乱模糊，因为梦的模糊与我们现实中偶尔在某些对象上感到的模糊完全没有可比性。除此以外，我们习惯于将梦中捕捉到的模糊事物描述为"飞逝"的，同时认为清晰的景象之所以清晰是因为它们经过了较长时间的感知。

现在的问题是，梦内容中各部分的清晰度到底是由梦材料中的什么因素决定的？在这里我们不可避免地要遇到一些答案假设，我就从它们开始。因为梦的材料可能包括一些睡眠时感受到的真正感觉，所以也许有人会这样假设，这些感觉或者它们引发的梦元素，一定会有特殊的强度，从而在梦中被特别强调。或者反过来说，在梦中特别清晰的，一定来源于睡眠时的真实感觉。但是依我的经验来看，这种假设从来都没有被印证过。事实上，在睡觉时感受到的神经刺激产生的梦的影像，不会比从记忆而来的更为清楚。真实性这一条件根本对梦的影像的强度毫无影响。

人们还可能进一步假设，梦中影像的感觉强度（清晰度）和对应的梦思想的精神强度有关。而精神强度相当于心理价值：强度最大的元素就是最重要的，它是梦思想的中心所在。而据我们所知，真正重要的元素通常无法通过审查作用从而无法表现在梦的内容中。代表它们的直接衍化物可能具有较大的强度，却不一定因此而形成梦内容的中心。通过对梦及其材料的研究发现，这种假设也很难令人满意。梦思想中元素的强度，和梦内容中相应元素的强度是毫无关联的，事实上，在梦材料和梦之间发生了完全的"心理价值的转变"（尼采语）。恰好在一些被较强的影像覆盖的、飞逝的元素中，人们常常能够发现梦思想中占中心地位的思想的唯一直接衍生元素。

梦中元素的强度是由别的方式决定的，也就是由两个相互独立的因素决定。首先，很容易看出，那些表现欲望的满足的元素强度特别大。其次，通过分析来看，梦中最清晰的部分是产生最多联想的起始点，也就是说具有最多联系点的因素强度最大。我们这些通过观察经验得来的结论，也可以被这样表述而不丧失它原本的意义：在梦的形成过程中，需要被加以最大强度的压缩工作的元素，在梦中表现出的强度最大。我们可以期望，最后用一个公式来表达出一个条件以及使欲望得到满足的其他条件。

❦

我在这里谈到的问题，也就是关于导致梦中特定元素强度或清晰度不同的原因，不能跟梦的各个段落或整个梦的清晰度的问题混为一谈。在前者中清晰是相对模糊而言；而在后者中，清晰则和混乱相对。然而，毫无疑问，这两种尺度的质的改变是相互伴随的。一段清晰的梦，往往含有强度较大的元素，而混乱不清的梦中则都是强度较小的元素。但是，梦从清晰转向模糊混乱这一尺度问题要比梦中元素的不同清晰度更为复杂。在这里我先不对前者进行讨论，原因我要在后面再谈。

在某些具体的例子中，人们惊奇地发现，对梦清晰还是模糊的印象，跟梦的结构完全没有关系，而是跟梦中各部分的梦的材料有关。我就有一个梦，在我醒来时，觉得结构完美、清晰、毫无漏洞，甚至当我还在半睡半醒的状态时，我就觉得自己发现了在"压缩"和"移置"作用之外的新的梦中机制，它可以被称为**"睡眠中的幻想"**。但是细加考察，就发现这类稀少的梦与其他梦一样，在结构上还是有漏洞和缺陷，因此我就把这"梦的幻想"的分类删除了。梦的内容呈现了我和我的朋友弗里斯长期探索的、困难的两性理论，理论本身没有被表现出来，但是"梦使愿望得到满足"的力量使我们认为这理论已经是清楚的、毫无漏洞的了。我认为"梦是完整的"这一判断其实是梦的内容的中心部分。梦工作对刚产生的清醒的思想进行了攻击，并且使我相信梦的内容是我自己对梦的判断，其实它只是没有在梦中清晰表现出来的一部分梦思想。我在分析一个女病人的梦时，遇到了和这梦相同的情况。开始时，她拒绝描述自己的梦，因为"它非常模糊、混乱"。后来在反复声称自己所说的不一定正确后，她终于告诉了我她的梦，梦中出现了好几个人——她自己、她丈夫、她父亲，实际上她不确定她丈夫是否就是她父亲，或者她父亲是谁等。把梦和她在分析过程中产生的联想结合起来看，很清楚地显示出这是一个常见的故事——女佣人怀孕了，但不能知道"小孩子的父亲到底是谁"。这里再次显示出，梦的不清晰本身就是促成此梦的材料的一部分，就是说梦材料的内容表现为梦的形式。梦的形式或者梦到的形式常常被用来表示被隐藏的内容。

对梦的解释，看起来像是单纯的评论，但其实是对梦的内容的狡猾的掩饰方式，当然它其实是出卖了梦的内容。比如说，一个梦者说"梦已被擦掉"，但通过分析发现，这是他对自己童年经历的回忆，当时他偷听旁边那个人大便后擦屁股的声音。另外有一个例子值得详细叙述，一位年轻小伙子做了一个很清晰的梦，其内容是关于他童年时有过的有意识的想象：他梦见自己晚上在夏季游览胜地的旅馆里。他记错了房门号码，结果走入一间客房，里面的一位老太太正在和两个女儿解衣就寝。然后他说："梦在这里有几个漏洞，少了某些东西，最后出现了个男人，他想把我扔出去，于是我就和他扭打起来。"这里，梦暗示着男孩的幻想，但他一直想不起来幻想的内容和意图。但是最终人们发现，关于梦中模糊处的评论已经给出了要找的内容。"漏洞"其实是这些要上床睡觉的女人的生殖器开口；而"少了某些东西"，则是形容女性生殖器的主要特点。他小时候怀有对女性生殖器官的强烈的好奇心，并且有幼稚的性知识，认为女人也具有男性生殖器官。

另一个梦者的梦也表现出了相似的形式。他梦到："我和 K 小姐一起走进公园餐厅，接着就是个含糊的部分，中断了，然后发现自己置身于妓院，那里有两三个女人，其中一个穿着内衣裤。"

♡分析

K 小姐是他前任上司的女儿，他承认她是他妹妹的替身。不过他很少有机会跟她交谈，在一次谈话中，他们"似乎察觉到彼此性别不同，好像说了，我是男人，而你是女人"。那个餐厅他只去过一次，是和他妹夫的妹妹一同去的，她对他来说很没有吸引力。有一回他陪三个女人走到这家餐厅的大门。那三个女人是他妹妹、弟媳以及刚提到的妹夫的妹妹。这三个人都是妹妹，但对他来说都无足轻重。他很少逛妓院，一生中大概只有两三次。

对这梦的分析建立在梦中"模糊的部分"和"中断"的基础上，并且断言，他在童年出于好奇，窥视过小他几岁的妹妹的生殖器几次（次数很少）。几天以后，他想起了梦中暗示的不端行为。

从内容上看，同一晚上所做的梦构成了一个整体。它们是如何被分成多个部分的、如何成组、数目多少，这些都是有意义的，并且可以被理解为梦中隐意的部分表达。当解读一些有着多个主体部分的梦，或者同一夜晚产生的多个梦时，不要忘记，这些不同的、相继的梦表达着同样的含义，它们都是被不同的材料表现出来的同一个做梦冲动。如果是这样的话，这些同源的梦中，早发生的梦通常伪装得更加厉害、更加保守一点，而后面的梦则更大胆也更清晰。

《圣经》中那个由约瑟夫解释的法老王所做的关于母牛和玉米穗的梦就是属于此类。约瑟夫的记载（《古犹太史》第二卷第五、六章）要比《圣经》上详尽得多。当法老讲述了第一个梦后，法老继续说："当我看到这景象时，就从梦中惊醒了，在混乱中思索这景象到底有何意义，然后在思考中再度入睡。然后又做了一个梦，这要比前一个更奇异，我更加害怕、迷惑。"听完法老对梦的叙述后，约瑟夫回答说："哦，国王，这个梦看起来虽然是两种形式，但是两个故事的含义却是一样的。"

荣格在那篇《谣言心理学》中提到某个女学生做的经过伪装的**"色情的梦"**，这个梦不经分析就被她同学识破了，荣格还描述了这个梦经过了什么样的修改，以便继续进行下去。他评论这个梦说："一系列的梦的最后思想，其实已经包含在这一系列的最初的影像中了。通过一连串的、不断更新的象征、置换、伪装，梦中的审查作用将这种思想移置为纯洁无邪的。"施尔纳非常熟悉这种梦的表现方法，他曾经把它和他的器质性刺激的理论联系起来，作为一条特殊法则："在所有由特定神经刺激引起的象征梦中，想象都遵循着这样的规则：在梦开始时，只是通过遥远的、不明确的隐喻来描绘刺激来源，在最后，描绘的手段已经枯竭，于是它就直接表现刺激本身，或者根据不同的情况，对该器官或者它的功能进行描绘，这样梦也到了结尾。"

奥托·兰克在自己的工作中出色地证实了施尔纳提出的规则，他提供了一个"自己解释自己的梦"。在他的报告中，叙述了一个女孩在同一晚上不同时间做的两个梦，在第二个梦的最后出现了情欲高潮。即使没有梦者的帮助，我们也能详尽地分析第二个梦，从两个梦之间的许多联系来看，我们发现第一个梦只是用保守的方式表现了与第二个梦同样的内容。因此，第二个以高潮作为结束的梦使我们能够对第一个梦进行完整解释。兰克根据这个梦，正确探讨了高潮梦对于梦的理论的普遍意义。

不过根据我的经验，很少需要用梦的材料的清晰或模糊来判定梦本身的清晰或混乱。后面，我将展示一个尚未提到的因素，在梦的形成中，它决定了梦的各种特性的程度。

有时当梦中的某一情况或景象持续一段时间后，会出现中断，这种中断可以被描述为："但似乎在另一个地方，同时发生了某件事情。"不久，梦的主要线索又恢复了，而这中断的内容不过是梦的材料的一个从句而已，是一个插入进来的意念。在梦里，梦思想的条件从句都表现为"同时"　（没有"假如"，只有"当时"）。

在梦中常常出现，并且十分接近焦虑的、运动受阻碍的感觉究竟意味什么呢？想要前进，但是却无法移动；打算完成什么事，但是却受到重重阻碍；火车快要开了，但是却无法赶上；举起一只手想为受到的侮辱报仇，但却发现它绵软无力；等等。我们已经在前面的裸露梦中提到过这种感觉，但是还没有对它进行认真分析。一个简单但不足的答案是，在睡觉时常会有肢体麻木不能动弹的感觉，因此在梦中表现为动作受抑制的感觉。但是为什么我们不是一直梦见这种被抑制着的行动呢？我们可以假设，虽然在睡眠中肢体不能动的感觉一直存在，但是只有存在某种目的时，这种感觉才会在梦中被表现出来，就是说只有当梦的思想材料需要时，这种表现才会被唤起。

这种"无法做任何事情"并不总是一种感觉，有时它是梦的内容的一部分。下面是这样的一个例子，它对这种梦的要素的意义提供了最好的说明。我简短地描述一下这个梦，在这个梦里我貌似不诚实。这个地方是私人疗养院和其他一些机构的混合。一位男仆出现了，叫我去接受检查。在梦里我知道，某些东西不见了，叫我去检查是因为怀疑那东西是被我偷走了（通过分析可以看出，这检查有两种意义，还包含了健康检查的意思）。我知道自己是无辜的，而且我又是这里的顾问，所以我很平静地跟着仆人走。在门口，我们遇见另一位仆人，他指着我说："为什么你带他来呢？他是个值得敬佩的人。"然后我就独自走进大厅，那里有许多机械，它们让我想起地狱以及那里恐怖的刑具。我的一位同事躺在其中一个机器上，他不会看不见我，不过他却对我毫不在意。然后他们说我可以走了。但是我找不到自己的帽子，而且完全没法走。

这个梦中的"欲望满足"无疑是表现我是一个诚实的人，并且可以走了，因此在梦思中肯定含有与这个意思相反的内容。"我可以走了"是一个赦免的讯号。当梦的结尾出现了一个阻碍我离开的因素，那我们可以推测，通过这一点，那些受到压抑的反面内容表现出来了。于是，我找不到帽子的意义就是："你并不是个诚实人。"因此，梦里"无法行动"在这里是表达一个对立，一个"不"。所以我在这里要修改前面说的关于梦无法表达"不"的论断。

在别的梦中，"无法行动"并不是单指一种情况，而是一种感觉，这种被禁制的感觉是对同一种对立的更强有力的表达，它表现为一种意志，另外还存在这个意志的对立面。行动受制的感觉表现的就是这种意志间的矛盾。在后面，我们将会知道，就是这种睡眠中的**行动麻痹**属于梦中心理过程最重要的条件。我们很肯定，沿着运动途径传导的冲动就是我们感到的睡眠中受到压制的冲动，因此整个过程能恰当地表现一种意志和它的对立面，即对这种意志说"不"的意志。根据我对焦虑症的解释，很容易理解为什么行动受制的感觉跟焦虑如此接近，以及为什么在梦中它们经常彼此联系。焦虑来自潜意识的性欲冲动，在到达意识之前就受到了前意识的压抑。如果在梦中行动受制的感觉伴随着焦虑，那这里肯定跟一种意志有关，这种意志能够发展出性欲冲动。

在梦中经常会出现这样的判断："这只是个梦而已。"这个判断的意义是什么，以及具有怎样的心理力量，我要在别的地方再加以讨论。目前我只能说，它想使梦到的内容失效。一个与此相关的有趣的问题是，在梦里，梦内容的一部分被描述为梦，斯特克尔在分析一些令人信服的梦例后，已经解开了这种"梦中梦"的谜团，其意图也无非是要使梦到的内容失效，即夺除其真实性。当人从"梦中梦"清醒之后，他继续梦到的，就是梦中愿望在这现实消解处想要插入的。我们可以假设，梦到的内容是真实情况的再现，是真实的回忆，继续发展的梦中含有的就只是梦者的愿望了。"梦中梦"里的某种特定内容的作用跟这样的愿望一样：希望梦到的事件不要真的发生。换句话说：如果梦工作将某个事件作为一个梦插入到梦里，就意味着梦到的事件具有绝对的真实性，这一事件是在最大程度上被肯定了的。梦工作将做梦作为一种拒绝的形式，并且再一次证实了这样的理解，即梦是欲望的满足。

第四节 关于表现力的考虑

目前为止，我们一直在研究梦是如何表现梦思想之间的关系的，但是在这过程中一再地回溯到了这一主题——为了实现梦的目的，梦的材料经受了怎样的改变。我们已经知道，这些材料被剥离了大部分的联系后，要经受压缩，与此同时，各元素的强度的转移，必然会导致其心理价值的转变。到现在为止，我们讨论的移置作用，只局限于将一个特定的意念移置为另一个与它非常相近的意念，用以促成压缩作用，其结果是一个介于二者之间的共同元素（而不是两个）进入梦中。我们还没有提到其他的移置作用。由分析可以知道，还有另一种移置作用，它通过语言表达上的置换，表达相关思想。在两种移置中，移置都是基于一连串的联想，但同一种过程发生在不同的精神领域。移置的结果在前一种情况下是一个元素代替为另一个元素；而在后一种情况下，是一个元素的语言形式被另外的元素的语言形式所取代。

梦的形成过程中的第二种移置作用，不但在理论上有很大的吸引力，而且特别适合解释梦在伪装中呈现的荒谬的幻想。移置作用的方向，通常是使梦思想中单调、抽象的意念转变成图画的、具体的。这种替换的好处和目的是一目了然的。对梦来说，图画是能够被表现的。在梦中表现一个抽象的东西，就好比在报纸上为一个政治标题画插图。此种移置有利于表现，而且对压缩和审查作用来说也是有好处的。抽象形式的梦思是无法被利用的，但是当它被图画的语言表达出来后，梦的运作所需的对比与恰似关系就很容易在梦的材料中被建立起来了，就算它们之间不存在那样的关系，它也是会自己创造的。每种语言的历史进展都表明，相对于概念名词而言，具体的名词能让人产生更多的联想。人们可以想象，在梦的形成过程中，一大部分的工作都是为了使梦中思想能够找到最简洁、最统一的表达方式，从而致力于为单个思想找到一个恰当的语言表达方式。如果一个思想的表达方式已经确定下来，那么其他思想的表达方式的选择和分配都要受其影响，而且这种影响可能在一开始就已经发生了，就像诗人写诗一样。如果一首诗需要押韵，那第二行的诗就必须满足两个条件：第一，它必须表达它要表达的内容；第二，它的语言形式必须与第一行的诗押韵。最好的诗大概是这样的：人们找不到刻意押韵的痕迹，而且两句话的思想内容在彼此影响下选定的语言形式，只需后来稍加改动就可以找到共同的韵律。

在某些例子中，这种表达方式的置换甚至直接协助了梦的压缩，因为它选择的多义的词语，可以表达不止一种梦中思想。整个语言游戏的智慧就以这种方式为梦的运作服务。对于词语在梦的形成中发挥的作用，人们无须惊讶。因为词语可以与大量联想有联系点，它本身其实就已经是多义的了。跟梦工作一样，神经症患者（比如强迫症与恐惧症）利用词语在压缩和伪装方面带来的好处时，也毫不心慈手软。梦的伪装也从"表达的置换"中受益，这点很容易就能看出来。当然，当需要两个意义明确的词时，出现的是一个多义的词，这可能将人引向理解的歧途；日常的平实的话语被影像式的表达方式取代，这也会阻碍人们的理解，特别是，梦从来不告诉我们，梦中的元素应该按字面意思理解，还是其意义已经发生了转移，梦中插入的语言是直接还是间接地与梦的材料产生联系。因此，一般来说，在分析每一个梦中元素时，都需要考虑：

①它到底是正面还是反面意义（在对立关系中）？

②是否指涉了过去的经历（作为回忆）？

③是否是象征？

④是否应该从它的读音入手？

梦中工作的表达，当然没有想要被理解的意图，但是尽管有这么多要考虑的东西，人们仍可以说，梦的翻译者面临的困难并不比读者在解读象形文字时遇到的更多。

我已经举过了几个梦例，里面的表达方式就是利用语言的多义性来完成的。比如，在"伊玛打针"的梦中，"她好好地张开嘴巴"和在刚讲过的梦中出现的"我没法走动"。下面我将讲述一个梦，在该梦中，抽象思想转变成影像这一过程扮演了重要的角色。这类梦的解析应该与象征梦的解析更加鲜明地区分开来，在分析象征梦时，梦的解读者任意选择对象征的解释，而在我们这种情况下，对于语言伪装的解释是具有普遍性的，日常生活中确立的语言习惯已经给出了答案。如果人们在某个时候，想起了与其对应的语言习惯，那即使没有梦者的帮助，解梦者也能全部或者部分地对梦进行解读。

我的一个女性朋友梦到：她在剧院里，那里正在上演瓦格纳的歌剧，一直演到凌晨7：45才结束。剧院正厅里摆着餐桌，人们在那里吃喝。她刚蜜月旅行归来的表哥和他年轻太太坐在一起，旁边是一位贵族。看来这新婚太太相当公开地把情人由蜜月中带回来，就像带回一顶帽子一样。正厅当中有个高塔，上面有个平台，四周围绕着铁栏杆。指挥就在上面，他长得有点像汉斯·里希特。他在栏杆里东奔西走，汗流浃背，在高塔上指挥台下的乐队。她和一位女朋友坐在包厢内，她年轻的妹妹在正厅中想递给她一块煤，并且说，她不知道竟会持续那么久，现在一定要冻僵了（就好像在长时间的演出中，包厢里需要加温似的）。

虽然这些都呈现在一个情境下，但是这个梦看起来还是很荒唐。比如说位于正厅的高塔，以及在上面的乐队指挥！更不可思议的是她妹妹竟然递给她煤块。我特意请求梦者不要自己分析这个梦；因为我对梦者的人际关系有所了解，所以在没有她的帮助的情况下，我就对梦中的某些部分做出了解释。我知道她同情一位音乐家，他的事业生涯因为精神异常而不得不过早中断。因此，我决定把正厅的塔按照字面意思理解——她希望此人取代里希特的地位，高高地（像塔那么高）超出乐队其他成员。这个塔是一个并列复合结构，塔的下面部分表示此人的伟大；上面的栏杆以及他在里面像囚犯或牢笼里的野兽一样（他的名字也有暗示，他姓沃尔夫，德语中是"狼"的意思）显示了他的最后命运。

在发现了此梦的表现方式后，我们可以利用同一方法来尝试解释第二部分的荒谬——她妹妹递给梦者的煤块。"煤块"肯定可以指"秘密的爱"，德国民谣中有这样的句子：

"没有什么火，没有什么煤，像无人知晓的秘密的爱，烧得那么猛烈。"

她和她女朋友都"坐在那里"（双关语，还可指"没有结婚"）。她的仍有结婚希望的年轻的妹妹递给她煤块，因为"她不知道它持续那么久"，梦并没特别指出什么会持续那么久。如果这是故事，那么我们会说这是指演奏的时间，不过因为这是梦，所以这句话是具有多重含义的，我们可以补充认为，这句话是"她不知道她结婚前的日子要持续那么久"。而由梦者的表哥和太太在正厅中坐在一起，以及后者公开的情人关系更进一步地证实了我们对"秘密爱情"的猜测。整个梦的重点都是在于梦者自己的热情和年轻太太的冷漠之间的对立，这是秘密的与公开的爱情的对比。在两种情况中，贵族和被寄予厚望的音乐家通过"高高在上"一词被连接起来。

通过前面的讨论，我们终于发现了第三种在梦思想转变为梦内容的过程中发挥作用的因素：梦考虑心理材料的特性是否适合被呈现，梦要呈现它们主要是依靠**视觉影像**。在各种主要梦思想的分支思想中，那些容易以影像的形式表现出来的受到偏爱，另外，梦也不遗余力地将那些棘手的思想用别的语言方式表达出来，只要它们从此适宜呈现，并且就此结束那些受压抑的思想带来的心理压力，即使表达方式很别扭，梦也在所不惜。梦的思想内容换了一个形式，这不仅有利于梦的压缩工作，还可以引发别的思想，并且与其产生联系。而这第二个思想为了与开始的思想相合，很可能已经改变了它最初的形式。

关于人们怎样直接观察梦的形成中思想转变为影像的过程，赫伯特·西尔伯乐指出了一个很好的方法，因此这一过程可以从梦的运作中分离出来，被单独研究。当他处于困倦和瞌睡状态时，如果仍然迫使自己进行思考活动，思想往往就会脱缰，取而代之的是一个影像，他发现这影像就是那个思想的替代物。西尔伯乐不太恰当地将这一替代物称作**"自主象征"**。下面我将引述他的论著中的一些例子，以后我将在提到有关现象的特征时再次涉及这些例子：

例1——我想修改一篇论文中的不平整的部分。

象征：发现自己正在刨平一块木板。

例5——我努力回忆我打算从事的形而上学的研究的目的。我认为，其目的在于，人们在找寻"存在"的基础时，将这个工作不断上升到更高的意识层面或者说存在层面进行。

象征：我拿着一把长刀切蛋糕，想取一块蛋糕下来。

分析：我拿刀切的动作，就是上文提到的"工作"。下面是对象征的解释：我常常在聚餐时切蛋糕，帮忙把它分给每个人。切蛋糕所用的是一把长的、会弯曲的刀子，因此需要特别小心。特别是要把切下的蛋糕，干净利落地放到碟子里，更有一定难度：刀子必须要小心地插到蛋糕下面（相当于为了达到"存在"的基础，而必须缓慢进行的"工作"）。这影像里还有另外一个象征。因为这是一种千层糕，所以刀子要切过许多层（这和意识与思想的层面相对应）。

例9：在思考中，我失去了头绪。我想再把线索找回来，却不得不承认，无论如何也没法沿着刚才的思路继续了。

象征：一个排版，但少了最后几行。

只要想想笑话、引语、歌曲、成语在受过教育的人的精神生活中起的作用，就会觉得，在表现梦中思想时，利用它们作为伪装，是十分合理的。比如说，梦中装满其他蔬菜的车意味着什么？谚语"青菜萝卜"代表"混乱、无秩序"，梦中表示的就是它的对立愿望。我很奇怪，为什么这种梦我只听过一次。那种具有普遍有效性的梦中象征只有很好的题材，它们以大家普遍熟悉的隐喻和言语转换作为基础。另外，在神经症的梦、传说和大众习俗中都能找到这样的象征。

的确，当我们进一步探究这个问题时，就能发现在完成这种替代的过程中，梦的运作并没有产生什么新的创意。为了达到它的目的——不受审查作用的阻碍——它运用一些早已存在于潜意识的途径。它喜欢首先将受压抑的材料进行转变，这样的转变作为笑话或者暗喻也需要被意识到，神经症病人的幻想也是这样实现的。在这里，我们突然对施尔纳关于梦的分析有所理解，我在别的地方已经为他辩护过，认为他的理论核心是正确的。对自己的身体存在幻想，这不是梦特有的，也不属于梦的唯一特征。分析表明，这种幻想经常出现在神经症患者的潜意识中，并且是来源于对性的好奇——对成长中的年轻男女来说，是指对异性及自己性器官的好奇。施尔纳和福尔科特的坚持是有道理的，他们认为，不管是在梦中，还是在神经症患者潜意识的想象中，身体的象征都不只是局限于"房屋"。不过我也确实知道许多病人用建筑物来象征身体以及性器官（他们对性的兴趣远超过外生殖器官的兴趣）。对这些人来说，柱子或圆柱代表着腿（就像《所罗门之歌》里面那样），每一个门都代表着身体的开口（即洞），每个水管都让人想到泌尿器官，等等。关于植物与厨房的想象也可能会被拿来作为象征梦的影像。语言上对前者的使用，可以追溯到远古时期的大量例子（如上帝的葡萄园、种子和《所罗门之歌》中少女的花园）。在思考或者梦中，性生活中最丑陋、最隐秘的细节都可能经由最无邪的厨房活动被暗示出来。如果人们忘记了，性的象征可能藏身于最普通、最不显眼的地方，那我们就永远无法对癔症的症状做出解释。神经症儿童见不得血和生肉，看见鸡蛋和面条就恶心，正常人对蛇感到的恐惧在癔症患者那里被无限放大，这些都隐藏着性的意义。神经症患者对这些伪装的利用，是沿着人类从早期文明到现在走过的道路，在语言习惯、迷信、习俗的薄纱下，都可以找到其存在的证据。

在这里，我要插入前面提到过的女病人做的"花"梦。能从"性"方面进行解释的地方，我用下划线标记出来。在解释后，做梦者就再也不喜欢这个梦了。

序梦：她走进厨房，那里有两位女佣人。她责备她们没有把"她那一点食物"准备好。同时，她看见厨房里餐具倒扣着，用来晾干，一大堆坛坛罐罐堆叠着。

后来加上：这两个女佣人要去提水，但必须蹚过流到房子或者流到院子里的小河。

主要的梦：她从一些排列奇特的木桩或篱笆的高处向下走——它们是由小方形的木板架构成的大格子状，它们不是让人攀爬的；要能找个放脚的地方也不是那么容易，她很高兴自己的衣裙没有被勾到，这样她走时还能保持体面。她手里握着一根大枝条，事实上它就像是一棵树，上面密布红花，有很多枝芽并且向外伸展，看起来像是樱花开着，但也像是重瓣的山茶花，当然山茶花并不长在树上。当她向下走时，起先她只有一根，突然又变成两根，后来又变回一根。当她走下来时，比较下面的花朵已经凋落了。走下来后，她看到一位男佣人，并且想跟他说话，他正在梳理同样的树，就是说他用一片木头把一团团的头发拖出来，那头发像苔藓一样挂在树上。别的工人也从花园的树上砍下相同的枝条，把它们丢到路上，它们分散在那里，很多人都去拿。但她问他们，是否有权利去拿那枝条。一个年轻男人（她认识的某人，但不太熟悉的）站在花园里，她走上前问他，怎样才能把这种枝条移植到她自己的园子里去。他拥抱她，她挣扎着并且问他想要怎样，问他人们是否可以这样拥抱她。他说这没有什么错，这是被允许的。然后他说他愿意和她到另一个花园去，示范如何把这树种上，还说了一些她并不太理解的话："无论如何我需要3米（后来她又这么说：3平方米）或者3英寻的土地。"他好像要求她为了他的服务而给予报酬，好像想在她的园子里获得某种补偿，好像想要瞒过一些法律，并且由此得到一些利益，但并不伤害她。至于后来他是否真的展示了什么给她看，她一点也不知道。

通过出现的象征元素，这个梦可以被称为"自传式"的。在精神分析时，经常会遇到这种梦，其他情况下大概很少发生。

我当然有很多这样的资料，但是如果都提出来，将使我们在神经症的研究上走得过远。这一切都导向同样的结论，即人们不需要假设梦中心灵有什么特殊的象征化活动，梦是运用一些在潜意识的思想中已完成了的象征——首先因为这些已完成了的象征已经逃离了审查作用，其次它们很适宜被呈现，这些都更好地满足了梦的形成的要求。

第五节　梦的象征

对上一个**自传式梦**的分析证明，我在一开始就认出了梦中的象征。在积累了更多的经验，并且学习了斯特克尔的研究后，我才渐渐真正认识到那些象征的规模和意义。

斯特克尔对于精神分析的贡献既有功也有过，他提出了大量的无可置疑的象征解释，一开始没有人相信它们，但是后来大部分都被证实了，人们也只好接受他的理论。我认为，别人对他的理论的保守怀疑不是没有道理的，当然这不会磨灭他的功绩。因为用来支持他的解释的例子，往往并没有足够的信服力，而且他所采用的方法，也是被科学界所诟病的。斯特克尔找出的对象征的解释，是通过他自己的直觉，是利用他自己的能力，他能直接理解象征。这样的技巧不可能是人人都会的，因此，每一个评论都质疑了他的理论的有效性，他的结论也显得没有说服力。这就像在诊断感染病时，按照病床前的气味印象下结论——虽然与其他医生相比，肯定有一些医生更能用嗅觉做出诊断，并且真的能够凭气味就诊断出肠热症。

随着精神分析经验的增加，我们发现，有些病人对梦中象征的直接理解达到了令人吃惊的程度。他们往往都是早发痴呆的患者，甚至人们一度认为，凡是这样理解象征的梦者都患有早发痴呆症。但事实不是这样的，这只跟个人天赋和特性有关，而不具有病理学意义。

当人们熟悉了梦中为了表达性方面的内容而大量采用的象征后，就必然会产生一个问题，即这些象征是否都像速记中的缩写符号一样，具有确定的意义，并且马上就想尝试利用解码手段写出一本新的梦书。我在这里要说的是：这种象征不是梦独有的，而是在所有潜意识的想象中，特别是人民大众的想象中都可以找到，甚至在民谣、神话、传说、文学典故、机智谚语和大众笑话中找到的象征要比在梦中找到的更全。

如果我们要正确解释象征的意义，对大量的、大部分都没有得到解决的、跟象征这一概念有关的问题进行解释，我们就远远地超出了梦的解析的任务。因此，我们在这里只限于指出，象征只是间接的表现手法中的一种，我们不能够无视其特征，而把它和其他的间接表现法混为一谈。在许多例子中，象征和它所代表的对象具有很明显的共同元素；在另外一些例子中，其共同元素却是隐藏起来的，因此为什么这种象征被选择，看起来就像一个谜了。恰好是这最后一种情况才能说明象征关系的最终意义，并且指出，它们具有基因上的关系。现在具有象征性联系的事物，也许在远古时，它们在概念上和语言上是等同的。所以，这象征的关系似乎就是从前的等同关系的遗留和标记。正如舒伯特指出的，在这种关系中，对象征中的共同点使用要比语言上的共同点多得多。有些象征和语言一样古老，而有些则是在近代随着发展新造出来的（比如飞艇，齐伯林）。

梦利用象征来对隐私的呈现进行伪装，但是很多象征总是或者几乎总是表示同一事物。人们只要一直记得，梦的心理材料具有独特的可塑性。有时候对一个梦中象征只需要解释其原意就够了，而不需把它当作象征，而在另一些情况下，梦者必须从他特定的记忆中找到依据，把所有本来与"性"无关的事物都当成是"性"的象征。如果为了表达某一个内容，梦者面前有很多象征可供选择，他一定会选择与其他思想材料也有联系的象征，也就是说在典型象征外，个人动机也是起作用的。

自施尔纳以来，梦的象征的存在已经被公认是毋庸置疑的了——甚至 H. 艾里斯也认为梦中无疑充满了象征——但也必须承认，象征的存在使解梦的任务简单了，但是也更难了。梦者所提供的自由的联想往往将梦中的象征元素弃置不顾；那种对梦的主观任意解释——它曾由古人进行，并且由施尔纳重新唤醒——是被科学质疑所不容的。因此我们要利用梦内容中出现的象征，发展出一种综合技巧：一方面依赖梦者的联想，另一方面通过梦中象征填充梦者联想的空缺。为了反驳那些认为我们的解梦工作是主观随意的意见，我们在解析一些特别明了的梦例时，也要注意，在解释象征时要怀着批判的谨慎态度，还要对其进行认真的研究。而我们在分析梦时的不确定，一部分是因为知识不全——这会随着研究的深入逐步改善，另一部分则要归咎于梦象征本身的特性。一个象征往往是多义的，就像在中文中，只有联系了上下文关系才有可能了解它真正的意思。它们通常有比一种还多，或者是好多种的解释；就像中国字一样，正确的答案必须经由前后文的判断才能得到。因为这种象征的多义性，梦的"过度解读"成为可能，它的内容可能被解读为各种各样的、有时跟它本身的含义相去甚远的思想和愿望冲动。

在进行了这些限制和抗辩后，我将继续讨论下去。皇帝和皇后（国王和王后）确实在大部分情况下代表梦者的父母，而王子或者公主则代表他自己。具有皇帝一样的权威的也可能是一些其他的伟大人物，因此在某些梦中，歌德就是作为父亲的象征出现的。所有长条的物体如手杖、树干、伞（后者打开可以表示勃起），一些长和锐利的武器，如刀、匕首、矛等，都代表男性生殖器官。另一种常见的但是不太好理解的男性生殖器的象征是指甲锉（也许是因为它也是擦上擦下的）。箱子、抽屉、盒子、柜子、炉子代表女性身体，中空的物体、船和各种器皿也是。梦中的房间通常指女人。如果梦里出现各种在房间中进出的描述，那对其的解释是不会错的。在这样的前后文关系中，关心房门是开着的还是锁着的，也是很容易理解的（参考我对于癔症患者杜拉的梦的分析片段）。关心什么样的钥匙能打开房门，也是不言而喻的；在《爱柏斯坦女爵》的民谣中，乌兰德利用锁和匙的象征编织了一个最优美的下流话。梦中走过很多房间，那些房间就是指妓院或后宫。但

歌德

是 H. 萨克斯举出了一些很好的梦例，来说明那也可能代表婚姻（对立面的利用）。当梦者梦见本来是一间的房子变成两间，或者发现一个熟悉的屋子被分成两部分，或者反过来，这些都跟儿童时期对性的理解有关。小时候，孩子们认为女性生殖器和肛门是一个单一的区域（这和幼儿期的泄殖腔理论相符），后来才发现原来这个区域是两个不同的洞和开口。爬山、爬梯子、上楼梯、从它们上面下来，也就是说在上面来回走，就是性交的象征。梦者攀爬的光滑墙壁，或者梦者从上面垂直掉下来的房屋的正面（常常伴随焦虑），则对应着直立的人体，也许是重复婴孩时攀爬父母或保姆的回忆。"光滑"的墙壁是指男人，因为害怕的关系，梦者常常用手紧抓住屋子正面的"凸出物"。桌子、铺好桌布的桌子、台子是指女人，也许是因为对比关系，女人的形体曲线在象征中被消除了。

从语言关系上看，木头（Wood）是女性材料（material）的代表。在葡萄牙语中，马德拉岛（Madeira）有"木头"的意思。因为"桌子和床"是一对，所以在梦中后者往往被前者代替，于是关于性的复合意念往往被代替为关于吃的想象群。在衣着方面，女人的帽子常常可以确定表示性器官，而且是男性的。

外衣（德文为 mantel）也是如此，虽然不知道这象征在多大程度上是因为发音相似。在男人的梦中，领带常常是阴茎的象征，毫无疑问，这不但因为领带是长形的、男人特有的、不可缺少的东西，而且因为人们可以根据各人爱好对它们加以选择——但是这象征的物体，从自然规律上讲，人们是没有选择的自由的。在梦里时常运用这样的象征的男人，通常在真实生活中也不吝惜为收藏领带而花

费大价钱。

梦中所有的复杂机械与器具都可能代表性器官（通常是男性的），就像那些语言游戏已经证明的，梦中对它们的象征描写是不厌其烦的。同样不会错的是，各种武器和工具都代表着男性生殖器官，如犁、锤子、来福枪、左轮手枪、匕首、军刀等。

同样，梦中许多风景，特别是那些有桥梁或者长着树林的小山，都清楚地表示着性器官。马奇诺维斯基曾经收集了一组例子，梦者通过画画来解释梦中出现的景色和地点。这样的画将梦的显意和隐意的区别表现得十分直观、明显。如果不注意的话，它们看起来就像是设计图、地图等，但如果用心去观察就会知道它们代表人体、性器官等，只有这时这些梦才能被理解（请参阅费利斯特 Pflister 关于密码和画谜的论文）。当人们遇到不可理解的新词时，可以考虑它们是否是由一些具有性意义的成分组成的。

梦中的小孩常常代表性器官，的确，不管男人或女人都习惯于把他们的性器官爱称为"小家伙"。斯特克尔正确地认出了"小弟弟"的意思，即"阴茎"。和一个小孩子玩、打他等常常指手淫。

在梦的运作中，表示阉割的象征则是秃顶、剪发、牙齿脱落、砍头。如果梦关于阴茎的常用象征两次或多次重复出现，则可视为这是梦者对阉割抵抗防御。梦中如果出现蜥蜴——一种尾巴断掉又会再长出来的动物——也有同样的意义。许多在神话和民间传奇中代表性器官的动物在梦中也有同样的意思，如鱼、蜗牛、猫、鼠（表示阴毛），而男性性器官最重要的象征则是蛇。小动物、小虫表示小孩子，比如那些不想要的兄弟姐妹。被小虫纠缠则是怀孕的象征。

值得一提的是，最近出现在梦中的男性性器官的象征是飞艇，也许是跟飞行或者和其形状有关。

斯特克尔还提到了很多例子，里面有很多其他象征，其中有一部分象征是还没有得到充分解释的。斯特克尔的论著，尤其是那本《梦的语言》收集了最多的有关象征的解释，其中一部分是见解敏锐的，而且也被后来的检验证明是正确的，比如那部分关于死的象征。但是因为作者缺乏科学的批判精神，而且喜欢以偏概全，所以他对象征的解释就不那么令人信服，别人也很难利用他的理论，因此在研究他的结论前，必须要小心谨慎。所以，在这里我只局限于引述他的几个例子。

按照斯特克尔的观点，梦中的"右"和"左"是具有道德意义的。右边的道路意味着正义，而左边的道路指向犯罪。因此，"左"代表同性恋、乱伦或性倒错。而"右"则代表婚姻、和少女性交等。它们具体代表什么是由梦者本人的道德观决定的。梦中的亲属也表示性器官。在这里，我只证实儿子、女儿和妹妹是具有这意义的，即当他们属于"小家伙"的范畴时。另一方面，在某些确定的例子中，人们认出姐妹是"乳房"的象征，而兄弟则表示"较大的乳房"。

斯特克尔认为，梦中赶不上车代表对于年龄差距太大、无法弥补而产生的遗憾，说旅途中带的行李是人们承受的罪恶的负担。但这行李却常常作为无可置疑的象征，代表梦者本人的性器官。斯特克尔也给梦中常出现的数目赋予特定意义，虽然这些解释在某些案例中大多被认为是可能的，但它们不但没有足够的证据，也没有普遍的正确性。当然，数字"3"在许多方面都被证明是男性性器官。

斯特克尔提出的一个普遍规则认为，性器官的象征具有双重意义。他问："难道存在一个不同时指涉男性和女性器官的象征吗（只要想象力在某种程度上允许的话）？"事实上，括号内的句子已经消除了此理论的大部分确定性。因为事实上，想象力并不总是允许人们产生双重的想象。根据我的经验，我应该这么说，斯特克尔的普遍规则在事实情况的繁杂面前站不住脚。虽然有些象征可以同时代表男性性器和女性性器，但另外的象征主要或是只代表一个性别，还有一些象征也只被发现了男性或女性两者之一的意义。想象力根本不会允许，用长而硬的物品和武器来代表女性性器官，用中空的木箱、抽屉、木盒等来作为男性性器官的象征。

但是梦和潜意识中确实倾向于用一种性象征代表双性，这显露出一种原始特性，因为人们在儿童时期不知道男女性器官的不同，认为两性性器官是一样的。但如果我们忘记在某些梦中，性别是倒反的——男的变为女的，而女的变为男的，这种梦表达一种意愿，比如，女人想要变为男人——我们就会误解某一象征兼具两性的意义，而这是错误的。

性器官在梦中也可能用身体其他的部分来表现：用手或脚来表示男性器官，口耳甚至眼睛来代表女性的生殖开口，人体的分泌物——黏液、眼液、尿、精液等——在梦中可以相互置换。斯特克尔提出的这些观点都是正确的，但是 R. 哈特勒对其进行了进一步的批判限定，他认为，最重要的是，往往那些意义重大的体液如精液，在梦中被无关紧要的分泌物代替了。

这些十分不完整的暗示也许已经足够激发其他人收集更多的象征的热情。更为详细的关于梦的象征的展示，我试图在精神分析导论课上进行。

下面我将补充几个例子，来说明这些象征在梦中的应用，这些例子表明，如果人们排除了梦中象征的作用，那他就不可能对梦做出真正的解释。在很多例子中，梦的象征都是无法回避的。但是，与此同时，我要提醒研究者，也不可太过高估梦的象征的重要性，不要使梦的解析沦为翻译梦的象征意义，而忽略了梦者的联想。这两个梦的解析工具应该是相辅相成的。但不管从理论上，还是从实际来看，梦者对梦的描述和他本人所做的评论才是最重要的，而对象征的翻译，就像我提过的一样，只是一种辅助工具。

No.1 帽子作为男性性器官的象征

（节自一位年轻妇人的梦，她总觉得别人要诱惑她，因此而患有空旷恐惧症）

夏天，我走在街上，戴着一顶形状奇怪的草帽：它的中间部分向上拱起，两边下垂，（在这里，病人的叙述稍微犹疑一下），其中一边比另一边垂得更低。我很高兴，并且觉得自信，当我走过一群年轻军官时，我想："你们都不能对我怎样。"

因为她不能对这帽子产生任何联想，所以我对她说："这个帽子大概是代表男性性器官，因为它的中间部分向上拱起，而两边下垂。用帽子来象征男人，也看起来很奇怪，但是人们常说的'Unter die Haube Kommen'，字面意思是：躲在帽子下，实际是'找一位丈夫（结婚）'的意思。"我故意不问她帽子两端下垂的程度为什么不同，虽然这种细节一定是解释的关键所在。我继续说，因为她的丈夫具有如此雄伟的性器官，所以她不需要害怕那些军官，也就是说，她不想从他们身上得到任何东西。因为她一直都有受诱惑的幻想，所以她被禁止在没有陪伴和保护的情况下单独出去散步。对于她的恐惧症的原因，我已经在其他的材料支持下多次向她解释了。

梦者对我的分析的反应很值得注意，她收回对帽子的描述，并且声称她从来没有提到帽子两边下垂的事。但我确定自己没有听错，所以不为所动，并坚持她这样说过。她沉默了好一会儿，终于鼓足了勇气问，她丈夫的睾丸一边高一边低是什么意思，是否每个男人都这样。就这样，关于帽子的特殊的细节得到了解释，而她也接受了这个解释。

在病人告诉我这个梦时，我早已熟悉了帽子的象征。我认为，其他的不太清晰的梦中的帽子也可以代表女性性器官。

No. 2 象征着性器官的"小家伙"——"被车碾过"象征性交

（这是空旷恐惧症患者的另一个梦）

妈妈把她的小女儿送走了，因此她得自己一人走。她和妈妈走入火车车厢内，但看到她的小家伙直接跑到轨道上去了，她一定会被火车碾过的，能听到骨头被压碎的声音（这使她产生不舒服的感觉，但却没有真正的恐怖感）。然后她从窗户探出头去，向车厢后面望，看能不能看到那些部分。然后，她责备母亲不该让这小家伙自己走。

♡ 分析

要对此梦进行完整解释并不是十分容易。这是一连串相连的梦的一部分，因此必须和其他的梦连在一起才能被充分了解。我们也很难分离出足够的材料来解释这些象征。首先，病人发现，这火车之旅是来自过去的回忆，暗指她离开精神病疗养院的一次旅程，不用说，她爱上了这疗养院的院长。她妈妈来接她，院长到车站来送行，并且送给她一束花作为离别的礼物，她觉得很尴尬，因为她妈妈看到了这情景。在梦里，她妈妈是作为她的爱情追求的阻碍者出现的，而在病人小时候，这严厉的女人确实曾经扮演过了这样的角色。她的下一个联想和这句子有关："然后她从窗户探出头去，向车厢后面望，看能不能看到那些部分。"由梦中显意来看，这使我们想到她小女儿被碾成好几部分。但她的联想却指向另一个方向，她回忆说，自己从前看见过父亲在浴室赤裸的背面。接着她继续谈论性别的区别，并且强调男人的性器官即使在背后也能被看见，而女人的则看不到。在这里，她自己解释说"小家伙"是指性器官，而"她的小家伙"（她有一个四岁的小孩）则是她本身的性器官。她指责母亲对她的要求，因为母亲想要她像没有性器官似的活着，而在梦的开始就透露了这种指责："妈妈把她的小女儿送走了，因此她得自己一人走。"在她的想象中，"自己一个人在街上走"就是指没有男人、没有任何性关系（在拉丁文里，Coire 的意思是"一起走"，而 Coitus"性交"就是从 Coire 演变来的），她不喜欢这样。这一切都说明，当她是小女孩时，她确实因为受到父亲的喜爱而遭受了母亲的妒忌。

同一晚上发生的另一个梦可以使我们加深对这个梦的认识。在那个梦里，梦者把自己认同为她的兄弟。她其实是个男性化的女孩，别人常说她应当是个男孩子。她把自己等同为她兄弟清楚表明，"小家伙"就是指性器官。她的母亲威胁要把他（她）阉割了，因为他（她）手淫了。这种自我认同表明，她小时候也手淫过，只不过她只记得自己的兄弟干过这种事。从第二个梦提供的信息来看，她小时候就了解了男性性器官，不过后来忘掉了。另外，第二个梦还暗指"幼儿期的性理论"，根据此理论，女孩子都是阉割的男孩。当我提出这种儿童的想法时，她马上提出一个逸事来证明这点。她说她曾听到一个男孩问一女孩子："割掉的吗？"而女孩子回答道："不，本来就是这样的。"

因此，第一个梦里把"小家伙"（性器官）送走和那被威胁的阉割有关。最后她对母亲的埋怨是不把她生成男孩。

No. 3 建筑物、阶梯和竖井象征性器官

（一个有父亲情结的年轻男人的梦）

他和父亲在某个地方散步，那应该是布拉特，因为他看见了一个圆形大厅，大厅前面有一个小屋，上面绑着一个气球，但是看起来软绵绵的。他父亲问他这些是做什么用的，对父亲的问题他感到惊奇，不过还是向他解释了。然后，他们走进一个院子，里面铺着一大片金属片。他父亲想撕下一大片来，但是却先向四周望望，看是否有人注意到他们了。他告诉父亲，只要跟管事的说一下，就可以毫无麻烦地拿走一些了。院子里有一个楼梯，然后直通井下，竖井的四壁都有软垫，好像是皮质的。那井的尽头是一个平台，然后又是一段新的竖井。

♡分析

这个病人得的病是属于不好治的那类，在分析到达某一阶段前，一切顺利，但是在这之后，就无论如何也无法进行下去了。这个梦几乎是他自己解释的。他说："那圆形大厅就是我的性器官，它前面绑着的气球就是我的阴茎，我一直就因为它太绵软而不满意。"如果更进一步的话，圆形大厅可以被翻译成臀部（孩子们总是以为它属于生殖器的一部分），它前面就是阴囊。在梦中，他父亲问他这些是做什么用的，即等于问他性器官的功能及目的是什么。这情况似乎应该被倒过来，也就是梦者才是发问的人。因为事实上他从来没有问过父亲这样的问题，所以我们应把这梦中思想当成一个愿望或者一个条件句——"如果我曾经请父亲讲解性知识"，这个想法的继续，我们马上就能在梦的另一部分中看到。

"铺着一大片金属片的院子"乍看不具有任何象征意义，而是跟梦者父亲的营业场所有关。为了慎重起见，我用金属片来代替病人父亲真正经营的物质，但是对其他的措辞我没有一点改动。梦者曾经参与父亲的经营，但是对于父亲营利

的不正当手段，感到极大的反感。因此，前面所说的梦中思想可以这样继续："（如果我请父亲讲解性知识），他也会像对他顾客一样地欺骗我。"梦中"撕下金属片"象征着营业欺诈。对此，梦者给出了第二种解释，即代表着自慰。我们在前文中早就已经有所了解，但是这里还证实了，自慰的秘密性质可能表现为相反的形式，即公开进行。和我们想的一样，这种自慰的行为再次置换到梦者父亲的身上，就像前面父亲的发问一样。梦者马上把竖井解释为阴道，因为竖井墙壁上有柔软的软垫。从别处得来的经验告诉我，在竖井中爬上爬下代表在阴道内性交。

关于两井之间的平台的细节，梦者通过自己的经历给出了解释。他曾与一个女子性交，但是由于功能障碍不得不放弃，现在他希望通过疗养能重新恢复那方面的能力。越接近结束，梦就越不清晰，但是任何熟悉此事的人都看出来了，梦中第二个场景已经受到了另一主题的影响，比如父亲的营业活动、父亲的欺诈行为以及表现为竖井的阴道，它们都跟梦者的母亲有联系。

No. 4 以人来象征男性性器官，以风景来象征女性性器官

（B. 巴特曼讲的梦，做梦者是一个平民女子，她丈夫是位警察）

然后，有人闯入屋里来，她很害怕，大声喊警察。但警察却和两个流浪汉相处和睦地去了教堂，他们爬上了很多层阶梯，在教堂后面是一座山，山上是茂密的树林。警察穿着钢盔，脖子上围绕着护喉盔甲，身穿大衣，留着褐色的胡子。那两个流浪汉静静地跟着警察走，腰上系着绑成袋状的围巾。在腰部围着袋状的围裙。教堂的前面有一条小路延伸到小山上，它的两旁长着青草与灌木丛，愈来愈茂盛，在山顶上就是真正的森林了。

No. 5 儿童阉割的梦

1. 一个 3 岁零 5 个月大的男孩，明显表现出，他不喜欢他爸爸从前线归来。有一天早上醒来，他又激动又迷惑地一直重问："为什么爸爸用一个盘子托着他的头？昨晚爸爸用盘子托着他的头。"

2. 一位患有强迫性神经症的学生，记得在他 6 岁时，一直重复做这样的梦："他到理发店去剪头发。一位身材高大、面貌严肃的女人走向他，然后把他的头砍下来了。他认出这女人就是他的母亲。"

No. 6 小便的象征

下面要说的一系列图画是费伦齐在匈牙利的一份叫 *Fidibusz* 的漫画刊物上找

来的。他一下子就看出这可以用来说明梦的理论。这组题为"一位法国女保姆的梦"的画，已经由兰克在他关于"吵醒梦"的象征层次的论文中加以利用。

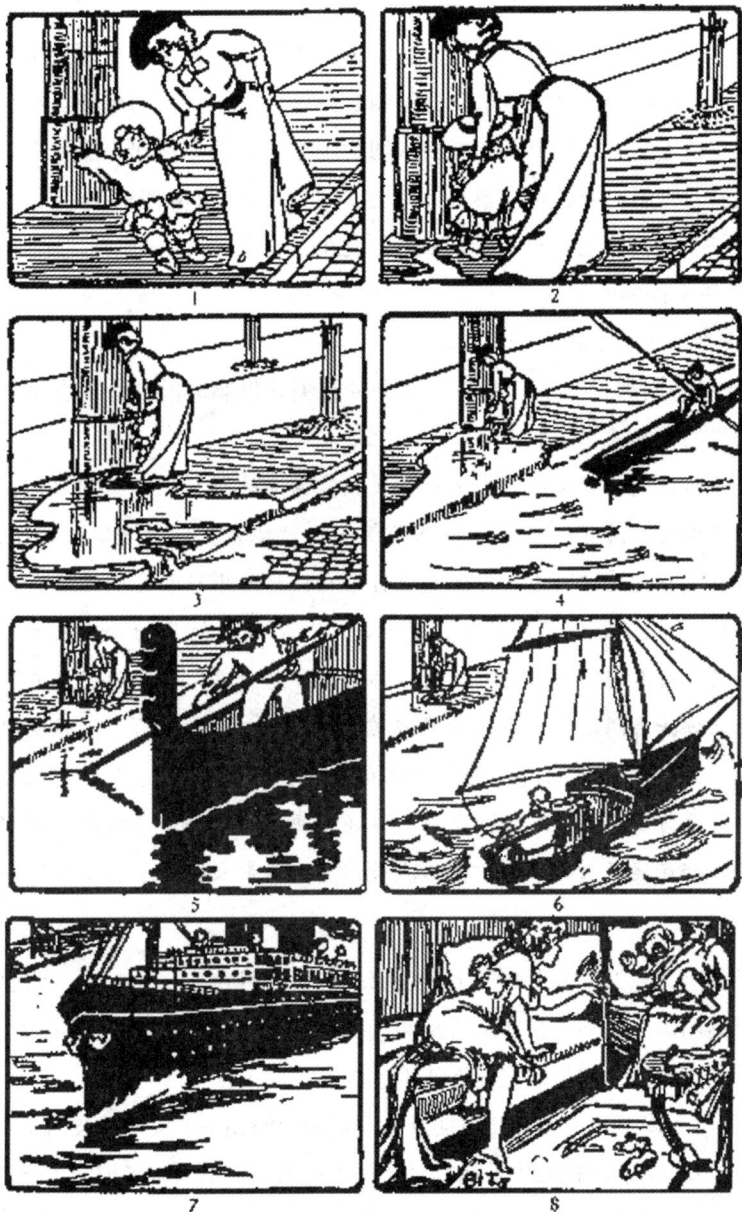

最后一张图片显示了她被小孩的哭声吵醒，这样我们才知道前面七张图都是梦的各个阶段。第一张图描绘本应使梦者醒过来的刺激，小孩表达了需求，并要

求相应的帮助。但在梦者的梦里，他们不在房间里，而是正在散步。在第二张图中，她已经把他带到街道的角落让他小便，这样她就能继续睡了。但那起唤醒作用的刺激持续着，而且实际上在变强。小男孩发现没有人理睬他，于是哭得更大声了。他越是想让保姆醒来帮助他，梦就越发肯定地保证说一切都安排好了，她不必醒过来。同时，梦也把愈来愈强的刺激翻译成更大规模的象征。小孩尿出来的小便汇成越来越大的水流。在第四张图片上，它竟然能浮起小艇，接着是一艘大型平底船、帆船，最后是一艘轮船。这位天才的画家清楚地描绘了"想要睡眠"和"使梦者醒来的持续不断的刺激"之间的斗争。

No. 7 关于楼梯的梦

（由兰克报告和解释）

"我十分感谢那位同事，他曾为我提供有关牙齿刺激的梦，现在又提供给我另一个明显的关于遗精的梦：

在楼梯间，我跑下楼梯，去追一位女孩，因为她对我做了某些事，所以要惩罚她。在楼梯的下面有一个人（一个成年女性）替我拦住这女孩；我抓住了她，但不知道有没有打她，因为我突然发现自己在楼梯的中段和这小孩性交（就像浮在空中一样）。这不是真正的性交，我只是以性器官摩擦她的外生殖器而已，而当时我很清楚地看到它们，还有她向后仰偏向一边的头。在这性行为中，我看到在我的左上方挂着两张风景画（也像是在空中一样），表现的是被绿树环绕的房子。在较小的那幅画下端，署着我自己的姓名，好像是要送给我的生日礼物似的。在两幅画前面还有张纸条，上面写着还有更便宜的画。（然后我就模糊看到自己好像是躺在楼梯上的床上）然后我就因为遗精带来的潮湿感醒来了。"

♡ 分析

在做梦当天晚上，梦者曾经去过一家书店，在等待店员招呼时，看见一些展列在那里的图画，这和他在梦中看到的相似，有一张小幅的画他很喜欢，于是靠近去看看画家是谁，但是他完全不认识这画家。

"在同一天晚上，当他和几位朋友在一起时，听到一个关于某波西米亚女佣人的故事，她夸口称自己的私生子是在'楼梯上造出来'的。梦者询问了这件不寻常事件的细节，知道这女佣人带着她的爱慕者回到她父母的住处，在那里根本没有机会性交，而那男人在兴奋中就和她在楼梯上做了那件事。关于这件事，梦者当时还用一个描述假酒的刻薄话开了个玩笑，说这小孩真是在地窖楼梯上长大的。

　　"梦和那天晚上发生的事有密切的联系，梦者毫不费力地就能把它们说出来。同样容易找出的是出现在梦中的童年回忆。在这楼梯间里，他消磨了大部分的童年时光，而且他第一次有意识地了解到性的问题也是在这里。他常在楼梯游戏，除了别的事情外，他还两脚跨骑在楼梯的扶手上从上面滑下来——这让他产生了性兴奋。在梦中他也是很快地冲下楼梯，太快了，就像他自己明确指出的，他似乎都没有碰到台阶，而是像一般人所说的'飞过'或者'滑过'它们。如果把童年经历考虑在内，那么梦的开始部分就已经表现出性兴奋的因素。梦者也曾与邻居的小孩在同一楼梯上以及相邻的房间内做各种有关性的小游戏，他的欲望曾经就像梦中一样得到满足。

　　"如果读者了解弗洛伊德对性象征的研究——楼梯以及攀爬楼梯，几乎毫无例外地代表性交行为——那么这梦就很清楚了。这个梦的动机可以从它的结果——遗精——看出来，也就是纯粹的性欲。梦者在睡眠中产生性兴奋（在梦中是以冲下楼梯表现出来的），施虐的元素来自孩童时期的嬉戏，并且通过对女孩的追赶和制服上显示出来。性欲冲动越来越强，并且最终导向性行为，在梦中以抓住女孩，并且在楼梯中间进行性交来表现。直到这里，梦中的性欲都是通过象征表现出来的，没有经验的释梦者完全不能理解它。但是过强的性欲已经不满足于象征化的满足，象征化的满足也不能使病人安睡。这兴奋终于导致性高潮，这也表明整个楼梯象征着性交。弗洛伊德认为性兴奋之所以选择楼梯作为象征，是基于两者共有的节奏性，这个梦特别清楚地表明了这点，因为梦者在梦中清楚而确定地说，他性交的节奏，上上下下的动作，是梦中最明确的因素。

　　"至于那两幅图画，除了它们的真实意义外，我还要补充一句，它们在象征意义上代表女性。梦中有两幅画，一幅较大，一幅较小。同样地，梦中有一个成年女人和一个小女孩出现。而'还有更便宜的画'则导向妓女情结；梦者的名字出现在较小的那幅画中，而且梦者认为那是生日礼物，这些都暗示着父母情结（在楼梯上出生＝由性交而出生）。

　　"而最后模糊的一幕中，梦者看见自己躺在楼梯上的床上，同时有种潮湿的感觉，似乎可以回溯到比幼儿自慰期更早的童年阶段。也许其原型来自尿床时的快感。"

No. 8 一个经过改变的楼梯梦

我的一个男病人，患有严重的禁欲症，因为他总是产生对他母亲的性幻想，并且总是梦见和他母亲一起上楼。我有一次向他提到，某些程度的自慰也许会比这强迫性的自制还无害些。然后他就做了这样的梦：

他的钢琴老师责怪他没有认真练琴，责备他没有练习摩斯切尔斯的练习曲和克莱蒙特的 Gradus 练习曲。

他自我评论说，"Gradus"指阶梯，而琴键本身也是阶梯，因为它有不同的音阶。

我们也许可以说，没有任何意念群里不包含对于性事实和性愿望的表达。

No. 9 真实感以及对"重复"的表现

一位 35 岁的男人报告了一个他记得很清楚的 4 岁时做的梦：

一位负责他父亲遗嘱的律师（他 3 岁时父亲就逝世了）带来两个大梨，给了梦者一个，他吃掉了，另一个则放在客厅的窗台上。

他醒来时认为他梦到的是真事，并固执地要求妈妈把窗台上的第二个梨子拿给他。他妈妈为此而笑他。

💗 **分析**

这位律师是一位快活的老绅士，梦者相信，他以前真的带来过一些梨子。窗台就像他在梦里见到的一样。这两件事一点关联都没有，只是他妈妈在不久前告诉他一个梦，说有两只鸟停在她头上，她自问它们什么时候会飞走，但它们并没有飞走，其中一只还飞到她嘴上吮吸着。

因为梦者没能产生任何联想，所以我们尝试用象征来解释这个梦。那两个梨子象征曾经养育他的母亲的乳房；窗台则代表她乳房的突出，就像是梦中房子的阳台一样。他醒过来的真实感是有道理的，因为他妈妈真的在喂他奶，并且事实上比平常的时间还长，做梦时他正在吃奶。这梦可以这样翻译："妈妈再给我（或让我看）我已经吮吸过的那边的乳房吧。""之前已经吮吸过的乳房"用他吃掉的梨子来表现，"再"则通过他要另一只梨子来表现。如果某一行为在一段时间内重复，那么在梦中就被表现为物体数量上的增加。

在 4 岁小孩的梦中，象征就已经起作用了，这自然引人注目，但这并不是特例，而是规律。人们可以这么说，从最开始时，做梦者就会利用象征。

人们在多小的年纪就能在梦外和梦中生活使用象征符号，可以通过下面这个例子得到说明，这是由一位 27 岁的女士提供的、未受任何影响的回忆：她当时年龄在 3~4 岁之间。保姆带她、比她小 11 个月的弟弟以及年龄在二人之间的表妹上厕所，然后再外出散步，因为她是老大，所以她坐在抽水马桶上，而另外两个坐在便盆上。她问表妹："你也有一个钱袋吗？华特（她弟弟）有个小香肠，我有个钱袋。"她表妹回答："是的，我也有个钱袋。"保姆大笑着听他们的对话，并把这件好笑的事讲给孩子妈妈听，却遭到了一顿狠狠的训斥。

这里，我插入一个梦，其中那些天衣无缝的美妙象征，只需梦者稍加帮助，就能得到解释。

No. 10 健康人梦中的象征问题

常常用来驳斥精神分析、最近又被哈弗洛克·埃利斯（Havelock Ellis）提出的理由之一是，梦的象征或许只是神经质思想的产物，而不会发生在健康的人身上。但是精神分析发现，正常与神经质生活之间并没有质的差别，而只有量的差距。的确，在梦的分析中发现，受压抑的情结在健康的人或病人身上发挥同样的作用，不管是其机制还是象征符号都是一样的。正常人不受约束的梦中包含的象征要比神经症患者的更为简单明了、更具有典型性，因为在神经症患者身上，由于审查制度更严格，所以梦的伪装也更为厉害，象征也就变得更含糊，并且不易解释。下面的这个梦即说明了这一事实。这个梦来自一个保守、害羞的女孩，但她没有患神经症。在和她的交谈中，我发现她已订婚，但是出现了一些阻碍，使得婚期不得不延后。她自发地向我讲述了下面的梦：

"由于庆祝生日，我在桌子的中间安排着花朵。"在回答问题时她告诉我，在梦里她似乎是在家里（她目前并不住在那儿），并且有一种"幸福的感觉"。

因为出现了"常用"象征，所以我不需帮助即可翻译此梦。这表现她渴望当新娘的愿望：桌子以及当中的花朵代表着她和她的性器官；梦中表现的是未来的愿望已经达成了，因为在梦里她已经想到要生孩子了，所以表明他们已经结婚很久了。

我向她指出"桌子的中间"并不是个常见的表达方式，对此她也承认了，但我当然不能直接对这点详加询问，我小心地不去暗示她这象征的意义，只是问她对于梦中的各个部分，她脑海中有没有产生什么联想。在分析过程中，由于对梦的解析发生兴趣，她的保守态度消失了，并因为谈话是严肃的，而显得坦然。

当我问那是什么花时，她马上回答"贵重的花，人们必须为它付出高价"，然后说它们是"山谷中的百合、紫罗兰和康乃馨"。我认为，梦中呈现的百合花通常象征贞洁的意义，她证实了这个假设，因为她对百合花的联想是纯洁。山谷通常是女性的象征，因此这两个象征英文名词的偶然组合强调了她的贞操的可贵——"贵重的花，人们必须为它付出高价"——并且表明她期待丈夫能够珍视其价值。对于"贵重的花"的评论表明，这三种花都象征了不同的意义。

"紫罗兰"从表面看来，是没有什么性的意义的，但我认为它跟法语词"viol（强奸）"在潜意识中是连接起来的。使我惊奇的是，对此，梦者联想到英文中的"violate"（暴力），这个梦利用了"violete"和"violate"之间偶然的相似——它们只是在最后字母的发音上有所不同——通过"花"表达出梦者对于破贞的想法（Defloration 也跟花有关），并且显露出她性格上可能存在的受虐狂的特质。这是个很巧妙的、利用"文字桥梁"来到达潜意识的例子。"要为它付出高价"则是指，要成为妻子或妈妈，就必须以自己的生活为代价。

连接在"粉红色"后面的是"carnation"（康乃馨），所以我想这词可能和"肉体的（carnal）"有关。但梦者的联想却是"colour"（颜色），她还说，她未婚夫最常送的、送得最多的花就是康乃馨。说完以后，她突然承认自己说了假话，她联想到的不是"颜色"而是"肉体化"——正如我预料的那样。恰好"颜色"也不是太离题的联想，而是受到了康乃馨的颜色——肉色的影响。出现这种不诚实的情况表明，在这一点上解析遇到了最大的阻抗，同时这一点上的象征性也最清楚，这是性欲和压抑之间在阳具这个主题上最为强烈的斗争。梦者叙述其未婚夫常常给她那种花朵，不但暗示着"康乃馨"的双重意义，还暗示着梦中阳具的意义。"送花"这一白天的刺激因素在梦里被利用，用来表达性礼物的交换：她把贞操当作一种礼物，并且期待着被回报以感情和性生活。在这里，"贵重的花，人们必须为它付出高价"无疑也有经济上的意义。因此梦中花的象征包括了对处女贞操、男性以及对暴力强奸的隐喻。值得指出的是，以花象征性是很常见的事，因为花就是植物的性器官，用来象征人的性器官是很自然的。也许情人之间赠送花朵就有这种潜意识的意义。

她在梦中准备的生日，无疑意味着婴孩的诞生。她将自我认同为其未婚夫，他在梦中为生日做准备，暗示的是他与她进行性交。梦中隐藏的思想也许是这样的："如果我是他，我不会再等下去，我不问她，我会径直夺取她的贞操，也许会使用暴力。""暴力"那个词已经对此进行了暗示，而性欲中的受虐狂成分也得以表露。

　　在梦的更深层，这句话"我安排"也含有自主色情的意义，也就是说具有童年期意义。

　　梦者还泄露了只有在梦中才能表现出来的、对自己肉体缺陷的注意：她把自己看得像一张桌子，很平，所以只能强调"中央"的可贵，在另一次她用了"中间的一朵花"形容，强调的就是她的处女贞操的可贵。桌子的水平状态应该也对象征表达起了一定的作用。这个梦的浓缩值得我们注意：没有多余的东西，每个字都是一个象征。

　　后来，梦者又对这个梦进行了补充："我用绿色皱纸来装饰那些花。"她又说这是用来缠绕普通花盆的"华贵的纸"。她接着说："用来掩盖那些不整齐的东西，它们不好看，花中间有一个空隙，一个小空当。"后来她又补充说："那些纸看来像是丝绒或是苔藓。"如我所料，关于"decorate（装饰）"，她的联想是"decorum（体面）"；她说绿色占大部分，而她的联想是"希望"，这是跟"怀孕"的又一个联系。在这部分的梦中，与男人的自我等同不是主要元素，最主要的是关于羞耻和坦诚。她为了他把自己装扮得漂亮，并且承认自己肉体上的缺陷，她为自己的身材感到羞耻，并且想要对其进行修饰。她的"丝绒以及苔藓"的联想很清楚地暗示着阴毛。

　　因此，这梦表达了一些她在清醒时没有觉察的思想——关于性爱以及性器官的。她正在"安排庆祝生日"（译者按，这里指生产的日子），也就是说她正在性交。同时还有被强奸的恐惧，也许还有关于受虐的快感的思想。她承认自己肉体上的缺陷，并且通过对贞操的过分重视来对那些缺陷进行弥补。她的羞耻心为性欲找了个借口——她的目标是生一个孩子。甚至她所陌生的、关于物质的考虑也在梦中被表达出来了。在这个简单的梦中感受到的"幸福的感觉"表明，她强烈的情绪情结在梦中得到了满足。

　　费伦齐说得很对，在那些没有受过教育的人的梦里，最容易找出象征和梦的意义。

　　在这里，我要插入一个当代历史人物做的梦。我之所以这样做，是因为在那个梦里，有一个特别适合代表男性性器官的物体。通过解释，我们可以清楚看出，它是阳具的典型象征。"无限延伸的马鞭"只有一种意义的可能性，那就是表示勃起。此外，这是一个很好的例子。通过它，我们可以看出，一个严肃的、与性相差甚远的思想是如何通过儿童性材料被表现出来的。

No. 11 俾斯麦的梦

（来自汉斯·沙克斯）

在《男子与政治家》内，俾斯麦引用了他在 1881 年 12 月 18 日写给皇帝威廉一世的信，里面有这样一段：

阁下的来信使我有勇气向您报告一个我于 1863 年春天做的梦，它发生在战争最激烈时，当时除非是神，否则谁都不知道出路是什么。我醒来后的第一件事就是向太太以及其他的证人叙述此梦：我梦见自己在狭窄的阿尔卑斯山小路上骑马，右边是悬崖，左边是岩石峭壁。小路越来越窄，以至于马都拒绝前进。但因为这地方太狭窄，所以不可能往回走或下马。然后我左手拿着马鞭，击打光滑的岩壁，请求上帝的帮助。马鞭不断延长，岩壁像舞台上幕布一样跌下去不见了，一条宽敞大道展开了，能够看到仿佛波西米亚地区的小山与森林，那里有普鲁士军队和旗帜。甚至尚在梦中时我脑中就浮现出向您报告的念头。这个梦很圆满，而我醒来时，满怀喜悦，充满力量。

这梦的情节分为前后两部分，在前部分里，梦者发现自己动弹不得，在第二部分里他以奇迹般的方式得救了。马和骑士的困境，很容易就知道这是暗示此政治家现实中的危机境况，而在做梦的当晚，他确实对他的政治问题思考良久，并且感到深深的苦恼。通过比喻，俾斯麦在上述那封信中描述了自己走投无路的境况，那个比喻景象对他来说肯定是平常而贴切的。除此以外，这恐怕也可以作为西尔伯勒"功能化现象"的好例子。梦者脑中运行着各种思考，它们都是关于他遇到的不可克服的困难和解决方案，他不能让自己从这些问题上抽身而出，因此在梦中就表现为进退维谷的骑士。他的骄傲不允许他投降或者撤退，这在梦中表现为"回转过来或下马都不可能"。俾斯麦作为一个实干家，一个为别人的利益辛苦工作的人，很容易就会把自己想象成一匹马；事实上他在好几个场合这样表示过，比如他那句著名的话"好马是死在工作中的"。由此看来，"马儿拒绝前进"表明，这位过分劳累的政治家想要逃避现状，换句话说，他用睡觉与做梦来解除"现实"对他的束缚。第二部分明显呈现了愿望的满足，其实在关于阿尔卑斯山的小路的描写中就表现了出来。俾斯麦应该已经知道他将在阿尔卑斯山的戈斯坦度过下一个假期，因此梦就把他带到那里，让他一下子摆脱所有政务的纠缠。

在梦的第二部分，梦者的愿望的满足通过两种方法表现出来；一方面是不经伪装地、易被理解地直接表达，另一方面是通过象征。象征是通过阻碍前进的岩壁消失了，取而代之的是一条宽广大道，这是他所希望的、最方便的"出路"，而且普鲁士军队毫无伪装地出现了。要解释这预言式的景象，并不需要创造一些神秘的联系，我关于愿望得到满足的理论就足够了。在那时，俾斯麦就认为打败奥地利，是解决国内争端的最好的出路。当梦者看见普鲁士军队以及他们的旗帜出现在波西米亚（即敌人的境内）地区时，这就是梦中呈现的愿望的满足了。这个梦例的特殊点是，梦者不只满足于让愿望在梦中得到满足，还知道是如何达到现实中的目的的。任何熟悉精神分析的人都不会忽略那无限伸长的马鞭。我们已经知道，马鞭、棍子、枪矛以及相似的东西通常都是阳具的象征，而梦中的马鞭还具有阳具最明显的特征，那就是它可以伸展，这更加无可置疑地证明它象征着男性性器官。"无限地伸长"这种夸张的现象，似乎来自童年对此的解读。而梦者手握马鞭则清楚地暗示着自慰，当然这不是指梦者现在的情况，而是要回溯到很久以前的孩童的欲念。

斯特克尔医生发现在梦中"左"代表错的、被禁止的、罪恶的事，在这里能很好地适用于儿童期被禁止的手淫行为。在这最深的童年期层面和最表面的此政治家白天的计划层面之间，很容易能找到一个中间层，它跟两者都有联系。用马鞭击打岩壁，并且向上帝求救，然后得到奇迹式的解救，和《圣经》中摩西敲击岩石得水来救助以色列干渴的小孩非常相似。我们可以毫不犹豫地假定，俾斯麦对《圣经》这一段记载非常熟悉，因为他来自一个信仰《圣经》的新教家庭。在那段国内冲突期间，俾斯麦很可能把自己比喻成摩西，一个致

俾斯麦

力于解救人民的领袖，但是得到的回报却是反叛、仇恨与忘恩。因此在这里我们还应当联系梦者当时的愿望。另外，这段《圣经》的记载还含有自慰性幻想的细

节。摩西在上帝下命令时，手握杆杖，上帝因为他违法而处罚他，说他进入"希望之乡"前就肯定必须死去。那被禁止的手握杆杖的动作（在梦中无疑指的是阳具）、用杆杖敲击得到液体以及死亡的威胁，从中我们可以找到幼儿期自慰的各种主要因素。我们还观察到一个有趣的处理：来自天才政治家心灵的景象和来自儿童心灵的原始冲动，通过《圣经》中某一段落连接起来，合成了一个复合影像，并成功地消除了所有让人尴尬的因素。手握杆杖是一个被禁止的反叛举动，在梦里只是

摩西

通过"左手"这一象征元素暗示出来。在梦的显意中，呼唤上帝的举动似乎故意引人注目地表明，这里没有任何被禁止的、秘密的思想。上帝对摩西的两个预言——他会看到"希望之乡"，但是不能进入，第一个已经清楚地被满足了（"看到小山与森林的景色"），而第二个令人苦恼的预言却根本提都不提。也许在二次处理中，也就是出于把目前的景象与前面的景象进行统一合成的需要，出水这一元素被岩石坠落而代替。

我们可以期望，儿童的自慰幻想包含了受禁止的动机，在其结束时，儿童肯定希望自己的行为没有被权威人士们发觉。在梦中却刚好相反——俾斯麦想要立刻将发生的事情报告给国王，但这种倒置反而很奇妙地和梦思想表面上对胜利的幻想、梦的显意部分天衣无缝地结合起来。这种胜利与征服的梦，常常掩盖着在肉欲上征服的愿望；梦中的某些特征，比如说，梦者的前进受到阻碍，但他运用他那可伸展的鞭子就使一条宽敞大道呈现眼前，就可能是指这点，但是还没有足够的证据可以推论说，贯穿整个梦的思想和愿望都是如此。这是个成功的梦的伪装的例子。任何令人尴尬的事都被表面的保护层覆盖着，不会泄露出来。其结果就是，所有的焦虑都被消除了。这是一个逃过审查作用的、成功的愿望得到实现的理想案例，所以我们也能理解，为什么梦者醒来后感到快活而充满力量。

最后的一个例子是：

No. 12 一个化学家的梦

（这是一个年轻男人的梦，他努力试图通过与女人性交而改掉自慰的习惯）

前言：在梦的前一天，他指导学生做 Grignard 反应，即将镁在碘的催化作用

下充分溶解于纯乙醚中。两天前，同样的反应进行时发生了爆炸，把其中一位工作人员的手烧伤了。

梦：1）他似乎是要合成苯镁溴的化合物。他很清晰地看到了实验器具，但他自己却替代了镁。他发现自己正处在一个很不安定的状态。他不断地对自己说："这就对了，事情进行得很顺利，我的双脚已经开始溶解，膝盖也变软了。"然后他用手去摸脚。这时（他说不出是如何做的）他把双脚抬出容器外，并再一次对自己说："怎么会发生这样的事？不，这是不对的。"这时候他已经部分醒来了，为了向我报告，他就又重温了一下整个梦。他对梦的解析感到非常害怕，在这半睡半醒的状态，他很激动地一直重复着"苯，苯"。

2）他和家人正在某地（该地名以 ing 结尾），在 11 点半时他要到舍滕托尔去与某位女士见面。但他却在接近 11 点半时才醒来。他对自己说："已经太晚了，等你到了那已经 12 点半了。"然后，他就看见全家人围坐在桌子旁；他的母亲特别清晰，而女佣人正端着汤盘。然后他对自己说："既然我们已经开始吃饭了，那我就不能出去了。"

♡**分析**

他自己确信，第一部分的梦也和要见的女士有关（这梦发生在他约会的前一天晚上）。他指导的那个学生特别令人讨厌，梦者曾经对该学生说："这是不对的。因为镁没有发生任何改变。"而那学生以一种漠不关心的语调回答："这当然不对。"在梦里，那学生一定是替代了他自己，因为他对这梦的分析也和那学生对合成实验一样漠不关心。而梦中正在做实验的"他"实际是指我。对我来说，他那种漠不关心的态度该多么让人生气啊！

另外，他（病人）是指被用来分析（或合成）的材料。这个是跟治疗的效果有关。梦中提到的他腿的事，提醒了在前一天晚上发生的事。他在舞蹈课上遇到一位他想追求的女士，他把她抱得那么紧以至于她一度叫了起来。当他不再对她的腿施加压力时，他能感觉到她强有力的部位正顶迫在他大腿下部直到膝盖的部位——这和他梦中提到的部位相同。由此看来，这女人正是曲颈瓶里的镁——事情终于发生了。在我和他的关系中，他是女性，而对于那女人来说，他是男性。如果和那女人的关系进行得很好，那么他的治疗也能顺利进行。他对自己的抚摸以及膝盖的感受都指向自慰，而他前一天的疲倦也与这相吻合——他和那女人的约会事实上确实是在 11 点半。他希望自己睡过头的愿望，以此来跟他家里的性对象（也就是手淫）待在一起，与他的抗拒是吻合的。

关于重复说"Phenyl"（苯基），他告诉我，他很喜欢末尾是"yl"的字，因为它们用起来很顺手，如 ben-zyl（丙基）、acetyl（乙酰基）等。这相当于什么都没解释，但当我向他提示一个夸张的词"Schlemihl"（不幸的坏蛋）也是这系列的一个时，他大笑起来，并说，在这个夏天，他读了一本普鲁斯特写的书，里面有一章是写"被拒绝的爱情"，事实上里面包

普鲁斯特

含对"Schlemiliés"的描写，当他看到这里时，对自己说："这就和我一样——如果他错过了这个约会，那么他就是一个不幸的坏蛋。"

梦中的性象征似乎已经通过实验被直接证实了，1912 年史罗德医生受到斯沃博达的启发，向受到深度催眠的人发出指令，结果发现他们梦到的内容大多表现出指令的影响。如果暗示被催眠的人应梦见正常或不正常的性交，那么他就会服从这暗示，利用那些为精神分析所熟悉的象征来表现性的材料。比如说，如果暗示一位女士，说她应该梦见和一位朋友做同性恋的性交，那么在梦中那位朋友手上就会提一个破旧的旅行包，上面贴着标签，标签上印着"只限女士"这样的字样。据这位女士说，她对梦的象征与解释一无所知。遗憾的是，我们对这有趣的实验的判断却遇到了困难，因为史罗德医生在做完这实验不久后就自杀了。只有《精神分析汇报》对他的实验进行过暂时的报道。

同样的结果由罗芬斯坦于 1923 年发表。贝特海姆和哈特曼做的一些尝试十分有趣，因为他们没有利用催眠术，而是对患有科尔萨科夫综合征的患者讲了一些含有粗俗性内容的故事，然后让他们复述那些故事，并且观察在复述中出现的变形描述。他们发现，我们在解释梦时所遇到的熟悉的象征在这里也出现了（比如，上楼、刺杀、枪声象征着性交，而刀、烟象征着阴茎）。楼梯作为象征出现，这一点特别重要，就像那两位作家正确指出的，"这样的象征不可能来自有意识的变形"。

只有当我们对梦中象征的重要性有了足够的重视后，才能继续研究前面第五

章中提到的典型梦。我认为应该把这些梦大体分为两类：第一类是那些永远具有同样意义的，第二类是梦的内容虽然一样，但是却有着各种不同的解释的。关于第一类的典型梦，我在关于考试的梦中已经相当详细地说明过了。

关于赶不上火车的梦应当和考试的梦放在一起，因为它们具有感情上的相似性，从对它们的解释来看我们这样做是对的。和那种梦中感受到的另一种焦虑——对死亡的恐惧——相反，还有一种安慰梦。"分离"是对于死亡最常用的，也最合理的象征。因此这种梦常常以安慰的口吻暗示："放心吧，你不会死（离开）。"就像考试的梦会这样安慰说："不要怕，这次什么也不会发生。"对这两种梦的理解的困难来自：安慰的表达和焦虑的感觉恰好是纠缠在一起的。

我的病人经常会做由于"牙齿刺激"引起的梦，但是在很长一段时间内，在解释梦时，我惊讶地发现，解析总是会受到强烈的阻抗。

终于，关于这一显著事实，我毫无怀疑地相信，那些梦的动机来自男人们青春期自慰的欲望。我将要分析两个这样的梦，其中一个也是**"飞行的梦"**。它们都是同一个人梦见的——他是个年轻男人，具有强烈的同性恋倾向，但他在真实生活中却尽量抑制自己这种倾向：

他在剧院正厅观看《费得里奥》的演出，他坐在 L 先生的旁边，此人与他意气相投，他很愿意和他做朋友。突然间他从空中飞过剧院大厅，并且把手放在嘴巴里并拔出两颗牙来。

他说飞行时像是被抛掷在空中的感觉。因为上演的剧是《费得里奥》，所以他想到这样的台词：

"谁赢得了一位可爱的女人——"

但是即使是最可爱的女人，也不是梦者想要的。另外两句诗似乎更贴切：

"谁完成了伟大的抛掷，他就能成为一位朋友的朋友……"

这个梦包含了这样的"伟大的抛掷"，但那"抛掷"不仅仅是愿望的满足。在其后还隐藏了痛苦的考虑，那就是梦者在结交朋友上常会遇到不幸，经常会被"扔出去"，他害怕这样的命运也会在他和坐在他旁边观赏戏剧的年轻朋友身上重演。接着这个敏感的梦者又很难为情地承认，有一次在被一位朋友拒绝后，他在肉欲的兴奋下一连自慰两次。

下面是第二个梦：不是我，而是两位他认识的大学教授在对他进行治疗。其中一位对他的生殖器做了些处理；他害怕动手术。另外一个用铁棒压住他的嘴，他因此掉了一颗或两颗牙。他被四条丝巾捆起来。

这个梦具有性意义是毫无疑问的。那丝巾暗示着他将自我等同为他认识的一位同性恋者。梦者从来没有进行过真正的性交，也没有试图在真实生活中和男性进行性交，因此他对性交的想象来源于他所熟悉的青春期的自慰。

在我看来，各种含有"牙齿刺激"的典型梦（如牙齿被人拔掉等）都可以用同样的方式进行解释。但是让我们感到困惑的是，为什么"牙齿刺激"会具有这样的意义呢？关于这点，我想请大家注意，由于对性的排斥，所以对性内容的表达往往从身体的下部转移到身体的上部。在癔症患者身上就可以看到这种情况，本应属于生殖器的各种感觉和欲望，被转移到别的不受非议的身体部位上。潜意识的思想在象征中将生殖器官替换为脸，这也是一个移置的例子。在语言运用上，德语词"屁股"跟"脸蛋"非常相近，而阴唇和围绕着口的嘴唇相似，在无数的暗喻中鼻子被比作阴茎，两者之间长的毛发也加强了这种相似性。只有牙齿的外形没有什么相似性，但正是这种相似与不相似的特性使牙齿特别适合在性元素受排斥的压力下，表现性元素。

我不想断言我已经毫无疑义地证明了，**牙刺激梦**可以被解读为自慰的梦。我已经尽我所知地加以解释，剩下不能解决的也只好不提。但我还要让大家注意到语言应用上另一个相似之处。在我们国家，对于自慰行为有一个粗俗的描述："拔出来"或者"拔下来"。我不知道这用法或其想象的来源，但"牙齿"和第一句话十分相符。

根据流行的看法，梦见牙齿掉下来或被拔掉意味着亲戚的死亡，但由精神分析的观点来看，这最多是对上述自慰意义的玩笑说法。不过我仍想引用奥托·兰克提供的一个牙齿刺激的梦：

"我一位同事，长期以来都对梦的解释怀有深厚的兴趣，他写信告诉我这个主题为牙齿刺激的梦：

不久前，我梦见自己在牙科诊所内，医生正在我下颚的一颗后牙上钻孔。他工作了好久，一直到牙齿没法使用了为止。然后他用钳子，像游戏似的毫不费力地就把它拔了出来——这使我大吃一惊。他叫我不必担心，因为他真正治疗的对象并不是这颗牙。他把牙齿放在桌上（现在看起来它似乎是上排的门牙），它立刻分离成几层。我由手术椅上爬起来，好奇地靠近它，并提出一个我感兴趣的医学问题。牙医这时一面把我白得出奇的牙齿的各层分开，并用某种器具把它捣碎（磨成粉末），一面解释说这和青春期有关，因为只有在青春期以前，牙齿才这么容易拔出来，对女人而言，最重要的时间分界点是分娩。

然后我发现（我相信那时自己是处在半睡眠状态）自己遗了精，但是不能确定是在梦的哪个部分发生的，在我看来其最可能发生在拔牙的那部分。

然后我又梦见一些我已经记不起来的事情，不过其结尾是这样：我把帽子和大衣遗留在某个地方（也许是牙医的衣帽室内），并且希望有人赶着拿来给我。我那时只穿着外套，正在追赶一辆刚刚开动的火车。我在最后一刻跳上了最末尾的车厢，当时已经有人站在那里了。我无法挤入车厢内，所以不得不一直忍受这种不舒服的状况，但最后我还是成功脱离了这种困境。我们进入了一条长隧道，迎面开来两列火车，它们穿过了我们的火车，看上去它们本身就像是个隧道似的。我好像置身车厢外，然后透过窗子向里看。

做梦前一天的经历与思想为解释此梦提供了材料：

1. 事实上我最近确实去看过牙医。在做梦时，我下巴的牙齿——正是梦中牙医钻孔的那颗——一直在疼。而且牙医对那颗牙齿的处理确实比我想象的要久。在做梦的那天早晨，我因为牙疼又到牙医那去了，他告诉我，也许还得从下颚再拔掉另外一颗牙，疼痛也许是来自裂成两半的智齿。关于这方面，我当时问了一个有关他医德的问题。

2. 同一天下午，我因为牙疼引起的坏脾气而向一位女士道歉，而她告诉我，虽然她的一颗牙的牙冠已经完全碎掉了，但她还是害怕把牙根拔掉。她认为拔牙特别疼，而且危险，虽然一位熟人告诉她要拔上排的牙是很简单的（她的坏牙正好是在上排）。这位熟人又告诉她说，有一次在麻醉状态下他的一颗牙被错拔了。这又增加了她对那一必要的手术的恐惧。然后她又问我'上颚犬齿'是白齿还是犬齿，它们应该怎样辨别。我一方面指出，这些意见中包含了很多迷信的成分，但是另一方面我也承认，在某些民间观念中是有着正确的核心的。然后她给我讲了一个她了解到的古老和被普遍承认的民间信念，他们认为如果孕妇牙疼的话，她就会生一个男孩。

3. 考虑到弗洛伊德在《梦的解析》中提到的'牙齿刺激的梦是自慰的替代'的说法，那一民间观念引发了我的兴趣，因为根据那位女士的说法，在民间传说中牙齿和男性性器官（或男孩）是相互关联的。当天晚上我就翻阅《梦的解析》的有关部分，并且发现下面这些论点和前述两件事一样，都对我的梦产生影响。关于'牙齿刺激的梦'弗洛伊德这样写道：'在男人中，这些梦的动机都是由青春期自慰的欲望而来。'还有'各种含有"牙齿刺激"的典型梦（如牙齿被人拔掉等）都可以用同样的方式进行解释。但是让我们感到困惑的是，为什么"牙齿刺激"会具有这样的意义呢？关于这点，我想请大家注意，由于对性的排斥，所以对性内容的表达往往从身体的下部转移到身体的上部。在癔症患者身上就可以看到这种情况，本应属于生殖器的各种感觉和欲望，被转移到别的不受非议的身体部位上'，以及'但我还要让大家注意到语言应用上另一个相似之处。在我们国家，对于自慰行为有一个粗俗的描述——"拔出来"或者"拔下来"。在年轻时，我就知道这种表达经常代表自慰，而有经验的梦的解释者很容易就能找到梦中隐藏的童年材料。另外梦中的牙齿（后来变为上排的门牙）被如此轻而易举地拔出，使我记起童年时的一件事——我自己把松动的上排门牙拔掉，很简单而且一点都不疼。关于这件事，我至今仍然很清楚记得它的细节，而它恰好发生在第一次有意识地对自慰进行尝试之后（这是被屏蔽的记忆）。

弗洛伊德借鉴了荣格的观点。荣格认为，发生在妇女身上的牙齿刺激的梦具有分娩的意义。大众之间流行的对孕妇牙疼的意义解释，使梦中有关牙的因素因为男女性别不同而具有不同的意义。这又使我记起了前一次从牙科诊所回来后做的梦，那次我梦见刚镶上的金牙冠掉了出来。这使梦中的我大为愤怒，因为我已花了不少钱，当时还在感到心痛呢。现在我（在获得了许多经验以后）已经能理解这个梦的意义了，它暗中表扬，自慰比对任何形式的物体之爱更具有经济上的优势，因为后者（比如说金牙冠）不管怎样都需要花钱。我认为，那位女士谈到的怀孕妇女牙疼的意义，再次唤起了我的这些思想。

我同事的解释极富启发性，也没什么需要反驳的。除了对第二部分的梦可能隐含的意义外，我也不需要再补充什么。这部分似乎表现出，梦者从自慰到正常性交这一转变，显然经历了极大困难（如火车从不同的方向进出的隧道）及后者的危险性（如怀孕和外套）。

但是，从理论上讲，这个梦从两个方面引起我的兴趣：第一，它证实了弗洛伊德的理论——梦中的遗精伴随着拔牙的动作。不管遗精以何种方式出现，它都应该被看作是不需机械性刺激而发生的自慰式的满足。另外，这个梦中伴随的遗精的满足并没有任何对象，而通常情况下这是有对象的，即使是幻想的，因此人们可以说，这是一种自体性欲，最多也是轻微的同性恋倾向（对牙医的）。

第二点值得强调的是，我们很容易就会遇到这样的反驳意见，认为弗洛伊德的理论在这里完全是多余的，因为前一天发生的事就足够使我们理解这个梦的含义。梦者看牙医、他和那位女士的谈话，还有阅读《梦的解析》都能清楚地解释夜里受到牙痛刺激的梦者为何会做这样的梦。如果需要，人们甚至可以解释出，梦是如何消除打扰睡眠的牙痛的——通过想象，牙齿已经被拔出来了，并且让性欲盖过对于牙痛的感知。但即使做出最大的让步，我们也不可能真的认为，单凭读了弗洛伊德的理论解释，梦者就可以在梦中把拔牙齿和自慰连在一起，甚至将这种联系变为现实，除非那种联系就像梦者自己承认的那样（'拔出来'），是长久以来就存在的。这关联不但借着与那位女士的谈话而复苏，并且也和他下面报告的事件有关，因为在读《梦的解析》时，出于某些很容易被理解的原因，他不愿意相信牙刺激梦的典型意义，并且想要知道这种意义是否适用于所有的这类梦。至少对他自己来说，这个梦证实并展示了，他为什么会对此怀有疑问。在这方面，这个梦也是种愿望的满足，也就是，希望自己相信弗洛伊德的观点的适用范围和可靠性。"

第二类典型的梦包括那些梦见飞翔或飘浮、跌落、游泳等的梦。这种梦又有什么意义呢？对这个问题没办法给予一个普适性的答案。我们下面将看到，它们在每个梦例里都是不相同的，而梦中包含的感觉材料都是来自一个来源。

通过精神分析提供的信息，人们不得不得出这样的结论，即这些梦也是在重复孩童时期的印象，就是说它们和那些对儿童最有吸引力的"运动"的游戏有关。哪一个舅舅、叔叔没与孩子做过飞的游戏呢？要么举着孩子在房间里跑来跑去，要么把孩子放在膝头然后突然伸直腿，或者把膝盖抬高然后突然下落，让他们失去支撑？小孩们欢呼着，不知疲倦地要求再来一次，特别是他们感到害怕或者头晕时。日后他们在梦中又重复这种感觉，但是在梦中支持他们的手被省略掉，就像他们自己在空中飘浮或者坠落。众所周知，所有小孩都喜欢被荡来荡去或玩跷跷板一类的游戏。当他们看了马戏团的表演以后，他们对此的记忆就又被重新唤醒了。当有些男孩癔症发作时，仅仅包含这类动作的熟练再现，这些动作本身虽然很单纯，却往往会引起当事者性的感受。用常用的、概括的语言来说：童年时期的"追逐"的游戏在飞翔、坠落、摇晃的梦中得以复现，而原来的快感则变成了焦虑。每一个母亲都知道，在现实生活中孩子的追逐游戏也常以争吵和哭泣结束。

因此，我有充分的理由反对那种理论，即认为飞翔和坠落的梦来源于睡眠时的触觉和肺部的胀缩运动感觉。我认为，这种感觉来自记忆，被重现在梦里，它们是梦的内容，而不是梦的来源。

这些有着同样来源的、类似的材料，可以用来表现各种各样的梦思想。那些出现飞翔和飘浮的梦通常具有欢愉的调子，它们也需要各种不同的解释。对某些人来说，这些梦的解释因人而异，但对另外一些人来说，它们又具有典型意义。我的一位女病人常常梦见自己在街道某个高度上飘浮着，脚离开了地面。她个子很矮，并且很害怕碰到别人弄脏了自己。她这个飘浮的梦满足了她两个愿望，一是她的脚离开了地面，二是她的头得以伸向更高处。另一个女病人则发现自己的飞行的梦表达了"但愿自己是一只鸟"的欲望；还有梦者梦到自己变成了天使，就是因为白天他们没有被称为天使。因为飞行和鸟有着密切的关联，所以男人的飞行梦具有性欲的意义就很容易理解了。因此，当我们听到，有些男人总是对自己在梦中能够飞翔感到特别骄傲时，也不必惊奇。

保罗·费登医生（维也纳）提出了一个非常吸引人的推测，认为这种飞行梦都是表示勃起的梦。因为这种勃起现象是引人注目的，它一直都被人类的想象所关注，人们肯定因为它的反重力性而印象深刻（参考古代的配有飞翼的男性生殖器）。

值得一提的是，像穆里·沃尔特那样的反对对梦进行解释的严肃实验家也支持这样的观点，即飞行或飘浮的梦包含了性欲。他说这种性欲因素是"飞行梦之所以产生的最强有力的动机"，因为这种梦往往伴随着强烈的身体震动感，并且时常伴有勃起和遗精的现象。

跌落的梦则常常以"焦虑"作为其特征。对妇人的梦进行这样的解释是毫无困难的，因为她们几乎总是通过"跌落"来象征对情欲的屈服。跌落梦的幼儿期的根源还没有被完全解析出来。几乎每个孩子都有跌倒然后被抱起来爱抚的经历，如果晚上由床上摔下来，保姆会把他们抱到床上去。

那些常常梦见游泳，并且愉悦地划游前进等的人都曾经经常尿床，他们在梦中重温他们早就放弃的乐趣。下面我们将从不止一个的例子中了解到**游泳的梦**最容易用来代表什么。

有关火的梦的解析，证实了禁止孩子玩火这一规定的正确性，这样他们在晚上就不会尿床了。因为这些梦例中隐含许多关于童年时尿床的回忆。在我那本《对一个癔症患者的部分分析》中，我结合梦者的病史，对一个这样的火梦进行了充分的分析和综合，并且展示了，成人的欲望是如何通过这样的童年期材料呈现的。

如果我们把"典型"理解为，在不同的梦者身上会重复出现一些相同的梦中显意因素，那么我们就可以提出很多"典型"的梦来，比如说：梦到穿过狭窄的小巷；梦到离开时穿过一排房间；梦到夜晚的强盗——为了防范他们，神经症患者会在睡前事先采取一些措施；还有人梦见被野兽追赶（野牛或者马）；被人用刀子、匕首或矛枪威胁；等等后两类梦是那些焦虑者的梦显意所特有的。对这些资料进行特别研究是值得感谢的，不过在这里我却想提出两个评述，当然，它们也不是完全只针对典型梦的。

我们越是寻求梦的解答，就越必须承认，成人大多数的梦都跟性有关，并且将性欲表现出来。只有那些真正解析梦的人——就是指那些从梦的显意中发掘出其隐意的，而不是那些满足于记下梦的显意的人（比如，纳克记录的性的梦）——才对其做出判断。现在马上可以确认，这个事实一点都不令人惊奇，而是和我解释梦的原则完全符合。因为从童年开始，性冲动受到的压抑是最大的，在睡眠状态中试图通过梦表现得最多最强烈的潜意识的欲望也是性冲动。在对梦进行解析时，人们千万不能忘了性情结的意义，自然也不能将它排除在外。

如果仔细解释，我们可以断定许多梦可以被理解为双性的，对它们可以进行无可反驳的多重解释，从中找出梦者的同性恋冲动，即那些和梦者的正常行为相反的冲动。斯特克尔和阿德勒断言，所有的梦都可以被解读为双性的，但是在我看来，这一论断不仅不能被证明，而且也不可能具有普适性，因此我不支持这一论断。首先，我不能对这样明显的事实视而不见，那就是许多梦满足的欲望都不是性欲（广义上的）的需求，比如饥渴的梦、舒适的梦等。同样，这些梦还证明，"每个梦的后面都有死亡的阴影"（斯特克尔）或者是"每个梦都沿着从女性到男性的路线"（阿德勒）这些论断，它们已经超出了梦的解释的范围。

"每一个梦都需要进行性方面的解释"这一论断一直都受到批评家无休止的愤怒抨击，但是我在这本《梦的解析》中从来没提出这样的论断。在前面七个版本中没有出现过那样的话，而且它跟此书的其他内容显然是彼此矛盾的。

我已经在别的地方指出，并且通过许多例子来证实了：看起来天真无邪的梦可能隐藏着粗俗的性欲望。而很多表面平淡无奇、无关紧要的梦，人们往往认为不管从哪方面来看它们都没有任何特别之处，但是在分析后却都能追溯到出人意料的、确凿无疑的性欲冲动上。比

阿德勒

如说，在未分析前，谁曾想到下面这个梦包含性的欲望呢？梦者讲述道："在两个富丽堂皇的宫殿后面不远处有一个门户闭锁的小屋。我的妻子带着我，沿着小路走到小屋，把门打开，然后我容易而快速地溜进一个有些向上倾斜的庭院内。"

任何有着少许翻译梦的经验的人，立刻就会想到，穿过狭窄的空间、打开闭锁的门都属于最常见的性的象征，因此很容易就可以看出，在这个梦里呈现的是想要从背后进行性交的愿望（从女性丰满的臀部中间进入）。那个狭窄而上倾的走道，当然是指阴道。梦者在梦中受妻子协助的事实使我们这么断定，在现实中他考虑到妻子可能会反对，而在做梦的当天，有个少女来到梦者家中，梦者很喜欢她，并且觉得她大概不会对那种方式太过反对。两个皇宫之间的小屋是布拉格哈拉钦（城堡）的回忆，而这又更进一步关联到那少女，因为她就是从那个城市来的。

❧

我向一位病人强调说，**俄狄浦斯梦**常会发生，即梦者和其母亲性交，然后我得到了这样的答案："我不记得做过这种梦。"不过，这之后，病人记起了另外一个不显著的、无关紧要的梦，梦者常常做这个梦。但分析后却显示这个梦包含了同样的内容，即这是一个俄狄浦斯梦。我很确定，和母亲性交的梦大多数是经过

伪装的，而很少是直接呈现的。

在许多关于风景及地方的梦中，梦者在梦里都坚信："我以前到过这地方。"这种似曾相识在梦中具有特殊意义。这些地方总是指梦者母亲的生殖器官，因为再没有别的地方能让人这样坚信，他曾到过那里。只有一次，一位患有强迫性神经症的患者讲的梦让我感到迷惑。他梦见去拜访一间房子，这房子他已经去过两次。这位病人在一段时间以前，曾经告诉过我他六岁时发生的一件事：有一次他和母亲同床而睡，但是在她睡觉时却把手指插入了她生殖器内。

许多常伴随焦虑感的梦中常含有这样的内容：梦者穿过狭窄的空间，或者在水中停留。这些都是基于一种对子宫内的生活、对母体内的逗留，还有出生过程的幻想。下面我要讲一个男人的梦，他在梦幻想中利用了对其父母性交过程的观察：

他置身一个深坑中，里面有一个窗子，就像塞默林隧道一样。透过这个窗户，他一开始只看到空旷的风景，然后他脑海中马上出现了一幅画，并且填补在风景的空旷之处。这图画呈现的是一片经过深耕的土地，而新鲜的空气、关于彻底地工作的想法、蓝黑色的泥巴都给人以美好的印象。然后他又看见一本关于教育的书在他面前展开，他感到惊奇的是，在书里面对孩童的性感觉给予了特别多的关注，这使他想到我。

一个女病人做了一个美丽的水梦，这个梦在她的治疗中得到了特殊的利用：

在她假期常去的某湖，她跌入其中，那里倒映着白色的月亮。

这样的梦就是"出生梦"。它们的解释刚好和梦的显意相反，即不是"跌入水中"而是"从水中出来"，也就是"出生"。如果我们想到法国俚语"la lune"

塞默林隧道

（月亮、底部）那放荡的含义，就可以想到人出生的部位。白色的月亮正暗示着孩童出生于那白色的屁股。而病人希望在她夏天度假处出生，又是什么意思呢？我问了她，她毫不犹豫地回答："在治疗后，我不就是像重新出生一样吗？"因此这个梦是在邀请我在夏天度假处继续对她进行治疗，也就是说到那里去拜访她。也许这梦中还包含了羞怯的暗示，即她有做母亲的愿望。

下面我将从琼斯的一篇论文中摘录另一个出生梦及其解释：

她站在海滩上，注视着一个很像是她自己的男孩蹚水。他一直往水里走，直到她只能看到他的头在水中忽隐忽现。然后这景象就变成了一个挤满了人的旅馆大厅。她丈夫离开了她，而她和一个陌生人"进入谈话"。

在分析中马上发现，第二部分的梦表现她想脱离丈夫而和第三者发生亲密关系。梦的第一部分显然是个出生幻想，不管是在梦还是在神话中，孩子从羊水中出来经常被表现为儿童被浸到水里。这些例子中，阿多尼思、奥西里斯、摩西和巴库斯的出生是为大家所熟悉的。在水中浮上浮下的头使病人想起她自己怀孕时体验到的胎动。想到男孩进入水中，导致这个梦的产生，在里面她看到自己把他从水中拖出来，然后抱到育婴室中，给他洗澡、穿衣服，最终带到她家去。

因此，第二部分的梦延续着第一部分的梦中隐意，第一部分的梦与第二部分的梦中隐意，即关于出生的幻想，是相对应的。除了我们前面已经提到过的颠倒，在梦的各部分中还存在别的颠倒。在梦的第一部分中，男孩子涉入水中，然后是他的头在水中浮沉，这时，梦中的基本思想中才出来孩童的运动，然后孩子从水中离开（双重颠倒）。在梦的第二部分中，丈夫离开她，而在梦思想中则是她离开丈夫。

亚伯拉罕报告了另一个出生梦，这个梦由一位接近产期的年轻孕妇所做。"一个地下通道直接从她房间地板某处通向水中（生殖道——羊水）。她拉开地板上的活板门，一只全身棕毛、很像海豹的动物马上出现了，这动物突然变成梦者的弟弟，她对她弟弟来说一直都像母亲一样。"

兰克根据一系列的梦例指出，**出生梦**和**小便刺激梦**一样，运用同样的象征。性欲刺激在它们中被表现为小便刺激，而这些梦的含义的各层次与自童年以来的象征意义的改变相对应。

在这里，我们应当再回到被中断的主题，即打扰睡眠的躯体刺激对梦的形成的影响。受到那种影响的梦不仅公开显示出欲望的满足和舒适的特点，而且还常常是一个特别明确的象征，因为感到的刺激常常试图在象征的伪装下蒙混过关，在失败后，便把梦者弄醒了。这种情况也发生在**遗精梦**和那些**遗尿**或**遗粪的梦中**。"遗精梦的特殊性质不但能使我们直接认识到那些虽然有着强烈的争议，但已经被认为是典型象征的性的意义，还使我们相信一些看起来天真无邪的梦不过是粗俗性景象的前奏曲罢了，那种性景象只在相对较少的高潮梦中直接被呈现，它们通常能够积累到一定程度然后变成焦虑梦，并使梦者惊醒。"

小便刺激的梦的象征意义特别清晰，并且在很早以前就被人知晓。希波克利特曾经认为梦见喷泉和泉水则表示膀胱有毛病（埃利斯录）。施尔纳研究了尿道刺激的多重象征，并且断言"较强的小便刺激一直存在在性的领域，就会表现为性的象征，具有小便刺激的梦常常也代表'性'的梦"。

据我所知，奥托·兰克在他关于惊醒梦中象征的多重性研究中，是这么认为的，即很可能许多小便刺激的梦实际上是由性刺激引起的，这种性刺激一开始总是想通过孩童时期的尿道性欲得到满足。特别有启示性的是那些梦，在里面小便刺激导向惊醒和排尿，但是即使这样，梦也继续着，现在它的欲求就被无伪装的性的画面表现出来。

同样，**肠刺激的梦**也是利用相似的方式表现象征，而且证实了社会人类学家充分证明了的金子和粪便之间的联系。"比如说，一位正在接受肠胃疾病治疗的妇人梦见一个正在埋宝物的人，那好像是一间乡村户外厕所的小木屋附近。梦的第二部分的内容是，她正在给拉完大便的小女孩擦屁股。"

出生梦跟**救援梦**相关。在女人的梦里，救援，特别是从水中救出，就意味着生产；在男人的梦里，这意义就有所不同。

强盗、窃贼和鬼怪都是人们在睡前感到害怕的，他们有时也会在睡眠中出现——他们都来自同样的童年回忆。他们是晚上到访的人，他们唤醒孩子让他们坐到尿壶上，以免他们尿床；或者翻开他们的被单，检查孩子的手在睡眠时放在什么地方。通过对这样一些焦虑梦的分析，我能够确认这些夜间访问者的身份。强盗总是指梦者的父亲，而鬼怪则多半与穿着白色睡袍的女性相对应。

第六节　一些梦例：梦中的计算和讲话

在提到影响梦的形成的第四个因素以前，我要从我收集的梦例中举出一些例子，部分原因是为了对前面提到的三种因素之间的相互作用进行解释；部分原因是为了要提供一些证据来支持一些判断——它们至今还没能通过充分的理由被证实；还有部分原因是为了要得出一些无可辩驳的结论。当说明梦的运作时，我发现很难用例子来支持我的见解，因为只有对梦例进行解析，它对某种具体观点的支持才有说服力，如果离开了原来的前后关系，它就失去了意义。但是，从另一方面来看，即使是粗浅的分析也会引发出丰富的思路，导致原来想说明的思路丢失。我在下面之所以把各种各样的例子放在一起，只是因为它们与本章前几节内容有联系，而那技术上的困难可以为我这种做法开脱。

首先是几个例子，它们呈现了梦的特殊或很不寻常的表达方式：

一位女士梦见：一个女仆站在梯子上，好像在擦窗子，身边有一只黑猩猩和一只猩猩猫（后来她改正说是安哥拉猫）。这个女仆把这些动物向她身上扔来，黑猩猩紧紧贴着她，她感到恶心。

——这个梦用一种非常简单的方法达成了它的目的，它采用了一些语言习惯用法的字面意思，并且把那含义形象化表现出来。"猴子"或其他动物名称，一般来说是用来骂人的。而从梦中情景来看，它们就是表示"破口大骂"。很快我们就可以看到，在许多其他梦例中，梦的运作也运用了这种方法。

另外一个相似的梦：一位妇女生下一个颅骨明显畸形的孩子，她听说，这跟孩子在子宫内的位置有关。医生说可以用压力使脑袋变得好看些，不过那样会损伤孩子的大脑。她认为这是个男孩子，所以这么做也许不会有什么害处。

——这梦包含了对抽象概念"儿童印象"的形象表现，这一抽象概念是梦者在治疗时听医生说的。

下面的梦例中，梦的运作稍微有些不同。这梦包含了一段回忆，是关于到位于格拉兹的黑尔穆水域旅行的回忆："外面的天气非常可怕，有一座破烂的旅馆，水正从墙上滴落下来，而床都湿透了。"（梦的后面部分内容，并没有像我所写的那样，直接呈现在梦中）这个梦的意思是"过剩"（überflüssig）。在梦思想中发现的抽象概念，一开始被强烈表现为它的双关语，也就是"泛滥"（überfliessend）或者是"液体（flüssig）和过剩（的液体）（überflüssig）"，后来又通过一系列同类的印象形象表现出来：外面的狂风暴雨、墙壁的滴水、湿透床的水——所有的都是水（液体），都过剩了（译者按：在"液体"flüssig前加上"过多"über的前缀，构成抽象词"过剩"überflüssig）。

为了达成梦的表现这一目的，词语的正确拼写并不比其读音更重要。对这点我们并不感到惊奇，因为押韵诗也遵循这样的规则。兰克曾经很详细地描述并分析了一个女孩的梦。梦者描绘了她是如何走过田地，并且割下大麦和小麦丰润的麦穗（hren）的。她少年时期的一位朋友向她走来，但她却企图避开他。分析显示，这个梦是关于"光荣（Ehren）的接吻"的。在梦里，那麦穗不是被拔下来，而是被切下来，当这与 Ehr, Ehrungen 复合在一起时，就可以表现另外一串梦思想了。

在别的案例中，文字使梦中思想的表现变得十分容易，因为文字拥有大量可支配的词汇，它们在最早时都是指影像式的、具体的实体，只是在今天它们变得无色彩并且抽象了。因此，梦所要做的事只是还原那些词原有的意义，后者追溯到词语演变中更早的某个时期。比如说，某男人梦见他弟弟被困在一个箱子（Kasten）中，在分析过程中，Kasten 被 Schrank（橱柜，或者抽象意思为"障碍""限制"）代替，因此，梦中思想是，他弟弟应该自我约束，而不是梦者本人。

另一个男人梦见自己爬到高山顶上，那里的视野特别的广阔。而事实上他这是自我认同为他兄弟，他兄弟出版了一本"评论（Rundschau）"（字面意思是"眺望"），是有关远东地区的评论。

《绿衣亨利》中提到一个梦，梦里一匹活泼的马儿在燕麦田中翻滚，而每一颗麦粒都是"一颗香甜的杏仁、一颗葡萄干以及一枚新的铜板包在红色丝巾内，用猪毛捆起来"。作者（或梦者）马上对这个梦中景象进行了解释，因为在麦穗的刺挠之下，马儿觉得很舒适，于是它大叫："燕麦刺着我。"（意为财富宠坏了我）

古代北欧传说中，有着大量的对双关语和语言游戏的运用（根据亨森的研究），在里面，几乎没有一个梦不运用双关语或者语言游戏。

收集那些表现的方式，并根据其原则来分类，是一项特别的工作。有些表现方式甚至可以说是好笑的。人们会有这样的感觉，即如果梦者自己不解释，那我们永远也不会猜到其意义：

①一位男人梦见，有人问他某人的名字，但他却怎么也记不起来。他自己解释说，这大概是说"在梦里我想不起来"。

②一位女病人讲了一个梦，梦里出现的所有的人都特别高大。她说，这一定和她的童年有关，"因为那时候在我看来，所有成人都特别高大"。她本身并没有

出现在梦中。关于童年，也可以用另一种方式来表达，即把时间转变为空间。人物与景象好像是在远处、在路的尽头；或者像是从观剧用的望远镜相反那头看出去那样。

③一个男人，他清醒状态下喜欢用抽象而不确定的表达方式，而且对于讲机智的笑话很有天赋，有一次他梦见他在火车到站时到达火车站，但是火车是静止的，而站台向它移动着——一个和事实恰好相反的荒谬颠倒。这细节表明，梦中内容必定还存在颠倒之处。分析的结果使病人记起某些图画书，里面画着一些倒立的男人，他们用头支持身体，用手来走路。

④同一梦者有一次告诉我一个短梦，它几乎让人想起制画谜的技巧。他梦见他叔叔在汽车（Automobil）上给了他一个吻，然后他立刻向我做出解释，这个解释我大概永远也不会猜到，即这是指自淫（Autoerotismus）。现实生活中笑话大概也不外乎如此。

⑤一个男人梦见他把一位女士由床背后拉出来。这梦的意思是，他宠爱她。（译者按：vorziehen 有"拉出、优待、宠爱"的意思）

⑥一个男人梦见他是一位官员，坐在桌子旁边，对面是皇帝。这指他正和父亲对立。（译者按：根据 gegenüber "对面" 和 Gegensatz "对立" 之间的相似性）

⑦一个男人梦见他正为一个骨折的病人治疗。分析表明，"骨折"表现的是通奸（婚姻的破裂）。（译者按：根据 Knochenbruch "骨折" 和 Ehebruch "通奸"之间的相似性）

⑧梦中的时刻常常代表梦者童年某个特殊时期的年龄。因此梦中的"早上五点三刻"指梦者五岁三个月时。这是关键的时间点，因为那时他的弟弟出生了。

⑨这是梦中表达年龄的另一个方法。一位妇人梦见她和两位小女孩一起散步，而她们的年龄差是十五个月。就她所知，在她的家庭中，找不到与此对应的人。她自己这么解释，这两个孩子都代表着她，而此梦提醒了她童年时的两个创伤性事件，它们之间刚好相隔十五个月，一件发生在她三岁半，而另一件则是四岁零九个月。

⑩在进行精神分析治疗期间，病人常会梦见治疗，并且会在梦中表达出他对此治疗的思想与期望——这是不足为奇的。通常情况下，被挑选为表现治疗的影像是"旅行"，通常是乘汽车旅行，因为它是新型的复杂机械。这时，病人会通过车子的速度发表讽刺性评论。如果潜意识——作为清醒时思想的一个元素——

表现在梦中的话，它很容易被合乎目的地置换为"地下"的一些场所；在别的情况之下——和精神分析治疗无关——这些区域则代表着女性的身体或者子宫。梦中"下面"常常指性器官，相反，"上面"则指脸、嘴或乳房。梦的运作通常用野兽来表现一种梦者害怕的感情冲动，不管这是他本身还是他所害怕的人所有，也就是说，只要进行稍微的移置工作，热情冲动的载体就会发生变化。从这儿我们就不难发现一些梦例，在里面那些邪恶的动物，如狗、野马，以图腾的形式代表了可怕的父亲。我们可以这么说，野兽是用来代表原欲，这种原欲让自我感到恐惧，抑制功能一直与其对抗。梦者也常常会把他的病态人格从自身分离出来，并且在梦中将其形象化为另一个独立的人。

⑪以下是萨克斯记录的一个例子："从《梦的解析》我们了解到，梦的运作利用各种不同的方法，将词语或句子用形象表现出来。例如，如果它要表达的形式是多义的，它就会利用这一条件，多义词就变成了一个分叉点，其中一个意义存在于梦思想中，而另一个意义则表现在梦的显意中。"

下面这个短梦就是这样，它巧妙地利用了适合的新鲜的白天印象，作为表现的材料：

"在做梦的那个白天里，我患了感冒，并且决定，晚上要尽可能地不下床。在梦中，我似乎在继续白天的工作，我把剪报贴在本子中，并且试图为一个剪报找到对应的位置。但是它却不能粘在纸页上（er geht aber nicht auf die Seite），这让我感到很痛苦。我醒过来，发现梦中的痛苦是作为真实的痛感在我身体里持续着的，因此我必须违背上床以前的决心。这个梦为了保证能使我继续睡眠，通过那句语义双关句'er geht aber nicht auf die Seite（也有"他不上厕所"的意思）'来满足我不想下床的愿望。"

人们完全可以这么说，为了将梦思想形象化表现出来，梦的运作会采用所有可能的手段，而且不管它们是不是经受得住清醒意识的批判，因此那些只是听过梦的解释但从来没有自己亲自解析过梦的人，会对梦的运作表示怀疑或者嘲笑。斯特克尔的《梦的语言》一书中包含了许多这样的好例子，但我要避免引用它们，因为其作者缺乏批判精神，而且他运用的方法也是主观随意的，甚至对任何不具偏见的人来说，它们都是不能确信的。

⑫下面的例子取自 V. 陶斯克所著《衣物和颜色在梦的表达中所起的作用》：

a. A君梦见他过去的女主人穿着一件具有黑色光泽的衣服，臀部处紧贴着——意思是他认为他女主人很淫荡。

b. C君在梦中看见一位女孩在某条路上，周身环绕着白色的光芒，穿着一件白色的宽罩衫——梦者在此条路上第一次和白小姐发生亲密关系。

c. D女士梦见八十岁的维也纳老演员布列塞尔（Blasel）穿着全副盔甲躺在沙发上。然后他在桌子椅子上跳来跳去，拔出一把匕首，望着镜子内自己的影像，向空中挥舞匕首，好像在和一位假想的敌人作战。

——解释：梦者患有长期的膀胱病（Blasenleiden）。她躺在沙发椅上接受分析：当她看到镜子内自己的身影时，她内心认为，尽管她年岁已大，还患有疾病，但自己仍然精神矍铄（rüstig）。

⑬梦中的一个"伟大成就"：

一个男人梦见自己是躺在床上的怀孕的女人。这种情况令他无法忍受，他大叫："我宁愿……"（在分析过程中他补充说，当他想到一位护士后，他用"敲碎石头"来完成这个句子）在他床的后面挂着一张地图，下沿靠一根木条来撑直，他把木条扯下来，拗木条的两端，结果木条没有断成两截，反而沿着长轴裂成两条。然后他感到轻松，并且对他的生产也有助益。

在没有任何帮助的情况下，他自己就把扯下的木条（Leiste）解释为伟大的成就（Leistung），这一举动使他脱离了（治疗中）不舒适的状况，即脱离了把自己当成女性那一幻想。那木条不在中间断裂，反而纵向裂成两半，这一奇怪的细节通过梦者的回忆得到解释：梦者想起，这种伴随着破坏的加倍暗示着阉割，在顽固的愿望对立中，梦常常用两个阳具的象征来表现阉割，而且"鼠蹊部"是靠近生殖器的部分。梦者总结对这个梦的解释说，他因为害怕被阉割，所以把自己想象成女性，但是这种恐惧已经被克服了。

⑭在用法语分析一个病例时，我发现自己以大象的形象出现在病人的梦中。我当然一定会问，我怎么会以那种形式表现，梦者的回答是"你在欺骗我"（Vous me trompez，而 trompe 就是象鼻的意思）。

在表现一些难以表达的材料时，比如专有名词，梦的运作会被迫利用一些遥远的联系。在我的一个梦中，老布鲁克给我一个解剖任务，我完成了切片工作，然后摘出一些东西，看起来就像是一张揉皱了的银纸（在稍后我将再次提到此梦）。我费了一些劲才想到"Stanniol"（锡纸），然后我就知道了，我想表达的是作家的名字"Stannius"，我在更年轻时很崇拜他，他有关于鱼类神经系统解剖的著述。而我老师分配给我的第一件科学工作事实上就和一种叫"Ammocoetes"的鱼类的神经系统有关。很显然，这样的名字是不可能用图画的形式表现出来的。

在这里我禁不住要插入一个有着奇特内容的梦。作为孩童的梦，它也是值得注意的，而且通过分析很容易就可以对其进行解释。一位女士说："我记得，童年时我总是梦见上帝头上戴着一顶尖顶的纸帽子。我常常在吃饭时被戴上那种帽子，这是为了不让我看见别的孩子的餐盘内有多少食物。因为我知道上帝是全知全能的，那么这个梦的意思就是：即使我头上戴着那样的帽子，我也什么都知道。"

研究梦中的数字和计算，对于研究梦的运作过程以及它如何运用材料表现梦思，是很有启发性的。特别是梦中的数字在迷信中常被人认为是预示着未来的。因此我要从我收集的梦例中找出几个这样的例子。

No. 1 这梦例来自治疗进行到尾声的一位女士：她正要去付什么账。她女儿从她（梦者）的钱包中取出了 3 弗洛林和 65 个克鲁斯。梦者却说："你做什么？它只不过值 21 个克鲁斯而已。"因为对梦者有所了解，所以不需要她的解释我就能理解这梦的全部内容。这女士从外国搬来，她女儿正在维也纳念书，只要她女儿留在维也纳，她就可以继续接受我的治疗。这女孩的课程将在 3 周后结束，而这也意味着她的治疗也必须结束了。做梦的前一天，女校长问她是否考虑让女儿再读一年。从这个暗示出发，她当然想到如果这样的话，自己就可以继续接受治疗了。这就是这个梦的含义，一年是 365 天，剩下的课程和治疗时间有 3 周，恰好是 21 天（虽然治疗时间要稍微短一些）。梦思想的数字在梦中指的是钱，但其实没有什么更深层的含义，只是因为"时间即金钱"。365 个克鲁斯，是 3 弗洛林 65 克鲁斯。梦中的数目很小，这无疑是愿望得到满足的结果，梦者希望治疗的费用还有她女儿上学的费用都能更少一点。

No. 2 另一个梦中牵涉的数字则更为复杂。一位女士，虽然年轻，但已经结婚好多年了。她当时了解到，一位和她几乎同龄的朋友爱丽丝刚刚订婚，于是她做了这样的梦：她和丈夫一起坐在剧院中，大厅前排座位几乎完全空着。丈夫对她说，爱丽丝和她未婚夫本来也想来，但是只剩下不好的座位了——3 张票要花 1 弗洛林 50 克鲁斯，他们当然不会要的。她想，如果他们买了那些票大概也不会是什么坏事。

这 1 弗洛林 50 克鲁斯是从哪里来的呢？实际上，它是来自前一天的一件无关紧要的事。她嫂嫂的丈夫给了她嫂嫂 150 个弗洛林，而她马上就用它们买了珠宝。值得注意的是，150 弗洛林是 1 弗洛林 50 克鲁斯的 100 倍。那么那 3 张戏票的"3"又是哪里来的呢？唯一的联系是，她那位刚刚订婚的朋友恰好比她小 3 个月。当我发现了"剧院正厅前排的座位几乎全都空着"的意义后，整个梦的含义就可以被解开了。这是对一件小事的不经伪装的暗示，而关于那件事，她丈夫有足够的理由取笑她。她打算去看一部预定下星期上演的戏，并且提前好几天就不惜麻烦地去订票，还支付了订票费。当他们去看演出时，他们发现剧院的一半几乎是空的。因此，她本来完全没有必要那么着急。

所以梦想是这样的："这么早结婚完全没有意义。我本来完全没有必要那么着急。从爱丽丝的例子看来，我不管怎样也能找到一位丈夫，而且如果我耐心等待（是她嫂嫂那种急切的对立面），是可以找到比现在的好一百倍的（丈夫，珠宝）。用这些钱（嫁妆）我可以买三个这样的男人了！"

我们注意到，这个梦中的数字的含义和联系要比前面那个梦有更大的变动。这个梦中的转变和伪装更加厉害。对于这点的解释是，这里的梦思想如果要在梦中表现出来，就必须克服更大的内部心理冲突。另外，我们不应忽视梦中荒谬的元素，即两个人要买三张票。这种荒谬的事件是要特别强调这一梦思想，即"这么早结婚毫无意义"。两个被对比的人通过一个次要元素联系起来，即她们两个生日相差 3 个月，这也是"3"这个数字的来源，而且巧妙地表现了梦所要求的"毫无意义"这一点。把 150 弗洛林减少为 1 弗洛林 50 克鲁斯显示了女梦者受到压抑的思想，即她认为她丈夫（珠宝）价值很低。

No. 3 另一个例子则显示了梦中的计算方法，这方法带给梦不好的名声。一位男人梦见：他坐在 B 家的椅子上（B 是他以前的熟人），并且说："你们不让我娶玛莉是个大错。"然后他问那个女孩："你今年几岁？"她答道："我生于 1882 年。""那么，你现在 28 岁。"

因为此梦发生于 1898 年，所以这计算明显是错的。如果没有别的解释，那么这梦者的计算能力之差简直跟智力障碍的人一样。我这位病人是属于那种看到女人就想追的人，而恰好这几个月来，排在他后面接受治疗的是位年轻女士，他总是碰到她，并且向我打听她，特别想给她留下好印象。他估计她大概是 28 岁。这解释了那错误计算的结果，而 1882 年是他结婚的时间。还有，他在我诊所还遇到两位女仆，他也忍不住要和她们讲话，她们已经绝不是年轻少女了，她们只是轮流给他开门而已。当他发现这两位女仆对他没什么兴趣时，他自我解嘲地说，也许这是因为，她们认为他是上了年纪的、已经安定下来的绅士。

还有另外一个数字梦，很显然它的特别之处在于明显的联系或者说多重联系。对它的解释我要感谢 B. 达特纳先生：

"我那栋公寓的主人是一位警员，他梦见自己在街上执行任务（这是个愿望的满足）。一位督察走近他，衣领上的号码是 22、62 或者 26。不管怎样，上面有好多个 2。"

梦中把 2262 这一串数字分开呈现，就说明它们每个部分都有不同的含义。他记得做梦的前一天，他们曾在警察局谈论过他们的工龄。起因是一位督察在 62 岁时退休，并且可以领取养老金。而梦者只工作了 22 年，他必须再工作 2 年零 2 个月才能领取 90% 的养老金。这个梦一开始就满足梦者长时间以来的愿望，即他想晋升为督察，衣领上有 2262 字样的督察其实就是梦者本人。他在街上执行任务，这又是他另一个愿望，即他已经完成了 2 年零 2 个月的工作任务，这样就可以像那位 62 岁的老督察一样领取全部的养老金。

当我们把这些例子以及后面将要提到的梦例放在一起观察，就可以确定地说，梦的运作不进行任何数字计算，不管答案是正确还是错误。出现在梦思里面的数字，只是通过暗示的方式指出一些无法表现的材料。从这点来看，像其他想象一样，如梦中的名字和可辨认的语言话语，梦中的数字也是通过相似的方式完成表达的目的。

因为事实上梦本身不能创造讲话，不管有多少演说或话语出现在梦中，也不管它们是否合理，经过分析后都可以知道，梦只是从真正说过或者听到过的话语中选择了一些片段作为梦思想，而对那些片段的处理方法是完全任意的。它不仅把它们从原来的前后关系中抽取出来，将它们分散，接受了一部分，遗弃了其他的，还将它们重新排列。因此，一个看起来前后连贯的言谈，经过分析后，可以知道它是由 3 个或 4 个不同的部分拼凑而成的。在这种新的利用中，梦思想中原来的话语的意义被弃置不顾，而是被赋予了新的意义。如果我们仔细研究梦中的话语，我们就能发现它一方面含有清晰、紧凑的部分——它们大概是作为连接手段被补充进去的，就像我们在阅读时会自动补充一些偶然被遗漏的字母或音节一样。因此梦中话语的构造就像是角砾岩一样——各种种类不同的岩石被一种黏合的中间物质集合在一起。

严格来说，这些叙述只能适用于那些在梦中带有"感觉"性质的，并且被梦者描述为"话语"的内容。如果梦者认为自己没有听到或说出那些话语（即在梦中不涉及听觉或声带振动），那出现的便只是思想，就像我们在清醒时思考中会出现的那样，它们也会原封不动地进入很多梦中。对梦中出现的无关紧要的话语来说，阅读的东西似乎也是一个丰富的来源，但是这种来源却很难被找到。所有出现在梦中的、引人注目的话语，都可以被追溯到真实的、真正被说出或者被听到的话语。

在为了其他理由而被分析的梦中，我们就能够找到对梦中话语进行追索的例子。比如说在第五章那个天真无邪的"上市场"的梦中，说"那种东西再也买不到了"那句话的肉贩子就是代表着我，而另一句话"我不知道那是什么东西，我还是不要买的好"实际上使这梦变得"天真无邪"。梦者在前一天和厨师争执时，通过这样的话来拒绝："我不知道那是什么，你最好举止合宜！"通过这样的话语，听起来无关紧要的第一部分被纳入梦中，为的是对后面的部分进行暗示，这后面的部分才构成了梦中想象的基础，后面的话跟要暗示的非常吻合，因此也泄露了梦中想象。

这里是能够导出同样的结论的许多例子当中的一个："梦者置身于一个大庭院内，那里正在焚烧尸体。他说：'我要离开这里，我看不下去了。'（这不是清楚的话语）然后他遇见屠夫的两个孩子。他问他们：'嘿，好吃吗？'其中一个回答：'不，一点都不好吃。'——好像是指人肉似的。"

这个梦天真无邪的源头是这样的：梦者和妻子在晚餐后一起去拜访邻居，邻居是一个好人但却令人没什么胃口（译者按，即不太受人欢迎）。这位好客的老太太正在吃晚饭，并且强迫（男人中间有一个带有性意味的合成词可以用来表达这种被强迫的痛苦）他尝一下她做的饭。他拒绝，说自己一点胃口都没有。她又说"少来了，你能吃得下的"等类似的话。因此他不得不试试看，然后赞美说："味道的确很好。"当他和妻子单独在一起时，他不但抱怨这邻居太强人所难，而且说那饭菜真的很差。那句"我看不下去了"，在梦中也不是作为真正的话语出现，它是一种思想，暗示着那位请他吃饭的老太太的外貌，翻译过来大概就是，他一点也不想看她。

对另一个梦的分析更加有启发性，我在这里对其进行报告，是因为它把一个清晰的话语作为整个梦的核心，不过我要在后面提到"梦中的感情"时再对其进行完全解释。我很清晰地梦见："我晚上到布吕克实验室去，听到一阵轻微的敲门声后，我把门打开。门外是（已逝世的）弗莱雪教授。他和好多陌生人一起进来，说了几句话后就坐到了他的桌子旁边去了。"然后我又做另一个梦："我的朋友弗里斯低调地在七月到了维也纳。我在街上遇见他，那时他正和我一位（死去的）朋友 P 谈话，然后我和他们一起到某个地方去，他们两人面对面地坐在一张小桌子旁，而我则坐在桌子狭小的另一边。弗里斯提到他姐妹，说她在 45 分钟内就死掉了，并且说了一句'这就是开端'。因为 P 对此不理解，于是弗里斯转过头来问我，曾告诉过 P 多少关于他的事。然后，我被一些奇怪的感情控制了，并且想向弗里斯解释，P 君（什么都不能理解，因为他）已经去世了。但我却说了'Non vixit（意思是没有活过）'，我知道连自己都知道这句话是错的。然后我深深地望着 P 君。在我的凝视之下，他脸色变白，变得模糊不清，而他眼睛变成一种病态的蓝色，最后，他消散了。对这点我特别高兴，并且现在也知道弗里斯也是个幽灵，一个'游魂'（字面意思是'回来的人'），在我看来，只要有人希望，这种人就可能存在，而如果我们不希望他们存在时，他们又会消失。"

这个巧妙的梦中包含了很多谜一样的内容——我在梦中自己认出来，我错把"Non vivit（没有活着）"说成了"Non vixit（没有活过）"，我与死者交流，甚至在梦里我也知道他们已经不在世了，我最后荒谬的结论，以及那结论给予我的满足——如果要对这些谜予以详细说明，这恐怕将花费我一生的时间。我在现实中无法像梦中那样，为了自己的野心而牺牲掉忠诚的朋友。任何伪装都可能会破坏我已知的梦的含义，所以在这里以及稍后我将只讨论梦中的几个元素。

梦的中心是我用眼神让 P 消失那一幕，他眼睛变成一种奇怪、神秘的蓝色，然后他就消散了。这个场景无疑是对一件真实发生的事件的复制。我当时是心理学研究所的解说员，每天上早班，布吕克听说我迟到了好几次，所以他有一天在开门前正点到达，在那等着我。他对我说的话简短而有力，但是重要的不是他对我说的话，而是他那可怕的蓝眼睛，他瞪着我，让我无地自容——就像梦中的 P 一样，但是在梦中，这角色颠倒过来，并且让我感到轻松。这位令人敬仰的大师一直到老年还拥有漂亮的眼睛，任何看过他生气的样子的人，都能很容易地体会当时年轻的犯了过错的人的心情。

花了很长时间，我才能找出梦中"Non vixit"的来源。终于，我发现这两个字并不是听到的或说出来的，而是被清晰看到的。于是我马上就知道它的来源了，在维也纳霍夫堡皇宫前的凯撒－约瑟夫纪念碑上刻着这样动人的文字："Saluti Patriae vixit non diu sed totus（他短暂的一生都奉献给了国家的利益）"。

我从这些刻下的文字中抽取能够表达梦思想中的敌意思想的词，暗示："此人对此事没有插嘴的余地，因为他已经死了。"然后我记起，这个梦发生在弗里斯纪念碑在大学走廊揭幕结束的几天后。那时我又一次看到了布吕克的纪念碑，因此潜意识中我一定为那位天资聪颖，并且为科学贡献了一生的朋友 P 感到难过，因为他去世时太年轻了，所以不能为他在这些地方竖立纪念碑，所以我在梦中替他树立碑石，而他的名字又恰好是约瑟夫。

根据梦的解析的规则，我现在还没有足够的理由来解释为什么梦中用"non vixit"来取代"non vivit"（前者是凯撒－约瑟夫纪念碑的文字，而后者是我梦中的想法），在梦中一定有其他因素促成了这个置换。我诧异地注意到，在梦里我对 P 同时怀着敌意与柔情两种感情——前者很明显，而后者则是被隐藏起来的，但是两者同时都表现在"Non vixit"这个句子中。因为他对科学上的贡献，我替他竖立一个纪念碑，但是由于他怀有一个邪恶的念头（表现在梦的末尾），所以我消灭了他。我注意到最后一句话有一种特别的韵律，这肯定是受到某种原型的影响。这种相似的对立——对同一人怀有的两种对立的反应，每一面都有道理但是它们却互不干扰——是从哪里来的呢？读者想必对文学上的一段文字印象深刻，它来自莎士比亚的名剧《凯撒大帝》中布鲁特斯的演说：

"因为凯撒爱我，所以我为他哭泣；因为他幸运，所以我为他高兴；因为他勇敢，所以我赞颂他；但因为他野心勃勃，所以我杀他。"

这些句子的结构以及它们相对的意义不正和我发现的梦思相同吗？因此在梦中我是扮演布鲁特斯的角色。但愿我能在梦内容中找到另一个线索，来证实这点！我想这线索可能是这样的："我的朋友弗里斯在七月到维也纳来。"这点细节没有任何真实生活中的依据。据我所知，弗里斯从来没有在七月到过维也纳。但既然七月是因为凯撒而命名的，因此这可能被我用来暗示，我扮演布鲁特斯的角色。

奇怪的是我的确扮演过布鲁特斯这个角色。我在礼堂里，在孩子们面前表演席勒的诗句，那就是关于布鲁特斯与凯撒的。我当时 14 岁，比我大 1 岁的侄儿协助我，他从英国回来探望我们，所以他也是个"revenant（归来的人）"，我童年时都是跟他一起玩游戏的。在我满三岁前，我们一直形影不离，我们互相爱着，也互相打架；就像我已经暗示过一次的，这童年的关系对我和同龄人的交往有着很大的影响。从此我的侄儿约翰就有了很多化身，他一直活跃在我潜意识的记忆中，他的性格一会儿以这一面出现，一会儿以那一面出现。他肯定一度对我不好，而我则用勇气反抗那一暴君，因为后来我经常听到别人给我讲，当时我的父亲，也就是约翰的祖父责问我："你为什么打约翰？"而那时还不满两岁的我则为自己辩解说："因为他打我，所以我打他。"一定是这童年记忆使我把"non vivit"改变为"non vixit"，因为在童年后期的儿童语言中，"wichsen"就是"打"的意思。梦的运作毫无羞愧地利用这种联系。在

真实生活中，我没有仇视 P 的理由，但他比我强很多，因此这就像是重现我童年时的游戏，而且肯定可以回溯到小时候跟约翰的复杂关系。

后面我还将再提到这个梦。

布鲁特斯

第七节 荒谬的梦：梦中的理智活动

在解析梦的过程中，我们已经不止一次地碰到荒谬的元素，因此我不想再拖延对其来源和意义的解释。那些认为梦没有意义的人，为了把梦看作是被重现的、破碎的心灵活动的无意义的产物，把梦中的荒谬元素作为他们的主要论据。

我以几个例子作为开始，它们含有的荒谬的梦中元素是显而易见的，但是更深入地探寻梦的意义之后，它们的荒谬性马上就消失了。以下就是一些梦例，它们乍看起来好像都跟梦者死去的父亲有关。

No. 1 一位病人的父亲已死去六年，这位病人梦到：他父亲遭遇了一次严重的车祸。他坐的夜车突然脱轨了，所有的座位都挤压在一起，而他父亲的头被夹在中间。然后梦者看见父亲躺在床上，左边眉角上有一道垂直的伤痕，梦者很惊

奇，因为他父亲竟然发生了意外（"因为他已经死了"，梦者在描述时补充说）。父亲的眼睛是那么清澈。

根据主流的对梦的解释，梦的内容应该这么解释：也许在梦者想象那车祸发生时，他忘记父亲已经死去好几年了。但当梦在继续进行时，这回忆又苏醒了，并且发挥作用，因此他在睡梦当中对梦到的事情感到惊诧。但是分析得知，这种解释是毫无意义的。梦者请一位雕塑家为父亲做一个半身像，做梦两天前他去看看工作进行得如何。对他来说，这就是意外。由于雕塑家从来没见过他父亲，所以只好根据照片进行雕刻。做梦前一天，他派一位老仆人到工作室去看看那大理石像，看他是否跟他的意见一样，认为石像的前额太窄。接着他就陆续记起了那些参与梦的构建的材料。每当有家庭或商业上的困扰时，他父亲都会习惯性地用两手紧压前额的两边，仿佛他觉得头太大了，必须把它压小些。

当梦者四岁时，把一支意外上了膛的手枪弄走火了，把父亲的眼睛弄黑了（"父亲的眼睛是那么清澈"）。梦中出现在他父亲靠左眉骨处的那道伤痕，跟他父亲生前深思或者悲伤时出现的皱纹是一样的。在梦中，伤痕取代了皱纹这一事实，指向了另一个引发梦的缘由：梦者曾给女儿拍了一张照片，但这照片不小心从他手中滑落下来，当他捡起来后，发现在女儿额头处摔出了一条竖直的裂缝。然后他情不自禁地产生迷信思想，因为他母亲去世前一天，他也把她的照片底片摔碎了。

因此这个梦的荒谬性只不过来自一种语言表达上的粗心，这种表达把照片、石像和真实的人混在一起。我们都习惯了这样说："你不觉得你的父亲被冒犯了吗？"当然，如果可以根据梦者的某次经历进行判断，人们就可以说，那种表面的荒谬性是被允许的，甚至是被如此计划的，这样就可以认清梦中的荒谬表象。

No. 2 第二个非常相似的梦是我自己做的：（我父亲在 1896 年逝世）

父亲死后，在马扎尔人（匈牙利的一族）中扮演着某种政治角色，他使他们在政治上统一。此时我看到一个又小又不清晰的图片：许多人聚集在一起，似乎是在德国国会上；有一个男人站在一张或两张凳子上；别的人则围在他四周。我想起他死时，他躺在床上的样子，跟加里波第很像。我很高兴，这诺言终于实现了。

这当然已经够荒诞的了。做梦时恰好是匈牙利因为国会瘫痪而导致政局混乱时期，是科罗曼·泽尔把他们从危机中解救出来。梦中呈现的景象由一些小画面组成，这一小细节对梦中那一元素的解释也是有意义的。一般来说，我们的思想如果以视觉影像的方式呈现在梦中，那它们通常跟现实原型一样大小，但我梦中的景象却是奥地利历史书中一幅木版插图的重现，显示的是有名的"我们誓死效忠国王"事件中玛丽亚出现在普累斯堡的议会上的情景。和图片中的玛丽亚一样，在梦中我父亲被群众围绕，但他却站在一张或两张椅子上，就像"法官"一样（"Stuhlrichter"是"椅子"和"裁判"两个词合成的）。（这句话和那句"他使他们团结在一起"通过一句德语常用语连接在一起——"我们不需要法官"）

我父亲去世时，我们围绕在床边，并且确实发现他像加里波第。他死后体温上升，两颊越来越红。想到这里，我不由自主地想到："在他身后，在无生命的幻象中，存在着约束我们所有人的共同命运。"

思绪提升到这一步后，我们就知道，这里应该就是关于"共同的命运"的。"死后"体温升高和梦中这句话"他死后"相吻合，我父亲去世前数周最大的痛苦就是便秘。我所有不尊敬的念头都和这点有关。我一位同龄人在中学时就失去了父亲，当时我深为所动，于是成为他的好朋友。有一次他以轻蔑的口吻谈起一位女亲戚痛苦的经历：她父亲死在大街上，然后被抬回家里；当他们把他衣服解开时，发现在临死之际或是"死后"排出了大便（Stu-hlentleerung）。她对此深感不快，并且每当她想起父亲就要想起这丑恶的一幕。现在我们已经触及这个梦中包含的愿望了，即"死后仍然

加里波第

纯洁和伟大地呈现在孩子们面前"——谁又不是这样想呢？这梦的荒谬性导向了哪里？表面的荒谬是这样出现的：一个我们习惯的、被允许的说法，跳过了梦中各部分间的荒谬，并且被忠实地表现在梦中。在这里我们也不免存有这样的印象，即表面的荒谬是被有意策划出来的。

因为死去的人常常会在梦里出现，像活人一样行动，和我们交往，所以常常造成许多不必要的惊奇和奇特的解释，而这不过显示出我们对梦的不了解罢了。其实这些梦的意义是很明显的，它常发生在我们这样想时："如果父亲仍然活着，

他对这件事会怎么说呢?"除了将有关人物呈现在某种情况下外,梦是无法表达出"如果"的。比如说,一位从祖父那里得到大笔遗产的年轻人,在悔恨花了太多钱时,梦见祖父活着,并且追问他,指责他不该如此奢侈。我们所说的梦中对梦到的事情的否认,实际是一种安慰的思想,它来自我们更精确的记忆,它告诉我们,梦到的人早就去世了,这样他就不可能做梦中发生的事情,或者对于他不会再出现而感到满意。

还有另外一种荒谬性,也发生在关于死去亲属的梦中,但是它表达的却不是嘲笑和轻蔑,而是为最强烈的拒绝服务,它拒绝表现出梦者最不想表现、最想藏起来的想法。只有人们记得——梦不具备区分愿望和现实的能力——这样的荒谬梦才能得到解释。例如,一个男人细心照顾生病的父亲,并且因为父亲的死而痛苦万分,在父亲死后一段时间他却做了这样荒谬的梦:"父亲又活了,和往常一样同他谈话,但(下面这句话很重要)他真的已经死了,只是自己不知道而已。"当我们在"他真的已经死了"的后面加上"这是梦者的愿望",把"他不知道"也作为梦者自己的愿望,那么这个梦就可以被理解了。当他照顾父亲时,他不断希望父亲早些死去,也就是说他为自己感到可怜,也许父亲的死可以为他自己的痛苦画上一个句号。在他父亲死后,他感到悲痛,他当时对自己的可怜转变成潜意识的自责,似乎是他这个想法缩短了父亲的生命。借着梦者童年期想反抗父亲的复活的冲动,那种自责被表现在梦中,而这种梦的来源和白天的思想是如此对立,以至于梦中的内容变得十分荒谬。

❧

梦见已去世的自己喜爱的人,对梦的解析来说是一件困难的任务,它一直都没有得到很好的解决。其原因大概是,梦者对涉及的人怀有特别强烈的矛盾情感。常见的形式是,在梦中那个人一开始活着,但又突然说,他死了,然后在接下来的梦里又活着。这让人感到迷惑。我终于发现,这种生和死的交替正好表明了梦者的漠不关心("对我来说,他不管是活着或死了,都一样。")。当然这种漠不关心不是真实的,而是被希望的,它要帮助梦者否认他那种强烈而矛盾的感情,于是在梦的表现上就出现了矛盾。在另外一些和去世的人有关的梦里,下面的原则起到引导作用:如果在梦中,梦者不被提醒说那人已经死去,那么梦者就把自己看成死者,梦到的就是自己的死亡。但如果在做梦的过程中,梦者突然惊奇地对自己说"奇怪，他已经死去好久了"，那么他就是在否认这件事，否认梦中自己的死亡。

我愿意承认，对含有这种内容的梦，我们还没有解开它们的所有秘密。

No. 3 在下面的例子中，我将指出梦的运作是如何故意制造出荒谬性的，这种荒谬性并没有存在于原本的梦的材料中。这个梦是由我在度假前几天遇见都恩伯爵的经历引起的："我在一辆单驾马车内，让司机送我到火车站。在他提出一些异议后（好像我把他弄得过分疲倦似的），我说'我当然不能跟你沿着铁路行驶'，当时好像我们已经沿着本来只能跑火车的铁路行驶了一段。"对于这混乱而无意义的故事，分析给出了这样的解释：前一天，我租了一辆单驾马车到唐巴（维也纳的郊外）一条偏僻的街道去。但司机知道这街道在哪里，所以他就像那类高贵的人常做的那样，一直往前开，直到最后我发觉了，给他指出了正确的路线，同时也毫不吝啬地给了他几句讽刺。从这马车司机我想到了贵族，这一串思想连接，我要在后面再谈。目前我想指出的是，贵族留给我们这些中产阶级平民最深刻的印象就是，他们很喜欢坐在司机座位上，都恩伯爵也确实驾驶过奥地利国家马车。梦中的下一句话则指向我兄弟，我将他认同为马车司机。我取消了和他到意大利的旅行（"我不能和你沿着铁路行驶"）。我取消旅行是为了对他的抱怨进行惩罚，因为他总是喜欢埋怨我在旅途中把他累坏了（在梦中被原样呈现了）。他抱怨说，为了能在一天内看到更多的美景，我总是强迫他东奔西走换地方。做梦当天晚上，他陪我到车站，但快到车站时，他在郊区车站和总车站相连的地方下车，以便乘市内电车到布格斯朵夫（距维也纳约八英里）去。那时我提醒他说，他可以不坐市内电车，而是乘西线到布格斯朵夫去，这样就能多和我待一段时间。这些呈现在梦中便是，我已经乘马车沿着火车铁轨行驶了一段。实际上却是刚好颠倒过来的，我对兄弟这样说："你要乘市内电车走的那段，你乘西线列车也可以，而且你还可以陪我。"使我感到困扰的梦中内容在于，我用"单驾马车"来代替"市内电车"，然而这恰好能把马车司机和我兄弟联系起来。这样我从梦中只是找出了一些无意义的东西，它们好像根本就无法解释，而且跟我一开始的言语几乎形成了矛盾（"我当然不能跟你沿着铁路行驶"）。因为我完全没有必要把市内电车和马车搞混，所以我在梦中肯定是有意创造了这种谜一样的事件。

但这种意图又是为了什么呢？下面我们将探究荒谬梦的意义，以及出于什么样的动机这样的荒谬被允许或者被创造。上述梦的谜底是这样的：在梦中，我需要用一种荒谬性和一些不可理解的东西关联到"fahren（驾驶、行驶）"这个词上，因为在梦中我有一个想要被表达出来的判断。一天晚上我拜访一位聪慧好客的女士，她在同一个梦的其他部分作为女管家出现。她对我讲了两个我无法猜到的谜语。因为其他人都知道谜底，而我努力想找到答案，却没有成功，这肯定让我显得很好笑。谜语是关于"nachkommen"和"vorfahren"这两个双关语的，谜语大概是这样的：

"主人命令它，（马车）司机执行它，每个人都有它，坟墓中休息着它。"

（答案是"vorfahren"，意为"驾驶""祖先"；字面的意思是"走到前面""以前的"）

令人困惑的是，另一则谜语的前半部分和上面那首完全相同：

"主人命令它，（马车）司机执行它，不是每个人都有它，摇篮中休息着它。"

（答案是"nachkommen"，意为"跟在后面""后裔"）

当我看到都恩伯爵那么气势汹汹地走在前面，我不禁陷入费加罗的情绪，他称赞伟大的先生们，说他们做出的最大的努力就是出生（即成为后裔），因此这两个谜语对梦的运作来说起到连接媒介的作用。而贵族很容易被当成司机，而且有一段时间，我们把司机称为"schwager"（它还有"表、堂兄弟"的意思），所以压缩工作把我兄弟也纳入同一画面中。而这隐藏其后的梦思想是这样的："为自己的祖先而感到骄傲是荒谬的，最好是自己成为祖先。"因为这样的判断，所以梦中的荒谬被看成是荒谬的。现在梦中最后一点不明了的地方也被解释清楚了，即"我已经和司机驶过一段路程了"—"我已经和他走到前面去了"—"我是祖先"。

如果梦思想中包括这样一个判断，即认为梦中内容的一个元素是荒谬的，那么梦就会变得荒谬。荒谬是梦的运作用来表现相互矛盾的一种方法——其他方法包括把梦思想的内容加以颠倒或是产生一种动作被抑制的感觉。但是梦中的荒谬性却不能被简单翻译为"不"，它还可以表达梦思想的情绪，它在表达梦思想时制造了一种嘲笑或者让人大笑的效果，只有在这种目的下，梦的运作才提供了一些好笑的内容。它使一部分隐意的内容转变成显意。

实际上我们已经遇到了一个令人信服的荒谬梦，对这个梦我只是加以解释而不做充分分析：它是关于瓦格纳的歌剧，这一歌剧一直演到早晨7：45分才结束。

在这歌剧中，指挥是站在高塔上的。很明显，它的意思是："这是个颠倒的世界、疯狂的社会；那些应该有所得的人得不到回报，而那些什么都没做的人却得到了。"——这是梦者在把她的命运与她表妹的相比较。

我们在谈荒谬梦时，第一个举的例子就是关于死去的父亲，这不是偶然。在这种例子中，造成荒谬的梦的条件都具有同样特性：因为父亲的权威很早就受到孩子的批评，父亲对孩子严格要求，所以出于自卫的需要，孩子们总是密切关注父亲的每一个弱点。但是当我们脑海中浮起父亲的形象时，特别是父亲死后，我们对父亲的尊敬加强了审查作用，因此对父亲的批判被从意识层面排除出去。

No. 4 一个新的关于死去的父亲的荒谬的梦：

我接到故乡市议会寄来的一封信，这是关于某人1851年住院的费用，他当时在我家由于突然发病而不得不住院。我觉得这事很好笑，因为首先1851年我还没有出生，其次可能与这有关的父亲已经逝世了。于是我去了隔壁房间，父亲正躺在床上。然后我告诉他这件事。使我惊讶的是，他记得在1851年，他有一次喝醉了被关起来或是被拘留了。那时他在T公司工作。于是我问："那么，你结婚前不久也喝醉了？"我算了一下，我是1856年出生的，在我看来好像刚好是在接下来的一年。

从上述讨论知道，这个梦之所以坚持不懈地呈现其荒谬性，不过暗示着梦思想中含有特别痛苦而激烈的争辩。更加让我们感到惊讶的是，我们发现这个梦中的争辩是公开的，而且我父亲成了受嘲弄的对象。从表面看来，此种公开的态度和梦的运作的审查制度是相互矛盾的。这样的认识对解释有利，即我父亲只不过是一个被推到前台的人物，在他后面隐藏着与另一个人的争论，在梦中只有一个暗示能够指向这个人。通常情况下梦中表现出的对某人的反抗，实际是指对父亲的反抗，而在这里情况却刚好相反——表面是父亲，实际上他却代表另一个人。这个梦之所以能不加掩饰地对平时被视为神圣的人进行嘲弄，就是因为我知道他不是我真正指的对象。人们能从这个梦的引发事件中了解到真相。做这个梦前，我听说一位年长的同事（他的判断被认为是不会错的）在得知我的一位病人已经进入第五年的精神分析治疗后，表达了惊奇和轻蔑。梦中开头几句话通过一种一眼就可看透的伪装暗示着，这位同事在很长一段时间内接手了我父亲不能完成的工作（"费用""住院"），而当我们之间的关系恶化时，我陷入一种感情冲突，就像父亲与儿子之间发生误解一样——由于父亲的地位和父亲以前给予儿子的协助，儿子在反抗父亲时不可避免地要产生这样的内心冲突。那同事一开始指责我为何不将病人的治疗进行得快些，后来这指责又扩展到别的方面，这一指责在我的梦思中被加以强烈的抗议。我想，难道他知道有谁会治得比我快吗？难道他不知道，除了用我这种方法，这种病是完全无法治愈的，而且是得忍受一辈子的吗？那么四五年的时间和一辈子相比又算得了什么？何况在治疗过程中病人已经觉得生活轻松很多了呢。

这个梦之所以让人觉得荒谬，是因为各种梦思想中的句子不经中间的连接被直接并列在一起。"我去隔壁房间见他"这句话和前面的话没什么关联，这正好恰如其分地重现了我向父亲报告那未经他同意的婚约时的情景。因此这句话让我记住了父亲这一次表现出的宽宏大量，这跟另外两个人的行为形成对比。我们需注意，在梦境中我父亲被允许受嘲弄，是因为在梦思想中他被视为当之无愧的楷模。审查制度的本质是：我们不可以真实表现被禁止的思想，但是可以撒很多跟它有关的谎。下一句话，提到他记起"有一次喝醉了，被关起来"，这实际上已经跟我父亲毫无关系，他代表的人物不是别人，正是伟大的梅聂特。对他，我是一直怀着虔敬的心情跟随其后，而他对我的态度，在一段时间的赞赏之后却转变为公然的仇视。这梦让我想起一些事，梅聂特曾告诉我，他年轻时曾经因为喜欢用氯仿让自己陷入迷醉，而一度中毒被送到疗养院去。它又使我记起另外一件他死前不久发生的事。在谈到男性癔症时，我曾经与他进行过激烈的笔战，我认为男性癔症是存在的，而他对其进行否认。当我在他病危时去拜访他，并询问其病况的时候，他详细描述了他的状态，并且总结说："您知道，我就是男性癔症最典型的例子。"他这样承认了他那固执反对了好久的观点，使我感到又惊讶又满足。但是为什么我在这梦中用父亲来代替梅聂特呢？在这两个人之间我看不出有什么类似之处。这个梦很简短，但是完全足够表达出梦思想中这个条件句："如果我是教授或枢密顾问官的儿子，那么我当然能进行得更快。"所以在梦里，我把父亲变成枢密顾问和教授。梦中最显眼又令人觉得迷惑荒谬之处是对1851年的处理。在梦里它对我来说跟1856年没什么区别，就好像这五年的差距没什么意义一样。但正是最后这句话透露了梦思想真正想要表达的。

四或五年是前面说到的那位同事对我进行支持的时间，同时又是我让未婚妻等待的时间；同时，这又是我使病人得到完全的治愈所耗费的最长时间，这貌似是一种巧合，但显然梦思想总是很喜欢充分利用这种巧合。"五年算得了什么？"

梦思想这么说，"对我来说，那根本不算什么时间，根本不值得去考虑。我还有足够的时间。正如你不相信，但我最后还是成功完成的那件事一样，在这件事上我也会成功。"除了这些以外，把51与前面表示世纪的18分开，它还具有别的，更确切地说，相反的意义。这也是为什么它在梦中出现多次的原因，51岁对男人来说似乎是个特别危险的年龄，我认识的好几位同事均突然在这个年纪去世，而在这些人中间，有一位拖延了很久才被升为教授的人，而升为教授几天后他就去世了。

No. 5 另一个与数字进行游戏的荒谬梦：

在一个梦中，我的一个熟人M先生，受到了歌德的严厉批评，所有的人都认为那样的批评太过激烈了。M当然因为这一批评深受打击。在一次宴会上，他表达了自己苦涩的抱怨之情，但是他又说，他对歌德的敬仰并不会因此而减损。我试图弄清那不合逻辑的时间顺序。歌德在1832年去世，因为他对M的攻击肯定是在这之前，所以那时的M先生肯定还非常年轻。我相信他当时18岁。但是我不知道现在是什么时候，所以整个计算都陷入了昏暗中。顺便提一句，那一攻击包含在歌德的著名作品《论自然》中。

很快我们就会获得能够为这个梦的荒谬进行辩护的材料。我是在一个宴会上认识M的，他不久前请我对他兄弟进行检查，因为他发现在他兄弟身上呈现出精神障碍的特征。他的猜测是正确的，因为在我对他兄弟的每次拜访中，都会出现一些尴尬，在谈话中病人总是毫无缘由地提到少年时的恶作剧，来揭他兄弟的短。我问这病人是哪年出生的，并且不断找到一些借口让他进行一些小计算。这是为了弄清楚他的记忆弱点在哪里。至此为止，他都很好地通过了我的小测试。我已经发觉了，我在梦里的举止就像是残疾人一样（"但是我不知道现在是什么时候"）。

本梦的另一部分材料取自最近的另外的来源。我的一个朋友——一本医学杂志的编辑，在他的杂志中收入了针对我的柏林朋友弗里斯最近一本书的毫不留情的、毁灭性的评论。这篇评论出自一个年轻而缺乏判断力的负责人。我认为自己应该介入此事，于是我找那个编辑谈话，他对于杂志中收入了那篇评论而表示诚挚的歉意，但是他没有保证说会采取什么补救措施。于是我中断了与这本杂志的合作关系，并且在信中写道，希望我和他的私人关系不会因此受到影响。

这个梦的第三个来源是我刚从一位女病人那里听说她兄弟的精神病况——她

弟弟在疯狂中高喊着"自然，自然"。医生们相信呼喊的内容源于他阅读了歌德关于这个主题所写的卓越论文，也显示他在研究自然哲学时太过劳累。但是我却认为这和性有关，因为受教育较少的人在使用这个词时也知道它有性的意义。后来那不幸的人将自己的生殖器割掉了，这至少证明我的想法没有错到哪里去。当时他只有十八岁。

　　我还要提一下我朋友那本受到严厉批判的书（另一位书评家说"我不知道是自己还是作者疯了"）——这书是关于人的一生的年代资料，并且显示出歌德的一生是具有生物学意义的数字（日数）的倍数。因此不难看出，我在梦中将自己认同为朋友（"我试图找出其时间顺序"），但我的表现却像是个瘫痪病人，而梦也变成一团荒谬的聚合。因此梦思想是这样讥讽的："当然啦，他是疯狂的傻瓜，而你们（书评家）是天才而且懂得那么多。或许应该刚好倒过来吧？"在这个梦例中，这种颠倒的例子到处可见，比如，歌德抨击那个年轻人，这是荒谬的，但是现在一位年轻人却很有可能去批评伟大的歌德；另外，我本来要从歌德死亡的时间开始计算，但实际上却是从瘫痪病人出生的年代开始计算的。

　　我也曾指出，没有哪个梦不是出自自私的动机。因此为什么在梦中我取代朋友的位置，并且让自己承担他的困难，对这一事实必须加以说明。清醒状态下的批判力还不足以使我这样做，但是那个18岁病人的故事以及对他喊叫的"自然"所做的不同解释，却暗示了我，我因为相信"精神神经症是源于性的"而与大部分医生的意见相左。所以我也许对自己这么说："那些评论你朋友的言论也可能被施加在你身上——事实上，你已经受到某种程度的议论了。"所以梦中的"他"指的是"我们"："是的，你们很对，我们是两个笨蛋。""mea res agitur（我的职业是）"让我想到歌德那篇简短又无比美妙的文章，因为在中学毕业时我对于职业选择感到犹豫不决，后来在一堂很受欢迎的大课上，听到了那篇文章的朗诵，那篇文章使我决心从事自然科学的研究。

❦

　　No. 6 在本书的前面，我也曾提到过一个梦，在里面没有出现我，但它仍然是利己主义的。那个短梦大意是，M教授说："我的儿子患了近视。"当时我说那不过是梦的开头而已，是另一个我为主角的梦的引子。下面就是当时省略了的主梦，它里面含有一个荒谬而不可理解的文字形式，需要经过解释才能理解：

罗马城发生了某些事件，必须把孩子们转移到安全地带，这点我们做到了。接着在一座古老的双扇大门前（在梦中我认出那是西恩那的罗马之门），我坐在喷泉的旁边，感到非常忧郁，几乎要流出泪来。一位女士——侍女或修女——领着两个小男孩出来，交给他们的父亲（并不是我）。其中较年长的那个男孩无疑是我的长子；我没有看到另外那个男孩的脸。带孩子出来的女人要他们和她吻别，她长着一只大红鼻子，男孩子拒绝向她吻别，只是挥手告别，并说"Auf Geseres"，然后向我们二人或我们二人之一说"Auf Ungeseres"。我认为后面这句是表示偏爱之情。

做这个梦前，我看了一出名叫《新犹太人区》的戏剧，由此产生的错杂思绪构成了这个梦。这是犹太人的问题——因为不能给孩子们一个他们自己的国家而替他们的前途担心，于是想通过教育使他们能自由地穿越疆界。这些都能在相关的梦思想中找到。

"在巴比伦的水边，我们坐下来哭泣。"西恩那和罗马一样，因为美丽的泉水而享誉盛名。如果罗马要在我梦中出现的话，那么它必须被代替为另一个我熟悉的地区。靠近西恩那的罗马之门有一座巨大的灯火辉煌的建筑物，那就是曼尼柯米阿（Manicomio）疯人院。在此梦发生不久前，我听到一位信仰同一宗教的人被迫辞去他在疯人院辛苦打拼得到的职位。

"Auf Geseres"和它的无意义的反义词"Auf Ungeseres"引发了我们的兴趣，因为在梦的情境中，人们一般会预料"Auf Wiedresehen（再见）"是告别时要说的话。据希伯来学者说，"Geseres"是真正的希伯来文，源于动词"goiser"，其意义是"遭受苦难""命定的灾害"。这个词在谚语中的用法使我们认为它的意思是"哭泣与哀悼"。而"Ungeseres"则是我发明的新词，它第一个引起了我的注意，但开始我却不知道它意味着什么。但是在梦的结尾说了那句话：与"geseres"相比，"Ungeseres"更加表达了偏爱之意。这却打开了联想之门，同时也说明了这词的意思。鱼子酱也存在相似的对比关系：无盐的（ungesalzen）鱼子酱要比有盐的（gesalzen）鱼子酱更高级。"将军的鱼子酱"——贵族式的虚荣：在这后面隐藏着对家庭一位成员的玩笑式的暗喻，因为她比我年轻，所以我期待她将来能照顾我的孩子。我的另一位家庭成员，即我们家里那位能干的保姆也恰好和梦中出现的另一人物（修女）相对应。但是在"无盐—有盐"和"Geseres—Ungeseres"之间仍然没有中间的过渡思想。但这可以在 gesauert—ungesauert（发酵—

不发酵）中找到。在逃离埃及时，以色列的子民没有时间让他们的面团发酵，为了纪念这件事，他们从复活节开始的一周内都只吃不发酵的面团。在这里我要插入一点突然产生的联想。我记得上个复活节假期，我和柏林那位朋友在陌生的布罗斯劳的街道上散步。一位年轻姑娘向我问路，我不得不很抱歉地说我不知道，然后我对朋友说："希望这姑娘长大后，在挑选'引路人'上眼光更敏锐一点。"不久，我见到一个门牌，上面写着"赫洛德医生：诊疗时间"。我说："希望这位同行不是个儿科医生。"同时我朋友向我提起他对两侧对称的生物学意义的看法，并且说道："如果我们和独眼巨人（Zyklop）一样只有一个眼睛长在额头中间。"这句话便引发了梦中教授说的那句："我的儿子是个近视（Myop）。"现在我知道"Geseres"的主要来源了：多年以前，当这位 M 教授的儿子（今天已是独立的思考家了）仍然坐在学校的板凳上念书时，不幸得了眼疾，医生解释说，这是由焦虑引起的。他认为，只要它仍然只是在一边就无所谓，但如果感染到另一只眼睛，那么后果就严重了。他那边的眼睛的感染完全好了，但不久迹象显示另一边受到了感染。孩子的母亲很害怕，赶快把医生请到他们的家里来（他们住在很遥远的乡下）。医生在诊察了另一边后，对他妈妈大声说："你为什么把它看成是一个灾难呢？如果这一边好了，另一边也会好的。"结果他是对的。

现在我们必须考虑所有这些和我以及我的家庭究竟有什么关系。M 教授孩子用的书桌，后来由他母亲转赠给我的长子。在梦中，我经他的口来说出"告别的话"。这种置换表现出的愿望很容易就可以被猜出来。这张桌子的设计目的是要使孩子预防近视和单侧用眼，因此梦中出现近视眼（其背后隐藏的是"独眼巨人"），以及具有对称性的文字。我对"一侧发展"的忧虑具有许多意义：这不但指身体的一侧发展，同时也包括了智力发展的一侧性。确实，难道梦里所有的荒谬，看起来不正像是对这种忧虑的反抗吗？这孩子转到一边说再见，然后转到另一边来说相反的话，就好像是要恢复平衡似的，他的行动似乎就是要维持两侧的对称性。

因此，**梦中越荒谬的地方，隐藏的意义也越深刻**。在历史上任何一个时代，那些想要说什么但是知道说出来就会有危险的人，都喜欢给自己戴上一顶傻瓜帽子。如果听者在听到那些针对他们的话时，能够报以大笑，并且在心里认为说话者是个傻瓜，那他们对那些不顺耳的话也不会引以为忤。戏中那位王子不得不把自己装扮成疯子，他的行为就像是梦在真实中扮演的角色一样，所以我们可以用哈姆雷特皇子形容自己的话来给梦做注解，即用智慧和难懂的外衣来掩藏真相。他说：

"我不过是疯狂的西北风：当风向南吹，我就能够区分手锯和苍鹰。"

因此我已经解决了梦的荒谬的问题，即在健康人的梦中，梦思想永远不会是荒诞无稽的，如果梦的运作必须表达梦思想中的批评、嘲讽、嘲笑，它就会制造荒谬的梦或者在其中插入个别荒谬的元素。

我下面所要做的是展示：梦的运作只包含我前面说的三个因素以及我后面要提到的第四个因素；梦的功能不过是根据这四个过程把梦思想翻译出来；在梦中我们的心智是全部地还是部分地工作，这一问题本身就是错误的，它会使我们脱离事实。但不管怎样，梦里常常会出现判断、评论、赞赏，对梦中其他因素表示惊奇，并试图加以解释或者辩论。所以我下面必须采用一些经过挑选的梦例来澄清这些现象引起的误解。

简单来说，我的解释是这样的：任何一件在梦中表现为明显的理智活动的事件都不能被看作理智在梦的运作中的成果，它只属于梦思想的材料，以一种现成的构造从隐意不断上升而呈现在梦的显意中。我甚至能够对这个解释做更进一步的阐述。睡醒后对一个梦进行的回忆和判断，以及在叙述此梦的过程中产生的感觉，在很大程度上都属于梦的隐意的一部分，因此它们都要被包括在解析的范围内。

①我已经引用了一个非常明显的例子，一位妇人拒绝向我讲述她做的一个梦，因为"它非常不清晰"。她梦见某人，但不知道那人是她父亲还是丈夫。接着她又做了第二个梦，梦中出现了一个垃圾箱，而这又引发了下面的回忆：当她刚刚成为主妇时，有一次她和一位到她家访问的年轻亲戚戏称，她下一步的工作就是要买一个新的垃圾箱。第二天她就收到一个，不过里面却插满山谷里的百合花。这个梦可以表现一句德语谚语："不是长在我自己的肥料上。"在分析结束后，我们发现潜在的梦思想来自梦者小时候听到的一则故事。那是关于一位女孩如何怀了孕而却不清楚孩子的父亲是谁的故事。在这梦例中，梦要表现的内容侵入到清醒时的思考中，并且让清醒时对整个梦的判断，代表梦思想中的一个元素。

②下面是一个相似的梦例：一位病人做了一个他觉得很有趣的梦，因为醒来后他立刻对自己说："我一定要把这梦讲给医生听。"在对此梦加以分析后，可以发现梦中一个很清楚的暗喻，它表明，病人自从开始治疗就发展出一段情人关

系，并且他早就决心要对我隐瞒那事。

③第三个梦例来自我本身的经历：

我和 P 一起去医院，途中经过一个坐落着许多房屋与花园的地方。同时，我有一种感觉，觉得以前在梦中到过这地方。我不太知道怎么走。他指给我一条路，转一个弯就到了一个餐厅（在室内，不是在花园里）。我在那里打听多妮女士的消息，知道她和三个小孩住在后面的一间小屋。我向那里走去，但是在路上又遇见一个模糊的人影带着我两个女儿，和她们站一会儿后，我就把她们带在身边，这时升起一种埋怨之情，因为我妻子把她们独自留在那里。

醒来时，我有种满足的感觉，因为我觉得整个梦给了我一个理由，让我去研究"我以前梦到过这个地方"到底是什么意思。事实上，精神分析并没有告诉我这类梦的意义，它只是向我展示："满足"是属于梦中的隐意而不是对梦的判断。我很满足，是因为婚姻给我带来了小孩。在人生路上，我一直和 P 这个人相伴而行，但是他后来却在社会地位上和物质上都远超过我，但他结婚后却没能得到孩子。对这个梦不需要进行完整分析，从梦中的两件事就可以对这梦的意义加以解释。前一天，我在报上读到多娜女士逝世的消息（而我在梦中改为多妮），她是难产而死的。我妻子说，负责的接生妇就是替我们接生最小的那两个孩子的那位。多娜这个名字引起我的注意，是因为不久前我在一本英文小说中看到它。梦的第二个起因是梦发生的日期，这是我长子生日的前一天晚上所做的梦——他似乎有点诗人的气质。

④在一个梦中，我梦见父亲死后还在马扎尔人中扮演某种政治角色，在醒来后，我也有同样的满足的感觉。而我的解释是，这满足是梦的最后一段中感情的继续。"我记得他躺在床上死去时，很像是加里波第，我很高兴这承诺终于实现了（梦继续着，但是我已经不记得接下来的内容了）。"分析能使我填补这段空白，这是关于我第二个儿子的，我替他取了一个和历史上伟大人物相同的名字，他在我少年时期强烈地吸引着我，尤其我到英国访问后。在儿子出生的前一年，我已经决定如果生下的是男孩就要取这个名字，而我怀着极大的满意之情用这个名字迎接了他的诞生。不难看出，父亲们的受压抑的雄心壮志是如何在他们的思想中过渡到孩子们身上的，而这也是当人们在现实生活中必须压抑自己感情时，一条可能的发泄渠道。而小孩子之所以会在梦中呈现是因为，他和那快死的人一样，会发生这样的意外，即容易弄脏床单。在这里请比较一下 Stuhlrichter（椅子

裁判）的暗喻和梦的愿望：要在自己孩子面前呈现出伟大与纯洁的样子。

⑤下面我要找出梦中做出的判断，而不是延续到清醒状态或者在清醒状态时做出的判断。在寻找这类例子时，如果我能利用因其他目的而已经记录下来的例子，这将大大减轻我的工作负担。歌德抨击 M 先生的梦似乎就包含了许多判断行为，"我试图弄清时间顺序，因为那时间顺序似乎不合逻辑"。这个判断难道不是针对这件荒谬的事，即歌德怎么会对我那年轻的朋友做出文学上的抨击呢？"他那时大概只有十八岁，在我看来十分合理。"这句话看来像是蠢人的计算结果。而最后那句"但我不清楚现在是什么年代"大概可以作为梦中不确定或怀疑的范例。

通过对这个梦的分析，现在我知道，上面这些句子看起来就像是梦中完成的判断，但是它们都有别的理解的可能性，对这些判断进行分析是解析梦所不可缺少的，同时这又可澄清各种荒谬。这句话"我试图弄清时间顺序"使我置身朋友弗里斯的处境——他正想找出人生的时间顺序。因此这句话就失去了作为判断的意义，它不是在说梦中的前文是荒谬的。插入的"那时间顺序看起来不合逻辑"跟后面出现的"在我看来十分合理"是一起的。当那位女士向我讲述她弟弟的病史时，我几乎用同样的句子回答："在我看来，他呼喊'自然！自然'和歌德扯不上任何关系；这里肯定跟我们熟悉的性的意义有关，这才是合理的。"确实，在这个例子中产生了一个判断，但是这个判断不是在梦里而是在真实生活中发生的，它被梦思想记起来并且加以利用。梦的内容在对待判断上与对待其他梦思想上，运用的方式别无二致。

在梦中，虽然数字"18"和判断的连接是无意义的，但是我们却能够从这一痕迹中找到真正的判断是从哪里的上下文关系中被脱离出来的。最后那句话"我不清楚现在是什么年代"则只是为了实现我将自己认同为瘫痪病人，在我对他进行检查时，确实出现过这样的情况。

在对梦中明显的判断行为进行分析之后，我们想起了本书开头确立的解析梦的原则，即我们必须把梦各成分之间的表面联系看成是无关紧要的，我们必须从每一个元素本身去探索其来源。梦是一个聚合物，但为了对其进行研究，就必须把它再度回复成片段。另一方面，还必须认识到，梦中有一种心灵力量在运作，构建了这些表面的关联，就是说，它把梦的运作产生的材料加以修饰。这使我们面对另一种力量，它可以被看作是构成梦的第四种因素，其重要性我们将在后面加以讨论。

⑥下面又是一个我讲述过的梦例，在里面也产生了判断行为。在从市议会寄来通知书的那个荒谬的梦中，"我问：'接着不久你就结婚了吗？'算起来，我是在1856年出生的，好像刚好是接下来的一年"。这一切都披上了逻辑结论的外衣：我父亲在他发病后，于1851年结婚。我当然是家中的老大，在1856年出生。所有这些都是对的。我们都知道那错误的结论是为了满足愿望而设的，而主要的梦思想是这样的："四年或五年根本不算什么时间，不值得加以考虑。"但是，这种逻辑结论的各个步骤，不管其形式和内容如何像是真的，都可认为，它们是早在梦思想中就被决定好的。我同事认为我对一位病人治疗时间太长了，正是那位病人自己决定要在治疗完后才去结婚。梦中我和父亲交谈的方式就像是一种审问或考试一样，这又使我想起大学里的一位教授，他常常详细询问选修他课程的学生的履历："哪一年出生？"——1856年。"父亲名字？"于是学生就说出父亲以拉丁文结尾的教名。我们学生都这么想，这位先生是否由学生父亲的名字中得出什么结论，而这一结论是不能从学生的名字推出来的。因此梦中推导出的结论不过是重复梦思想中的某一材料的推论。我们在这里学到的新东西就是，如果梦中出现了一个判断结论，那么它必定来源于梦思想。当然它呈现的形式可以是一段回忆材料，也可以是以逻辑方式联结而成的一串梦思想。不管怎样，梦中的判断结论代表着梦思想中的结论。

在这里可以继续进行梦的解析。那位教授的询问让我想起大学生的注册名单（那时候是用拉丁文写的），并且又使我回想起自己的学术研究。医学学业规定是五年，对我来说那太短了。于是我又独立地工作了多几年，圈内熟人都认为我游手好闲，并且怀疑我永远也不会结束我的研究。我很快决定要参加考试，尽管推迟了很多，但终究是通过了。这是对我的梦思想的新的加强，借着这梦思想我能大胆地反驳批评我的人："尽管因为我给自己足够的时间而使你们怀疑我的能力，但我依然做到了，我的医学学业结束了。事情总是这样的。"

在梦开头的几句话里包含一些论证性的内容。这论证甚至不是荒谬的，就是清醒状态下也可能发生这样的论证："对市议会寄来的这封信我感到很怪，因为在1851年我还没有出生，同时和这可能有关的父亲已经逝世了。"这两个论证不但本身正确，而且如果我真的接到这么一封信，我也会这么想。从前面的分析知道，这个梦来源于关于痛苦的受到嘲讽的梦思想。如果假定审查作用的动机是非常强有力的，那么我们就会理解，梦的运作有充分的理由反抗梦思想中的原型的荒谬而过分的要求。但是分析结果却显示，梦的运作在重现原型方面并不是那么自由的，而是必须运用从梦思想得来的材料，这就像是一则代数方程式，除了数字外，其中还包含着加号、减号、根号、幂号，而我们让一个不懂这则方程式的人把它抄录下来，于是各种符号和数字都被混淆在一起了。

　　梦内容中的这两个论证可以追溯到下述材料中。别人如果第一次听到，我对神经症病人进行精神分析所用的某些前提，他们都会表示不相信或者大笑，每当想到这一点，我都觉得很苦恼。比如说，我主张人生第二年的印象（有时甚至是第一年）会一直存在于那些后来发病的人的感情生活中，而这些印象——虽然受到记忆的扭曲与夸张——都是造成癔症的首要的、最深刻的根基。但是每当我在适当的时机向病人解释这点时，他们都以一种嘲弄的口气模仿着这新得到的知识说，他们准备去寻找一些他们还没出生时的记忆。在一些女病人那里，我还发现，父亲在女儿最早期的性冲动中扮演了出人意料的角色——我这一发现也会有同样的遭遇。但是我觉得有足够的理由认为这些假设前提是对的。为了证实这点，我记起几个例子——他们的父亲都在他们很小的时候死去，而后来的事件证明孩子潜意识中仍然保有很早就去世的死者影子。我知道，我这两个观点都是建立在结论的基础上，人们会怀疑那结论的有效性。我害怕那些结论遭到质疑，而正是这些结论的材料在梦的运作中被用来制造无可辩驳的结论，而这正是愿望得到满足的结果。

　　⑦有一个梦，我至今为止还只是略提了提，在那梦的开始，非常明显地表现出对那突然出现的元素的惊讶：

　　老布吕克肯定是给我布置了一些任务。非常奇怪，这竟然跟解剖我自己身体的下部，即骨盆部和脚有关。我以前好像在解剖室见过它们，不过却没有注意到我的身体缺少了这些部分，并且丝毫也不觉得可怕。N. 路易斯站在旁边，帮我一起做这个工作。骨盆内的内脏器官已经取出，现在既能看到它的上部，又能看到它的下部，两者是结合在一起的。还能看到一些肥厚的肉色突起物（在梦中使我想起痔疮）。一些盖在上面的东西看起来像是捏皱了的银纸，必须小心才能钩出来。然后我又有了一双腿，在城里走。但是（因为疲倦），我坐上计程车，使我惊奇的是，这车开到了一间房屋的里面，门开着，它驶过一条通道，在尽头处转了一个弯，终于又回到屋外来了。最后，我和一位替我拿行李的阿尔卑斯山向导走过丰富多样的风景。考虑到我双腿疲倦，在途中，他还曾背过我。道路泥泞，所以我们靠边走；人们像印第安人或吉普赛人一样坐在地上——其中有个女孩。在这以前，当我跋涉在湿滑的路上时，我一直有种惊奇的感觉，奇怪为什么在解剖之后我还会走得这么好。最后我们到达了一间小木屋，房屋末端敞着一扇窗。向导把我放下来，拿走两块预备好的宽木板架在窗台上，这样就可以跨越必须从窗子跨过的陷坑。这时，我真的为我的脚担心了。但是和预料中的跨越相反，我看到两个成人躺在紧靠木屋墙壁的板凳上，好像还有两个小孩睡在他们旁边。似乎要跨越那陷坑不能靠木板，而只能靠小孩了。我为这种想法感到害怕，然后醒了过来。

任何一位对梦的压缩程度怀有正确印象的人都不难想象，如果要对这个梦进行详细解析需要多少页才行。幸运的是，在这里，我只需要讨论其中一点，即此梦中可作为"梦中的惊奇"的例子的部分，它呈现在梦中插入的句子"真够奇怪的"中。首先让我们从这个梦的引发事件入手。那位在梦中帮助我工作的 N 小姐曾经拜访过我，对我说："借我一些书吧。"我把莱德·哈格德的《她》借给了她。我向她解释说："这是本奇怪的书，但是有很多潜藏的意义"，"永恒的女性，我们感情的不朽"。她打断我说："我已经读过这本书了。你没有自己的书吗？""没有，我的不朽巨著还没写出来。""那么，你所谓的最终的解释，就是你所保证的，连我们都能看懂的那本书什么时候才能出版呢？"她以一种讽刺的语调问道。当时我发现，是别人在借她的口向我发出警告，于是我沉默不语。我想到自己花费的自制力，还有我关于梦的工作——如果要把它发表出来，就会向公众泄露我自己的隐秘的性格。

"你所能知道的最好的，不能告诉男孩们。"

梦里要我解剖自己的身体，指的是我解释自己的梦，布吕克在这里的出现也很恰当，因为在我开始科学研究的最初几年，我曾把自己的一个发现搁置起来，他却一直强迫我将其发表，最后我终于还是将其发表了。我和 N 小姐的谈话引起的思想处的位置过于深层，以致不能显现到意识层面来。莱德·哈格德的《她》激起了我内心中的材料，于是那些思想分布到这些材料的各个方面中去了。评语"真够奇怪的"说的是这本书还有同一个作者的另一本书《世界的心》。梦中的许多元素都源于这两本想象力充沛的小说：人们被背过泥泞的道路；他们必须用带来的宽木板跨过陷坑。这两个因素来自《她》这本书；而印第安人和木屋中的女孩则来自《世界的心》。这两本小说的向导都是女人，并且都和危险的旅行有关。《她》描述一条神奇冒险的道路，很少人走过，并且通向一个未被发现的地区。根据我对这个梦所做的笔记来看，双腿的疲倦之感确实来自白天的感觉，也许这疲倦带来了一个倦怠的情绪和一种怀疑："我的脚还能支持我多久？"《她》这个冒险故事的结局是：女主角（向导）不但没有替他人和自己找到永生，反而葬身于神秘的地下烈火中。毫无疑问，梦思想中活跃着这样一种恐惧情绪。那"木屋"无疑也暗示着棺材，即"坟墓"。但梦的运作却很成功地通过表现所有思想中最不被希望的，来实现了愿望的满足。因为我去过坟墓一次，那是靠近奥尔维托的伊特卢利阿人的空穴，那是一个狭窄的小室，靠着墙壁有两个石凳，上面躺着两具成人的骨骼。梦中那木屋的内部看起来就是那样，除了石室变成木制的以外。梦似乎说："如果你一定要在坟墓中停留，就在伊特卢利阿人的坟墓中吧！"凭借这种置换，最悲惨的期待被转变成最迫切的期待。不幸的是，梦往往能够把伴随着感情的概念颠倒过来，但往往不能改变感情，因此孩子们可以做到父亲做不到的事，虽然这种意念出现了，但是梦醒时我仍感到"害怕"。这是对那本特别的小说的新的暗喻：一个人的自我可以一代代传下去，持续两千年之久。

⑧我的另一个梦中也包含了对梦中某种体验的惊讶。但是这惊讶却伴随着一个引人注目的、深刻的，甚至几乎是机智的解释。即使这个梦不包含其他两个有趣的地方，我也要对它进行分析。7月18日或19日的夜晚，我乘火车南线，在睡着时我听见："Hollthurn到了，停车10分钟。我立刻想到棘皮动物（Holothurians）——想到自然历史博物馆——这是勇敢的人类绝望地反抗他们国家统治者至高无上的权力的地方——是的，奥地利的反改造运动——好像是在施迪利亚或蒂洛尔一个地方。在那里我模糊地看到一个小博物馆，里面摆设着这些人的化石或遗物。我很想走出火车去，但却犹豫不决。在站台上有卖水果的妇女，她们蹲在那里，邀请似的举着她们的篮子。我犹豫不决，因为我不知道时间够不够，但火车仍然没有动。突然我就置身另一个车厢，里面的家具和座位都非常狭窄，以至于背部会直接抵到车厢壁上。对此我感到很惊讶，但我想自己也许在睡着的状态下换了车厢。里面有好多人，包括一对英国兄妹。墙上书架清楚地排着一排书，我看到麦克斯维尔的《国富论》和《物质与运动》，那是一本厚书，包着褐色纸张。那男人问他妹妹是否还记得席勒写的一本书。那些书一会儿看起来像是我的，一会儿又像是属于他们的。我想通过确认或者支持他们的话，来加入他们的

谈话……"

我醒来时全身是汗，因为所有的窗子都关上了。火车停在马尔堡。

在记下这个梦时，我又想起另一段梦来，那是记忆故意想要忽视的。"我用英语向那对兄妹说：'这本书是从（from）。'但接着我就改正说：'这是由（by）。''是的，'那人对她妹妹说，'他说得对。'"

这个梦从车站的站名开始。看到这个站名时，我一定处于半梦半醒的状态，在梦里我用 Hollthurn 置换了马尔堡（Marburg）。我最先听到的站名应该是马尔堡，这一事实可以通过梦中提到席勒得到证实。席勒的出生地是马尔堡，当然这个马尔堡不是施迪利亚的那个马尔堡。我这一次旅行虽然乘头等车厢，但很不舒服，火车塞得满满的。在我那节车厢中还有一对男女，看起来出身高贵，但没什么礼貌，或者他们觉得根本没必要掩饰他们对外人闯入感到的不快。我礼貌地打了个招呼，但是却没得到回应。虽然他们两个人并肩坐着（背对着火车头），但那女人却当着我的面用雨伞霸占了她对面那个靠窗的座位。门立即关上了，他们两个交头接耳地讨论是否要打开窗户，可能他们一下子就看出了我想呼吸一下新鲜空气的欲望。这是个炎热的夜晚，完全封闭的车厢很快让人产生窒息的感觉。我的旅行的经验告诉我，这种傲慢无礼、不替他人着想的行为只有那些享受半价或免费待遇的人才做得出的。当查票员走来，我把花了许多钱买来的全价票给他看，而那女士则以傲慢又带有威胁性的声调说："我丈夫有免票待遇。"她长相严肃，带有不满的神情，年纪已经接近女性美的衰落期。男人一句话不说，坐在那里一动不动。我试图睡一觉，在梦里我对令人不快的旅伴进行了可怕的报复；没有人能意识到，在梦的前半部支离破碎的片段下隐藏着侮辱和轻蔑。当这个需求被满足后，下一个希望就出现了——换房间。在梦中各种景象变得很快，但是没有引起丝毫反对，因此如果我从记忆中找一些更可亲的人来取代目前这两位也是丝毫不会让人感到惊奇的。但是在这个梦中，某个东西反对改变梦境，并且认为有必要对其加以解释。我为什么突然转到另一个车厢呢？我完全不记得自己换了车厢。只有一种可能：我一定在睡眠状态下换了车厢——很少见的一件事，不过精神病理学家通过自己的经验却可以提供这类例子。我们知道某些人会在一种朦胧的状态下乘车旅行，没有表现出任何不正常的迹象，一直到了某个地点后才突然清醒过来，并且对于中间那段脑中是一片空白。因此，在梦里我就宣布自己是"自动漫游症患者"。

分析使我发现另一种解释。那个想要解释的意图让我感到惊讶，如果它必须被归类为梦的工作，它不是我的原创，而是抄袭了一位神经症患者的。在本书前面我提到一位受过很高教育、心肠很软的男人，他在他父亲死后开始责怪自己具有谋杀的意念，同时为了抵抗这种自责，他采取了很多预防措施，并且深受其苦。这是一个强迫症的严重病例，不过病人自己也完全认识到了这点。开始时，上街变成了他的负担，一上街他就开始观察遇到的每个人的意图，注意他们消失在哪里了，如果有哪一位突然脱离了他的视线，他就会觉得痛苦，并且认为自己可能已经把他干掉了。此外，在这行为背后还隐藏着一种"该隐幻想"，因为"所有的人都是兄弟"（《圣经》中该隐杀死了自己的兄弟亚伯）。由于他无法完成上街这项事，所以他放弃了散步，准备在自己的四面墙壁中消磨生命。但是报纸上却常刊登一些外界谋杀案件传到他的耳朵里，而他的良心

该隐与亚伯

就会让他怀疑自己也许就是那个被通缉的凶手。开始的几个星期里，他因为很确定自己没有出过房间，所以得以使自己免除这些指控。但有一天他想，自己也许在一种潜意识状态下离开了房屋，因此谋杀了别人而不自知。从那时开始，他就把房子的前门锁上，把钥匙交给管家，并且严格禁止她把钥匙交还给他——即使他再三要求，她也不给。

我在梦中试图解释说，自己也许在潜意识状态下换了车厢，这个意念的起源就在于此。梦思想的材料中已经存在了这样的意念，而这现成的意念原封不动地进入了梦中，而且很明显，它是为了让我自我认同为那位病人。我对那个病人的回忆很容易就可以通过一个联想连起来，我上一个夜间旅途就是和他一起度过的。他已经痊愈了，他的很多亲戚邀请我去，于是他和我一起到各州去拜访他们。我们两人占了一间包厢，整个晚上窗子都是打开的，我们两个谈得非常愉快，我知道他的病的根源在于对父亲的仇恨，这源自童年并且和性有关。通过将

自己认同为他，表明我想坦诚与他有一样的冲动。事实上，梦的第二部分以一种夸大的幻想结束，即我想象车厢中这两人对我不礼貌，是因为我的闯入阻碍了他们本来打算的夜间亲密计划。这个幻想还可以追溯到孩童时期，那时也许是出于对性的好奇心，小孩子跑到双亲房间去，而被父亲呵斥着赶出来。

我想，不需要再举出更多的例子了，因为它们只不过是再次证实我前面所说的罢了，即梦中的判断不过是梦思想中原型的重现。这种重现在多数情况下都不太恰当，跟前后文不相符合，但是有时，就像我们上一个例子一样，这种重现的插入十分巧妙，以至于人们开始时会认为，自己在梦中进行了独立的思考活动。在这里我们要注意一种精神活动，它虽然不总是参与梦的建造，但是当它参与时，就总是致力于将不同源的元素毫无矛盾地、有逻辑性地融合在一起。在讨论这个问题以前，我们首先必须研究出现在梦中的感情，并且将它们和分析得知的梦思想的感情加以比较。

第八节　梦中的感情

斯特里克勒的敏锐观察使我们注意到梦中感情和梦的内容不同，即我们在醒后不会那么容易就忘掉梦中的感情。他说："如果在梦中我害怕强盗，虽然强盗只是想象的，但是那恐惧却是真实的。"梦中感受到的快乐也是一样的。由亲身感觉知道，梦中感受到的感情强度不亚于清醒时感受到的；梦确实为了将感情纳入我们真实的精神体验中而付出了更大的努力，相对地，对意念内容则不是这样。如果我们不能把某种感情和某个意念内容连接在一起，我们在清醒状态下就无法产生那种感情。如果在种类和强度上，感情和意念不相匹配，那我们在清醒时的判断力就会陷入混乱。

在清醒时我们认为某种意念不可避免要引起某种感情，但是在梦中却不是这样。人们常常对此感到惊讶。斯特姆佩尔宣称，梦中的意念是不具有精神价值的。但梦中还有一种完全相反的情况，即一些看起来毫无关联的事件，却能引起强烈的感情激动。在梦中我可能身处一个恐怖、危险、令人反感的境况而并不感到厌恶和害怕；而一件无邪的事却可能让我觉得害怕，一些孩子气的东西却让我感到高兴。

当我们的研究从梦的表面内容深入到梦的隐意中去时，与其他梦的谜团相比，上述梦之谜大概是消失得最快、最彻底的。所以它们不再存在，所以我们也不能从对它们的解释中得到什么新东西。分析只是告诉我们，梦中想象的内容虽然会被推移、置换，里面的感情却是不变的。因此我们也不需要奇怪，梦中内容在经过了梦的伪装后与原有的感情不符，如果我们通过分析将正确的材料放回原来的位置，所有的惊讶也就不存在了。

在一个受到审查制度影响和阻抗的精神复合体中，感情是最不受到影响的，就是它能够指点我们填补那遗漏的思想。这种情况在精神神经症中比在梦中表现得更为明显。因为呈现的感情至少在"质"上是适当的，而其强度则跟神经症患者在这方面的注意力强弱有关。如果一个癔症患者感到很奇怪，他自己竟然会对一些小事感到害怕；如果一个强迫症病人奇怪，自己会无中生有地产生痛苦自责——那么这两者都错了，因为他们从想象的内容出发（琐事或者无中生有的事），把它当成了本质问题来思考了。他们肯定会一无所获。只有精神分析才能把他们引上正途，指出梦中的感情才是真正的，然后再找出感情所依附的、已被压抑或者移置的思想。这一切的前提是：梦中的感情和那些思想内容并不像我们理所当然认为的那样，是不可分割的有机体。它们是勉强连接在一起的，是可以分离的，因此，通过精神分析就能将其分离。梦的解析的经验证明，事实就是这样。

下面我先举一个梦例，梦的想象内容显示了一种感情的淡漠，但是通过分析可以了解，其背后的思想本来应该促成感情的释放。

No. 1 她在沙漠中看到三头狮子（Löwen），其中一头对着她大笑，但她并不感到害怕。然后她肯定是逃离了它们，因为她正尝试着爬树，但却发现她表姐（妹）——一位法国女教师，已经在树上。

分析收集了下列材料：一个无关紧要的梦的诱因源于她英语作业中的一句话："鬃毛是狮子的饰物。"她的父亲留着胡须，就像狮鬃一般。她英文老师名字是莱昂斯（Lyons-lions = Löwen）。一位熟人寄给她一份 Loewe（德文为狮子）的民谣集。这就是梦里那三头狮子的来源，她为何要怕它们呢？她阅读过一个故事，讲的是一个黑人在同伴的怂恿下起来反叛，结果被猎狗追赶而不得不爬上树逃命的故事。然后，她在一种高昂的情绪下说出另一些片段的记忆，如传单上教人们怎样捉狮子："将沙漠放在筛子上筛，那么狮子就会留下来。"还有一则关于某官员的逸事，非常有趣，但没有太多人知道：有人问他为何不去尽力讨好上司，他回答说"他已经在上面了"。如果我们了解了下面这件事，这些材料就可以被理解了：在做梦那天，丈夫的上司到她家里拜访。他对她很有礼貌，并且吻她的手，而她一点也不怕他——虽然他是个大块头（直译为"大动物"），并且在国家首都扮演着"社交中的狮子"的角色。《仲夏夜之梦》中那头狮子是斯瑙克，那个木匠扮演的，而此梦中的狮子与那头狮子是有可比性的。所有那些梦见狮子而不感到害怕的梦都是这样的。

No. 2 作为第二个例子，我要再次提起那个少女的梦，她梦见姐姐的孩子死了，躺在小棺材里，但是她却丝毫不感到悲伤。分析得知，在梦里梦者伪装的是她想再次见到她心上人的欲望；她的感情必须和欲望相符，而不是配合伪装。所以她完全没有理由悲伤。

在某些梦例中，感情至少还和那原本依附但被取代了的意念材料有相关之处。而在另一些梦中，原来的联系却更为分散。感情和它所依附的思想已经完全失去了联系，而是在梦的另一部分出现，和梦思想的新布局相配合。这情况和我们前面提到的梦中判断相似。如果梦思想中存在一个重要结论，那么梦中也包含同样的结论，但是梦中的结论可能被置换到一个完全不同的材料上。这种置换常常是依据"对立"的原则。

我将用下面的例子来解释最后这种可能，这是一个我分析得最详尽的梦例。

No. 3 一座临海的城堡，后来它不是紧靠海岸，而是紧靠一条通向大海的狭窄运河。城堡的主人是 P 先生。我和他一起站在宽敞的招待室，招待室里有三扇窗，窗前是凸出来的墙，看起来像是城堡上的齿状突起。我大概是驻防军队的志愿海军军官。因为当时是在战争状态下，所以我们害怕敌人海军的来临。P 先生想要离开，于是指导我，如果害怕的事情终于来临应该怎么处理。他的残疾妻子和孩子们都在这受到威胁的城堡内。如果轰炸开始了，所有人都得离开大厅。他呼吸沉重，转过身想走，但我把他抓住，问他，到了紧急关头我应该怎样向他汇报情况。他回答了一些话，但是马上倒下死去了。大概我的问题给他增加了一些不必要的负担。他的死对我一点影响都没有，在他死后，我想他的遗孀是否要留在城堡内；我是不是要将他死亡的消息汇报给上级指挥官；或者我是否要代替他指挥这个城堡，因为我的地位仅次于他。我站在窗前，观察那些过往的船只。它们都是一些商船，急速地划过深色的水面，有几艘带有烟囱，还有一些则有鼓胀的甲板（就像序梦中那个车站建筑一样——此处没有叙述）。接着我兄弟和我一起站在窗前，望着运河，当看到某一艘船时，我们害怕地大叫起来："战船来啦!"结果却是一艘我熟悉的要回航的船。然后又来了一条小船，以一种奇怪的方式被截断了，甲板上可以看到一些奇怪的杯形和箱形的东西。我们异口同声地喊道："那是早餐船!"

船只的快速航行、深色的水面、烟囱里冒出来的褐色烟——这一切给人留下一种特别紧张、灰暗的印象。

梦中的地点来自我到亚得里亚海（以及米兰梅尔、杜伊诺、威尼斯和阿奎利亚）的几次旅行。复活节假期，我和兄弟做了一次到亚得里亚海的短暂而愉快的东部旅行，对游玩的印象还很深刻（做梦几个星期以前）。这个梦也暗示着美国和西班牙之间的海战，以及战役带给我的焦虑感（关于我美国亲戚的安危）。梦中有两个地方表现出了感情。一处本应有感情激动，但却没有发生，反而将注意力集中在城堡主人的死"对我一点影响都没有"上。另一处是，我以为自己见到战舰并且感到害怕，同时这种恐惧也是笼罩在整个睡眠中的。在这个结构完善的梦中，感情配置得那么好，以至于让人看不到明显的矛盾——我没有理由因为城堡主人的死而感到害怕，但在变成城堡的统帅后，却因见到敌人的舰队而感到害怕，这也是合乎情理的。分析显示，P先生不过是我自己的一个替代物而已（在梦中我却替代了他）。其实我是那猝死的城堡主人，梦思想是关于我早死后家庭的未来状况。这是梦思想中唯一让我感到烦扰的，所以"恐惧的感情"肯定是在这里跟梦思想分离，而和"见到战舰"的情节连在一起。另一方面，那部分和战舰有关的梦思想却充满了令我高兴的回忆。那是一年前在威尼斯，天气异常美好，我们一起站在位于西尔奥冯尼河岸的房子窗前，望着蔚蓝色的水面，那天湖上船只比以往来往更频繁。我们期待英国船只的来临，并且准备进行隆重的接待。突然我妻子像孩子那样快活地大喊："英国战舰来啦!"梦中我因为同样的话而感到害怕。这里我们再次发现，梦中的言语是来自真实的生活经历的。我妻子说的话中包含的"英国"一词，也没有逃过梦的运作，这一点我稍后予以解释。因此，在把梦思转变为梦的内容的过程中，我把愉快的感情转变为恐惧，我只需要略提一下，各位就会明白这种转变本身就表达了梦内容的隐意。同时这个例子还证明了，梦的运作能够随意地把感情与梦思想原有的联系切断，把感情放在被挑选出来的梦中其他任何地方。

我要借此机会来详细分析一下"早餐船"的意思。在它出现以前，梦中的情景都十分合理，但是它的出现却使梦最后得出了一个没什么意义的结论。当我对梦中的物体进行更仔细的观察时，发现这船是黑色的，同时因为中间最宽阔的部分被切短了，所以它的形状和我们在埃突斯堪城的博物馆看到的那组十分吸引人的物件极为相似。那是一些方形的黑色陶器，上面有两个把柄，上面还立着像是用来盛咖啡或茶的杯子，有点像今天我们用的早餐器皿。经过询问后，我们得知这是埃突斯堪女人用的梳妆用具（toilette），那些容器是化妆盒和粉盒。我们开玩笑地说，把它带回家送给自己太太是个好主意。梦中的物体意味着——黑色的丧服（Schwarze Toilette，toilette＝衣服），直接暗示着死亡。梦中物体的另一头又使我想起那些载着死尸的船（德语 Nachen，"小船"），研究语言的朋友告诉我，在古时候人们把尸体装到"Nachen"上，让大海成为人的葬身之处。这个可以用来解释，为什么梦中出现船只返航。

"静静地坐在获救的船上，老人驶回海港。"

正如早餐船是从中间断裂的，这是船在失事后的返航。但"早餐船"这名字又是从哪里来的呢？这就是源自"战舰"前漏掉的"英国"。英语"breakfast（早餐）"从词的构成来看是"打破斋戒"的意思。这"打破"和"船被打破"又再连接在一起，而"斋戒"和"黑色丧服"又有关联。

只有"早餐船"这个名字是梦中新造的，作为物体本身它早就存在了，并且使我回忆起最近的一次旅行中最快乐的一段时光。因为对阿奎利亚供给的餐食不放心，所以我们在格理齐亚预备了一些食物，然后在阿奎利亚买了一瓶上好的伊斯特拉酒，当这小邮轮慢慢通过戴乐密运河，穿过空阔的泻湖而驶向格拉多时，我们这两位仅有的旅客在甲板上兴高采烈地吃着早餐，那早餐好像比以前的都要好吃。这就是"早餐船"。正是在这个最早期的生活享受的回忆背后，潜藏着对未知、神秘的未来的茫然无措的想法。

在梦的形成中，感情和它所附属的意念材料相脱离，是最引人注目的事。但是在梦思想转为梦显意的过程中，这还不是唯一的或最重要的改变。如果将梦思想的感情和梦中的感情进行比较，我们就会马上察觉到一件很明显的事实：如果在梦中出现了一种感情，那么人们在梦思想中肯定能找到这种感情，而梦思想中的感情却不一定能表现在梦中。一般来说，梦中的感情要比原有的心理材料产生的感情贫乏一些。在重新构建梦思时，往往能发现，最强烈的心理冲动总是试图吸引人的注意力，在这一过程中它必须跟其他一些对立的力量进行斗争。如果再回头看梦中的内容，则发现，大多数情况下那一强烈的感情冲动显得缺乏色彩，没有任何强烈的感情色彩。梦的运作不但把内容，也把思想中感情成分降低到淡漠、无关紧要的程度。可以这么说，梦的运作造成了感情的压抑。比如那个关于植物学专著的梦。实际上这个梦的隐意是一种感情强烈的要求——我想做自己，按照自己的选择自由行动，按照自己认为唯一正确的方式来安排自己的生活。但是由这梦思想构建的梦却表现得很漠然："我写了一本关于某种植物的专著，这本书就放在我面前。我翻阅到书中一页折起来的彩色图片。每一个例子都附有一片脱水的植物标本，就像植物标本收藏簿一样。"这就像是尸横遍野的战场上的宁静，人们不再能感受到战争的喧嚣。

恰恰相反的情况也是存在的：梦中呈现了生动的感情流露。但首先我们要研究的是这样的无可置疑的事实，即许多梦看起来十分淡漠，但是当人们深入其梦思想中时，却总能发现深刻的感情激动。

～～～

对于梦的运作将感情压抑这方面，我还不能给予完全的解释，因为要这么做就必须先对感情的理论以及压抑机制加以详细探讨，而在这里我只想提出两点：出于别的原因，我必须认为，感情的发泄是一种指向身体内部的离心过程，它跟运动及分泌神经过程类似。就像睡眠当中，运动神经冲动的传导受到限制一样，由潜意识唤起的感情发泄在睡梦中也会变得更为困难。在这种情况下，梦思想中的感情冲动就变得微弱，所以在梦中显露得也不会更强烈。根据这一观点，"感情的压抑"并非是梦运作的结果，而是睡眠状态使然。这也许是真的，不过却不是完全的真实。我们还不能忘记，任何一个比较复杂的梦都是各种精神力量相互冲突后又相互协调的结果。一方面，构成欲望的思想必须跟审查作用的阻抗做斗争；另一方面，我们都知道，潜意识的每一组思想都具有与之相反的对立面。因为在所有的思想中都附着着感情，所以如果我们得出如下的观点，大体上也不会错到哪里去：我们把感情的压抑看作是，对立思想和审查制度对感情的阻抗的结果。感情的压抑是审查制度的第二个结果，而梦的改造是其第一个结果。

下面我要举出一个梦，其淡漠的感情可以用梦思想中对立思想的对抗来加以解释。这梦很短，但每位读者都认为这个梦很恶心。

No.4 一座小丘，上面大约是一个露天的厕所；一个很长的坐板，末端有个洞。它后面满满地堆着许多粪便，大小和新鲜度都各有不同。在坐板后面是灌木丛。我对着坐板小便，长条的尿流把所有东西都冲洗干净了。粪堆很容易被冲掉，落到那个洞中。但是好像后面还是遗留了一些粪便没有被冲下去。

为什么我在梦中不觉得恶心呢？

因为就像分析展示的，这个梦是由一些十分愉快、满足的思想组成的。我立刻联想到大力士海格力斯清洁奥基阿斯王的牛厩的故事，那大力士就是我。小丘和灌木丛来自奥斯湖，我的孩子们正在那里。我已经发现了神经症的童年期病因，于是我可以预防自己的孩子们得那种病。坐板如果没有那个洞的话，很像一位感激我的女病人送给我的一件家具，因此从这里我又想起我的病人对我是多么尊敬。甚至那人类排泄物的排列也具有一种让我愉快的意义，即使我对粪便本身也感到恶心，但是在梦里它们让我想起了意大利美丽的乡村，在那里的小城，厕所都是跟梦中一模一样的。尿液把所有的秽物都冲下去了，这无疑是象征着一个壮举，格列佛正是用这种方式扑灭了利利普特的大火——虽然他的行为使小人国的皇后对他产生了厌恶。拉伯雷笔下的超人高大康也用这种方式对拜火教徒进行报复，他跨走在巴黎圣母院上面，把尿液洒向这个城市。在做梦的前一晚，我刚翻阅了尼尔给拉伯雷的著作做的插图。奇怪的是，还有另一件事证明我就是那个超人。在巴黎时我最喜欢待在巴黎圣母院的平台。在每个有空的下午，我总是到教堂的塔上，

格列佛

在怪物和魔鬼之间爬上爬下。尿液很快就把所有粪便冲走了，这让我想到一句格言："它们被吹散了。"我以后会用这句话作为癔症治疗那章的标题。

现在让我们来谈谈引发这个梦的真正的原因。那是个闷热的夏天下午，在黄昏时我做了一个关于癔症和行为倒错的关系的演讲，我所说的一切都令我不满，所有的在我看来都失去了意义。我很疲倦，并且觉得这艰苦的工作毫无乐趣可言，心里一直希望赶快结束所有这些关于人类肮脏的唠叨话，早些和孩子们一起去欣赏美丽的意大利景色。就在这种情绪下，我从课室走到咖啡馆，因为毫无胃

口，就在露天随便吃了一些小食。但是一位听众跟随着我，在我喝咖啡吃卷面包时，他请求坐在我旁边，然后他就开始对我大加奉承，说他从我这里学到了许多东西，说他如何以新的眼光来观察事物，以及我关于神经症的理论如何刷新了他那如同奥基阿斯王的牛厩的错误与偏见。总而言之，他说我是个伟人。我当时的情绪实在无法配合他的赞扬，我努力克制着厌恶感，为了摆脱他而提早回家。在睡觉以前我翻阅了一下拉伯雷书中的插画和梅耶的短篇小说《一个男孩的烦恼》。

这个梦就是建立在这些材料上的。梅耶的短篇小说更勾起我对童年一幕的回忆（请见第五章有关都恩伯爵的梦中最后一幕）。白天恶心、厌倦的情绪也贯穿在梦中，并且给梦的内容提供了全部材料。但在晚上，一个与白天的情绪对立的更强有力、夸张的自我肯定盖过了前者，所以梦内容必须找到一种形式，来同时表达自惭形秽以及夜郎自大。因此，梦内容的模糊不清是由二者的妥协造成的。同时这两个相反的冲动相互抵消和抑制，结果产生了一种淡漠的感情基调。

根据欲望满足的理论，如果只存在厌恶的情感，而没有与之相对的自大情绪（它虽然被压抑着，但是却有着愉快的调子），那么这个梦是无法产生的。因为痛苦的东西不可能在梦中被呈现出来，它如果出现在梦中，就一定是作为欲望满足的伪装出现的。

梦的运作可能会允许梦思想中的感情呈现出来，也有可能屏蔽它们，但是除此之外还有另一种处理方法，那就是将某些感情转化为它们的对立面。解析梦的原则我们已经熟悉了，按照那个原则，每个梦中元素都可以被解释为它代表着它的反面。我们事先并不知道它是本身的意思，还是刚好相反，只有通过梦的前后关系才能进行判断。"梦书"总是采取**"相反性"规则**，即梦的意义是它的内容的对立面，当然一般人会怀疑这一规则的真实性。这种"相反性"规则之所以可能，是因为在我们的思想中，关于一件事的意念总是跟它的对立面紧密联系着。这种转向反面的转变就像其他种类的置换一样，能够为审查制度服务，同时也是愿望得到实现的产物，因为欲望满足本来就是把一件痛苦的事情置换为愉快的事情。就像意念能以它的反面呈现在梦中，梦思想的感情也可以这样，而且这种感情的颠倒大多数情况下是由梦的审查作用完成的。梦的这种审查过程，可以通过我们熟悉的社交生活来做类比，因为在那种场合中我们也利用压抑以及相反的感情来达到假装的目的。比如，如果跟某个人讲话时，我需要表现得毕恭毕敬，但内心又有敌意冲动，那么此时最重要的是要掩饰这些感情，其次才是缓和我的思想表达。如果我对他讲的话并不是不礼貌的，但是眼神和动作中却带有仇恨和鄙视的意味，那么对这个人来说，就好像是我把我的鄙视毫无保留地扔到了他的脸上。因此，审查作用首先命令我要压抑自己的感情。如果我是一个伪装高手，那么我就会装出相反的感情——当我发怒时，我微笑；当我要置人于死地时，却表现柔情。

我们已经了解到了这种为梦中审查服务的感情颠倒的绝佳例子。在那个梦见我叔叔长着黄色胡子的梦中，我对 R 先生怀有柔情，但是在梦思想中却认为他是大傻瓜。正是在这个感情被颠倒的例子中，我们第一次发现了梦中审查存在的迹象。但我们不需要假设说那种感情是由梦的运作新创造出来的，因为它们早就存在于梦思想中，只要心理力量一加强，原先的阻碍就会被消除，它们就可以优先为梦的形成服务。在刚刚提到的有关叔叔的梦中，那个对立的柔情大概有着童年根源（在梦的后面部分有暗示），因为我早期的孩童经历的特殊性质，已经使我和叔叔的关系成为所有友谊和仇恨的来源。

费伦齐记载了一个这种感情颠倒的好梦例："一位老先生半夜被太太吵醒，因为他在睡眠中开怀大笑。后来这位先生报告说，他做了这样一个梦：我躺在床上，一位我认识的先生走入房间。我想把灯打开，但办不到。我一次又一次地尝试，但都没有成功。然后我妻子从床上下来帮我，但她也没法把灯打开。她因为衣衫不整而在外人面前觉得不好意思，所以她放弃了开灯的努力回到床上。这一切都是那样滑稽，以至于我忍不住放声大笑起来。我妻子问：'你笑什么？你笑什么？'但他还是一直大笑，直到醒来。"第二天，这位先生垂头丧气，他想他一定是因为笑得太多而头疼。

"分析起来，这梦似乎没有那么好笑了。那位进入房间的'熟悉的先生'在隐藏的梦思想中代表死神，在白天时他想起过死神的形象，并且认为那是'完全陌生'的。这位老先生患有动脉硬化，因此他在那天想到死亡是完全有理由的。在他想到死亡时，用'忍不住的大笑'替换了哭泣和呜咽。他再也没法扭开的是生命之光。这忧郁的思想和他入睡前失败的性交尝试有关，虽然妻子'衣衫不整'地帮助他，也无济于事。他知道自己已经开始走下坡路了，而梦的运作成功地把性无能和有关死亡的悲伤思想转变为一幕滑稽景象，把哭泣变成了大笑。"

有一类梦，可以被称为"伪君子"，它们使愿望得到实现的理论面临重大考验。M. 希尔费丁医生在维也纳精神分析协会将罗赛格记录的梦拿出来讨论，这吸引了我的注意力。罗赛格在《解雇》这一故事中写道：

"我一直都为自己睡眠质量好而感到高兴，但只有一种例外情况搅扰了我晚上的安宁。我一直都是一个低调的学生和文人，但是这种生活却被裁缝生活的阴影所笼罩，它就像是一个不能够摆脱的魔鬼，常年来都不肯放过我。

"在白天，我并不会常常或者强烈地想到过去。一个冲破了世俗束缚，想要冲向世界和天空的人有很多别的事情要做。当时我还是一个无忧无虑的年轻小伙子，因此对自己夜间的梦并不会多加注意。一直到我养成思考的习惯后，或者是我内心的世俗欲望重新被激起时，我才感到奇怪，为什么我只要做梦，就梦见我是一个裁缝，为什么在拿不到工资的情况下，我还要跟师傅一起工作那么长时间。当我坐在师傅旁边缝制熨烫时，我很清楚地知道，我本不是属于这里的；作为一个城里人，我还有许多其他事情要做。但我却总是有假期，总是在夏天一开始我就成为裁缝师傅的助手。我很不高兴，感到浪费了时间，用这段时间，我本能够做些更好的、更有用的事情。如果布料没有按照尺度裁剪下来，我就要挨师傅的骂，但从来没有提到过薪酬的问题。当我驼着背坐在昏暗的作坊里时，我常常决心辞去这个工作。有一次我甚至这么做了，但师傅完全没有在意，所以我又在他旁边坐下，开始缝制衣服。

"在经历这些无聊的工作后，对我来说醒来是多么让人感到幸福啊！然后我决心，如果再做这样的梦，我就要用尽力气喊叫：'这不过是错觉而已，我正躺在床上，想睡觉。'但第二个晚上我再度坐到了裁缝店里。

"这样的梦以一种惊人的规律性持续了好几年。有一次我梦到，我和师傅在阿尔贝霍夫的家（我第一次当学徒时就是在这个农民家工作）工作，师傅对我的工作特别不满意。'我只想知道，你的脑子去哪了！'他说道，同时阴郁地看着我。我想最合理的反应是站起来和他说，我在这里只是为了让他高兴，然后离开他，但我没有那样做。当师傅叫另一个学徒过来，让我在长凳上给他让出一个位子时，我并没有反抗，而是到一个角落里去做裁缝工作了。在同一天，又来了一个雇工，他是一个狡猾的伪君子，波西米亚人，19年前他曾在我们这里工作，有一次由酒馆回来的路上掉到小溪里去了。当他要坐下来时已经没有空位了。我用询问的眼光望向师傅，而他对我这么说：'你没有做裁缝的天分，你可以走了，你被解雇了。'这时我受到的惊吓是如此强烈，以至于从梦中醒了过来。

"晨曦穿过没挂窗帘的窗子照到我熟悉的房间来，各种艺术的著作围绕着我。

我那漂亮的书架上立着永恒的荷马、伟大的但丁、无可超越的莎士比亚、辉煌的歌德的著作——他们都是光耀灿烂的不朽人物。隔壁房传来孩子醒来和母亲开玩笑的声音。我觉得自己似乎又重新体会到一种田园诗般甜蜜、和平、诗意的精神生活，在这生活中我经常深深地感到人类沉思的幸福。但是我不是自己辞职，而是被解雇这件事，终究还是让我不快了。

"在我看来这是多么奇怪呀：自从梦见被辞后，我就能够享受宁静了，我不再梦见过去那么久的裁缝生涯了。这生活虽然因简朴而快活，但它终究还是在我后面的生命中留下了很长一段阴影。"

梦者现在是个作家，年轻时当过裁缝。在他那一系列的梦中，我们很难发现欲望的满足的统治。梦者的快乐都集中在他白天的生活；而晚上做梦时，终于挣脱的那一段痛苦生活却重新抓住了他。我自己也做过一些类似的梦，这使我对这个问题能有一些设身处地的了解。当我还是个年轻医生时，在很长一段时间内我在化学研究所工作，不过却没有办法掌握这门科学要求的技术，所以在清醒的时刻，我一直不想回忆这乏味、丢脸的学习生活。不过我却一直梦见自己在实验室工作、分析以及做其他种种事情。这些梦和考试的梦一样令人痛苦，而且总是模糊不清。在分析其中的一个梦时，我终于注意到了"分析"这个词，它是理解这些梦的关键。就是说，我是从那段时间开始成为"分析家"的，我现在就正在做一些被赞许的分析工作，虽然它实际上是精神分析。于是我发现：如果我对白天进行的分析工作感到骄傲，并且对自己的成就自吹自擂，那么晚上做的梦就会提醒我，我之前有很多分析都是失败的，我没有理由为自己感到骄傲。这是对新上升者做出惩罚的梦，就像那个曾经的裁缝，他现在是著名作家了。但是为什么梦能够提出自我批评，为什么在面对新成功者的骄傲和自我批判的矛盾时，会倾向于后者呢？就像我前面说过的，对这问题的解答是困难的。我们也许可以这样说，这种梦的基础可能是一种夸张而野心勃勃的幻想，但是后来这幻想被泼冷水的羞愧代替。人们记得，在人类心中存在着受虐狂冲动，它也许就参与促成了这种颠倒。

❦

我不反对将这些梦命名为**"处罚的梦"**，从而跟"愿望得到满足"的梦分开。我并不认为我前面提到的所有理论有任何局限性，只是对于有些人来说，把相互对立的东西放到一起，是一件奇怪的事，因此为解决这些人的困难，就暂且让我们在语言上做出权宜之计。只要对那些梦进行更仔细的研究，就会有不同的理解。关于实验室的许多梦，其背景都是含糊不清的，但我知道当时我正处于医学生涯最黑暗、最失败的人生阶段——我还没有职位，并且不知道要如何赚钱生活。但是同时我却发现我有好几个可以选择的结婚对象。于是在梦里我再度恢复年轻状态，最重要的其实是，和我同甘共苦多年的妻子也变得年轻了。这个梦的潜意识的引发物被发现了，那就是不断噬咬着日趋年老的男人内心的欲望。在另一个心理层面上，虚荣心和自我批判之间展开了激烈的斗争，这一斗争决定了梦的内容，但是只有那根基很深的、想要变得年轻的愿望才能使这斗争作为梦表现出来。有时候在清醒状态下人们也会对自己说："现在一切都很好，而以前那些日子是十分辛苦的，但以前确实也是美好的，你当时多么年轻啊！"

还有另一组梦，我自己也常做，并且认为它们是虚伪的梦，其内容往往是和一些多年断交的朋友言归于好。对这些梦例的分析都发掘了一些使我和他们断绝来往或成为敌人的事件，但是在梦中描绘的却是完全相反的关系。

如果要对作者讲述的梦进行判断，那我们有必要认为，在讲述时他已经把一些不和谐的或者认为是不重要的梦的细节删掉了。因此一个精确重现的梦的内容能够得到很快的解释，而作家讲述的梦却只能作为谜团保留下来。

奥托·兰克曾向我指出，《格林童话》中的"小裁缝"或是"一拳七个"就是一个跟新成功者梦非常相似的梦。那个小裁缝成为英雄后，被招为驸马，有一个晚上他睡在公主旁边，梦到了他过去的裁缝工作，公主起了疑心，第二晚派武装的守卫躲在能够听见梦者梦话的地方，并且预备将他逮捕。不过小裁缝事先受到警告，因此得以修正他的梦。

在经过复杂的抵消、删减、颠倒过程后，梦思想中的感情才变成了梦中的感情。在被充分分析的梦的适当合成上，可以对那些过程的复杂性有概括了解。在这里我要再引用一些有关梦中的感情的例子，它们可以证明我已经说过的情况是真实的。

No. 5 我做的那个奇怪的梦中——关于老布鲁格叫我解剖自己骨盆部的梦——不难发现在这个梦中，我缺少这种情况下应有的恐惧感（Grauen）。从好多方面来说，这都是欲望的满足。解剖指的是我在这本关于梦的书中所进行的自我分析——在现实生活中，这种自我分析对我来说是一个痛苦过程，以致我将此书的出版迟延了一年多。然后我心中升起一个愿望，即希望自己能摆脱这种阻碍我的感觉，于是在梦中我不感到害怕（Grauen）。我也很高兴头发不再变成灰色，因为我的头发已经灰白得够厉害了，它也提醒我，不能再拖延下去了。在梦的结尾，呈现出我那迫切的想法，即我想让自己的孩子去继续完成我的艰苦旅程。

下面我们再来讨论那满意感一直持续到醒后的那两个梦。第一个梦中我之所以感到满足，是因为我觉得我马上就可以知道"我以前梦到过这个"的含义。其满足实际是我的第一个孩子的诞生。第二个梦例中感到满足的原因是，我深信某些"预兆"终于变成了事实。它的真正意义和第一个梦例相似，即在生下第二个孩子后我感到满足。梦思想中充斥的感情也保留到了梦中，但是梦没有这么简单。如果对这两个梦进行进一步的分析，就会发现，这种满足逃过了审查作用，并且被另一来源所强化，这一来源有理由害怕审查。如果没有一种被允许的、相似的满足感作为掩护，那一来源里面包含的感情是会遭受阻抗的。

遗憾的是，我不能通过这些梦例证明这点，不过一些来自其他的生活领域的例子可以解释清楚我的观点。如果在我交际圈内有一个我很讨厌的人，那么一旦他遇到什么坏事，我都有一种切实的幸灾乐祸的感觉，但是我性格中的道德观念却不允许这种冲动表露出来，我不敢表达希望他倒霉的念头，而每当他遇到一些不应得的不幸时，我都压抑着自己的满意，并且强迫自己去为他难过，并且表露这种难过。每个人肯定都有过这样的情况。如果某个我讨厌的人违反了规则而受到惩罚，我就可以坦然表现我的满足，认为他受到的惩罚是罪有应得，跟许多其他的人一样，我们都认为自己是毫无私心的、无偏袒的。但是我敢说，我的满意程度要比其他人强烈，因为我对他的讨厌强化了这种满意。这种厌恶感在内心中受到了压抑，没有表露出来，但情况一旦改变，真正的感情便奔涌而出，不受阻挡了。在社会中这样的情况是普遍的，当那些讨人厌的或者不受欢迎的少数人犯错误时就是这样的。他们受到的惩罚跟他们犯的错误不吻合，因为惩罚中还包含了至今为止无法发泄的敌意。那些处罚他们的人无疑是不公正的，但是由于长期的压抑得到解除而获得的满足，他们对自己的不公毫无察觉。在这种情况下，感情在质上是恰当的，但在量上却大大地超过了限度。如果自我批评放过了第一点，那么对于第二点也很容易就马虎了，就像一旦门被打开，蜂拥而入的人要比人们本来打算放进来的人要多得多。

在所有能被心理学解释的神经质症性格中，一个显著特征也可以用同样的方式来解释，即由于某种原因引发的感情释放，其感情在质上是适当的，但是却过量了。这种过度源于潜意识中受到压抑的感情来源，这些来源与现实的引发事件建立了一种联想关系，然后就为那受压抑的感情提供了一条不受阻抗的、被允许的发泄渠道。我们注意到，压抑和受压抑机制两者之间的对立阻抗关系不应该成为我们唯一的研究对象。两者间在相互作用中还可能彼此加强，从而造成一种病态结果，这种情况也是值得研究的。关于这种心理机制的暗示性评述也可以被用来解释梦中的感情表达。梦中明确表露的满足感，很快就可以在梦思想中找到相应的位置，但是仅通过这样的证明还不足以获得对其的充分理解。一般来说，还需要在梦思想中寻找那种满足感的另一来源，这个来源总是处于审查的压力之下，在正常情况下，如果受到审查作用，产生的一般不是满足感，而是与满足对立的感情，但是由于第一感情来源的存在，第二感情来源中的满足感就可以逃脱审查作用，并且可以强化其他来源的满足感。如此看来，梦中的感情似乎有好几个来源，并且与梦思材料有多重联系。能够产生同一种感情的多种来源，在梦的运作中构建了那种感情。

通过对那个以"没有活过"为中心的梦进行分析，我们可以对这一复杂问题有进一步的理解。在这个梦中，不同性质的感情集中于梦的内容上的两点：第一，是我用两句话消灭了我的对手朋友，在这里敌意和痛苦重叠在一起（甚至在梦里也说"我被强烈的感情攫住了"）；第二，在梦的结尾，我特别高兴，并且在梦中就像清醒时那样做出判断认为，"人们只要通过愿望就可以消灭归魂"这种可能性是荒谬的。

我还没有对这个梦的引发事情做出说明，这个起因十分重要，它可以让我们深入理解这个梦。我听说我的柏林朋友（弗里斯）要去动手术，他住在维也纳的亲戚会告诉我更多关于他的消息。手术后收到的消息让人很不乐观，因此我感到焦虑，想亲自到他那里去。但是我那时也在病痛中，每移动一步对我来说都是一种折磨。因此梦思想是我为自己的好朋友的生命感到担心。据我所知，我从未见过的他唯一的姐（妹），在很年轻时就因急病去世了［在梦中弗里斯提到他姐（妹），并说她在 45 分钟内就死掉了］。我肯定是想到，他的身体抵抗力也不会比他妹妹强多少，又想到在得知更坏的消息后我肯定要去看他，但是可能到得太晚了，因此我会自责一辈子。这种对于"自己到的太晚"的自责构成了那个梦的核心，并且通过"年轻时代的我因迟到，而受到导师布吕克责备，被他用可怕的蓝色的双眼注视"那一幕表现出来,不过梦不能完全照搬那一幕(理由我会在后面提到),所以它把蓝眼珠赋予另外一个人,并且让我把他给消灭了。很明显,这是欲望满足的结果。我对这朋友生命的关心、我对自己不去看望他的自责、我对于此事的羞愧("他很低调地来到了维也纳看我")、我需要通过自己的病摆脱自责——这所有的一切合成了那种在睡眠中依然能被感受到的感情风暴,并且在那部分的梦的思想中肆虐。

但是引发这个梦的还有另外一件事,它对我产生的效果是相反的。手术后的头几天,我在接到不好的消息时,还被提醒不要和其他人提起此事。对此我很生气,因为这无疑表示了对我的不信任,他们已经预设我会跟别人讨论此事了。当然我知道这话不是我朋友说的,而是传递消息的人太笨而且过于担忧。但是这暗含的指责却使我很痛苦,因为它也并不是毫无道理的。大家知道,只有说出了真相的指责才有伤害的力量。许多年前,当我还年轻时,我认识两个朋友,使我感到荣幸的是他们都把我当成朋友,而我在一次谈话中却多余地把其中一位对另一位的批评告诉了当事人。这件事当然和朋友弗里斯毫无关系,但是我却永远忘不了这件事。这两个人之一是弗莱雪教授,另一位的教名是约瑟夫——这刚好跟梦中我那对手朋友 P 的教名一样。

对于"我不能保守秘密"的指责制造了梦中"低调地"这一元素,还有弗莱雪的问题——"我到底告诉了 P 多少有关他的事"。对"我在布吕克实验室工作时,去得太晚"的回忆与现时的"我去探望弗里斯也会太晚"联系起来,并且在梦中消灭责备者那一幕中,我将第二个人替换为另一个约瑟夫,这样通过梦中那一幕我不仅表达了一种对"我去得太晚"的责备,还表达了另一种受到更强的压制的责备,即"我不能保守秘密"。梦的压缩和移置作用以及梦的动机,在这里已经一目了然了。

在收到不要泄露任何秘密(有关弗里斯病情)的警告后,我当时产生的愤怒是很轻微的,但是它却在我内心深处得到加强,形成一股仇恨的洪流,指向我在真实生活中喜爱的人们。这个加强源于我的童年。我已经提过,我对同龄人的友谊与敌意可以追溯到童年时和大我一岁的侄儿的关系:他如何凌驾于我之上,我如何很早就学会了抵抗和防卫;我们一起生活,不可分离,互相亲爱。不过有一段时间,据长辈说,我们两人常打架,互相埋怨对方的不是。从某种意义而言,我后来所有的朋友都是这个最初人物的化身,"曾在我眼前朦胧地出现",它们都是归魂。我侄儿在我少年时期又再出现，那时我们一起扮演着凯撒与布鲁特斯的角色。我感情的生活一直强调我应该有一个亲密朋友和一个仇敌，而我一直能够使自己这愿望得到满足，而且往往能完全再现童年的理想情境，即一个人既是我的朋友又是我的敌人——当然那跟童年时的情况不一样，它不是同时发生的，也不总是交替变换的。

至于刚发生的能够引发感情的事件，通过何种方式与童年期发生的事件联系起来，从而被童年感情所代替，对此我不想在这里加以讨论。这问题属于潜意识心理学的范围，其解释在神经症心理学上也能找到一席之地。但是我们的目的是解析梦，所以我们可以这么假设，我对童年时期的回忆（或者是幻想）中多少含有下面的内容：

我们这两个孩子因为争抢某件东西而打架——这件东西到底是什么暂且不议，虽然记忆或者错误记忆中是存有某种具体物体的——我们两个都说自己先来的，所以有权得到它。于是我们打起来，力量战胜了正义。由梦中的暗示来看，我已经觉察出自己是错的一方（"我注意到了自己的错误"）。不过这次我是强者，掌握着战场的胜利，于是失败者跑到我父亲、他敬爱的祖父面前控告我，据父亲说，我是这样替自己辩护的："因为他打我，所以我才打他。"这个记忆或者说幻想在我分析梦时浮现在脑海中——如果没有更多的证据，那我自己也不知道这种情况为何会出现——并且成为梦思想的核心，梦思想中的感情冲动就像沿着管道一样，流入那个核心之井中。从这点看来，梦思想是这样的："你给我让位，是理所当然的，你为什么要抢夺我的位子呢？我不需要你，我很快就可以找到别人，他们会跟我玩的，等等。"然后通向梦中景象的道路就徐徐打开了，这些思想进入梦中。在我朋友约瑟夫（朋友P）去世之前，我曾经因为这种"叫人让开"的态度责怪过他。他在我之后继任布吕克实验室的研究员，但是在该研究所晋升非常缓慢困难。两个助手都没有离职的迹象，所以这个年轻人就失去了耐心。我朋友知道自己寿命不会很长，而他和上级也没有亲密关系，所以他偶尔会大声表达自己的不耐烦。因为他上司弗莱雪病得很严重，所以想让他离开的意图不仅包含了升职的愿望，可能还包含了另一种敌意。自然，在几年以前，我也有同样的愿望，得到一个空缺的愿望甚至更加强烈。只要在世界上还存在等级和晋升，被压制的愿望就会被唤起。莎士比亚笔下的王子哈姆雷特即使在他病危的父王的床边，也压抑不住把皇冠戴在头上试试的冲动。正如我们理解的那样，梦不是将这无情的愿望加在我身上，而是加在我朋友身上。

"因为他野心勃勃，所以我杀了他。"因为他不能等待别人离去，所以他本身就被移除了。这是在我参加大学纪念碑——那纪念碑不是给他的，而是给别人的——的揭幕典礼后立刻产生的思想。因此，我梦中感到的满足，应当如此解释："这是一个公正的处罚！你活该如此！"

在 P 君的葬礼上，一位年轻人发表了不太合适的评论，他认为演讲者说的好像没有了这个人，世界就走到了末日一样。因此他心中产生了正常人的抗拒，对死者的悲痛也因为那种夸张而被冲淡了。我的梦思想继续了那年轻人的评论："确实，没有人是无法取代的。我已经参加了多少人的葬礼了啊，但是我还活着，我比他们活的时间都长，因此我独占了位子。"在我害怕无法赶上见弗里斯最后一面时，类似的想法就涌现出来，它只能被解释为，我很高兴又有一个人在我前面死去，死的人不是我，而是他，就像想象出来的童年景象那样，我占据了那个位子。这种源于童年的满足构成了梦的主要部分的感情。我很高兴自己活了下来，我用一对夫妻间的天真的自私表达出这种感情："如果我们当中一个人死了，那么我会搬到巴黎去。"因此，很明显地，我认为自己不是将死去的那个。

不可否认，解析和报告自己的梦需要高难度的自我克服，因为人们揭露的是：自己是唯一的混蛋，而生活中的别人都是高尚的。因此，那些归魂能存在多长时间取决于人们想让他们存在多久，并且通过一个意愿就可以将他们消灭，我觉得这是很容易理解的。这就是为何我的朋友约瑟夫会在梦中受到处罚。然而那些游魂是我童年朋友的一连串化身，对于我总是能找到他的替身，我是很满意的，我还满意于对于马上就要失去的朋友，我也可以找到替身。没有人是不可替代的。

那么梦的审查在哪里呢？它为什么不强烈反对这种粗野的利己思想，并且把伴随这种思想的满足转变为沉重的不悦呢？我认为原因是：有同一个人有关的不受指责的思绪也出自这种满足，并且掩盖了那来源于童年的、被禁止的思想。在纪念碑揭幕典礼上，我思想的另一层次是这样的："我失去了那么多珍贵朋友了！

有些人死去了，有些人是因为友谊淡薄了。幸好我能找到他们的替身，一个对我来说比别人更重要的人，我这个年纪已经不容易结交新朋友了，因此我要永远留住和他的友谊！"我能够为失去的朋友找到替身，这让我感到满足，这种心情不受干涉地进入了梦中。但与此同时，源自童年的敌意的满足感也偷溜进梦里。无疑，童年的感情还加强了现时的合理感情，但童年的仇恨也成功地被表现出来。

除了这些以外，梦中还有明显的暗示，暗示着另一串能引起满足感的思想。不久前，我朋友弗里斯在期待很久之后终于生下一个女儿。我知道他一直为他早逝的妹妹悲伤，于是我写信说他终于可以把他对妹妹的爱转移到这个女儿身上，而她将使他忘掉那不可弥补的损失。

因此，这个思想再次和前面提到的隐意中的中介思想联系起来，但是其发展的方向却是相反的："没有人是无法取代的"，"看，人们在失去后重新获得的，只不过是原来那些的归魂"。梦思想各冲突间的关系又因为下面这一偶然事件而连接更紧密了：我朋友的小女儿的名字恰好和我小时的女玩伴名字相同，她和我同岁，并且是我那最早的朋友——敌人的妹妹。当我听到那个婴儿的名字是宝琳时，我获得了极大的满足，这还暗示这样的巧合，即我在梦中用一个约瑟夫代替另一个约瑟夫，并且发现无法压抑"弗里斯"与"弗莱雪"两个名字开头的相似处。现在我的思想又再回到自己孩子的名字上，我一直坚持他们的名字不应追求时尚，而是应该纪念那些我喜爱的人。他们的名字使他们（我喜爱的人）成为"归魂"。对我们来说，生孩子难道不是最终唯一通往永恒的道路吗？

从另一个角度来看，关于梦中的感情，我还有一些话要说。睡眠者的心灵中会有一种感情倾向，就是我们所说的"情绪"，它们是梦的支配元素，对梦产生决定性影响。这种情绪可能来源于他当天的经历或者思考，也可能来源于躯体刺激。在这两种情况下，都有对应的思绪产生。梦思想的意念材料首先确定了情绪，然后再由躯体性的感情状况被唤起，这些对梦的构建来说都是无关紧要的。不管怎样，梦都表现为欲望的满足，只有从欲望那里才能获得构建梦的精神动力。当前的情绪和睡眠中出现的感觉一样，它们要不然就是被忽略了，要不然就是被转化为欲望的满足。痛苦的感情可以在睡眠中成为造梦的原动力，因为它们可以激起强烈的欲望，这些欲望应该由梦来实现。伴随情绪的材料被不断检查，直到它们能够用来表达欲望的满足为止。梦思想中的痛苦情绪越强烈，越是处于主导地位，被压抑的最强烈的欲望冲动就越会趁机潜入梦中。因为既然痛苦已经存在（否则它们还需要被特意制造出来），那么要进入梦所需要的最困难的工作已经完成了。在如此解释之后，我们又重新涉及了焦虑梦的问题，它们应该作为梦的边缘活动被提出来。

第九节　梦的再加工

我们现在终于谈到构建梦的第四个因素了。如果我们用一开始的方法来探讨梦的内容的意义，即寻找梦的内容中引人注目的事件在梦思想中的根源，那么就会遇到一些元素，如果要对那些元素进行解释，就必须采用一种全新的前提。我记得一些梦例，梦者在梦中感到惊奇、愤怒、被拒绝，更确切地说，这些情绪都是针对梦的某一部分内容发出的。就像我已经提出的很多梦例一样，大部分的这类批判冲动都不针对梦的内容，而是针对梦材料中被接受和利用的一部分。但是有一些梦不属于这一类型，因为人们几乎不能在梦的材料中找到跟那种批判冲动有联系的内容。比如，这句常常在梦中出现的话——"毕竟这只是个梦而已"——具有何种意义呢？这是对梦的一个真实评论，就像我们在清醒时会做出的一样。事实上这常是醒来的前奏，而更常见的是，在这句话前面总有一些痛苦的感情，而在发觉这是梦之后，那种感情就平息了。当梦中产生"毕竟这只是个梦"时，它和奥芬巴赫的喜剧中借美丽的赫伦娜之口所说的一样，都具有同样的目的，即要削弱刚刚体验到的事件的重要性，并且使接下来要发生的事情更容易忍受。它的目的在于催眠那些有充分理由被唤醒的因素，借以阻止梦或者某种景象继续发展。这样就可以更舒适地继续睡下去，并且忍受梦中的一切，因为"这毕竟只是个梦而已"。我认为，只有当永不睡眠的审查作用察觉到，已经被允许发生的梦有些失去控制时，才会让这个轻蔑的评论——"这毕竟只是个梦而已"——出现。因为要压制梦已经为时已晚，于是出于焦虑或者痛苦产生了这样的评论，以便使自己从梦中脱离出来。这是心理审查作用一种"马后炮"形式的声明。

　　这使我们得以证实，梦中出现的事物并非都是源于梦思想，有时一种和清醒思想没什么差别的精神功能也能制造出梦的内容。现在的问题是，这种情况是例外，还是作为审查作用以外的某种心理活动机制，总是参与到梦的构建中呢？

　　对这两者斟酌后，我们选择后者。毫无疑问，我们目前了解到，审查机制在发挥作用时会限制或者删除某些梦的内容，同时也能插入或者增加一些情节。这些插入的情节很容易就可以被辨认出来。通常梦者叙述到那些地方时会犹像，会以"好像是"作为开场。它们本身不具有特别的鲜活性，而且常常被用来连接梦内容的两个部分，使梦的两个部分在逻辑上连贯。与真正来自梦材料的内容相比，它们不容易被保留在记忆中；如果我们把梦给忘了的话，那关于这部分的记忆总是最先失去的。我们常常抱怨说，自己梦到了很多东西，但是大部分都已经忘记了，记住的只是一些零碎的片段，我非常怀疑这很可能就是因为中间的连接部分被忘记而造成的。在完整的分析中，如果某一部分在梦思想中找不到相应的内容，那它很可能就是插入部分。但是在仔细研究后，我发现这并不常见，一般来说插入的部分通常能回溯到梦思想材料中，但是它自己既不具有心理价值也不具有多重联系，因此仅凭它自己不能够进入梦中。我们正在讨论的梦的构建中的心理机制，好像只在极特殊的情况下才制造新内容，而且只要有可能，它总是要挑选一些梦材料中的合适内容加以利用。

　　这一倾向是这部分梦工作的独特特征，它泄露了梦的运作过程。就像诗人对哲学家的恶意讽刺一样："它用碎布填补着梦的架构上的漏洞。"这一机制的努力成果就是，梦失去了荒谬与不连贯的表征，并且接近于可理解的经历的原型。但是它也不总是成功的。从表面上看，梦常常是合乎逻辑的、合理的，它由一个可能的情况开始，然后经由一连串无冲突的变化，最终——尽管很少见——得到一个不陌生的结局。那种与清醒思考十分相似的心理机制对这一类的梦进行了最深入的加工，这些梦看起来似乎是有意义的，不过和梦的真正意义还差得很远。如果将它们一一加以分析，我们不难发现，这些梦材料被随心所欲地进行第二次加工，以至于材料之间的联系已经十分微弱。可以说，这些梦在醒后被解释以前，就已经在梦中被解释过了。在另一些梦例中，这种具有倾向性的加工只获得了部分的成功，一开始好像是有逻辑的，但是梦又变得荒谬、混乱了，也许后面又变得可被理解。还有一些梦例，第二次加工可以说是完全失败了，我们束手无策地面对一大堆毫无意义的内容碎片。

　　我不想否认这第四种构建梦的力量，不久我们就会对它感到熟悉，事实上，它是四个因素中唯一一个我们不管怎样都会熟悉的梦的构建者。这第四个因素能够创造性地为梦的构建贡献力量，我不想贸然全盘否定这种观点。但是就像其他因素一样，它也是从已经形成的梦思想材料中根据偏爱挑选内容来发挥作用。有一类梦，它们不需要再费力构建梦的内容，因为在梦思想材料中已经存在了这样的构建，它们在等待被使用。我习惯把梦思想中的这类元素称为"想象构成物"。如果我马上说，这想象构成物和清醒时"白日梦"中的想象是相似的，也许就可以避免误解的产生了。精神病研究者们还没有充分认识或者发现它在精神生活中扮演的角色，虽然 M. 本尼迪克特已经开启了一条关于这方面的希望之路。诗人凭借自己坚定而敏锐的洞察力认识到了白日梦的重要意义，都德的《富豪》中就对次要人物的白日梦有所描写。对神经症的研究使我们很惊奇地发现，这些"想象构成物"和白日梦一样——至少它们中有很多——都是癔症症状的前期表现。癔症症状跟记忆没有关系，而是跟建立在记忆之上的想象有关。因为白天我们经常能够意识到自己做了白日梦，所以对于想象物的形成，我们也是有所了解的。但是除了有意识的想象，更多的是潜意识中的想象，它们因为自己的内容来自被排除的材料这一特点，而不得不停留在潜意识的层面中。进一步考察这些白天的想象的特征，就会发现它们应该和夜间的想象拥有同样的名称——梦。白日梦和晚间的梦具有许多共同特征，因此对它们进行研究也许是了解梦的最快捷、最好的方法。

　　和梦一样，它们都是欲望的满足；和梦一样，它们大都基于童年经验的印象；和梦一样，它们因为审查的某种程度的松弛而得到好处。如果仔细观察其结构的话，我们不难发现，"愿望的目的"正把各种材料重新组合以形成新的整体。它们和童年记忆的关系，就像是罗马的巴洛克宫殿和古代废墟的关系——废墟的台阶和柱子为现代结构提供材料。

　　"第二次加工"，也就是所谓的构建梦的第四个因素，我们发现它能够不受其他影响的限制而创造白日梦。简单地说，我们所谈论的第四个因素把手头的材料塑造成像白日梦的东西。如果梦思想中已经有现成的这样的白日梦存在，那么梦运作的第四个因素就会利用这现有的白日梦，将它纳入梦的内容中。因此有些梦只是在重复白天的想象物，那种想象物也许只处于潜意识当中。比如，小男孩梦到和特洛伊战争中的英雄在战场上并驾齐驱。还有我那"Autodidasker"的梦，第二部分完全是重现了我白天的一段天真无邪的幻想——我幻想和 N 教授谈话。不过这些有趣的想象只构成梦的一部分，或者只有一部分进入梦中，因为梦的产生需要满足许多复杂的条件。整体来说，想象物和隐意材料的其他任何部分一样，都是被同等对待的，不过在梦中，想象物通常被视为一个整体。在我的梦中常常有一些部分给人留下与其他不同的印象，我感觉它们更流畅、更有逻辑性，但是跟其他部分相比，它们流逝得更快。我知道，它们是得以出现在梦中的潜意识的想象，但是我还从来没有抓住过它们。此外，这些想象跟梦思想中的其他元素一样，也被聚拢在一起，被压缩、被重叠，等等。有时这种想象原封不动地构成了梦的内容（或者至少构成了梦的立面），有时它们只通过梦中的一个元素或者一个遥远的暗示出现。当然还有介于两者之间的例子。这些想象在梦思想中的命运如何，明显取决于它们能在多大程度上抵抗住审查作用和压缩的强制性。

在前面选择的梦例中，我一直避免引用那些潜意识想象占重要地位的梦，因为如果要介绍这个特别的精神因素，就必须先花很长的篇幅来讨论潜意识思维心理学。然而我又不能完全不考虑这种想象，因为它们常常原封不动地进入梦中。更常见的是，通过梦我们可以看清它的存在。因此，我要再举出一个梦例，这个梦似乎是由两个不同的对立想象构成的，在某些地方，这两种想象又彼此重叠，一个作为表面现象，而另一个则可以充当对第一个的解释。

这是唯一一个没有被认真记录下来的梦，这个梦大约是这样的：梦者，一位未婚的年轻男人，坐在他常去的餐馆内（在梦中很真实地呈现）。然后几个人出现，要把他带走，其中一位要逮捕他。他对同桌的伙伴说："我以后再付账，我还会回来。"但他们嘲笑着叫道："我们早知道了，每个人都这么说！"其中一位客人在他身后喊道："又走一个！"然后他被带到一个狭窄的房间，里面有个女人抱着一个小孩。押送他的一个人说："这是米勒先生。"一个警探，或者是某种政府官员很快地翻阅着一堆纸片或材料，并且重复着"米勒，米勒，米勒"。最后，他问了梦者一个问题，梦者答道："我愿意。"然后他转身再望着那妇人，发现她长了一脸大胡子。

这梦不难分为两部分，表面的一个是被逮捕的幻想，看来它应该是在梦的运作中新产生的。不过我们仍然能够看到它背后的材料，即经过梦的运作而带上轻微伪装的结婚想象。这两个想象的共通点很明显，很像高尔顿的合成照片。那年轻的单身汉要再回到那个餐厅的承诺、其经验丰富的聪明酒友们的怀疑以及在他身后叫的"又走了一个（去结婚的）"——所有这些都很容易就可以做第二种解释。他在回答那个官员问题时，用了"我愿意"这样的字眼，也是同样的情况。一边重复着一个名字，一边翻阅纸片，则跟一个次要的，但却很容易辨认的婚礼庆祝习俗相吻合，即宣读一沓沓的贺电，上面都写着同样的名字。结婚想象实际上战胜了表面的被逮捕的想象，因为新娘出现在梦中了。在分析此梦之前，仅通过询问我也能知道新娘为什么最后会长着胡子。在做梦前一天，梦者和一位朋友在街上散步，他们两个都对婚姻有所抗拒，他要朋友注意一位走向他们的黑发美女，他朋友说："确实不错，只希望这样的女人在几年后不会像她们父亲那样长出胡子就好。"当然，这个梦也存在一些经过大大伪装的元素。例如"我以后再付账"大概跟他岳父对嫁妆令人忐忑的态度有关。很显然，梦者心事重重，根本不可能在结婚想象中享受到愉悦。其中的疑虑之一就是，害怕结婚会使他付出自由的代价，而且这在梦中变形为被逮捕的梦境。

如果我们暂时回到这个观点上——梦的运作喜欢利用梦思想中现成的想象，而不是利用梦思想中的材料另外制造——那么我们就能解决和梦有关的一个最有趣的谜。在前面我讲述了一个来自莫里的梦，他在睡眠中被一小块木板击中后颈，然后就带着一个长梦醒来了，那个梦简直就是一部法国大革命时期的小说。因为这个梦很有逻辑性，并且完全符合躯体刺激理论，而这刺激又是他在睡梦中所不能够预测到的，因此只剩下一种可能的假设，即这个内容丰富翔实的梦肯定是在木板击中他后颈以及他随后醒来这一短暂时间内制造发生的。我们绝不会相信，清醒状态下的思维活动能够如此迅速，所以不得不得出结论认为，梦的运作能够使思维过程惊人地加速。

这种观点很快就流行起来，但是一些后起作家对此提出了强烈反对。首先他们怀疑莫里的梦的汇报的真实性，其次他们又想证明，清醒时的思维并不比梦中思维慢——如果把所有夸张的部分都剔除的话。这些辩论引出许多问题，我不认为在这里我们能很快得出答案。但我必须说，针对莫里关于断头台的梦的反对观点（比如艾格的），是不能让人信服的。我建议对这个梦进行如下解释：一个现成的想象可能在莫里的记忆中储存多年了，在他受到刺激被唤醒时，这个想象也被刺激唤醒了，或者说被暗示了，于是产生了梦，这不是不可能的吧？果真如此，就不难理解为什么这样长而详细的梦会在如此短的时间内被制造出来——因为这故事早就形成了。如果这块木板在莫里清醒时击中他的后颈，那么他大概也会想："这就像被砍头一样！"因为他是在睡眠中被木板击中的，于是梦的运作很快就利用这敲击的刺激使愿望实现，就像它是这么想的（在这里是把梦的运作比作一个人）："这是个满足欲望想象的好机会，那个想象是我在读了很多书之后才形成的。"年轻人在激动人心的强烈印象下会编出这样一种像小说一样的故事，这是无可争辩的。谁不会被那恐怖时代的描述所吸引呢？尤其他还是一个法国人，又是研究人类文明历史的学者。那时的贵族男女、民族精英，是如何从容赴死的？他们谈笑自若，保持着高度的机智和高贵风度。对一个年轻人来说这个想象是多么的吸引人啊！想象自己正向一位高贵女士告别，吻着她的手，大无畏地走向断头台，如果野心是这想象的主要动机，让自己成为那些强有力的人物之一，把自己想象成一个吉伦特党人，或者伟大的英雄人物达坦，又是多么令人兴奋的呀！他们只凭借他们的智慧与流利的口才就控制了那些人心躁动的城市，成千上万的人因为有了他们的信仰而甘愿赴死，他们为欧洲的转变开辟了道路，但是他们的脑袋也并不安全，终有一天他们要死在断头台的铡刀下。在莫里对梦的回忆中有这样一个景象——"他被带到刑场，周围围着一大群人"，而这正证明他的想象是出于野心。

这个早就完成的想象不需要在睡眠中完整过一遍，只需要触碰一下就足够了。我的意思是：如果演奏了几小节音乐，有人就像《唐乔瓦尼》中那样，指出那是莫扎特的《费加罗的婚礼》，那我脑中就会一下子涌起无数的回忆，但是却无法马上将具体哪个提到意识中来。关键词句就像一个入口站，整个网络从这儿都被唤醒了。潜意识思想也是这样的。唤醒刺激激活了一种心理入口，它打开了通向整个"断头台想象"的入口。这个想象没有在梦中整个发展一遍，而是在醒后被回忆起来。在醒后，人们记起了那想象的各个细节，而在梦中被触碰的则是想象整体。在这种情况下，人们无法确定回忆起来的是否真的是梦到的东西。我们的解释就是，这个梦是关于早就完成的想象的，由于受到了唤醒刺激，那种想象作为整体被激活。这种解释还可以被用于解释由其他刺激引起的梦，比如拿破仑在睡眠中听到惊雷巨响后做的那个战斗梦。贾斯汀娜·托波沃尔斯卡关于梦的时间长短的论文中，收集了很多梦例，我认为最有价值的是马卡里奥报告的由剧作家卡西米尔·博佐做的梦。在一天晚上，博佐去看他的戏剧首演，但他太疲倦了，以致当戏幕拉起时，他就睡着了。在睡梦中整个五幕戏剧从头到尾演了一遍，他观察着观众在每一幕上演时的不同入戏表现。在戏演完后他很高兴听到激烈的掌声，还有人高喊他的名字。他突然醒过来，但他不能相信自己的耳朵和眼睛，因为戏才演到第一幕的头几句话。他睡着的时间不超过两分钟。我们如果这样断言，也并不太过大胆：整部戏的五幕都演过了一遍，作者还观察到观众在每个具体场景上演时的态度，这些并不需要在睡梦中被创造出来，而是像我已经说过的那样，这是重现了现成的想象。托波沃尔斯卡和别的作者一样，强调那些想象倾泻而出的梦都具有共同的特征，它们都特别连贯，跟其他梦不同的是：对它们的回忆只是概括的，而非具体到细节的。那些现成的、被梦的运作引入梦中的想象应该就具有这样的特征，但是那些研究者都没有得出这样的结论。我不想断言，所有被唤醒的梦都适用于这样的解释，或者所有关于梦中被加速的想象进程的问题，都可以通过这种方式被排除掉。

在这里我们无法不去讨论梦内容的"第二次加工"和梦的运作的其他因素之间的关系。构建梦的机制，如压缩作用的努力、逃避审查作用的需要、对于梦的心理手段的表现力的考虑，它们不都是先从拥有的材料中合成一个暂时的梦内容，然后再对其进行第二次加工，直到它符合其要求吗？这大概是不可能的。最好是这样假设：这处于次位的机制（"第二次加工"）从一开始就和压缩作用、审查制度和对表现力的考虑一样，梦思想必须满足它的需求才能被归纳、挑选出来，而形成梦内容的一部分，这些因素都是同时进行的。但是在这四种条件中，最后提到的那个条件的要求无疑对梦的影响最小。

下面的讨论将使我们认识到，所谓的对梦的内容进行的"第二次加工"很可能与清醒时的思维活动具有高度的精神活动的相似性：我们清醒时（前意识）的思维对一切感性材料的态度，和"第二次加工"对梦内容的材料的态度完全相同。清醒的思维能够建立感性材料的秩序，使它们彼此处于某种关系中，使它们成为一个可被理智理解的、有逻辑性的整体。事实上，在这方面我们已经走得太远了，魔术师之所以能骗过我们，就是利用了我们已经形成的理智习惯。当我们努力使各种感觉印象合成一个可被理解的整体时，我们常常会犯一些奇怪的错误，或者对眼前的材料的真相视而不见。对此已经有普遍证明，因此我们不需要再铺陈开来。比如我们在阅读时，会自动忽略那些扰乱整体意义的印刷错误，并且认为自己读到的东西就是正确无误的。据说一位法国流行杂志的编辑和人打赌说，他在一篇长文章的每句话中都插入了"从前面""从后面"这样的词组，但是没有读者能够发觉此事。结果他赢了。很多年前，我在报纸看到一则有关这种错误联想的滑稽例子：有一次，在法国议会的某次会议之后，无政府主义者扔进来一个炸弹，在会议厅爆炸了。杜普伊勇敢地说："继续开会。"于是惊慌就被平息了。参观者们作为证人被问及对于这次暴行的印象。其中有两个来自外省的人，一个人说在演讲结束后确实听到爆炸声，但他认为，在每次演讲结束后鸣炮庆祝，这大概是议会的习俗。第二个人也许听过好几次演讲了，他也做出了同样的判断，但是他纠正说，这样的鸣炮是表示对演讲的赞赏，只有特别成功的演讲才能享受这样的待遇。

大概不是别的什么心理机制，正是我们正常的思维对梦的内容提出了这样的要求，即梦必须可被理解。它将梦置于首次解析之下，但是结果却使梦更容易产生误解。对我们的解析来说，有一个原则，那就是对于来源可疑的梦大可不必考虑其表面的逻辑性，不管梦是清晰还是混乱，我们都应该沿着同样的道路深入到梦思想材料中去。

但是我们在此就意识到，前面提到的梦的混乱度和清晰度的判断本质上是由什么决定的。"第二次加工"能够发挥作用的那部分就是清晰的，而影响不到的部分就是混乱的。又因为梦中混乱的部分常常又是不够鲜明的，所以我们能这样断言："第二次加工"对于每个梦境的清晰度也有影响。

如果我要给正常思维下完成的梦的结构找一个对比物，那我只能找幽默周刊 *Fliegenden Bltter* 上面刊登的用来娱乐读者的谜语了：在某个句子中一半是属于土话的，而且其含义非常古怪，因为这种句子一般是要造成对比的效果，人们自然会觉得，这句子中还包含了拉丁语名言。为了这个目的，这些话的每个字母都被从原来的结构中拆出来，然后按照音节重新组合。有时候会组成一句真正的拉丁语，有时候我们相信自己找到了拉丁语的缩写，还有些时候，我们会忽视那些孤立的部分或者对句子中的漏洞视而不见，因此就看不到那些互不联系的字母其实是无意义的。如果我们不想闹笑话，就必须忽视组成句子所必需的要素，不关注那些字母现成的排列顺序，而是把它们转化成我们自己的母语。

大部分作者已经发现了"第二次加工"是梦的运作中的一个元素，并且对它的重要性做出了评价。H. 埃利斯生动地描绘了这一要素的作用：

"事实上我们可以想象睡眠中的意识这样对自己说：'我们的主人（清醒的意

识）来了，它很看重理智、逻辑等。快！把材料收集起来，排好顺序，什么顺序都行，我们必须在它进来并且掌控一切之前完成这项工作！"

狄拉克罗斯特别清楚地断言"第二次加工"的工作方法跟清醒思维的是一样的：

"这个解析的功能并不是梦特有的，我们清醒时对感觉做的逻辑协调工作也是这样的。"J. 萨利持有同样的理解，托波沃尔斯卡也是如此，她说：

"心灵对这些不连贯的想象所做的努力，就和白天它对感觉所做的协调工作一样，它把所有支离破碎的意念通过想象连接起来，并用它填补它们中间的巨大间隙。"

一些作家认为，这种排列、解析的活动在梦中就开始了，并且一直延续到醒来。保尔翰说："不过，我常常这么想，在记忆中，梦也许会被进行某种程度的变形甚至重新造型，那种具有系统化倾向的想象在睡梦中就开始发挥作用，但是要在睡醒时才能完成。因此是清醒时的想象加快了思考的速度。"李罗和托波沃尔斯卡说："反过来说，梦中的解析与协调不但需借助于梦中的资料，而且也需要用到清醒时刻的资料。"

因此，这个大家认知到的唯一的构建梦的因素，其重要性不可避免地被高估了，人们认为它就是创造梦的唯一因素。格布罗特认为，梦的创造是在醒来后完成的，而福柯进一步认为，清醒思维能够将睡眠时产生的意念组合成梦。

李罗和托波沃尔斯卡对这种观点的态度是："他们之所以这样认为，是为了在清醒后确定梦的位置，他们认为，人们在被梦中的思想唤醒后，才制造出睡眠中产生的梦境。"

在谈到"第二次加工"的意义之后，我还要接着提出梦的运作中的另一个因素，H. 西尔伯乐通过自己敏锐的观察发现了它。我在前面已经提到，西尔伯乐在极度疲倦和瞌睡的状态下强迫自己从事理智活动，却捕捉到了自己把思想转变为影像的过程。当时，他正在处理的思想不见了，取代那些抽象思想的是一些影像。在这一实验中出现的影像跟梦中的有可比性，但是它跟正在处理的思想内容无关，而是表现疲倦以及工作上的困难和痛苦。也就是说，影像和当事人的主体状况及他的工作方式有关，而跟他努力工作的对象无关。西尔伯乐把经常出现的现象称为"表现功能状态的现象"，它不同于他期待的"表现物质对象的现象"。

比如："一天下午，我很困地躺卧在沙发上，但是却强迫自己思考一个哲学问题。我想比较康德和叔本华对时间的观点。不过因为太过疲乏，我不能使两个人的观点同时罗列在脑海中，而这是相互比较的必要条件。经过几次徒劳的尝试后，我又再次集中了全部意志使康德的推论浮现在脑海中，以便能和叔本华的相比较。然后我又将注意力转移到后者身上，但是当我想回到康德的观点上时，却发现它们又从我脑中逃走了，我想把它们找回来的努力最终是徒劳的。这种想要重新找到康德的理论的徒劳努力，突然使闭着双眼的我的眼前出现了一种直观的图景：我向一位闷闷不乐的秘书询问某事，当时他正弯腰伏在办公桌上工作，对我的迫切问题置之不理。然后他直起身来，给了我一个不高兴而拒绝的眼神。"

下面是别的例子，它们也是关于清醒和睡眠状态摇摆不定的情况的：

"例2——情况：早上醒来时，我还处于某种程度的睡眠状态（半睡半醒）中，对刚做过的梦进行思考，并且好像要把它继续做下去。我发觉自己快醒来了，但是还想留在这半梦半醒的状态。

梦境：我一脚跨到溪流的另一边，但是立刻就把脚收回来了，因为我还想停留在这一边。"

"例6：情况和例4相同（他想在床上多躺一会儿，但不能睡着），我想要多睡一会儿。

梦境：我和某人告别，并且安排不久后和他（她）再见的时间。"

功能现象表现的是一种状态，而不是某个物体，这是西尔伯乐在介于入睡和清醒两种状态下观察到的。很显然，梦的解析只对后一种情况感兴趣。西尔伯乐通过很多好例子证明，许多梦的显意的最后一部分（接着就是醒来），表现的不是别的，正是想要醒来的意图或者清醒过程本身。梦中的景象正是为这种意图服务的，梦境包括：跨过一道门槛（"门槛象征"）、离开一个房间到另一个房间、去旅行、回家、与同伴分开、潜入水中等。但是我必须说，在自己的梦或别人的梦中，我无法像西尔伯乐叙述的那样，找到很多和门槛象征有关的梦元素。

但是说"门槛象征"可以用来解释梦中的某些元素，这并不是完全不能想或者不可能的，比如，当人在熟睡和中断做梦两者间徘徊时，梦中就会出现这样的门槛元素。但是，人们还没有找到这方面的确实证据。更常见的是多重联系的例子，在里面其材料内容来自梦思想结构的部分，还可以被用来表现当时心理活动的状态。

西尔伯乐发现的有趣的关于"表现功能状态的现象"的理论脱离了他的控

制，而被误解了——它被认为支持了那古老的、对梦进行抽象—象征式解释的倾向。有些人特别喜欢利用这种"功能状态"理论，甚至只要梦思想中表现出理智活动或者情绪过程，就认为它们表现的是当前当事人的状态，而将做梦前一天留下来的残余印象弃之不顾，实际上它们也和其他材料一样，在入梦方面拥有同等权利。

我们想要承认，西尔伯乐发现的现象展示了清醒思维在构建梦上的第二个贡献，清醒思维做出的第一贡献被我们称为梦的"第二次加工"，在恒定性和重要性上，第二贡献都要逊色于第一贡献。我们已经展示了，白天活动的注意力的一部分，在睡眠状态下控制着梦，对梦进行审查，并且保留着将梦中断的权力。人们很容易就可以认出，这部分清醒的心理机制是审查作用，它对于梦的构建有着很大的限制性影响。西尔伯乐的观察给出的事实是，在某种状况下自我观察也起着同样的作用，并且影响着梦的内容。这种自我观察也许在哲学家的心灵中特别发达，它和内在感知、错觉观察、良心及梦的审查一起，应该被放在别处讨论。

下面我将把这铺陈开来的、关于梦的运作的讨论进行总结。我们曾经面临这样一个问题，即在梦的构建中，心灵毫无障碍地运用了它所有的能力，还是仅以剩余的、受限制的部分来创造梦？经过研究发现，这个问题本身是不合适的，但如果我们被迫一定要回答的话，那么我们必须说二者都是对的，虽然这两个答案看起来相互对立。构建梦的精神工作分为两部分：产生梦思想和将梦思想转变为梦的内容。梦思想是理性的，它是我们动用能力范围内的精神力量创造出来的，它们属于未被意识到的思维活动，但是经过某种转化，它们也可以变成有意识的思想。虽然梦思想中有很多值得研究的神秘之处，但是那些谜团与梦之间并没有什么特别联系，因此也不需要被归入梦的问题进行处理。与此相反的是，将潜意识的思想转化为梦的内容的工作，这一工作的每一个部分都是梦生活独有的特征。有些人坚定地认为，梦形成过程中精神力量只发挥很小的作用，但实际上这种特殊的梦的运作和清醒时的思想原型的差别还要大得多。与清醒思维相比，梦的运作不单是更粗心、更不合理、更健忘或者更不完整，它和清醒思维从质上就存在根本的不同，所以是没有可比性的。梦完全不进行思考、计算或者判断，它只局限于将事物变形。如果人们看到了梦的构建所需要的条件，就可以创造性地对梦进行描述。产生的作品，也就是梦，首先要逃过审查作用，正是为了这个目的，梦的运作将不同事物的心理价值强度进行移置，甚至会把所有心理价值进行转换；思想应该全部或者大部分通过视觉或听觉记忆材料重现出来，因此在新的移置中，梦的运用为了满足那一要求又必须对表现力进行考虑。（也许）制造出来的强度要比晚上梦思想中包含的更大，所以为实现这一目的，就必须对梦思想的组成部分进行大量的压缩。我们几乎不需要考虑思绪材料间的逻辑关系，因此这逻辑关系最终会呈现在梦的形式特点中。与梦思想的内容相比，梦思想中的感情受到的改变更小。一般情况下，它们是受压抑的。如果梦中出现了感情，那么它就是跟原来的意念相脱离的。一些作者认为的梦的构建的全部活动，实际上只是梦的运作中的一部分，而且它们受到部分清醒的思维的不断修正。

第七章　关于做梦过程的心理学理论

前言

在别人告知我的各种梦中，一个跟做梦过程有关的梦例引起了我的注意。这个梦是一位女病人告诉我的，她说是在一个有关梦的报告中听来的，但至今我也没有获得它的确切来源。这个梦给该女士留下了深刻的印象，导致她再一次梦到了它，也就是说，她再一次在梦中梦到了那个梦的一些元素，通过这种方式，她向我们展示了她对梦某些方面的赞同。

这个梦的开端是这样的：一位父亲日夜守护在生病的孩子榻前，孩子离世后，他到隔壁房间躺下休息，但是他开着两个房间中间的门，这样就能看到隔壁房间中由燃烧着的蜡烛所环绕的孩子遗体。一位雇来的老人正守护着孩子遗体，并轻声祷告。父亲睡了几个小时之后，梦到他的孩子站在他的床边，拉着他的手臂，低声抱怨："爸爸，难道你看不到我在被火烧着吗?"父亲惊醒过来，发现隔壁房间火光闪动。他冲进房间才发现，看守孩子遗体的老人已经睡着，一支燃烧的蜡烛倒下，引燃了包裹孩子遗体的被子，孩子的一只手臂也被烧着。

这位女病人告诉我，报告人对于这个感人的梦所做的正确解释非常简单：蜡烛燃烧的火光通过敞开的门照到了父亲的眼睛上，让他产生了和清醒状态下会做出的同样的认知，即一支蜡烛倒下去，把遗体旁边的某些东西烧着了。很可能在他去睡觉之前，就一直在担心雇来的老人并不能尽职。

对于这种解释我毫无异议，不过还是要补充几句：梦的内容必然是由多种因素决定的。孩子在梦中所说的话必定在其生前也曾说过，而且与父亲心中认为重要的事情有关系。例如孩子抱怨的那句"我正在被火烧着"，或许与孩子死前正在发烧有关系，而"爸爸，难道你看不到"也许与我们不知道的其他一些高度敏感的事情有关。

虽然我们承认梦是一种有含义的过程，而且与梦者的心理体验息息相关，但是我们仍旧十分惊奇，为什么梦总是在急需醒来时发生？还需要注意到的是，做梦也包含着一种欲望满足的过程。该梦中死去孩子的言行就如同他活着一般：他走到父亲床前，抓起父亲的手臂警告他，或许孩子死去前发烧时也这样做过。正是因为要满足这个愿望，父亲多睡了一会儿。他之所以选择了梦而非醒后才推想，是因为在梦中孩子是活着的。如果他先醒来，得到结论然后跑去隔壁房间，可能他就会感觉孩子的生命减少了梦中出现的那段时间。

对于这个短梦的特征，我们毫无疑问。到目前为止，我们所关心的是梦的含义、发现梦的含义的方法，以及梦的过程又是如何把这种含义隐藏。换言之，我们迄今最大的兴趣还是梦的解释问题。现在我们遇到了这样一个梦，它的含义明显，解释也毫无困难，但是它仍旧保持着某些特征，与清醒时的思想迥然不同，仍旧需要进行分析。当我们把一切梦的解释问题所需考虑的因素综合思考时，才发现我们对于梦的心理的了解如此匮乏。

在我们把注意力转向"梦的心理"这条研究途径之前，需要暂时停下来，仔细观察一下我们在走过来的路上是否遗漏了一些重要的东西。我们必须清醒地认识到，之前我们走过的道路只是我们旅途中最为顺利的部分（如果我们在过去没有太大的错误）。这样的话，我们之前走过的路程便可以指引我们走向光明，求得更充分的了解和解释。但是，一旦我们深入到梦的精神历程的研究中，每一条道路都会变得黑暗起来。我们不能把梦解释为一种精神历程，因为解释就意味着要追溯到一些已知的事物上，而目前并没有包括对梦的心理考察在内的确切的心理学知识可以被用于解释梦。相反，我们必须做出很多涉及心理机构及其中发生作用的力量的新的假设。但是我们必须小心，不能让这些假设脱离基本的逻辑结构，否则这些假设的价值就大打折扣了。因为即使我们的推论没有错误，所有的逻辑可能性都考虑得很周全，但是由于假设可能存在缺陷，也将导致我们的推论徒劳无功。即使我们对于个别的梦或者心理活动做出了充分的研究，也仍旧无法对心理架构和其功能做出结论。想要达到目的，我们必须把一系列心理功能加以比较研究，然后与目前被证明确实可靠的一些知识结合。因此，我们需要暂时将根据梦的过程分析而得到的心理学假设搁置一边，直到我们从另一个角度去探讨同一问题得到的结论与它们发生联系时为止。

第一节　梦的遗忘

因此，我想把注意力转向一个存在困难且一直被忽略，却有可能动摇解释梦的根基的问题上来。许多人认为我们对所解释的梦并不了解，确切地说，我们并没有把握它是否真正如我们所解释的那样发生。

首先，我们能够记忆并对之加以解释的梦，本身就受到了不可信赖的记忆的分割。我们的记忆似乎特别难以保存梦的完整内容，遗漏掉的内容恰恰是那些最主要的部分。因此当我们努力回想梦的内容时，会发现我们虽然梦到了很多内容，而留在记忆里的却只是其中的小片段，而且这样的小片段本身也难以确定。

其次，我们有理由相信，我们对梦的记忆不仅支离破碎，而且很不准确，非常虚假。一方面我们可以怀疑记忆中的梦是否真是那般支离破碎；另一方面我们也可以怀疑一个梦是否真的如我们所叙述的那样连贯。我们在回忆梦时，是不是任意地去用一些新的或者挑选过的材料去填补了那些并未存在过或者被遗忘掉的内容？有一位作者斯皮塔曾推测，梦的条理性和连贯性，都是我们在回忆的过程中加进去的。因此，我们想要确定其价值的某种印象，似乎有被我们不经意间忽略掉的危险。

到目前为止，我们一直都忽略了上述的警告。相反，我们对梦中一些琐碎、不重要和不确定的成分，与梦中那些明显且确定的内容做出了同等重要的解释。在伊尔玛打针的梦中，就有这样的句子"我立刻把 M 医生叫进来"。我们的假定是，这个细节具有特殊的来源，否则不会入梦。因此，我们想起了一个不幸病人的故事，我"立刻"把一位年长的医生叫到他的病床前。在那个"认为 51 和 56 之间的分别微不足道"而显然荒谬的梦中，51 这个数字被反复提到了好几次。我们没有把它当作一件自然而然或者是毫无意义的事件，而是由此探索到 51 这个数字背后埋藏着另一个思路，顺着这个思路我们才发现，原来我害怕 51 岁会是我生命的尽头，这与梦中夸耀长寿的主要思路形成了强烈的对比。在那个"没有活过"的梦中，我开始忽略了一些中途插入而未被重视的句子"由于 P 没能了解他，所以弗里斯转身问我"等。当解释陷入困境时，我回到这句话上，因此追溯到了孩提时代的幻想，这正是梦中的一个转折点。这是从如下几句诗中领悟出来的：

你很少了解我，

我也很少了解你，

直到我们在泥巴中相遇，

才会很快了解彼此。

每一次分析都可以找到例子证明，梦中一些细微的元素往往是解释过程中不可或缺的部分，而且如果忽略了这些细微元素，我们的解释工作将会被迫停止。在梦的解释中，我们对于其中所展示的所有文字都赋予了同等重要的意义。有时梦中出现的说法是无意义或者不恰当的——似乎我们无法将它们恰当地表达出来——对于这样的缺陷我们也给予了相当的重视。总之，即使是其他作者认为随意捏造、将它一带而过以避免发生混淆的部分，我们依然奉之如圣典。对于这种不同意见，我们有必要加以说明。

虽然没有将其他作者的观点看成错的，但这种解释方式对于我们却是有利的。根据我们刚刚获得的对梦的来源的新理解，以上产生的矛盾就可以迎刃而解。我们在重新叙述梦时，会对其进行扭曲。这是我们前面提到的人的正常思维对梦的第二次加工。但是对梦的这种加工修饰不外是梦经常受到审查作用而产生的修饰部分。在这一点上，其他的作者已经模糊注意到或者发现了梦中明确表现出来的那种变形，但是我们对于这一点却没有太大兴趣，因为我们知道有一种虽不明显但却意义深远的变形过程已经在隐藏的梦思想中进行了。上述作者们的错误在于，他们认为在回忆过程中产生的修改和言语表达都是任意的，对梦做进一步解释毫无意义，因而把我们对梦的解释引入了歧途。他们低估了精神事件对于梦的决定作用，梦绝不是任意发生的。从所有的梦例中都可以发现，梦的某些元素不是被这一思路决定，就是被那一思路决定。例如，我希望出现一个任意的数字，这是不可能的，出现在我脑海中的数字绝对是清晰明白而且经过了我的思考的，即使它与我目前的意图相去甚远。清醒时对梦进行回忆的过程中，产生的修饰或者改变也绝不是任意的。这些改变与它们所替代的梦的内容是紧密相连的，并且它们可以引导我们找到被替代的那些内容，而这个内容本身又有可能是其他某种事物的替代品。

在分析我的病人的梦时，我有时候会采用下面这个方法来验证上述的主张，而且从未失败过。如果一个病人对他的梦所做的初次报告难以理解，我会要求他们重复一遍。他们在复述的过程中很少用到原来报告中的话，这些改变了的部分恰恰让我看到了梦被修饰这一弱点，它们就像哈根眼中西格弗里德外袍上的刺绣一样，正是对梦进行解释的起点。我对病人提出的**复述梦**的要求给了他们警示，我告诉他们我要更加努力地分析这个梦。因此，出于抵抗的缘故，他们赶紧掩饰被修饰过的梦的缺点，用一种更无关的言辞来代替那些会泄露秘密的语句。因此，他们就引起了我对于他们抛弃的那些语句的注意。他们努力想要防止梦被分析，但是却正好让我推断出他们要防卫"外袍上的刺绣"所在。

有些作者过分怀疑我们所记住的梦到底有多少是不对的，但这种怀疑没有理智上的保证。我们不能保证记忆的正确性，但是我们却不得不对其给予比客观证明大得多的信任。对于梦或其细节报告是否正确的怀疑，不过是梦中审查作用的一种变相作用而已，即梦要进入意识所遭受的抗拒。这种抗拒本身并不会因为已经实现了移置和替代作用而消失，它仍然以怀疑的形式附着于被允许出现的材料上面。我们很容易误解这种怀疑，因为它小心翼翼地不去接触那些在梦中被强化了的元素，只去接触那些微弱和不明显的元素。梦所呈现的，经过了心理价值的完全转换，已经和梦思想不同，修饰只有在消除精神价值的情况下才会发生。它习惯于以这种方式表现自己，有时候也满足于现状。所以，如果梦思想中一个不明显的元素又被怀疑了，我们就可以断定，这一元素是违背梦思想的直接衍生。这种情况有点像古代某个国家在经历一场伟大的革命或者文艺复兴之后，原来那些有权有势的贵族被贬黜，革命者占有了高位。只有那些被贬黜家族中最贫困和最没有权势的人或者他们的远亲被允许继续留在城中，即使如此这些人也不能充分享受公民权利，同样也不会得到信任。这种不信任与我们上述提到的怀疑是相类似的。这就是为何我们在对梦进行分析时，要抛弃所有用于判断确定度的标准，而把梦中出现的所有蛛丝马迹全部当作完全绝对的真实。在追溯梦中任何元素时，我们都必须遵循这种态度，否则分析就会搁浅。如果对于梦中某个元素的心理价值抱有怀疑，那么对于梦者的影响是，隐藏在这个元素背后的观点便不会进入梦者的脑中。这种结果不会不证自明。梦者可以相当合理地说："我不确定这样或那样的情况是否发生在梦中，但是我有这样的想法。"这句话并非毫无意义，但实际上从来没有人说过这样的话。恰恰相反，怀疑是使分析产生中断，并使它成为精神抗拒的一种工具和衍生物。精神分析的假设是正确的，它遵循一条规则：**梦的分析过程受到干扰之时，则必有抗拒的存在。**

要理解梦的遗忘就必须考虑梦中审查作用的影响。在许多例子中，梦者觉得一夜之中梦到了许多事情，但是能记住的却少之又少。事实上这可能还有其他意义，例如梦以能被察觉到的方式工作了一整夜，但是却只留下了一个短梦。毫无疑问，时间越久，我们忘掉的梦的内容越多，即便努力回想也记不起来。但是，我认为我们过高地估计了梦被遗忘的部分对我们理解梦的限制程度，与我们过高地估计了梦被遗忘的程度一样。由于遗忘而失去的梦的全部内容，往往可以通过分析而得到恢复，至少在许多例子中，从剩下的一个梦的片段虽然不能发现梦的本身——这是无关紧要的——但是却能发现整个梦思想。这就要求我们在分析梦时付出更多的注意力和自制力，如此而已。但是也向我们表明，梦的遗忘并不缺乏一种敌对（抵抗）的意图在运作。

根据对遗忘现象的初步研究，我们可以知道梦的遗忘是带有倾向性的，即梦的遗忘是为抗拒服务的。人们经常会发现，在梦的解释过程中，一个被遗忘的片段会忽然涌上心头。从遗忘中挣扎出来的部分经常是梦最重要的部分，它常常位于梦的解决的最短道路上，因而也就面临着最大的抗拒阻力。在本书的许多梦例中，有一个梦就是这样通过"后来想起"这种方式而呈现出来。这是一个有关旅行的梦，梦中我对两个令人不快的旅行者进行报复，因为这个情节内容令人憎恶，因而对于这个情节我几乎未做解释。那段被省略的部分是这样的：我提到席勒的一本著作"这是从（from）"，但是当我发现说错后，就自己纠正说"这是由（by）"。于是这男子对他妹妹说"是的，他说得对"。

对有些作者来说，这种稀奇的梦中，自我纠正是不需要加以认真分析的。我要做的是，从我自己的记忆中举出一个典型的语句错误的梦例。那是我十九岁时初次访问英国，我在爱尔兰海岸度过了一整天。借此机会，我很高兴地在海滩上收集退潮后遗留下来的海生动物，当我正在仔细观察一只海参时——梦就是以Hollthurn 和 holothurians（海参类）这类词开始的——一个美丽的小女孩走到我的身边问道："这是一只海参吗？它是活的吗？"我答道："是的，他（He）是活的。"但是我立即因为自己的表述错误而感到惭愧，赶紧用正确的方法加以复述。由于我当时犯了语法上的错误，梦中却用一个德国人常犯的错误取而代之。"Das Buch ist von Schiller（这本书是由席勒写的）"应该翻成这本书是"由"（by），而不是"从"（from）。我们已经了解了很多梦运作的意图以及其为达到目的而不择手段的特性，而这个英文单词 from 与德文 fromm（虔诚）这个形容词同音，由此而产生明显的压缩作用，从而使梦完成了替代，我们大可不必感到奇怪。但是关于海滩的这个记忆为何会呈现在梦中呢？它表示梦用了一个极其纯真无邪的例子来解释我把语法上的性别搞错了。顺便说一下，这是解释这个梦的关键之一。此外，凡是听过麦克斯韦的《物质与运动》这个书名来源的人，都不难填补这个空隙：它来源于莫里哀的 Le Malade Imaginaire（幻想病）——La matierest est – elle laudable（事情顺利吗？）——motion（肠子的运动）。

此外，我还能用亲眼所见的事例来证明梦的遗忘在很大程度上是因为抗拒造成的。一个病人告诉我说，他做了一个梦，但是全部都忘记了，就像什么都没有发生过一样。于是我们开始进行分析工作，遇到了抗拒就向病人解释，鼓励他、催促他，帮助他与痛苦的思想取得妥协。正当我感觉这样做要失败时，他突然喊道："我现在能记得梦的内容了！"在解释工作中干扰着他的正是同一阻抗力，这使他忘记了这个梦，而在克服了这个阻力后，这个梦又回到了他的记忆之中。

同样，当病人达到了某种分析过程之后，他也可以回忆起四五天以前甚至更早时候被忘记的梦。

精神分析的经验还为我们提供了一个证据，证明梦的遗忘主要是因为阻抗力，而不是像某些作者认为的那样，是由于清醒状态和睡眠状态两种精神状态互不相容的性质而引起的。我与其他的同事，以及正在接受治疗的病人，都有过这样的经验，在睡眠被梦惊醒之后，立即用自己所有的理智官能去进行梦的解释工作。我常常坚持如果不能完全了解便不去睡觉，然而在清晨醒来之时，我又把解释结果和梦的内容忘得干干净净，虽然我记得我曾经做了一个梦并且对其进行了解释工作。理智不但不能把梦成功保存在记忆中，反而常常会把梦连同解释所得的结果一同忘记。但这并非像有些权威人士在解释梦的遗忘问题时认为的那样：梦的遗忘是因为分析活动和清醒思想之间存在一道精神的鸿沟。

莫顿·普林斯反对我对梦的遗忘的解释，他认为梦的遗忘是依附于分裂的精神状态的一种特殊的记忆缺失，而我对这种特殊的记忆缺失的解释不能应用于其他类型的记忆缺失的解释上，因而我的这种解释是毫无价值的。但是我要告诉读者，在对这种分裂的精神状态的一切描述中，他并没有尝试去寻找一种动力性的解释。如果他这样去做，就一定会发现压抑（更确切地说，由压抑产生的抗拒）不仅是引起精神分裂的原因，而且也是依附于分裂的精神内容的记忆缺失的原因。

在准备撰写本书的初稿时，我做了一个实验，证明梦并不比其他精神活动更容易被遗忘，它在记忆中的持续能力与其他精神活动的功能相比并不逊色。我曾经记下了大量自己的梦，由于某些原因，我当时未做解释或者没有解释完整。现在，为了取得一些材料来证明我的主张，我把近一两年来做的梦重新解释一遍。这些努力全部获得了成功，于是我可以确定地说，这些梦在经过了相当长的一段时间后，反而比起新近做的梦要更容易解释得多。这很有可能是因为我现在已经克服了当时干扰我的那些心理抗拒。在这些事后的解释中，我把过去的梦与现在更为丰富的梦加以比较，发现旧的梦总是被包含在新的梦思想当中。不过很快，我就不再感到惊奇，因为我习惯让病人把他们偶然告诉我的早年的梦当作昨晚的梦那样去解释——同样的方法，取得了成功。在下面讨论**焦虑梦**的一个章节中，我将再举两个这种推迟解释梦的例子。当我第一次尝试时，不由地推想，梦在这方面的活动应该与精神症症状类似。因为当我用精神分析治疗一个神经症患者，比如一个癔症病人时，我不仅要解释迫使他前来就诊的那些现存症状，还得解释那些已经消失了的早期症状，而且我发现那些早已消失的早期症状比当前存在的紧迫问题要更容易解释。早在 1895 年出版的《癔症研究》一书中，我就能对一个年过四十的妇女在十五岁的时候初发的癔症做出解释了。

接下来我将提及几点对于梦的解析更进一步却不相互关联的论点，如果有些读者想通过分析自己的梦来论证我的说法，也许这些论点能对他们有所帮助。

分析自己的梦并非一件轻而易举的事，一个人在观察自己内心活动和一些平时未加注意的感觉时，即便没有任何精神动机的干扰，也需要不断地去练习。要把握住"不随意观念"是非常困难的。一个人在进行分析工作时，要执行书中提出的各种规则，在遵循这些既定规则的同时，还要保证自己不带有任何先入为主的观念、批评，或者情感和理智上的成见。他必须牢记法国克劳德·本纳得给生理实验室实验员提出的建议"Travailler comme une bete"，就是说他必须像野兽般忍耐、工作并且不计较后果。谁能接受这建议，谁就不会觉得自己的任务十分困难。梦的解析也不总是一蹴而就的，在追踪了一系列的联想之后，人们常会感到自己已经尽到了最大的努力，在这一天梦大概不会告诉我们什么新东西了。这时最好的办法就是，暂时中断工作，第二天再回到这里，可能梦的内容的另一部分就会吸引我们的注意力，并且能够找到通向梦思想的新层面的入口。人们可以把这称为梦的**"分次解析"**。

最困难的就是说服刚开始进行梦的解析的工作者他的工作还没有结束，即使他已经对一个意义丰富而连贯的梦做出了完整的解释，而且对梦的内容中的每一个元素都进行了解答。除此之外，还可能存在另一种情况，即他可能忽略了同一个梦的多重解释的可能性。我们潜意识中的思想努力想要被呈现出来，将大量的这种思想整合为一个意念确实是很不容易的；同样，要相信梦的运作是如此技艺高超，以至于就像童话中的小裁缝那样——一下打死七只苍蝇，在一种表达中，表现好几种含义——这也是十分困难的。读者总是倾向于责备作者过于卖弄自己的聪明，但是自己有过这方面的经验的人，就能更好地理解为什么了。

另一方面，我却不能证实 H. 西尔伯乐首先提出的这种观点：每个梦（或者是许多梦，或某类梦）都需要有两种不同的解析，甚至这两种解析之间的关系是固定的。西尔伯乐把其中一个看作是"精神分析的"，它通常任意赋予梦某种意义——梦大多数情况下跟幼儿性欲有关；另外一种则更为重要，他认为它是"指向上层神秘的"，据说它在梦中发现了更为严肃和深刻的思想，梦的运作将这些思想作为材料使用。西尔伯乐本应该提出一系列的梦例，并且在两个方向上对其进行解析，但是他并没有这么做，因此他的断言并没能得到证实。我必须反对他的观点，因为这与事实不符。大部分的梦根本不需要进行多重解释，而且它们中也不包含"指向上层神秘的"思想。西尔伯乐的理论和近年来流行的理论一样，它们都试图掩盖梦的形成的基本情况，并且把我们对梦的动力根源上的注意力引向别处。在某些梦例中，我能够证实西尔伯乐的说法。通过分析，在那些梦例中，梦的运作必须面对这一难题，即将一些抽象的、来自清醒生活的、无法被直接呈现的意念转变成梦。为了解决这个问题，它就去掌控另一些思想材料，它们与那些抽象思想之间存在一种较为松弛的、常常是隐喻的关系，它们更容易被呈现。对于这样形成的梦，梦者可以直接说出其抽象意义，但如果要对梦中插入的材料的正确意义进行解释，则需要借助那些我们已经熟悉了的技巧。

每一个梦都可以被解释吗？答案是否定的。我们不能忘记，在分析梦时，那种造成梦的伪装的心理力量会抗拒我们的分析。我们是否能够凭借自己的理智兴趣、自律能力、心理学知识、解析梦的经验来克服内在的阻抗，这就是一个力量对比的问题了。一般来说，我们都能取得一些进展，至少我们能够发现某个梦是一个意义丰富的结构，并且在大多数情况下，我们能隐约猜到那个梦的意义。如果在一个梦之后相继发生了另一个梦，则第二个梦经常能证实并且推进我们对第一个梦的解释。连续几周或者几个月所做的一系列的梦往往建立在同样的基础上，因此它们可以被作为一个整体加以分析。在相继发生的两个梦中，我们常会发现，第一个梦的中心元素在第二个梦中只处于边缘地位，反之亦然，所以它们的解析常常是互补的。我已经通过许多例子证明了，同一晚上所做的许多梦通常应该被视为整体加以分析。

即使是分析得最彻底的梦中也常有一部分处于模糊角落，因为在分析过程中，我们发现这部分是一团无法解开的梦思想，而且即使没有它们，似乎也不妨碍我们对梦的内容的理解。而正是这部分才是梦的关键所在，它从这里延伸到未知。人们在分析中发现的梦思想，一般来讲是没有尽头的，在我们思想世界的错综复杂的网络中向各方向延伸。正是从这个结构中网络联系较稠密的地方出现了梦的愿望，就像蘑菇从菌丝体长出来似的。

现在让我们回到有关梦的遗忘的一些事实上。显然，我们还没能从那些事实中得出什么重要结论。我们已经知道，清醒生活展现了一种明确的意图——把晚间形成的梦给忘掉，要么是在醒后马上就全部忘掉，要么是在白天一点点地忘掉。我们也知道遗忘的主要原因是心理阻抗，在晚上梦形成之时它就已经竭力抵抗了，但问题是，如果真的存在这样一种阻抗力，是什么使得梦在这种压力下依然产生了呢？让我们挑选这样极端的情况作为例子，即当我们醒来时，梦已经被清除了，就好像压根没有做过梦一样。如果我们观察心理力量的相互作用，我们就必须说，如果阻抗力在夜晚发挥的威力和在白天是一样的，那么梦大概压根不会出现。我们的结论是，在夜间，阻抗力失去了它的部分力量。我们知道，它并没有完全消失，因为梦的伪装证明它参与了梦的形成。我们必须假定，阻抗力在夜间变弱，因此梦才有机会形成，同样也不难理解，当人醒来后，阻抗力恢复了它全部的力量，于是它马上就将自己在虚弱时不得不放进来的东西驱逐出去。描述心理学告诉我们，心灵处于睡眠状态是梦得以形成的主要条件。在这里我们可以补充一个解释：睡眠状态之所以使梦的形成成为可能，是因为它削弱了内心审查的力量。

当然，我们试图认为，从梦的遗忘这一事实中只可能得出这唯一的结论，我们还试图从这结论中引申出进一步的关于睡眠和清醒状态的能量对比的结论。但是我们想在这里暂停一下。如果我们更深入地研究梦的心理学，就会发现梦的形成还可以有别的解释方式。很可能阻抗梦思想到达意识层面的阻抗力虽然被避开了，但是它本身的力量并没有减弱。同样可信的是：睡眠状态同时满足了两种有利于梦的形成的条件——阻抗力被削弱并且被避开了。

此外还有另外一些意见在反对我们解析梦的方法，在这里我们就要对其进行处理。我们的方法是，抛掉所有主导思考的有目的的观念，把注意力集中在梦的某一元素上，记下无意中出现的联想，然后再转到梦的内容的另一部分上，将同样的工作重复一遍。接着我们让思绪跟着联想走，不管哪个方向，因此就像人们习惯说的那样，我们离题万里了。但是我们怀有坚定的信心，在不干涉的情况下，我们最终会找到组成梦的梦思想。反对者的理由如下：

梦中某一元素能将我们带到某处完全不足为奇，因为从每个想象中都能产生某些联想。值得惊奇的是，这些没有目标的、随意的思绪为什么恰好能导向梦思想呢？很可能这只是一种自我欺骗而已。我们一直跟随某一元素的联想，然后出于某些原因而中断。接着再跟踪第二个元素的联想，结果就是我们原来不受拘束的联想范围愈来愈窄。因为我们脑海里仍然保留着第一串的联想，所以在分析第二个梦中想象时，我们就容易联想起与第一串联想有共同之处的东西。然后我们就自认为已经找到了一个连接梦中两种元素的思想。因为通常情况下，人们总是使思想自由连接，而且在从一个意念转换到另一个意念时，所运用的绝不是正常的思考能力，所以我们从一串"中间思想"中总结出所谓的"梦思想"并不困难，但是其真实性却得不到保证，因为我们并不知道梦思想是什么样的，只知道它们是梦的心理替代物。然而这一切都纯属虚构，是一种巧妙的机遇组合。任何人只要不怕麻烦，都可以对任何一个梦做出任意的解释。

如果真的有人提出这样的反对意见，我们可以通过梦的解析得来的经验进行这样的反驳：当我们追踪梦中某一个元素时，产生的联想会与其他梦中元素存在惊人的联系；而且，如果那些心理联系不是早就存在的话，我们在解释被梦竭力掩盖的元素时，就不能通过联想追踪的方法而必须采用别的方式进行了。我们还可以补充辩护说，这种梦的解析方式和解释癔症症状的方法如出一辙，而这方法的正确性可以由症状的出现与消失得到证实。或者可以这么说，本书的论断是通过旁证得以证明的。但我们没有理由回避这个问题——为什么我们通过追随某个任意的、无目的的思想串列就会达到一个事先存在的目标？我们虽然无法回答这个问题，但是却可以使这问题根本无法成立。

当我们进行梦的解析工作时，我们不再进行有意识的思考，而是让联想自由浮现，并且追踪那条无目的的联想串列。这种说法可以被证明是不正确的。可以证明，我们能够排除的只是那些我们已知的、有目的的联想，而一旦有目的的联想停止后，那些未知的，更确切地说是那些潜意识中的、有目的的联想就开始了，从而决定了我们看似无意的联想过程。我们不能通过对自己的精神生活施加影响而使自己去做一些无意义的思考，甚至精神错乱的状态下也不可能。而精神病医生们过早地放弃了对心理机制的稳定性的信念。我知道，在癔症和妄想狂中和梦的形成或者消解一样，是不可能产生无目的的思想的。也许内心的心理感情中根本不会产生这种无目的的想法，就像劳力特睿智的推论一样，甚至精神错乱病人的胡言乱语也是有意义的，只不过因为不完整所以我们不能理解。我曾有机会观察那些病人，我从中得出的结论也是一样的。"说胡话"是审查作用的作品，因为审查作用不再掩饰它的管理，即它不再将它要反对的东西进行伪装，而是直接将其删除，因此剩下的部分就变得支离破碎了。这种审查就像俄罗斯边境的报刊审查一样——来自国外的报道敏感部分要被涂黑，然后报纸才能到达要被保护的读者手中。

也许受过严重器质性损害的大脑中也会出现这种沿着无方向的联想轨道相互作用的意念，但是在精神神经症中出现的这种情况，总是可以通过审查加之于思想串列的作用进行解释，那一思想串列被隐藏起来的、遗留下来的有目的的意念推到前面。如果出现的意念（或影像）之间的连接是一种表面联想，如谐音、语义双关、无意义联系的时间巧合、开玩笑或者进行文字游戏时产生的联想，那么它们确定地表明那是一种有目的的联想间的自由组合。我们通过梦的内容元素产生联想，继而发现中间思想，然后找到本来的梦思想，这一过程也具有那样的特点。在分析很多梦例时，我们都惊奇地发现了那样的特点。那些联想并不过于松弛，而且充当两个思想的连接之桥的双关语也都无可指摘。但是对这种宽容态度的正确理解也不远了。每当两个心理元素通过一种令人反感的、肤浅的联想联系起来时，就表明这两个元素之间存在着更合理而深刻的联系，而这种联系是受到了审查作用的阻抗的。

这种肤浅的联系之所以大行其道，不是因为有目的的联想被消除了，而是因为审查作用在施加压力。**因为深刻的联系不能通过审查作用，于是肤浅的联想便取而代之。**这就像一个发了洪水的山区，其交通要道不能通行，于是人们只能走平时猎人走的那种陡峭崎岖的小路了。

在这里我们可以区分开两种情况，虽然从本质上来说它们是一样的。第一个情况是，审查作用破坏了两个思想之间的联系，于是这两者彼此分开，逃过了审查作用，然后它们都相继进入了意识层面。二者间真正的联系被隐藏起来，但是我们却想起来这两者间有种肤浅的联系，通常情况下我们是想不起来的，而且它们一般存在于意念内容的另一角落，而不是来自受压抑的但更本质的联系。另一种情况是，那两个思想因为自己的内容而受到审查，因而不能以本来面目出现，而必须以经过伪装的替代形式出现，被挑选出来的替代思想通过一种肤浅的联系体现了被代替的本质的联系。在审查作用的压力下，两种情况中都发生了移置，即正常的、严肃的联系被替换为肤浅的、荒谬的联系。

因为有这种移置关系存在，所以我们在解析梦时，也毫不犹豫地依赖着这种肤浅联系。在对神经症的精神分析中，这两个定理最为常用：第一，当意识层面的意念被舍弃后，潜意识中有目的的意念就控制了整个意念发展过程；第二，那些肤浅的联系不过是一些更深层的、被压抑的联系的替代物。的确，这两个原则已经成为精神分析的基石。当我要求病人摒除所有的深思，把他脑海中浮现的事物都告诉我时，我能够假定，他不能摒除掉关于治疗本身的那些有目的的意念，因此不管他汇报的内容是多么天真无邪、多么随意，我都深信它们跟他的疾病状况有关。另外一个病人毫无察觉的有目的性的意念就是关于我的人格的。但这两个定理的重要性以及进一步的证明，已经属于将精神分析描述为心理治疗手段的范围。在这里，我们就到了一个前沿据点，这时必须暂时将梦的解析搁置一边了。

有一个结论是正确的，并且经受住了所有的反对意见的检验，即我们不必将梦的解析工作中出现的所有联想都视作跟夜间梦的工作有关。事实上，我们在清醒中进行分析工作时，是在跟踪一条从梦元素通向梦思想的道路，而梦的运作走的却是相反的方向。这两条道路不能反向通行，能够被证明的却是，我们在白天进行分析时沿着新的思想连接开凿出一个矿井，在途中这个地方碰到了中间思想，那个地方遇到了梦思想。我们能够看到，白天的新鲜思想材料是如何参与到解析中，出现在夜晚的审查阻抗也可能会建造出新的、更远的弯路。但是我们白天产生的联想分支的数量和性质在心理上却完全是没有意义的，只要它们能把我们引上通向梦思想的道路就可以了。

第二节　回归作用

现在，我们已经经受住了各种反对意见的考验，或者至少亮出了我们的防御武器，是时候对我们准备了很久的心理理论进行探讨了。让我们把迄今以来的主要研究成果总结一下：梦是一种重要的精神活动，其动机力量来自寻求满足的欲望；它们之所以不被认为是欲望，而且还具有许多独特与荒谬之处，完全是由于梦的形成过程受到了审查作用的影响。除了要逃避审查，在梦的形成中还需要进行精神材料的压缩工作、考虑知觉影像的表现力、考虑梦的结构的理性表达（虽然不总是如此）。以上每一句话都使心理学假设和推想更进了一步，我们现在还需要研究的就是：梦的动机与这四个条件之间的关系，以及这四个条件彼此之间的关系，我们将在精神生活的框架中找到梦所在的位置。

在本章的开头，我叙述了一个梦，目的是提醒我们，还有一些谜没有得到解决。那个孩子被烧着的梦并不难解析，不过从我们的观点来看，它并没有被完全解释清楚。我们问，为什么在这里只是做梦，而不是醒来，同时我们发现梦的一个动机就是，父亲希望孩子仍然活着。通过我们后面的讨论，我们将发现这个梦中还有另一个愿望在起作用。出于满足欲望的目的，睡眠中的思想过程被转换成梦。

如果人们对其进行反向观察，就只剩下一种能够对两种精神产物进行区分的特征了。梦思想也许是这样的："我看见停放孩子尸体的房间传来一些火光，也许是蜡烛倒了，而且把孩子烧着了！"梦原封不动地将那一思考的结论通过一种情境表现出来，这种情境是正在进行的，就像人们在清醒时的经历一样，人们在梦中好像也能通过自己的感知力感知到那情景。这是梦最普遍、最醒目的心理特征：一种思想——一般是一种愿望——在梦中被客观化，被表现为一种情境，就像我们所说的，人们亲历了那种情境。

那么我们要怎么解释梦的运作的特征呢？或者让我们表达得更谦虚一点，我们如何将梦置于精神过程的框架中呢？

在更仔细地观察梦后，我们发现在梦的表现方式上有两个互相独立的特征：第一，被表现为现在时的情境中，不存在"也许"这种字眼；第二，抽象思维被表现为视觉影像和言语。

在我们的梦例中，梦思想中的期望经过了怎样的转变才变成现在时，在这里似乎不太明显。因为在这个梦中，欲望的满足所起的作用比较特别，而且是处于次要地位。让我们看另外一个梦例，比如伊玛打针的那个梦，其中梦的愿望跟清醒时的思想没什么区别，它是清醒思想的继续。它的梦思想是这样的一个愿望句："但愿是奥托医生应该为伊玛的疾病负责！"在梦里这种愿望虚拟语气被排斥了，取而代之的是一个简单的现在时："当然，奥托医生就应该为伊玛的疾病负责。"这个梦虽然没有经过伪装，但是梦思想在这里也经受了第一次转变。我们不需要在梦的第一个特点上停留很长时间。我们通过研究有意识的想象，即白日梦就可以将那个问题解决，因为白日梦跟梦一样，也是那样处理它的意念内容的。都德笔下的儒安厄瑟先生在巴黎街头流浪时（虽然她女儿相信他已找到一份工作，正在办公室里坐着），他梦见出现了一些事件，使他得到提拔，坐到了某个高位，这个梦也是用现在时表现的。因此梦和白日梦用同样的方法和同样的权利利用现在时。现在时是表达愿望得到满足的时态。

但是将梦与白日梦区分开来的是第二个特征，即梦中的想象内容不是思考性质的，而是通过感觉影像表达的。在看到那些影像时，人们相信自己在亲历某些事情。让我们马上补充一点：不是所有的梦都将意念转换成感觉影像，也存在一些梦，它们虽然无可争辩地具有梦的本质特点，但是它们却只由思想组成。比如我的"Autodidasker，跟教授 N 有关的白日梦"就是这样的梦，它所包含的感觉元素并不比我白天思考中出现的要多多少。在一些稍微长一点的梦里，肯定有一些元素没有转变成感觉的形式，就像我们在清醒状态下习惯的那样，它们只是被简单地想起或者知道。另外我们还要记住，这种从意念到感觉影像的转换并非只发生在梦中，在健康人或者神经症患者的幻觉与幻视中都可能发生这样的现象。简而言之，我们现在研究的关系并不是梦所特有的，但是梦的这种特征一旦出现，就应作为最值得研究的部分，因此我们在想到梦的生活时不能不想到那一特征。但要充分理解它，我们还必须再进行更详细的讨论。

在所有作者对梦的理论的评论中，我想从中挑出一个，作为继续讨论的出发点。伟大的费希纳（G. T. H. Fechner）在他的《心理物理学》中写了一些对梦的解释，他表达了他的推测："梦的舞台和清醒时意念活动的舞台是不一样的。"这是唯一能使我们了解梦生活的独特之处的推论。

它使我们想到"精神位置"这一概念。我们在这里说的精神结构，也是被人们熟知的解剖学标本形式，但是在这里我不想把它们联系在一起，我尽量避免从解剖学上定义精神位置。我们的基石是心理学，我认为可以把产生精神作用的工具想象成复式显微镜、照相器材等。精神位置就相当于装置内部的某处，在那里影像被初步制造出来。我们知道在显微镜或者望远镜中它属于理想位置的一部分，装置中实体的组成部分没有被放置在理想位置中。我们不需要因为这种或者相似的影像的不完美而感到抱歉。这样的类比不过是帮助我们了解那错综繁杂的精神功能——我们把功能进行分解，并将不同的功能归诸装置的不同部分。据我所知，到目前为止还没有人能通过将精神装置分解来了解它的组成。但这种做法似乎没有什么害处。我认为，只要我们能保持冷静的判断力，不把脚手架和真正的建筑混为一谈，我们完全可以进行自由假设。因为我们在首次接近某种未知事物时，唯一需要的就是一些辅助想象，所以我们在谈论别的之前，先要提出一个粗略而具体的假设。

我们把精神装置想象成一个由许多部分组成的工具，它的组成部分可以被称为"机构"，或者更形象一点称为"系统"。然后我们预期，这些系统间存在一种稳定的空间关系，就像望远镜里各个透镜系统所处的不同位置一样。严格来说，并不需要假定那些精神系统是按空间秩序排列的，实际上只要确定一个先后次序就足够了，即在某一个精神过程中，兴奋在经过各个系统时，是有时间先后的。在其他的过程中，那一时间顺序有可能就改变了，这是很有可能的。为了方便起见，在以后的文章中，我们都把这个装置的组成部分称为"Ψ系统"。

首先引起我们注意的是，这个由 Ψ 系统组成的装置是具有方向的。我们所有的精神活动都开始于刺激（内部的或外部的），结束于神经传导。因此，我们将赋予此装置一个感觉端和一个运动端。在感觉端有一个接收知觉的系统，在运动端有一个可以产生机体运动的系统。一般情况下，精神过程是从感觉端进行到运动端，所以最概括的精神装置可以用下图表示：

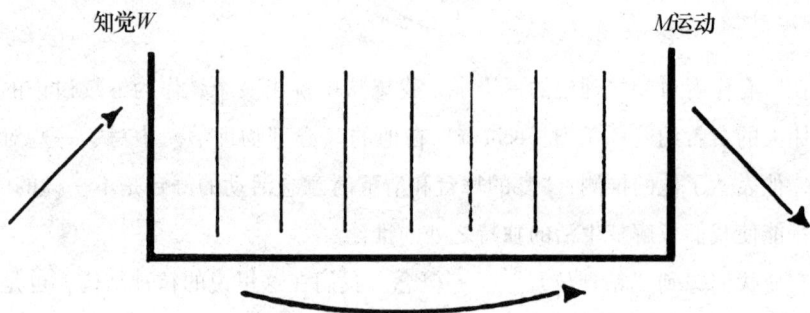

知觉 *W*   *M* 运动

图一

不过这只是满足了我们早已熟悉的要求——精神装置必须被构建得像反射装置一样。反射过程是所有精神功能的原型。我们有理由在感觉端进行第一次细分。当我们接收到知觉刺激后，我们的精神装置中就留下了它们的痕迹，我们把它称为"记忆痕迹"，跟"记忆痕迹"相关的功能我们称之为"记忆"。当我们下定决心，将精神过程与系统联系到一起，那么记忆痕迹只能存在于系统元素的最终变化中。但是就像在其他地方指出的一样，如果一个系统既要忠实地保留其元素变化，又要能接收引起变化的新刺激，这无疑是很困难的。根据引导我们的尝试的原则，我们必须将这两个功能划归到两个不同的系统中。我们假定，精神装置中第一个系统位于最前端，它接收感觉刺激，但不留下丝毫痕迹，因此没有记忆。在它后面的第二个系统，能将第一个系统接收到的瞬间的感觉刺激转变成为永久的痕迹。我们的精神装置示意图如下：

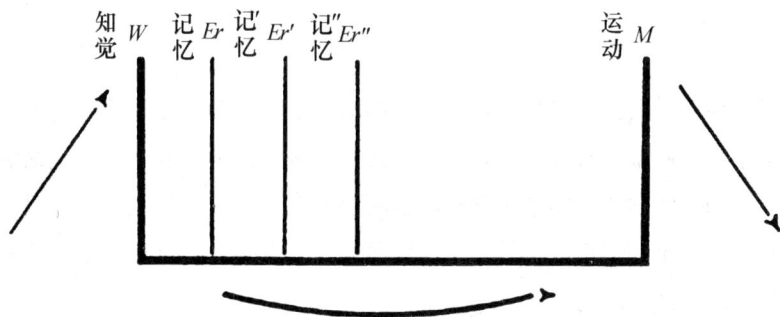

图二

我们知道，对知觉系统发挥作用的知觉刺激如果被保留下来，则被保留下来的东西跟它本身的内容有所不同。我们的知觉在记忆中是相互联系着的，尤其是当它们同时发生时。我们把这种事实称为"联想"。很明显，知觉系统是没有记忆的，它也不能将联想的痕迹保留下来。如果更早一些的关联反对新的知觉，那么知觉元素在执行功能时就会受到严重的阻碍。因此我们也必须假定记忆系统是联想的基础。联想这一事实在于：由于抗拒的减弱，以及记忆中一个元素被排除，于是兴奋就转到第二个记忆元素中，而不是第三个。

进一步的认识使我们有必要假设，从知觉元素传递的兴奋不是在一个而是好几个记忆元素中留下了不同的痕迹。记忆系统中的第一个系统不管怎样都包含着因为同时性而被确立的联想，而同一个刺激在后来的记忆系统中则根据其他的联系被放置，比如"相似"联系。当然，要把这些系统的心理意义用语言进行说明，是多此一举。它们与记忆原材料中的元素的内部关系——在传递那些元素带来的兴奋时，它们给予了何种程度的阻抗（由这点可以通向一个更深刻的理论），决定了它们的特征。

在这里我想插入一个一般性的评论，它也许会带来一些重要启发：知觉系统不能够保留变化，也就是说它没有记忆，它能提供给我们的意识的就是各种各样的知觉。另一方面，我们的记忆力，包括那些深深印在脑海中的，都是属于潜意识的。它们能够被提升到意识层面，但毫无疑问，它们是在潜意识状态下发挥作用。我们所谓的"性格"就是建立在我们的印象的记忆痕迹上，特别是那些发生于我们童年时期的、没有被意识到的印象。如果记忆再次被提升到意识层面上，与知觉相比，它们不会表现出或者很少表现出感觉性质。如果要深刻理解神经冲动产生的原因，就得证明：在 Ψ 系统中，记忆与意识的特性是互相排斥的。

到目前为止，我们对精神装置的感觉端的构成所做的假定，都没有利用梦和从梦中引申出的心理学解释。但是梦作为证据来源，能够使我们了解这装置的另一部分。我们已经知道，如果我们不设定两个不同的心理机制的存在，就无法对梦进行解析。一个心理机制将另一个的活动置于审查之下，其产生的结果就是某些部分被排除到意识之外。

我们得出的结论是，审查的心理机制要比那受审查的更接近意识层面，它就像一道筛子一样，将意识与后者隔离开。我们还找到了关键，能够将那种审查心理机制等同于那指导我们清醒生活的、决定我们自主及意识行为的心理机制。如果我们把这些心理机制用我们所谓的"系统"来取代，那么根据我们刚刚获得的知识，那审查系统肯定是位于精神装置的运动端的。现在我们要把这两个系统加入我们的示意图中，并通过它们的名字表明它们和意识的关系：

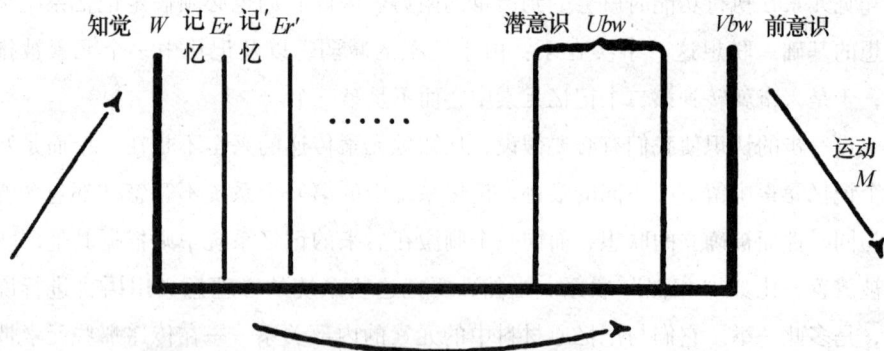

知觉 W 记忆 Er 记'忆 Er' ...... 潜意识 Ubw Vbw 前意识 运动 M

图三

运动端的最末一个系统属于前意识，这暗示着，如果其他的条件也得到了满足的话，比如说达到某种程度的强度，或者得到了那个被称为"注意力"的功能的关注等，处于这系统的兴奋传导就能够不再受到阻碍而直接到达意识层。同时，这个**前意识系统**还掌握了集体运动的钥匙。前意识后面的系统被称为"潜意识"，因为它如果要到达意识系统，就必须经过前意识，而且在通过时，其兴奋传导必然要发生变化。

　　那么梦形成的动力究竟位于哪些系统呢？如果简单回答，答案就是"潜意识"。当然，在后面的讨论中，我们会发现这并不完全正确，因为梦的构建必须与梦思想相连，而梦思想是属于前意识系统的。在其他地方，当我们处理梦的愿望的问题时已经了解到，是潜意识为梦提供了形成的动力，所以我们把潜意识系统作为梦的形成的起点。就像所有其他的思想结构一样，梦的刺激物努力想到达前意识，然后从前意识找到意识层的入口。

　　经验告诉我们，想要从前意识前往意识的梦思想，在白天时一直都受到审查制度的阻抗，只有到了晚上它们才有机会进入意识层。但是问题是如何进入，以及要经过怎样的改变。如果晚上存在于潜意识与前意识之间的看守放松了阻抗力，而使梦思想得以进入意识层，那么我们的梦应该呈现出意念的形式，而不是幻象的形式。现在我们的兴趣点就在于梦这种幻象的特征上。

　　因此潜意识与前意识间审查力度的放松只能够解释像"Autodidasker"之类的梦，而不能解释我们在研究前作为问题入手点引入的"孩子尸体被烧着"的梦。

　　幻象式的梦发生的是怎样的过程呢？我们只能描述为：兴奋沿一条回归路径进行传导。它不是指向运动端，反而是向着感觉端传导，最终到达知觉系统。如果我们把清醒状态下由潜意识开始的心理过程的发展方向称为"前进的"，那么关于梦我们就可以说，它具有"回归"的特点。

　　这个回归无疑是梦的过程在心理学意义上所特有的，但我们要记得，这不止发生在梦中。有意识的回忆和正常的思考过程与其他任何复杂的意念过程一样，都要回溯到留下记忆痕迹的原始材料中，因为它们才是基础。但是在清醒状态中，这种回溯绝不会超出记忆影像的范围，在唤醒知觉影像时，它不会创造幻觉。为什么在梦中不是这样呢？在提到梦的压缩作用时，我们不得不假定，某个意念的强度可以借着梦的运作转移到另一个意念上。也许就是这个心理过程的改变使得知觉系统的传导得以逆向而行——从思想意念开始，最终到达完全的知觉性的直观生动。

❧❀❧

　　关于这讨论的辐射范围，希望我们没有欺骗自己。我们所做的不过是赋予一个无法解释的现象一个名字。在梦中，当意念后退并转变为原来的知觉影像，我们就称其为"回归"。但是这一个步骤的合理性也需要被说明。如果这名字不能带来一些新知，那么对它进行命名又有什么好处呢？我相信"回归"这个概念是有用的，因为至少它与我们通过示意图已经知道的事实存在关联。在示意图中，精神装置是有方向性的。正是在这一点上，设计出来的示意图会很有帮助。无须另加思索，只需要看一下示意图，就能清楚发现梦的形成过程的另一个特点。如果把梦看作我们假定的精神装置的"回归"现象，我们马上就可以对由经验得知的事实进行解释，说明为什么所有梦思想的逻辑关系在梦的活动中会消失或是非常难以表达。从我们的示意图来看，那些逻辑关系并不存在于第一个记忆系统，而是存在于后来的系统中，因此在回归为知觉影像时，它们就失去了用以表达的手段。在回归作用中，梦思想的结构被分解成它的原始材料。

　　这种回归现象是不可能在白天出现的，那么是什么样的改变使其成为可能呢？对此，我们只需要提出一些假设。这必定跟各个系统的能量分配的变化有关，这种变化改变了系统们在传导兴奋时的通畅度。但是在每个系统中，可以通过多种变化达到同样的兴奋传导的效果。人们马上想到的当然是睡眠状态和它在精神装置的感觉端引起的能量变化。在白天，一股持续的兴奋流从知觉系统涌向运动端，但到了晚上，这股兴奋流停止了，因此不再成为这股兴奋反向回归的障碍。一些作者在有关梦的心理特点的理论中，将其解释为"与外部世界的隔绝"。因此在解释梦的回归时，必须考虑一下清醒状态下因为疾病而产生的其他的回归现象。我们刚刚给出的信息当然无法对那些回归形式做出解释——因为虽然兴奋流一直不间断，回归现象还是发生了。

　　我认为癔症、妄想狂以及精神正常的人产生的幻视都属于"回归现象"，即思想被转换成影像，能够产生这样的转换的思想都是与压抑的或者处于潜意识的记忆保持紧密联系的。比如，我有一位最年轻的癔症患者，一个12岁的男孩，他因为害怕"青面红眼"而不能入睡。这个影像来源于一段受压抑的记忆，而这段记忆在过去是能被有意识地回想起来的，那是他4年前见到的一个男孩，我的病人经常看到那个男孩，而他展示给我病人很多吓人的图画，画的是很多儿童的不良行为产生的恶果，其中就有手淫，而我的病人现在正为这过去的习惯而自责。他母亲在当时指出，那教养不良的孩子脸色发青，眼睛发红。因此这就是我的病人见到的恶魔面容的来源，它还让他想起了他母亲的另一个预言，说这类孩子长大后会变成傻子，在学校里什么也学不会，而且活不长久。我这小病人实现了这预言的前一部分，因为他在学校里成绩毫无进展，而且从与他的谈话中无意中透露的联想来看，他害怕另一半的预言也会实现。但是心理治疗很快就产生了效果，他能够入睡了，恐惧消失了，而且他也取得了优异的学年成绩。

在这里，我还要解释另一位癔症病人，一个40岁的女士告诉我她生病以前的一个幻视。一天早上，她睁开眼睛，发现她兄弟在房间内（虽然知道他正在一个疯人院内）。她的小儿子睡在她旁边。因为怕这孩子看到舅舅会因为害怕而发生痉挛，所以她用床单盖住他的脸。这时那个幻影就消失了。这个幻影其实是她童年时期记忆的一个变形重现。那个记忆虽然是意识中的，但是却和她心中所有的潜意识材料有着密切关系。她的保姆曾经对她提起，她的母亲（病人的母亲很年轻就去世了，当时她才18个月大）患有癫痫或癔症痉挛，这是被她弟弟（即病人的舅舅）用床单蒙着头扮鬼吓出来的。因此那幻视中包含了记忆中相同的元素：弟弟的出现、床单、惊吓及其后果。但是这些元素是以新的秩序排列的，而且转移到他人身上。这个幻视中有一些思想被代替了，其明显的动机就是：她儿子——长得非常像他舅舅——会步他舅舅的后尘。

在这里引用的这两个例子并不完全和睡眠状态脱离关系，因此要用来证明我想证明的事，它们似乎并不很恰当。因此我还要对一个患有幻觉妄想症的女病人进行分析，并且提出我还未发表的对神经症的心理学研究，目的在于证明，在这些发生回归的思想变化中，被压抑或者处于潜意识中的记忆，尤其是来自童年时期的，是不应该被忽视的。那些记忆不仅将那些相关的、因为受到审查作用而没能被表达出来的思想置于回归作用中，而且在那些思想的呈现方式中，也包含进了那些记忆的心理。在这里我还可以引入一个癔症研究得出的结论：来自童年记忆的影像（现在是作为记忆或者幻想）在成功到达意识层面后，是以一种幻象的形式被看到，但是在被讲述之后，这种特征就消失了。我们还知道，有些人的记忆不是以影像的方式存在的，但是就连他们在多年以后回忆起童年事件时，那些事件还保留了鲜活的知觉特性。

当我们想到，童年经历和在其之上建立起来的幻想在梦思想中扮演了怎样的角色，它们的片段是多么频繁地出现在梦的内容中，以及梦的愿望是如何经常地由它们产生时，我们就不得不承认，在梦中思想之所以转变为视觉影像，也许就是由于这些视觉记忆渴求复活，它们对被排斥在意识之外但是希望被呈现的思想施加影响力，从而吸引了它们。根据这种理解，梦可以被描述为——一种通过把童年景象转移到新近经验而产生的童年景象的替代物。童年景象不能靠自己复活，因此只好作为梦重现。

我们已经指出，童年景象（或者它们的幻想式重现）对梦的内容来说具有某种原型意义，这一发现使得施尔纳和他的追随者对于梦的内部刺激来源的假设变得多余。如果梦中表现出具有特别鲜活性的视觉元素，或者在梦中视觉元素特别多，施尔纳就将这种状态称为"视觉刺激"。我们不需要对这种观点进行反驳，只要将这种兴奋状态划归到视觉器官的心理性知觉系统就可以了。不过我们也许可以更进一步指出，这种兴奋状态是由某个记忆引起的，同时也是某个过去的视觉刺激的重现。我不能从自己的经验中举出好例子，来说明这种童年记忆的影响力，我认为我的梦中的知觉元素本来就比别人的要少。但是很容易就可以看出，在我这几年中做得最美、最鲜活的梦里，梦的内容中出现的幻象之所以那么清晰，是因为它们都跟刚发生的、具有知觉特性的印象有关。在第六章中，我记录了一个梦，里面有蔚蓝色的海水、船上烟囱冒出来的褐色煤烟，以及深褐色和红色的建筑物——这些都给我留下深刻印象。如果存在一个印象来源，那么这个梦肯定要追溯到视觉刺激上。那么是什么使我的视觉器官处于这样的兴奋状态呢？这是一个最近的印象，它本身还跟一系列早期印象相联系。我在梦中看到的那些颜色首先是来自做梦前一天孩子们玩的玩具砖块，他们用一箱玩具砖块搭起了一栋漂亮的建筑，想以此获得我的赞美。那些大砖是深红色，小砖是蓝色和褐色，这跟梦中的颜色一样。另外，我上次去意大利旅游时看到的色彩也跟这个梦有关：环礁湖和伊兆斯奥的美丽蓝色以及卡索平原的褐色。梦里的漂亮颜色不过是记忆中相关印象的重复罢了。

梦能将它的意念内容转变成知觉影像，从梦的这个特征中了解到的东西需要在这里加以总结。我们没有对梦的运作的这个特征进行解释，也没有将其回溯到已知的心理学定理中，我们把它挑出来，是因为我们认为它可以通向未知的问题。它的那一特征被赋予了一个名字，即"**回归**"。当发生回归现象时，即表明了阻抗作用的存在，思想沿着正常的道路试图到达意识层面，但是途中却遇到了阻抗，因此不得不退回去。同时，这种回归也是受到了具有强烈知觉特性的记忆的吸引。知觉器官在白天持续发出的刺激流在做梦时停止了，这也可能促进了回归作用。而在另外的回归现象中，因为白天的刺激流没有停止，所以必须由其他的回归的动机强度进行弥补。不过我们不能忘记，在梦中或者是病态情况下的回归，其能量转移过程肯定与正常的精神生活中的转移过程有所不同，因为在前者中，知觉系统会获得全部的能量从而产生幻觉。而我在前面分析梦的运作时所描写的"对表现力的考虑"，也许跟梦思想对视觉记忆景象的有选择的吸引有关。

关于回归作用，我们还想指出，它在关于神经症症状来源的理论中扮演的角色的重要性不亚于在梦的理论中所起的作用。在这里我们将回归分成三种：1）区域性的回归，这是指在我们发展出的 Ψ 系统示意图中所表现出的；2）时间上的回归，指回归到更早期的精神产物；3）形式上的回归，指原始的表达与表现方法替代了我们所习惯的方式。这三种回归现象从根本上说是一个，而且在大多数情况下它们同时产生，因为那些从时间上说是更早期的，也是在形式上更原始的，而且从精神装置区域上来说也更接近知觉端。

в в в

在结束对梦中回归现象的讨论之前，我们必须对一个印象再提几句，因为它总是不断地出现在我们的头脑中，而且当我们更深入地研究了神经症之后，这种印象肯定会更强烈：总体来说，梦是一种回归——是梦者回到自己最早期的状况，是梦者童年的复活，童年中占支配地位的本能冲动和当时具备的表达方式也都跟着一起复活。在个体的童年背后，我们可以看到人类种族发展的童年，个体的发展实际上只不过是受到偶然的生命条件的影响的一次简短重复。我们感觉，尼采的话非常一语中的，他说在梦中"保存着人性最古老的部分，人们永远也不可能通过直接的途径到达它"。因此我们期望，梦的解析可以使我们了解人类最古老的遗产，以及人类天生的心理本性。梦和神经症中保留的心理古董要比我们预想得更多，因此对那些关心并且想重建人类起源的最早最模糊时期的科学来说，精神分析是十分有价值的。

很可能，我们对第一部分的梦的心理研究不是特别满意，但是我们可以这样安慰自己：如果要从黑暗中突围，就必须先投身黑暗中。只要我们没有完全走错，那从别的入手点我们也能到达同一领域，也许之后我们就更感到轻松自如了。

第三节 关于 "欲望的满足"

本章开头讲述的那个孩子被烧着的梦给我们提供了一个很好的契机，使我们能够思索一下"欲望满足理论"会遇到的困难。当我们听说，梦不是别的，只是欲望的满足时，我们对此都觉得十分陌生，这不仅仅是因为这个理论看起来跟焦虑梦有冲突。当我们通过分析，得到了对梦的初步解释，认识到梦背后隐藏的意义和心理价值，我们怎么也没想到，梦的意义竟然如此单一。亚里士多德对梦的定义虽然正确，但是太过贫乏，他认为梦是人们在睡眠状态（只要人睡着了）时，继续进行的思考。既然我们在白天的思考中能够进行各种各样的心理活动，比如判断、得出结论、反对、期待、下决心等，那么为什么在晚上时，它将自己局限在只要产生欲望就满足呢？不是有很多梦表现了其他心理活动吗？比如开头的那个梦中，不就清楚地表现了那个父亲的忧虑？当火光照在睡着的父亲的眼睑上，他焦虑地得出结论认为，这肯定是蜡烛倒了，很可能已经烧着了尸体。他在梦中把这个结论转化为一个正在发生的知觉情境。在这个梦中，欲望的满足扮演着何种角色呢？清醒思维在梦中继续，或者说新产生的感官刺激唤醒了那种思维，它在梦中占据了主导地位，这难道还能是错误认识吗？

所有这些都是正确的，并且要求我们继续研究欲望满足在梦中扮演的角色，进一步认识在睡眠状态中继续进行的清醒思考活动。

恰好是欲望的满足使我们有理由将梦分成两类：有些梦公开地表现了欲望的满足，而另一些则动用所有的手段对其进行伪装，以致我们不能发现欲望满足的迹象。我们已经知道，后一种情况是受到了梦的审查的影响。那些没有伪装的表现愿望得到满足的梦，主要发生在儿童身上。简短而公开的愿望梦似乎（我要强调"似乎"这个字眼）也在成人身上出现。

现在我们会问，梦中被实现的欲望来自何处？在想到"何处"时，我们脑海中出现了怎样的矛盾或者哪些不同的可能性呢？我说的矛盾指的是，白天的有意识的生活和潜意识的心理活动（在晚上梦中才会觉察到）之间的对立。我发现了三种可能的欲望的来源，它可能是：1）在白天时就已经产生了的，但是受外界条件限制没能得到满足的，这种得到承认但是没能实现的欲望就留在了夜晚来完成；2）在白天时就已经产生，但是却被谴责，于是夜晚面对的就是一个未完成的、受到压抑的欲望；3）跟白天的经历没有关系，只是在晚上苏醒过来的受压抑的欲望。让我们回顾一下我们的精神结构图，就可以发现，第一类欲望位于前意识系统，第二类欲望应该是从前意识系被赶到了潜意识系统，如果成功了，那它只能存在于潜意识中了。我们相信，第三类欲望根本不可能走出潜意识的范围。那么，不同来源的欲望对梦来说具有同样的价值吗？它们在激发做梦方面，拥有同等的力量吗？

可以被用来回答这些问题的梦例，首先提醒我们还必须加上第四个梦的欲望的来源，即在当晚产生的欲望冲动（如口渴、性需求）。其次，我们发现，梦的欲望来源不同，似乎对激发梦的能力没有什么影响。我记得，有个小女孩因为白天没有坐够船，所以梦到自己继续乘船；还有很多其他的相似的儿童做的梦，它们都可以被解释为起源于当天白天没有得到满足，但是也没受到压抑的欲望。一个欲望在白天受到压抑，因此只能在夜晚寻找可能的机会，这种例子不胜枚举。在这里我要添加一个属于此类的简单的梦。梦者是一个喜欢取笑别人的女士，她的一个更年轻些的女友订婚了，一整天她都被熟人询问她是否认识那个男子以及他怎么样。对此她都用赞扬回答，以隐藏她真正的判断，因为她其实很想说出真相："他实在很平庸。"在晚上她梦到自己又被问了同样的问题，于是她回答了一句套话："要续货的话，只要说出号码就可以了。"最后，通过大量的分析，我们认识到，只要梦中出现了伪装，就说明其欲望是来自潜意识的，是在白天不能被意识到的。因此一开始看来，所有的欲望在形成梦上似乎都有同等的重要性和同样的力量。

但事实并非如此，虽然我还不能证明，但是我倾向于认为，梦的欲望需符合严格的限制条件。无疑，儿童的梦表明，白天的欲望没能得到满足，这欲望便激发了梦的产生。而一个成人的白天未能得到满足的愿望，是否能够促使晚上做梦，我是持完全的怀疑态度的。在我看来，随着接受的教育不断提高，我们越来越能够通过思维活动控制本能欲望，并且认为孩童的强烈欲望是没什么用的，因此将它们放弃。当然这也是因人而异的，有些人持有孩童式心理过程的时间要比其他人更长一些，就像早期清晰的视觉想象的减弱也存在个体差异一样。但是一般来说，我认为，成人的白天未得到满足的欲望不足以产生梦，但我不否认，来自意识的欲望冲动参与了梦的激发，但似乎也仅止于此。如果前意识的欲望没有得到来自其他方面的强化，那应该就不会产生梦。

其他方面指的就是潜意识。我想象，一个被意识到的欲望只有在唤醒了与它自己相似的潜意识中的欲望，从它那里得到加强之后，才能激发梦的产生。在对神经症进行精神分析之后，我认为，潜意识中的欲望总是处于兴奋状态，时刻准备着表现自己，只要一有机会它就和来自意识的冲动联合，把自己的高强度传给强度较弱的那一方。表面上看，好像只有来自意识的欲望在梦中被满足了，只有通过观察梦的结构中的一些细微的醒目之处，我们才能发现来自潜意识的帮助的痕迹。我们潜意识中那种一直活跃的、所谓不死的欲望使我们想起传说中的泰坦人。从远古时期，他们就被胜利的诸神压在沉重的山下，他们四肢的抽搐现在还时不时地引起地震。就像我们从对神经症的心理研究中了解的那样，那些被压抑的欲望都有着童年来源。所以我前面说，梦的不同来源是无关紧要的，在这里我就要纠正这种说法而用另一种说法取而代之，即被表现在梦中的欲望，肯定是幼儿期的欲望。在成人身上，这种欲望深埋于潜意识中，而在孩子们那里，因为他们的分离和审查机制还没能或者正在建立起前意识和潜意识的分野，所以清醒时未被满足的欲望没有受到压抑。我知道，这种观点还没能被证明是普遍适用的，但是我要断言，它被证实为经常有效，甚至在人们意想不到的地方也是如此，而且人们也不能证明它不是普遍有效的。

来自有意识的清醒生活的欲望，对梦的形成来说只起到辅助性的作用。我认为它除了在睡眠状态下给梦的内容提供当前的感觉材料外，别无他用。我要沿着这一思路，继续探讨其他的心理冲动，它们也是来自白天的生活的，但是不属于欲望。当我们决心去睡觉时，我们能够暂时终止将能量放在清醒的思维上。能做到这点的人，睡眠能力都很强，拿破仑就是一个典型人物。然而我们不是总能做到这样，或者不能总是完全做到。未解决的问题、折磨人的烦恼、过于强烈的印象——所有这些都使思维活动在睡眠状态下继续，并且使心理活动在我们说的前意识系统中进行。如果我们要对在睡眠中继续的思考冲动进行分类，就可以把它们分成下面几组：

1）那些在白天因为受到偶然阻碍而没能结束的；

2）那些由于我们的智力限制而没能得到解决的；

3）在白天被驳回和压制的。归为这组的还有下面另一组，即：

4）因为前意识中一整天的工作而被在潜意识中唤醒的；

5）白天的印象因为太无关紧要，所以没有被处理的。

　　白天经历的残余将其心理强度带入了睡眠状态，特别是那些未得到解决的问题，人们不需要低估其强度。这些刺激当然在夜间也在寻求表现，同样可以确定的是，在前意识系统中刺激通常遵循习惯的过程路径，最终变成意识，但是这一过程因为是处于睡眠状态下，所以变得不可能。只要我们还能够意识到自己的思维过程，即使是夜晚，那也说明我们还没有睡着。睡眠状态给前意识系统带来了怎样的改变，我目前还不能做出说明，但毫无疑问的是，睡眠状态的心理特征表现在这一系统的变化中，而且这一系统决定着是否能够进入睡眠中的运动瘫痪状态。与此相反的是，我在梦的心理理论中找不到任何理由，能够让我们认为睡眠不对潜意识系统的情况加以改变。前意识中的夜间兴奋与潜意识中的欲望冲动走的都是同一条路，夜间兴奋必须从潜意识中寻求加强作用，然后沿着潜意识中的冲动必须走的弯路进行。那么前意识中的白天残余是如何转化为梦的呢？无须怀疑，白天残余大量地进入梦中，利用了梦的内容，为了达成在夜间被意识到的目的。确实，它们经常主宰着梦的内容，并且借梦的内容继续白天的工作；同样确定的是，白天残余跟欲望一样，还具有其他特征。它们必须符合怎样的条件才能进入梦中，对此的研究是具有高度启发性的，对欲望满足理论来说，也是具有决定性意义的。

　　我们从已经讲过的梦例中抽取一例来做说明，比如我梦到朋友奥托看上去患有巴塞杜氏病（突眼性甲状腺肿）的那个梦。在白天时，奥托的面容使我感到焦虑，就像所有关于他的担心一样，这份焦虑对我影响很深。我可以设想，这份焦虑进入了梦中，也许我想在梦中解释他患了什么样的疾病。就像我已经说过的，这焦虑在晚上时表现在梦中，乍看起来其内容首先是荒谬的，其次也不符合欲望的满足。但是我继续研究，梦中对白天的焦虑的这种不恰当的表达是来自何处。

经过分析，我发现，我将他认同为 L 男爵，而将自己认同为 R 教授。为什么我为梦思想挑选这样的替身，对此只有一种解释。我潜意识中可能一直都将自己认同为 R 教授，因为这样的话我就可以满足童年时那不能消灭的野心欲望。白天被压抑的、丑恶的、针对朋友的责备思想，到了夜晚就抓住这个机会偷溜进梦中，被表现出来，但是白天的焦虑也通过梦内容中的替身找到了某种表达方式。白天的思想从它自身来讲，不是什么愿望，而是一种焦虑，但是它通过某种方式与处于潜意识中的、受压抑的童年欲望结合起来，进入意识层面中。这种忧虑越是强大，建立起来的联系就越有力。在欲望内容和忧虑间根本不需要有什么逻辑联系，而这个例子中也确实不存在这样的联系。

如果在梦思想中存在一种与欲望完全对立的材料，比如说有理由的忧虑、艰难的权衡、痛苦的认识等，那么面对这种情况，梦是如何做的呢？也许在我们的研究中提出这样的问题也是合乎我们的研究目的的。可能的成果可以被进行如下分类：1）梦的运作成功地用相反意念取代了所有痛苦的意念，因此压制了附着其上的痛苦感情，结果造就了一个简单而令人满意的梦——一个看来是欲望得到满足的梦，对此我不必多说了；2）那痛苦的意念通过梦中显意表现出来，虽然经过了或多或少的改变，但还是很容易就能够被认出来。正是这类梦使我们怀疑梦是欲望的满足这一理论的真实性，因此对此还需要进行继续探讨。对这种含有痛苦内容的梦，我们的反应也许是漠不关心；也许充分体会到了所有痛苦的感情，而且从梦的想象内容来看，这种感情是十分合理的；也许我们还会在恐惧的发展下惊醒过来。

不过，由分析结果来看，这些令人不快的梦和别的梦一样，都是欲望的满足。一个处于潜意识中的、受压抑的愿望，如果被实现了，那么梦者本人一定会感到尴尬，而这个愿望则抓住白天痛苦残余提供的机会，支持这些痛苦经历进入梦中。第一类中，潜意识和意识中的愿望相符合。而在第二种情况下，潜意识与意识（被压抑的与自我）之间的分裂就暴露了，这就像童话故事中，仙子答应实现那对夫妇的三个愿望的情况一样。受压抑的愿望被实现后带来的极大满足非常强烈，也许能够中和那依附在白天残余上的痛苦感情。在这种情况下，梦的基调是无关紧要、平淡无奇，尽管它同时满足了愿望和恐惧。当睡眠时自我在梦的形成中占更主要的主导地位，而受压抑的愿望在梦中已经得到了满足，那么自我就会表现出强烈的愤怒，梦本身就处于一种焦虑中，并走向结束。因此不难看出，痛苦的梦和焦虑的梦同样是愿望得到实现，这和我们的理论是一致的，它们和那些直白的愿望梦是一样的。

痛苦的梦也许是"**惩罚梦**"。我们必须承认，对这种梦的认识给我们的梦理论增加了许多新的认识。这些梦中得以满足的也同样是潜意识中的欲望，换句话说，梦者有一种受罚的愿望，因为他怀有一个应被压制、禁止的欲望冲动。到目前为止，这种梦仍然满足下面这些条件，即梦形成的动力一定由属于潜意识的某个愿望所激发。然而，经过更为仔细的心理学解析后，我们发现它们和其他的愿望梦有所不同。在第二类梦中，激发梦的欲望是处于潜意识中并且受到压抑的；而在惩罚梦中，其愿望虽然同样属于潜意识，但是并没有受到压抑，而是属于"自我"。因此，"惩罚梦"中"**自我**"在梦的形成上占有更大的比重。如果我们用"自我"和"被压抑的"来取代"意识"和"潜意识"，也许梦形成的机制会更清楚些。但是在此就不得不考虑神经症的心理过程，因此在本书中不会对此展开讨论。我只想指出一点，一般来说，"惩罚梦"的产生不一定是因为白天发生了痛苦的事件，相反，如果白天的意识残余包含了令人满意的思想性质，而这种满意是不被允许的，那么才很可能产生"惩罚梦"。梦中显意表现的就是那种思想的完全对立面，就像第一类的梦那样。"惩罚梦"的主要特征是，不是受压抑的（处于潜意识系统）欲望表现为梦境，而是反对压抑的、属于"自我"的那部分惩罚愿望（潜意识中的或前意识中的）呈现在梦中。

在这里我想报告一个自己的梦，来证明我刚才所说的话。尤其要说明的是，梦的运作如何处理带有痛苦担心的白天的残余物的：

开端很模糊。我对妻子说，有个消息要告诉她，是一件很特殊的事情。她害怕起来，说她不想听。我向她保证，这一消息肯定会使她高兴，并开始向她讲述我们儿子所属的军团寄来一笔钱（五千克朗？）……这时我和她走进一间看起来像是储藏室的小房间，去找什么东西。突然我看见我儿子出现了，他没有穿制服，而穿着紧身运动服（像只海豹？），还戴着顶小帽。他爬上碗柜旁边的篮子，似乎想把什么东西放在柜子上。我叫他，他没有回答。看起来好像他的脸或前额都绑着绷带，他把什么东西塞进了嘴巴，推了进去。他的头发也呈现灰色。我想："他已经损耗成这样了吗？他有了假牙？"我还没有来得及再叫他一次，就醒过来，并不感到焦虑但心跳得却很厉害。这时手表指着：凌晨2：30。

在这里要进行完全分析是不可能的，所以我只能强调几个重点。激发这个梦的是前一天的痛苦担心——我们有一个星期没接到在前线打仗的儿子的消息了！很容易就可以看出来，梦的内容表达的是，我相信他已经受伤了或者已经去世了。在梦开始时，我们很容易看出来，梦做出了很大的努力，将那些痛苦思想用其对立面来取代。我要传达一些令人愉快的消息，如寄钱来、表彰等。（这笔钱是我在行医时得到的，这是一件令人高兴的事，并且想通过这件事将梦的主题转移）但是那努力失败了。我妻子预感到一些可怕的事，不想听我说。这个梦的伪装太薄弱了，到处都透露出它想要掩饰的事情。如果我儿子战死了，那么他的战友会将他的东西寄回来，而我将把这些东西分给他的弟妹或者别人；通常表彰也是颁给那些光荣战死的军人的。一开始想要否认的事情，在梦中却被直接表现出来了，虽然有一定的伪装，但是欲望得到满足的倾向还是很容易就被看出来了。（梦中场地的变化大概可以被理解为西尔伯乐所说的门槛象征）当然我们还不知道，是什么赋予了梦原动力。我儿子不是"死去（直译是'掉下'）"而是攀爬"上升"。确实，他以前是勇敢的登山者。他没有穿制服，反而穿运动装，这表明我现在害怕他发生意外的地方正是他以前发生意外的地方——他曾在一次滑雪运动中摔倒，把大腿给摔断了。但是他穿戴的样子很像一只海豹，这马上让我想起年纪更小的、滑稽的小外孙；他那灰色的头发，让我想起小外孙的父亲——我们的女婿，他在战争中死去。这都意味着什么？我说得已经够多了。梦中地点是一个食品储藏室，里面有一个食品柜，他想从里面拿些东西（在梦中变成"他想在上面放些东西"）——所有这些都暗示着发生在我自己身上的一件意外。那时我才两三岁，我爬上储藏室内的小凳子，想拿食品柜或桌子上某些好吃的东西，凳子翻倒了，凳子腿打中我下巴后部，我所有的牙齿都可能会被磕掉。在这里出现了一个警告"你活该"，而且这种敌意冲动就像是针对那勇敢的战士的。借着更深层的分析，我发现那隐藏的冲动竟在我儿子的可怕意外事件中寻求满足，这是老年人对年轻人的嫉妒，而这老年人本来相信自己的嫉妒之心早就被完全扼杀了。毫无疑问，如果那样的意外真的发生了，悲痛的感情肯定会过于强烈，为了减轻这种痛苦，所以才寻求这样一种被压抑的欲望满足。

现在我已经能很清楚地说出潜意识欲望对梦的意义了。我想要承认有一大类梦，其刺激事件主要或完全源于白天经历的残余。让我们再回到朋友奥托的梦。如果我不是为朋友的健康感到忧虑的话，即使我有升为教授的愿望，我也会整夜安睡的。但单有对朋友健康的忧虑也不能形成梦。梦形成所需的动力必须由欲望来提供，怎样才能捉住一个愿望以作为梦的动力来源，这就是忧虑的任务了。也许可以用一个比喻来说明这种情况：白天的想法在梦中扮演着企业家的角色，但就如一般人说的，企业家虽有想法并且有实现它的迫切要求，但是没有资本他也什么都干不成。他需要一位资本家来负责各项支出，而给梦提供心理支出的资本家，毫无疑问，不管白天的思想是怎样的，都是源于潜意识的愿望。

有时候资本家本身就是企业家。这对梦来说，甚至是十分常见的。一个潜意识中的愿望不断受到白天的活动的刺激而被唤醒，从而形成了梦。我将梦的过程比作经济状况，各种可能的经济情况也都能在梦中找到其对应角色。企业家本人也可能会参与投资，几个企业家也许共同依赖一个资本家的援助，或者几个资本家联合对某企业家进行资金支持。同样，我们见过包含许多愿望的梦，其他相类似的情况，也可以一一道来，但是对此我们却没有更进一步的兴趣。在这里我们还没有对梦的欲望进行完整解释，缺失的那部分将在后面进行补充。

上面提到的比喻中的第三个比较元素，即企业家所能动用的适当的资金，对于认清梦的结构还能发挥更巧妙的作用。我在前面已经说过，在大多数梦中都能找到一个感觉强度很大的中心点。一般来说，这个中心点就是欲望满足的直接呈现，因为如果把梦的运作的移置作用去除，我们就会发现梦思想各元素的精神强度都被梦内容各元素的感觉强度所取代。这个中心点附近的元素与欲望满足没什么关系，它们来自与欲望对立的痛苦思想，并且通过与中心元素人为地建立联系，获得了足够的心理强度，因此得以表现在梦中。所以实现欲望满足的力量扩散到周围的元素，甚至那些本身没什么意义的，也借此获得足够的力量而被表现出来。在那些包含了好几个愿望的梦里，很容易就可以划分各个愿望的范围，梦中的空白则可以被理解为这些范围的边界。

虽然前面的讨论已经降低了白天意识残余在梦中起的作用的重要性，但对它们稍微给予关注也还是值得的。在梦的形成中，它们一定是重要成分，因为我们通过经验发现，每个梦中的内容都和最近的白天印象有关，那些印象通常是无关紧要的。直到现在，我们还不能解释为什么梦的构建需要它们。只有牢记潜意识中的愿望的作用，然后再到神经症心理学那里寻找资料，才能发现其原因。通过这个，人们了解到，潜意识中的意念没有能力进入前意识中，它只能先跟一个前意识中的意念建立起联系，把本身的强度转移过去，利用后者作为掩护，才能成功。这样的"转移"事实，能够对神经症患者精神生活中很多的醒目事件做出解释。这样的转移可以使前意识中的意念获得它本身不具备的心理强度，从而原封不动地进入梦中，也可能会受到心理强度高的那一方的意念内容的影响，因此而发生一些改变。请原谅我这种从日常生活中寻找类比的倾向。在这儿我试图说明的是，那种受压抑的意念就跟在奥地利的美国牙医相似，如果他不在自己的诊所外面挂上取得博士学位的医生的牌子，就是不符合法律规定的，他就无法在这里行医。而那些工作繁忙的成功医生很少愿意和这样的牙医结成联盟，同样，在心理范畴内，那些处于前意识或者意识层面的意念也不会担当被排除的意念的掩护，因为它们自己已经吸引了足够多的前意识的关注。因此，潜意识最喜欢与下面这样的前意识印象或意念建立联系——它们要么是无关紧要的，因此没有受到关注；要么是受到谴责的，所以注意力很快从它们身上移走。已经与某方面的内容产生密切联系的意念，就会拒绝与别的部分建立新联系，这已经是大家熟知的联想法则，也是经过经验验证的。我曾经试图在这条法则的基础上，建立起癔症麻痹的理论。

如果我们假设，在神经症分析中发现的受压抑意念的转移需要也同样适用于梦的过程，那我们就可以一下子解开两个梦之谜：第一，对每个梦的分析，都可以证明梦中包含了新近发生的印象；第二，这新近的印象通常都是无关紧要的。我们还了解到，这些新近的、无关紧要的元素作为最古老的梦思想的替代物，之所以如此频繁地呈现在梦的内容中，是因为它们是最不怕审查的阻抗作用的。因为那些无关紧要的元素可以逃脱审查作用，所以它们被偏爱，而新近元素因移情作用，也可以经常出现。受压抑的意念需要和还没有发生其他关联的材料相结合，而那两组印象都是符合这一要求的：无关紧要的印象没理由跟别的材料产生广泛联系，而新近的印象则是还没有时间产生广泛联系。

由此可见，那些被我们归为无关紧要的印象的白天残余，在参与梦的构建时，不仅从潜意识中受压抑的愿望那里借来动力，还提供给潜意识中的欲望一些不可缺少的东西，即必要的转移连接点。如果我们要更加深入地研究这一心理过程，那就必须更加明确前意识和潜意识各个兴奋之间的相互作用，这大概是精神神经质的研究要解决的问题，而不属于梦的范畴。

关于白天的意识残余我还要再说一点。毫无疑问，它们实际上是睡眠的扰乱者，而梦则更多的是努力让睡眠状态持续下去。对此，我们后面还要再次谈到。

目前为止，我们一直在追踪梦的欲望：我们把它的来源追溯到潜意识中，并且分析了它们和白天残余的关系，这白天残余或者是种愿望，或者是一种精神冲动，或者干脆是新近产生的印象。对于清醒的思考活动在梦的形成过程中各种各样的影响，我们也特意开辟了篇幅进行了说明。因为我们的思想都是循着一定顺序发生的，所以如果我们将那种极端的例子这样解释，也不是完全不可能的：清醒时未解决的任务在梦中被继续，并且最终有了一个好结果。我们需要的就是一个这样的例子：通过分析可以找到它儿童期或者被压抑的欲望来源，这种欲望成功地加强了前意识活动的努力。为什么睡眠中的潜意识单单为欲望的满足提供原动力？我们还远远没有接近这个问题的答案。这个问题的答案肯定会给欲望的心理特质的解释带来一线光明，而我想通过心理机制示意图对此进行说明。

毫无疑问，这种心理机制在像现在这样完整前必定经过了一个长期的演化过程，让我们在这里回溯一下其早期的演化过程中的功能。从一些必须从别的方面加以证实的假设来看，这心理机制一开始做出的最大的努力就是使自己尽量地避免遭受刺激。因此其最早期的机制是一种条件反射模式，接收到的感觉刺激可以很快地经过运动途径而被排解出去。而生命的需要却干扰着这简单的机能，但另一方面正是这种干扰使得心理机制进一步发展完善。它首先面对的生命需要是主要的躯体生理需求。内在需求产生的激动要通过"机体运动"被发泄出去，这就是我们所说的"内部变化"或者"感情的表露"。如一个饥饿的婴儿会无助地大喊大闹。但情况并没有好转，因为内部需求产生的激动，并非只是暂时的冲击的力量，它是连续不断的。只有通过某种方式体验到满足之后，才能使内部刺激终止，比如当孩子得到了外来的帮助之后，他才能停止哭闹。这种满足的体验实际是某种感受的出现（就如例子中孩子得到食物一样），从此这种记忆影像就和需求刺激联系在了一起。这联系建立后，一旦同样的需求再次产生，就会产生一种心理冲动，它怀有那种满足感受的记忆影像，并会使那种感受重新产生，也就是说重现第一次获得满足的状况。这种冲动就是我们称之为"欲望"的东西。那种感觉的重现就是欲望得到了满足，由需求产生的刺激如果能使那种感觉重现，这就是通向欲望的满足的最短途径。我们完全可以假设，心理机制的原始状态就是沿着这样的道路运行的，即欲望可能通过幻觉被满足。因此最开始的心理活动就是致力于使"同样的感受"产生，那种感受是跟需求的满足相联系的。

生命的痛苦经历一定使这种原始的思考活动变成一种更合目的的续发活动。在内心中通过回归而产生"知觉同一性"并不与心灵内部其他地方由于外部知觉而发生的精力倾注有着同样的结果，它跟外界因素的获得没有关系。没有产生满足，需求也一直持续存在。如果"内部努力"要取得跟"外部获得"一样的地位，它就必须能够持续，就像在幻想性精神病还有饥饿幻想中发生的那样，它将心理力量分配到欲望对象的创立上。为了能够合乎目的地利用那种心理力量，就必须阻止完全的回归行为，从而使它不会超出记忆影像，并且能够通过其他途径从外界寻找帮助，最终产生"知觉同一性"。续发系统能够随意控制机体运动，就是说，出于前面被提醒的目的而利用运动，就是它的工作。抑制回归作用并且转移随后产生的兴奋，就是这续发系统的任务。所有复杂的思考活动（从记忆影像到通过外界帮助产生"知觉同一性"）展现的都是一种通向欲望的弯路，通过经验我们知道，这种弯路是必要的。但是这种思考不是别的，正是幻想中的欲望的替身，如果梦是一种欲望的满足，那么自然除了欲望再没有别的东西能够推动我们心灵机制的运转了。通过简短的回归作用使欲望得到满足的梦，里面只含有一小部分的原始心理机制，那种工作方法已经因为不合目的而被摒弃了。当心理机制还年幼而无力时，它曾经一度操纵着清醒生活，现在似乎已经被放逐到夜晚生活中去了，这就像我们在人类小时候的房间发现了已经被成人抛弃了的原始武器弓箭一样。做梦就是被摒弃的儿童精神生活的一部分。这种心理机制的运作方式在正常的情况下是被压抑的，但是在精神病患那里它们又受到重用，这也表明它们是无法满足我们的需求的。

很显然，潜意识中的欲望冲动想在白天也发生作用，那种"转移"是一个事实，而且精神病症也告诉我们，那些冲动想借前意识系统到达意识层面，并且获得控制机体运动的力量。在潜意识与前意识之间的审查制度——梦迫使我们去做这样的假定——应当得到我们的承认与尊敬，因为它守护着我们的健康心理状态。那么潜意识中受压抑的冲动得以表露，并且使得幻觉回归成为可能，这难道不是因为那个守护者在夜间降低了它的工作强度并且粗心大意了吗？而我的答案是"不"，因为即使这个审判型的守卫者去休息了，我们也可以证明，它并没有熟睡，而且它还把通向机体运动的大门关上了。那正常状况下应该被压制的潜意识冲动不管在台上如何嚣张，我们都无须担心，因为它们是无害的，因为它们不能使机体运动起来，而只有那种运动才能对外界世界产生影响。睡眠保证了那必须严加防守的要塞的安全。但如果力量转移不是因为审查作用在夜间力量减弱，而是因疾病造成的防御力量减弱，潜意识冲动的力量加强，同时前意识也被占据了，而通向机体运动的大门洞开，这种情况就不是那么无害了。在这种情况下，守护者抵挡不住，潜意识的冲动压倒了前意识，因此控制了言语和行动；或者强迫产生了一种回归性幻觉，并且使我们的心理力量受到感觉的吸引，通过这种注意力的分配，它控制着不是为它们设计的系统。我们把这种情况称为**"精神病"**。

我们在精神装置中插入了潜意识和前意识两个系统，然后我们又探讨了很多别的，现在正是时候，让我们回到原处继续构建心理结构了。但是我们有足够的理由再继续讨论一下"欲望是造梦的唯一心理动力"。我们已经接受了这一观点，即梦永远都是欲望的满足，因为梦是潜意识系统的产物，而潜意识活动除了试图满足欲望之外，没有别的目标，而且除了欲望冲动外，也没有别的可供支配的力量。如果我们继续坚持，从梦的解析出发，建立意义深远的心理学推论，那我们就有责任证明，这些心理理论不仅能将梦的问题置于一个大框架下进行研究，还包含了除梦之外的其他的心理产物。如果存在潜意识系统，或者按照我们对其的解释存在相似的系统，那么梦不可能是它唯一的产物；每一个梦都可能是欲望的满足，但除了梦以外，必定还有其他形式的欲望的满足。事实上所有神经病症状都可以通过这一理论用一句话总结：它们都可以被看作是潜意识欲望的满足。对精神病学家而言，有一系列需要研究的对象，而我们对梦的解释不过是使梦成为那个重要序列的头号研究对象，对梦的理解给精神病学问题研究做出的贡献，主要是纯粹心理学上的。

那一类欲望满足的其他成员，如癔症症状，还有一个本质特征是梦所缺少的。在本书常常提到的研究中，我们发现，要形成癔症症状，我们心灵中的两股思潮必然汇合在一起。这些症状不单单是一个被实现了的潜意识愿望的表达，在前意识中必定也有一个与这个症状相符的欲望。所以这一症状中至少有两个联系，它们分别来自包含着冲突的两个系统。就像梦一样，它里面可以包含进一步的多重联系而不受什么限制，这多重联系不是来自于潜意识，据我所知，它一直都是对潜意识欲望的反抗，比如说是一种**自我惩罚**。我可以很大概地说：**当两种来自不同系统的、对立的欲望满足通过一个表达呈现出来，那这就是癔症症状。**（这方面请参考我最近有关癔症起源的论文《癔症幻想以及它和双性恋的关系》）在这里，举例没什么用，因为对这种复杂情况的详细说明才是最有说服力的。因此我暂时将我的论断就此搁置，在这里提出一个例子，但不是为了论证，而是使这个论断更形象。

　　我的一个女病人，患有癔症性呕吐，而这是为了满足她自青春期就怀有的一个潜意识幻想，即她会不断怀孕，生一大群孩子。后来这个幻想扩展了，变成她要和很多不同的男人生很多孩子。于是为了阻抗这不道德的愿望，产生了一个强有力的防御力量。既然呕吐会使她失去好身材和漂亮容貌，从而失去对任何人的吸引力，那么那惩罚的愿望有道理接受这一症状，因此呕吐满足了两方面的愿望要求，使之变成了事实。这和古安息国皇后为满足罗马三执政之一克拉苏的欲望采用的方法一样。因为相信他的出征是因为爱好黄金，所以她下令将熔化的黄金倒入他尸体的口中，并且说："现在你已得到了你想要的。"但到目前为止，我们所

克拉苏

知道的关于梦的事实就是它表现了潜意识欲望的满足，而且看起来，操纵大局的前意识似乎在强迫欲望进行某种伪装之后，才允许这种满足。此外，在梦中找到一个和梦欲望相反的思想系列，确实不是一种普遍情况。只有偶尔在梦的解析中才可能找到一些与欲望对立的迹象，比如在我梦见叔叔（蓄着黄胡子）的梦中，我对朋友 R 的感情。但是我们也可以在别的地方找到来自前意识系统的补充内容。梦允许经过各种伪装之后的潜意识欲望被表现出来，而那操纵大局的系统退回到想睡眠的欲望中，在心理机制内通过可能的能量改变，使欲望得以实现，并且使其贯穿了整个睡眠过程。

前意识中想要睡觉的欲望，对梦的形成具有促进作用。让我们回想本章开头那个父亲的梦，来自隔壁房间的火光，使他猜想孩子的尸体可能被火烧着了。这火光没有使这父亲醒来，而是让他在梦中做出那样的推论。之所以会发生这样的情况，是因为这个结果符合这一愿望，即父亲希望孩子依然活着，即使是多活一瞬间也是好的。因为我们不能对这个梦继续进行分析，所以可能还存在我们没发现的、其他受压抑的愿望。但是产生此梦的第二动力，我们完全可以认为是父亲想要继续睡觉的欲望，就像通过梦孩子的生命被延长一样，父亲的睡眠时间也得以延长。动机就是"让梦继续做下去吧，要不然我就必须醒来了"。跟这个梦一样，所有其他的梦中潜意识愿望都受到了睡眠欲望的支持。在第三章中我曾经描述了一些表面看来是**"方便的梦"**，事实上所有的梦都可以被称为"方便梦"。这种继续睡眠的愿望最容易在"惊醒梦"中被发现，它们通过某种方式对外来刺激加以修饰，使这些刺激和睡眠的继续进行不发生冲突；它把刺激编入梦中，因此使它们不能代表外在世界的刺激来提醒人醒来。同样的愿望肯定也发生在其他的梦中，虽然只有内部刺激才能使梦者从这些梦的睡眠状态中醒来。在某些例子中，当梦见出现不好的事时，前意识会这么对意识说："不要紧！继续睡吧！毕竟这只是梦而已！"这些虽然没有明确说出来，但是它们大体上表明了我们占主导地位的心灵活动对梦的态度。我必须得出这样一个结论：在整个睡眠状态中，我们都知道自己在做梦，这就和知道自己在睡觉一样确定。我们必须将下面这种反对意见进行忽略，他们认为我们的意识从来不知道自己在做梦，只有在特殊的情况下，即当审查制度放松警惕时，我们才能意识到这点。

另一方面，有些人在夜晚时能很清楚地意识到自己在睡觉和做梦，因此好像具备用意志指导梦的能力。比如，当梦者对梦感到不满意时，他能够不醒过来而将梦中断，然后再从另一个新方向开始，就像一位知名作家应读者的要求，使自己的戏剧有一个幸福的结尾。或者在别的情况下，当梦使他进入一种性兴奋的状态时，他会这么想："我想再继续梦下去，免得因为遗精而消耗我的能量。我要忍住，把它留给真实的情况。"

瓦世德记录了赫维的论断，他宣称自己能够随心所欲地加速做梦过程，并且可以任意改变梦的发展方向。在他那种情况下，睡眠的欲望似乎被另一个前意识的愿望所取代，即观察自己的梦并且去享受它。这种愿望使得梦能够继续进行，同样的道理，当必须醒来的要求通过梦被消除之后（就像那个保姆的梦），睡眠就得以继续。众所周知的还有，当某人开始对梦发生兴趣，那么他醒后能记得的梦就显著增加了。

　　费伦齐在谈到其他关于梦的导向的观察时，这么说："梦从各个方面处理着心灵中出现的思想，如果某一梦象对欲望的满足有所威胁，那么它就会删除此梦象，并且继续寻找新的解答，直到最终找到一个欲望的满足，能够折中地满足心灵中两种系统的要求。"

第四节　被梦唤醒——梦的功能——焦虑梦

　　既然我们知道了，整个晚上前意识都将注意力放在睡眠的欲望上，那我们就可以继续研究梦的过程了。但先让我们对目前为止得到的认识做一个小结。前一天清醒工作遗留下来的白天残余，并没有完全失去自身的能量；或者一整天的清醒工作把潜意识中的一个愿望给唤醒；或者这两种情况结合在一起。这种种可能情况我们已经讨论过了。

　　也许在白天，也许在睡眠过程中，潜意识欲望建立了与白天残余的联系，将自己转移到它们身上。这样就产生了一个隐藏在新近发生的材料背后的欲望，或者是一个受压抑的、新近的欲望被加强了，从而被从潜意识中唤醒。欲望的一部分是属于前意识的，它想通过正常的途径，经由前意识而到达意识。但是它会遭遇审查作用，审查是存在的，并且会对那一欲望施加影响。在这里它就继续接受伪装，实际上在"转移到新近材料"这一环节伪装就已经开始了。到目前为止，它正在变成跟强迫想象、妄想等相似的某些思想，即它们在经过移置作用后强度变大，在面临审查时被伪装。但是前意识的睡眠状态却不允许它再进一步前行，可能这个系统通过减少自身兴奋来保卫自己免受侵害。在这时，梦的过程走上回归路径，而正是睡眠状态打开了通向这条路径的大门。记忆材料吸引着梦，其中有些记忆只是作为一些视觉的能量存在，而并没有被转变成后来的系统中的符号。在这个回归过程中，梦取得了它自身的表现力。关于压缩问题我们后面再进行讨论。这时，迂回曲折的梦的过程已经完成了一半。第一部分是向前进的，即从潜意识景象或者幻想导向前意识。第二部分则从审查制度的边界再次回到知觉上来。当梦的过程变成了知觉内容，那它就逃过了审查和睡眠在前意识系统中放置的障碍。它重新为自己赢得了注意力，并且可以被意识到。

意识对我们来说，是一个用来了解精神性质的知觉机构，在清醒状态时它可以受到两方面的刺激。首先，刺激可能来自整个感觉系统及其周边，另外，它还能接受愉快与痛苦的刺激，在系统内部的力量转移中，它们几乎是唯一存在的精神性质。Ψ系统中的其他所有过程，包括前意识在内，都不具有任何精神性质，因为它们无法使感觉系统体会到愉快或者痛苦，所以它们不能成为意识的对象。我们必须做出这样的推论：这种愉快和痛苦的产生，自动调整着整个能量转移过程。但是为了使这调节工作能更为精细，于是想象过程的发展必须较少地依赖于痛苦的影响。为了达到这个目的，前意识系统中必须含有一些能够吸引意识的精神性质，而这些性质的获得就是通过前意识系统与语言符号记忆系统的联系得来的，这语言符号记忆系统也是具有精神性质的。正因为这一系统的精神性质，本来只是知觉机构的意识就也分管我们部分的思想过程了。于是现在同时存在两种表面知觉，一种是对知觉而言，另一种则是对前意识的思想过程而言。

⁓

我必须假定，在睡眠状态下，指向知觉的感觉面比指向前意识的感觉面更容易接受刺激。另外，夜晚的时刻对思想过程失去兴趣还符合另一个目的：思考停止，因为前意识需要睡眠。而一旦梦被知觉到，它就能借着新获得的精神性质对意识进行刺激。这种感觉刺激就行使它的主要职能——促使存在于前意识中的一部分能量去注意刺激物。因此，我们必须承认，每个梦都有唤醒的作用，它使前意识中静止的一部分能量活动起来。在这能量的影响下，梦得到了我们所谓的"第二次加工"在逻辑性和可理解性上的修饰。这就是说，它们对待梦的方法跟对待其他的知觉内容没有什么不同；在梦的材料能够做到的范围内，梦也要满足预期意念的要求。如果我们注意一下这梦的过程的第三部分的方向，就会发现，它又呈现前进性了。

为了避免误解，再提一下梦过程中的时间关系应该也是必要的。无疑，格布罗特是受到了莫里的断头台的梦的启发，而提出了这样一个吸引人的推论。他认为：梦就是在睡眠和清醒这段过渡时间产生的。醒来的过程需要花费一些时间，在这段时间内，梦产生了。人们认为，最后的梦象是如此强烈，以至于把我们弄醒。事实上，我们之所以觉得它强度大，是因为在我们醒来前它是离我们最近的。"梦是刚刚开始的清醒状态。"

杜加斯提出，格布罗特为了使他的结论普遍适用而忽视了很多事实。而实际上，还存在很多我们不曾从中醒来的梦，比如我们梦到自己在做梦。根据我们关于梦做的所有工作，我们不可能认为梦只在清醒的过程发生。相反，我们可以猜测，梦的运作的第一部分在白天就已经开始了，甚至在前意识系统还控制着一切时。而梦的运作的第二部分——因审查而做的伪装、受到的潜意识景象的吸引、想要被知觉到的努力，所有这些可能都贯穿了整夜。因此，我们总是可以根据自己的感觉这样说：我们做了一整夜的梦，但是不记得梦到什么了。我也不认为被意识到的梦的过程总是遵循我们前面说的时间顺序，我们提过，首先是梦的愿望发生移置，然后受到审查作用发生伪装，然后出于回归作用方向发生改变，等等。我们在描述时必须建立这样的顺序，而实际上对刺激的各种衡量、对这条路或者那条路的尝试可能是同时进行的，直到最符合目的的一组被挑选留下。根据我自己的某种个人经验，我相信梦的运作经常需要超过一天一夜的时间才能给出结果，因此梦的构建中所有超常的技艺也就不那么让人吃惊了。我认为，在梦被意识到之前，作为知觉事件，它的可理解性已经处于考量之中了。从这时起，梦的过程就加速了，因为从这时起，梦受到了和其他知觉事件一样的处理。就像烟花一样，它的制作过程可能要经历好几个小时，但是燃放却只是一瞬间。

通过梦的运作，梦的过程赢得了足够的强度，因此可以吸引注意力，并且唤醒前意识，而不管睡眠的时间或者深度是怎样的。或者它的强度并不足以做到那些，它必须时刻准备着，直到接近清醒时更活跃的注意力注意到了它。相对来说，大部分的梦处理的都是心理强度较低的事件，因为它们大多数要等待清醒时刻的到来。但是这也能解释以下的事实：当我们突然从深睡中醒来时，我们通常能感知到我们梦见的东西。就像我们自然醒一样，在这种情况下，我们第一眼想到的是梦的运作中创造的知觉内容，然后才是身处的外界情况。

然而，人们将更大的理论兴趣放在那些能将我们从睡眠中弄醒的梦。梦的合乎目的性已经在各个方面得到了证明，那么人们会问，梦，也就是潜意识的愿望，为何能够打扰睡眠这一前意识的愿望？其解答无疑存在于我们尚不了解的能量关系上。如果弄清了那关系，也许我们就能发现，如果夜间也要像白天那样牢牢禁锢住潜意识，这样花费的能量要比让梦自由地发挥或者多多少少分配给梦一点注意力，要多得多。根据经验，即使在晚上使睡眠中断数次，梦和睡眠也不是相互对立的。我们醒来一下，然后立刻又再睡着了。这就像在睡眠中赶走一只苍蝇，这是一种特殊的"醒来"。如果人们再度入睡，这干扰就被去除了。就像被大家熟知的那个保姆做的梦所表明的，满足想睡觉的愿望和在某个方向上施加注意力可以并行不悖。

在这里，我们应该听听一个基于对潜意识更多的了解而产生的反对意见。我们自己曾经断言潜意识愿望总是处于兴奋状态，但即使这样，在白天时它们并没有足够的力量使自己被察觉。然而，如果睡眠的状态持续着，同时潜意识的愿望也显示出制造梦的足够的强度，并且唤醒了前意识，那么为什么在梦被觉察到后，这力量又消失了呢？为什么梦不会继续进行，就像讨厌的苍蝇被赶走后又再不断地飞回来呢？我们有什么理由认为梦消除了对睡眠的干扰呢？

潜意识欲望永远在骚动是毫无疑问的事实，只要兴奋达到了一定程度，它们马上就把那总能走得通的道路呈现出来。这种**不可毁灭性**确实是潜意识过程的一个显著特征。**潜意识中的欲望，没有终点，不会成为过去，也不会被忘记。**这点在神经症患者，尤其是癔症患者中表现得更为明显。只要兴奋积累到一定程度，那导向发泄，也就是导致癔症发作的潜意识思想途径马上就畅通无阻了。一个30年前受到的侮辱，如果被作为感情来源保留在潜意识中，那在整个30年内它都能像刚发生一样发挥作用。不管什么时候只要这记忆一被触及，它就会复活，能量被分配到这一兴奋上，然后在发作时通过运动得到释放。这正是心理治疗要干预的。心理治疗的工作是结束潜意识过程，使它最后被忘掉。我们倾向于理所当然地认为，对于过去的印象的记忆逐渐变淡，其具有的感情也逐渐消退，这些都是时间对于心灵中记忆残余的本来作用，而实际上这是通过辛苦努力才做到的再次改变。这个工作是由前意识完成的，而心理治疗所做的就是使潜意识受到前意识的支配。

因此每个潜意识兴奋过程都可能产生两种结果：它要么不被理会，然后终于在某个地方突破，并因此得到通过运动将兴奋释放的机会；要么它受到前意识的影响，所以其兴奋不但不会被释放，反而要受到前意识的束缚。这第二种情况正是梦的过程。被感知到的梦遇到了来自前意识的能量，这能量是被意识兴奋引到这里来的，它将梦的潜意识兴奋约束住，于是梦无法再进行干扰活动。如果梦者真的清醒了一下，他就能够赶走那干扰他睡眠的苍蝇。而我们发现，这确实是一种比较方便且经济的方法——让潜意识的愿望自由发挥，借着打开回归之路来制造梦，然后只需利用前意识中的一点工作就可以将此梦束缚住，而不必在整个睡眠当中对潜意识欲望进行不间断的控制。人们可以预期，即使梦原本并不是一个合目的性的过程，在心灵活动的种种力量的相互作用下，却也获得了一种特定功能。我们现在就要看看这功能是什么。梦接手了这样一种任务：它要使潜意识那自由不拘的兴奋重新受到前意识的控制，在这过程中，它使潜意识的兴奋得到释放，因此它的作用就像是一种安全闸门，它在让少量的清醒活动出现时，还同时要保证前意识的睡眠不受打扰。因此就像许多的精神系统，作为这些系统其中的一员，它通过妥协来同时为两种系统服务，尽可能地使这两种系统的欲望——只要它们能够和谐共处——都被满足。只要我们回头看第一章中罗伯特提出的梦的"清除理论"，我们就必须承认，这位作者在对梦的功能的定义上，其核心观点是正确的，尽管对于梦的过程的前提和重要性，我们和他持不同观点。

上面提到的"只要来自两个系统的愿望能够和谐共处"这一限定，包含了对一种可能情况的暗示，即梦的功能有可能会失败。一开始梦作为潜意识愿望的满足被允许出现，但如果这个使愿望得到满足的努力太过强烈，以致扰乱了前意识的安宁，那么梦就打破了妥协，就不能完成它其他部分的任务了。在这种情况下，梦完全被中断了，并且马上被清醒状态代替。梦本来是睡眠的维护者，在这里却成为睡眠的干扰者，但这并不是梦的过错，我们也不必怀疑梦的合目的性。这在有机体上并不少见，即本来合乎目的的设置，其产生的条件如果发生些微变化，就会变得不合目的并且具有干扰性，但至少这种干扰是合乎新的目的的，即使有机体注意到变化，并且采取一定的措施来对抗这种变化。当然，我现在脑海里想到的是"**焦虑梦**"。我不想给别人留下这样的印象，好像焦虑梦是跟我的梦的理论相对立的，而我总是试图将其略过不谈，因此，在这里我至少要通过暗示对焦虑梦做出一定的解释。

我们早就认识到，产生焦虑的心理过程也可能是对某个欲望的满足，这并不是相互矛盾的。我们可以将这一事实解释为，那个欲望是属于潜意识系统的，但是它却受到另一个系统，即前意识的谴责和压抑。即使是心理完全健康的人，前意识对潜意识的压制也并不是完全的，压抑的程度可用来度量我们精神的正常度。神经症的症状显示出，病者这两个系统之间发生了冲突，这些症状是两种冲突相互妥协的产物，凭借它们，冲突得以暂时中止。一方面，它们使潜意识的兴奋有了发泄的出路，提供一个发泄口；另一方面，它又让前意识对潜意识有某种程度的控制。在这里考虑一下癔症恐惧和旷野恐惧的意义是很有启发的。如果一个神经症患者没办法独立上街，那我们完全可以将其当作一个"症状"看待。如果人们为了消除这种症状，强迫他去做他认为自己无法做到的事情，就会导致恐惧的发作，就像"上街"就是旷野恐惧症的导火索一样。我们了解到，症状之所以产生，就是为了避免恐惧的爆发。恐惧症对恐惧来说，就像是竖立着用来防御的边界要塞。

如果不去探究梦的过程中感情扮演的角色，我们的讨论将无法继续，但是在这里我们不能完全做到这点。让我们先这么说，我们之所以要对潜意识进行压抑，首先就是因为，如果放任潜意识的意念过程自由发展，它就会发展出一种愉快的感情，但是在经历审查作用的排斥后，那愉快就会变得痛苦。压抑的目的和结果都在于，预防痛苦的产生。因为从意念内容中会产生痛苦，所以压抑是延伸到潜意识的意念内容中的。在这里，讨论的基础建立在一个关于"感情发展的实质"的特定假说上。其实质被认为是一种运动或者排泄工作，但是其神经分布重点却存在于潜意识意念中。因为潜意识受到前意识的控制，这些意念被束缚了，因此能够发展出感情的冲动也被阻碍了。如果来自前意识的能量消失了，就存在这样一种危险，即潜意识兴奋将释放一些感情，但是它们作为前面排斥作用的产物，都是痛苦的、焦虑的。

如果梦的过程继续发展，这些危险就会变成现实。使它得以实现的条件有：排斥作用已经发生了，而被排斥的愿望冲动也发展到了足够的强度。也就是说，它们完全不在梦的形成的心理框架中。要不是我们的论题有一个地方（即夜间潜意识的自由活动）和焦虑的产生有关，我本可以不对焦虑梦进行解释，因此也就可以避免一切与之有关的模糊问题了。

正如我已经一再说过的，"焦虑梦"的理论也是神经症心理学的一部分。在指出焦虑梦理论和梦的过程理论的连接点之后，我们就没什么可做的了。我可以做的只有一件事。因为我曾经说过，神经症的焦虑源于"性"，所以在这里我就要对一些"焦虑梦"进行分析，以证明在它们的梦思想中确实存在跟性有关的材料。

在这里我有充分的理由将神经症患者提供的大量梦例搁置一边，而引用一些年轻人的焦虑梦。

我已经有几十年不做真正的焦虑梦了。但我仍然记得一个七八岁时做的梦，而我在大约30年后才对它进行分析。这个梦十分生动，我在梦中"看见我心爱的母亲，她脸上有种安静的熟睡的表情。两个或三个长着鸟嘴的人把她抬进房间，放到床上。"我哭喊着醒来，并且把父母也吵醒了。那些穿着奇怪并且奇高无比的、长鸟嘴的人，是我从菲利普森圣经中的插图上看来的。我相信，他们一定是那些古代埃及坟墓中雕刻的鹰头神祇。另外，分析还使我想起一个无教养的看门人的男孩。我们小时候常一起在屋前的草地上游戏。那个男

鹰头神祇

孩名叫菲利浦。我大概是从那男孩那里听到有关"性交"的粗鲁单词，那些受过教育的人则是用拉丁文"交媾"来形容此事，在这梦中则用鹰头清楚地表现了这点。我一定是从那精通人事的年轻导师脸上的表情猜出了那个字的含义。我母亲在梦中的样子，则来自祖父死前数天在昏迷中打鼾的样子。因此梦中"第二次加工"做出的解释就是，我母亲去世了，而墓雕也跟这点相符。我醒来时充满焦虑，直到把父母吵醒以后还不停吵闹。我记得当我看到母亲的面容之后，心情就突然平静下来，好像我得到了保证"她没有死"。梦的"第二次加工"做出的解释，是在发展起来的焦虑的影响下发生的。我并不是因为梦见母亲死去了而感到焦虑，而是因为我已经处于焦虑的控制下，所以我在前意识的加工中将梦解析成这样。因为焦虑是借排斥作用产生的，所以它可以被回溯到模糊而明显的性欲

上，它在梦的视觉内容中得到了很好的表达。

一个 27 岁的男人在一年前患上一种很严重的病，他告诉我，在他 11 岁到 13 岁之间常常反复做下面这个梦，梦中伴随着焦虑感：一位男人拿着斧头在追赶他，他想要跑走，但他像瘫痪了一样，不能移动半步。这是一个常见的焦虑梦的好例子，而且从来不会被认为是和性有关。在分析时，梦者首先想到他叔叔告诉他的故事（时间在做梦之后）——他叔叔在某天晚上在街头被一个可疑的人攻击。然后梦者自己从这事件中得出结论：在做梦前他也听到了一些和这相似的事。至于斧头，他想到在一次劈柴时斧头把手弄伤了。然后他马上提到他和他弟弟的关系。他经常虐待他弟弟，将他打倒在地。他尤其记得有一次，他穿着靴子把弟弟的头踢破了，流了许多血，然后他母亲对他说："我害怕有一天你会把他杀掉。"当他还在思索这有关暴力的主题时，他 9 岁时发生的一件事突然出现在他脑海中。他父母亲很晚才回到家，上了床，而他恰好在装睡。不久他就听到喘息声和其他奇怪的声音，他还能够觉察到他父母在床上的姿势。他进一步的思考表明，他认为自己和弟弟的关系与父母之间的关系是类似的。他把父母亲之间发生的事归结为这样的概念：暴力和挣扎。他还找到支持这种理解的证据：他常在母亲的床上找到血迹。

我想说，小孩在看到成人之间的性交后，会感到奇怪并且导致焦虑，这几乎是从日常生活的经验中得出的结论。对于这种焦虑，我已经做出了解释，认为焦虑之所以产生是因为小孩还不能了解这种性兴奋，小孩之所以排斥它们是因为其父母牵涉在内。于是这种情绪转化为焦虑。据我们所知，在一个更早年龄段，孩子对异性父母的性冲动还未受到压抑，因而会自由表达。

对于小孩晚上经常发作的、带有幻想的恐惧，我会毫不犹豫地做出同样的解释。那也是关于不被理解并且被拒绝的性冲动的，如果把发作时间记录下来它也许会呈现出一种周期性，因为性欲加强可能源于偶然刺激或者自发的周期性发展。

我没有足够的观察材料来证实这种解释。

与此相反，儿科医生，不管是从肉体还是精神方面，对于一系列的这类现象他们都给不出任何解释。在受了医学神话的蒙蔽之后，人们是多么容易与对这类现象的认识擦肩而过啊！在这里我要通过一个可笑的例子对此做出说明，这个例子来自德巴克尔有关夜间恐惧的论文。

一个 13 岁的男孩，身体不好，焦虑、多梦，他的睡眠也开始受到干扰，几乎每个星期都有一次从睡眠中惊醒，因为他在梦中产生幻觉，并且感到恐惧。他对那些梦的记忆是十分清晰的，他说恶魔对他喊："现在我们捉到你了！现在我们捉到你了！"然后就有一股沥青和硫黄的味道，他的皮肤着火了。他非常害怕，于是从梦中醒来，一开始都叫不出来。当声音恢复时，人们清楚地听到他说："不，不，不是我。我什么都没有做过！"或者"请不要这样！我不会再做了！"有时他还会说："阿尔伯特从来没有这样做过！"后来他拒绝脱掉衣服，"因为火焰只有在他不穿衣服时才来烧他"。因为他一直做这样的梦，而这已经威胁到了他的健康，于是他被送到乡下。经过 18 个月的治疗后，他恢复了健康。他在 15 岁时，承认说："我不敢承认，但我一直有针刺的感觉，而且我那个部分特别兴奋，使我神经紧张，有时我真想从宿舍的窗口跳出去！"

这应该不难猜出：1）这男孩小时候曾经手淫过，他或许对这件事进行否认，或许因为这坏行为而被威胁以重罚（他的认错："我不再这么做了""阿尔伯特从来没有这样做过"）；2）在青春期到来后，生殖器官的刺痒感觉使手淫的欲望再度复活了；3）他内心产生了一种压抑挣扎，在挣扎中他的性欲被压抑了，但是同时转化成恐惧，其中就包括对那时被威胁的重罚的恐惧。

现在让我们看看原作者的推论："由这观察可以很清楚地看出：

1）青春期可以使一个健康状况不佳的男孩处于一种非常软弱的状态，并且可以导致某种程度的大脑贫血。

2）这种大脑贫血会使性格发生变化，产生恶魔式的幻觉以及非常强烈的夜晚恐惧，也许白天也会产生这种恐惧。

3）这个男孩对魔鬼的幻想和自我谴责要追溯到从小接受的宗教教育对他产生的影响。

4）在较长时间的乡下疗养中，因为增加了身体锻炼，而且青春期逐渐过去，能量又回到了这男孩身上，所以在此之后所有的症状都消失了。

5）也许这男孩大脑状况是由先天的遗传因素决定的，而且他父亲的梅毒感染可能也对此有所影响。"

结论是："我们把这病例归类于因为虚弱而引起的无热性谵妄，因为这个症状是源于大脑局部贫血。"

第五节　原初过程和续发过程：　压抑

我使自己深入到对梦的过程的心理学研究中，这是我给自己找来的一个极为困难的任务，而且我的解说能力也几乎不能胜任这项工作。这样一个复杂过程中同时出现的元素，为了适应解说的需要，必须依次被说明，而在描述单个元素时，又不能总是提到别的前提条件，这对我来说是十分困难的。我在展示梦的心理学时，没有按照我的认知发展顺序，现在我尝到了这种做法的苦果。我对梦的理解是从以前对神经症心理学的研究中获得的，但是我在解释梦时，不应该总是牵涉神经症，但这似乎又是不可能的。此外，我还试图沿着认知之路逆向进行，即从梦的理论回溯到神经症心理学。读者可能产生对此的抱怨，我自己也是了解的，但是我却不知道怎样才能避免它们。

因为我对目前这种状况感到不满，所以我很愿意暂时搁置而着眼于别的方面，这样也许对于我的努力有更大的价值。就像第一章中展示的那样，我发现了一个主题，众多作家对此持有的观点是十分不同的。在我们处理梦的问题时，我们为大部分相互冲突的观点都保留了一席之地，只有两种观点是我们完全予以否定的，即一种观点认为梦是无意义的过程，另一种观点则认为，梦完全是肉体过程。除此以外，所有相互冲突的意见都能在我复杂的论题中找到论证，并且我也证明了，这些观点都找到了部分真理。至于梦将来自清醒生活的刺激和兴趣继续发展，已经通过隐藏梦思想的发现得到了普遍的证实。梦思想只跟我们认为重要的和感兴趣的东西有关。但是我们也接受相反的意见，即梦收集白天各种无关紧要的意识残余，因此就不再控制白天主要的兴趣，从而在一定程度上脱离了清醒生活。我们发现对梦的内容来说也是一样，梦的内容只是将梦思想进行伪装，改变呈现方式。我们说，梦的内容出于联想机制的原因，最容易占据那些新鲜的、无关紧要的想象材料，因为清醒的思考活动没有对它们进行过处理，而出于审查作用，它总是将一些受到排斥的重要事件的较强的心理强度，转移到无关紧要的事件身上。

梦具有"超强记忆"并且持有幼童时期的材料，这一事实已经成为我们梦的理论的基石——在我们的梦的理论中，源于幼童时期的愿望是梦的形成不可缺少的动力。睡眠中出现的外来躯体刺激已经通过实验证实了，我们自然不会再对其进行怀疑，但是我们已经指出，这种材料与梦中愿望的关系跟白天的思想残余与梦中愿望的关系是一样的。无可争辩，梦将客观躯体刺激通过制造出某种幻想进行解读，但是除此以外我们还发现了其他作者没有发现的梦为什么要这样解读的动机。因为感受到的客观刺激并不打扰睡眠，而且可以被利用来满足欲望，于是那种解读就发生了。睡眠中出现的器官的主观兴奋状态似乎已经被特朗布尔·拉德所证明，我们虽然不认为它是某种特殊的梦的来源，但是我们却可以通过使隐藏在梦背后发生作用的记忆回归复活，来对它进行解释。内部器官的感觉在梦的解释中一般被作为支点，在我们的理论中它也占有一席之地，但重要性却没有那么大。这些机体内部感觉，如跌落、飘浮、瘫痪等，表现的是一直存在的一些材料，只要梦的运作需要，它们就会为梦思想的表达服务。

梦的程序是快速、瞬间的，从意识对现成的梦的内容的接受来看，这似乎是正确的。我们大概发现，之前完成梦的过程是一个缓慢而有波动性的过程。为什么在极短的瞬间会产生丰富的梦内容，关于这个谜我们做出的解释是，梦把已经完成的心理产物直接拿来使用了。醒来的记忆可能对梦进行伪装和曲解，我们发现这一事实是正确的，但这并无大碍，因为梦一旦开始形成就存在这种伪装工作，对梦的回忆只不过是最后公开的部分而已。心灵在晚上是沉睡还是拥有像白天一样的能力，关于这点有两种看起来无法彼此妥协的争论，我们认为两者都对，但都不是完全正确。我们能证明，在梦思想中存在着复杂的理智活动，它几乎动用了心灵机制中所有的资源，然而我们也无法否认，这些梦思想都源自白天，而且不可避免地也要假定，心灵的睡眠状态是存在的。因此就算是部分睡眠的理论也有其价值。但是，睡眠状态的特征并不是精神联结的解体，而是主导了整个白天生活的心理系统将注意力集中在睡眠的欲望上。按照我们的理解，将注意力从外在世界上移开，这是有它的意义的。它虽然不是唯一的有助于梦的呈现的回归因素，但它对其亦有帮助。显然，对想象过程的引导是任意的，这点无可争辩，但是心理活动并非是无目标的，因为我们知道，有计划的目标被放弃后，无计划的目标就掌控了全局。我们不仅承认，梦中存在着松散的联想联结，而且我们还指出，其控制范围要比我们想的大得多，我们还发现，它们不过是另外那些合理而有意义的事件的替代物。

当然我们也说梦是荒谬的，但是那些梦例告诉我们，梦对自己进行伪装，它是多么聪明啊！各个作家赋予梦的各种功能，我们对其毫无异议。如梦是心灵的安全闸门，罗伯特说，在经过梦的想象创造后，所有有害的东西都变得无害了，这不仅与我们关于梦的双重欲望满足的理论相符合，而且我认为，我们比罗伯特本人更理解他那句话的含义。"心灵在梦中能够自由地发挥其功能"的观点，也和我们的理论中认为"前意识的活动让梦自由行动"的观点相吻合。再如"在梦中心灵回归到胚胎状态"，或者埃利斯形容梦的话——"一个充满庞大感情和残缺思想的古老世界"——这类说法使我们感到高兴，因为它们与我们的论点不谋而合，我们认为那些白天被压抑的原始活动和梦的构建有很大的关系。我们也能够完全接受萨利所言："梦将我们依次发展的人格中更早期的那个带回来，在睡眠中，我们恢复了从前对事物的看法和感觉，回到曾经长期控制我们的冲动和反应模式。"就像德拉格一样，我们认为那些"受压抑的"是做梦的主要动力。

施尔纳赋予的"梦中意念"的重要性以及他对此的解释，我们在相当大的程度上予以肯定，但我们不得不把它们放到问题的另一个位置来看。事实上，不是梦创造了意念，而是潜意识的意念活动在很大程度上参与了梦思想的构建。我们仍然要感谢施尔纳指出了梦思想的来源，但是几乎所有被他归为梦的运作的都是白天的潜意识活动，这种活动不仅能刺激梦的产生，还能促使神经症症状的产生。我们必须将梦定义为与神经症完全不同的、更为健康的心理活动。当然我们不是要完全放弃梦与这种心理障碍的关系，而是要在新的基础上对梦进行解释。

我们之所以能在自己的理论结构内，容纳早期作者们提出的各种不同的、相互矛盾的观点，这要归功于我们的梦的理论的创新性，它将这些理论结合成一个更高级的统一体。在其中某些理论的基础上，我们发展出新的认识，只有少数几处遭到了彻底的否定。不过，我们的理论框架也没有完全建成。除了那些心理学的模糊昏暗之处，我们似乎还遇到了一个新的矛盾。一方面我们认为梦思想源于完全正常的心灵活动，但另一方面我们又在梦思想中发现一系列不正常的思想过程，这些过程表现在梦的内容中，我们在对其进行解析时又遇到了它们。所有那些被称为"梦的运作"的过程都远无我们熟知的那种合理性，因此我们不得不思考，早期作者们的极端判断——认为梦中心理活动是低水平的——是否有其道理。

　　也许只有更进一步的解释才能使我们得到答案。现在我要建立一个通向梦的构建的结构：

　　我们已经发现，梦代替了许多源于日常生活的、完全有逻辑性的思想，因此，我们不必怀疑这些思想是否源于正常的精神生活。我们思想中被高度评价的所有特点，表明我们的思想是在严密的秩序下建立的高度复杂的成果，而这些都能在梦思想中找到。但是我们无须假设这些思想行为会在睡眠时完成，这种假设会使我们到目前为止确立的、关于睡眠状态的心理概念发生严重混乱。相反，这些思想也许源于前一天，一开始我们的意识没有注意到它们，但是它们继续发展，在刚入睡时就已经完成了。如果从这种情况中我们能得出结论，那最多就是它证明了，最复杂的思想成果也可能无须借助于意识。从癔症病人或者患有强迫想象的人的精神分析中，我们也可能得出这样的认识。从这些梦思想本身来看，它们绝不是无法进入意识层的，如果我们白天意识不到它们的存在，那一定有许多其他的原因。"被意识到"与一种特殊的精神功能，即"注意力"相关联。看起来对注意力的使用是按量计算的，而且它可以从相关的思考过程被转移到别的目标上去。那些思想过程逃脱意识关注的方法还有另外一种：从有意识的思考活动中，我们知道自己是沿着某条道路使用注意力的。如果我们遇到了一个意念，这个意念无法承受住批判，于是思路就在这里中断了，注意力也从这上面转移到别处。看起来，已经开始了但是中途中断的思路是继续进行的，只是它已经失去了特别的强度，注意力也就不再对其进行关注。如果正在进行的这个思考过程的目的，被判断为错误的或者无用的，那么就会产生一种有意识的谴责，导致这个思考过程一直都没有被意识到，直到入睡的开始。

　　总而言之，我们把这一类的思想过程称为**"前意识"**，我们认为它们完全理智，它们也可能受到忽视、中断和排斥。让我们坦白地对意念过程做一个形象的描述。

　　我们相信，当一个有目的意念出现时，被我们称为"能量分配"的兴奋就会被转移到由那个意念选择的联想路径上去。那些被忽视的思想，则得不到这样的"能量分配"；如果思想受到压抑或者谴责，这样的"能量分配"就会从它们那里撤回。在这两种情况下，它们都得靠自己本身的兴奋强度。在某些条件下，符合目标的思想能够自己吸引意识的注意力，在意识的作用下它们会得到"过度的能量分配"。

我们对意识的本质和功能的设定，必须稍后加以说明。

在前意识中被唤醒的思想过程可能会自然消失，也可能一直存在。我们认为第一种结果是这样出现的：它的能量被分散到以它为起点的各个联想分支上，它们将整个思想链接置于一种兴奋状态中，这种状态持续了一段时间，然后开始衰退，这是因为寻求释放的兴奋转变为静止的能量。如果这种结果出现了，那么对梦的形成来说，前意识中被唤醒的思想过程已经没什么价值。但前意识中仍然潜伏着其他有目的的意念，它们源于潜意识中一直处于活跃状态的欲望。这些意念可以使被忽视的思想群兴奋起来，在它们和愿望之间建立某种联系，将愿望本身的能量分配到它们身上，然后那些被忽视的或者被压抑的思想就能够继续发展，虽然它们在得到那样的强化之后，还是没有权利接近意识层面。我们可以说，迄今为止处于前意识系统的思想过程就被"拉入了潜意识"当中。

其他可能形成梦的结构如下：前意识的思想过程可能一开始就和潜意识的愿望相连，因此受到占主导地位的目标能量的拒绝；或者一个潜意识的愿望，出于某些原因（比如躯体性的）而变得兴奋，然后主动想把能量转移到那个不被前意识支持并供给能量的精神残余上去。这三种情况都会产生同样的结果，即前潜识中的一系列思想得不到前意识的能量分配，却从潜意识的欲望中汲取到能量。

从这点开始，这一系列思想就经历了一系列的变形，我们再也不能承认它们是正常的心理过程了，它们最终产生了一个令我们惊讶的结果——一个精神疾病产物。下面我将列举这些过程，并将它们进行归类整理：

1）因为总体强度大，所以每一个具体意念的强度都达到了可以被释放的强度，并且心理强度可以从这个意念转到另一个，所以某些具体意念可以被赋予很大的强度。又因为这过程可以多次重复，所以整个系列思想的强度会最终集中在其中一个思想元素上。这是我们熟悉的梦的运作的"压缩作用"。它是让我们对梦感到陌生的罪魁祸首，因为在我们已知的正常的、能够被意识到的精神生活中找不到类似的现象。在正常的精神生活中，我们也能找到一些意念，它们作为整个系列思想的结果或枢纽也具有高度的心理重要性，但它们通过内部知觉发现的特征却不能表现其重要性，因此内部知觉中出现的意念也没有什么特殊的强度。在压缩过程中，所有的精神联系都是对意念内容的强化。这就像我要出版一本书，在那些我认为对文章理解具有特别重要的意义的部分，我将字体印成斜体字或者粗体字。在演讲时，那些重要的话要大声而缓慢地读出来，并且加以强调的语气。第一个比喻马上使我想起梦的运作提供的一个例子，即"伊玛打针的梦"中三甲胺那个词。艺术家们使我们注意到，历史上最早的雕刻都遵循着同样的原则，即它们以雕像的大小来代表人物的地位。国王要比他的侍从或被击败的敌人大两三倍。罗马时代的雕刻则有着同样的目的，但是他们利用的手段则更为巧妙：如皇帝被放在中央，直立着，雕刻得十分精细；而他的敌人则匍匐于他脚下，但他不再是矮人群中的巨人。今天在我们中间，下级对上级仍然行鞠躬礼，这就是那古老的表现原则的一种余音。

梦中压缩工作的发展方向受两方面决定，一方面是梦思想中理性的前意识关系，另一方面是潜意识中视觉记忆的吸引。压缩工作的目标就在于产生足够的强度，以开辟一条道路进入知觉系统中。

2）由于强度的可转移性，为了实现压缩作用，一些类似于妥协的"中间意念"被制造出来（参考我提过的许多例子），这也是我们正常思想中所从未有过的。因为在正常的思维过程中，最主要的是选择以及保留那"适当的"思想元素。另一方面，当我们尝试用语言表达前意识的思想时，复合构造与妥协出现的次数特别多，它们被认为是"口误"的一种形式。

3）强度可以互相转移的意念间的关系是最松弛的。它们之间的连接方式是我们正常思维所不屑一顾的，只有在制造笑话效果时，正常思维才会利用那种联系。特别是同音词和拼写相似的词之间的联想，被认为是和其他联想具有同等价值的。

4）互相矛盾但并不互相排斥，反而同时并列存在的思想，常常组合成压缩产物或是形成一种妥协产物，就好像那些思想之间不存在矛盾一样。对那些产物，我们的意识是绝对无法容忍的，但是我们的行动却能接受它们。

在梦的运作中，之前理性构造的梦思想就经历了这些不正常的过程，上面的过程是最引人注目的几个。它们最主要的特征在于，它们致力于使静止的能量流动起来，并且得以释放。那能量附着的心理因素本身的内容和意义则是次要的。我们也可以这样认为：压缩作用和妥协的产生都是为回归作用服务的，即将思想转化为影像。但是某些梦的分析和梦的综合（更为清晰）虽然里面没有回到影像的回归作用，但是它们和别的梦一样，显示出移置和压缩过程，如"Autodidask-er—与教授 N 的谈话"的那个梦。

因此，我们得出了这样的结论，即梦的形成与两种完全不同的心理过程有关。第一个过程产生完全合理的梦思想，它们和正常的思想具有同样的价值；而另外一种过程则用令人陌生的、最不合理的方式，来处理那些梦思想。我们已经在第六章的讨论中，把第二种心理过程称为梦的运作。那么我们能就这第二种心理过程做出什么样的推论呢？

如果我们不深入研究一下神经症心理学，尤其是癔症病症，那我们就无法对这个问题做出解答。从这些研究中，我们发现，正是那些不合理的心理过程以及其他许多心理过程控制着癔症病症的产生。在癔症中，我们也只是发现一些完全合理的思想，它们和有意识的思想一样正确，一开始我们完全不知道在这种心理状况下也存在那样的思想，直到后来才把它们重建起来。通过对病人症状进行分析，我们发现那些正常的思想受到不正常的处理：它们经过了压缩作用，制造了妥协，凭借表面联系，掩盖矛盾，终于沿着回归之路通向了症状。因为梦的运作和神经症心理过程具有共同特点，所以我们完全可以把癔症研究得出的结论用在梦的研究上。

我们从癔症研究理论中，提取这样一句话：只有当来自孩童时期的、受到排斥的潜意识愿望转移到某一系列正常的思想时，这一系列思想才会受到我们前面说的不正常的心理处理。因为这一理论，我们才把梦的理论构建在这样的假设之上：提供动机力量的梦的愿望总是源于潜意识，我们已经自己承认，这个假设不能被证明是普遍有效的，但是也不能被证明是错误的。为了说明什么才是"排斥"——这个我们经常提起的字眼——我们必须进一步构建我们的心理理论框架。

我们已经深入设想了原始心理机制的运作，设想它的工作就是致力于避免兴奋堆积，并且尽量使自己免受刺激。为了这个目的，它的机制是按照反射机制的蓝图构建的。而本来可以使身体的内部发生改变的机体运动，也被它用来作为兴奋的释放渠道。然后我们继续讨论了"满足体验"带来的心理后果。而在这点上，我们又加入第二个假说：兴奋累积（我们不关心它是通过何种方式达到的）

使我们感到痛苦，同时它使心理机制运转起来，试图以此降低兴奋度，因为这让人感到愉快，同时也能重现曾经发生的"满足体验"。心理机制中这种来自痛苦、将愉快作为目标的流动被我们称为"欲望"。我们说过，只有欲望才能使这机制运转起来，而其中兴奋的发展过程则由愉快和痛苦的感觉操控。第一个愿望也许是"对满足的记忆"的一种幻觉式的获得。但是如果这种幻觉支撑不到能量分配耗尽那一刻，就证明它无力满足需求，而需求的满足是跟愉快连在一起的。

因此我们需要第二种活动，或者用我们的话来说是第二系统的活动，它不允许记忆能量闯入知觉，否则记忆能量就会将心理力量束缚住，相反，它将来自需求的刺激引到一条弯路上，利用自主的机体运动改变外部世界，使对于满足客体的真正感受得以出现。我们已经画出了这种心理机制的示意图，这两个系统就是在完整机制中我们所说的潜意识和前意识的萌芽。

为了通过机体运动使外部世界合乎目的性，就必须在各个记忆系统内积累大量的经验，并且确立在那些记忆材料中由不同的目标引出的多种多样的联系。现在我们就能将假设向前推进一步了。这第二系统的活动总是在多方探索、交替发出和收回能量，它一方面需要自由地管理各种记忆材料，但另一方面，如果它沿着不同的思路散出大量的能量，而使它们毫无目的地流失掉，那么改变世界所需的能量就会被减少。所以基于合目的性的考虑，我是这样认为的：**第二系统使大部分能量处于静止状态，只将一小部分能量用在移置作用上**。这一过程的机制我完全不了解，任何一位想真正了解这一假设的人必须从物理学中找到一个类比，并且能够形象说明神经冲动是如何运动的。我要坚持的只有一个观点，即第一 Ψ 系统的活动目的在于使积累到一定程度的兴奋能够自由释放，而第二系统则借着由此产生的能量，成功地抑制住这种释放，并将它们变成一种静止的能量，很可能量由此而增多。因此我假定，第二系统对兴奋的控制肯定遵循着和第一 Ψ 系统完全不同的机制。一旦第二系统结束了它的实验性思考活动，它就会消除对兴奋的堵塞，让它们在机体运动中得到释放。

如果我们把第二系统内"对释放的阻碍"和"痛苦原则的调控作用"之间的关系加以比较，就可以思考出一些有趣的结果。现在让我们找到原始的满足体验的对立物——外界的恐怖经历。让我们假设，原始机制受到了一个知觉刺激，这一知觉刺激是痛苦的来源。于是产生了不协调的机体运动，直到其中一个动作感觉机制不再能感知到痛苦，因此当那种知觉刺激再次出现时，那个动作马上就被重复了（比如说逃跑的动作），直到知觉再次消失为止。在这种情况下，便不会再留有使作为痛苦来源的知觉再次以幻觉或其他的方式获得能量的倾向。相反，原始机制中会产生这样的倾向，如果痛苦的记忆画面被唤醒了，就马上将其删除，因为如果这种兴奋冲动被知觉到，就会引起痛苦（或更精确地说是开始引起痛苦）。因为记忆跟知觉不一样，记忆的性质不足以唤醒意识，从而吸引新的能量，所以在记忆的运用上反而更简单，它只是重复一开始对那种知觉的躲避。曾经使我们感到痛苦的记忆的心理过程引起了这种轻易而有规律的躲避，为我们提供了一种心理排斥的原型和首例。众所周知，这种对痛苦的躲避——就像鸵鸟的伎俩——能够被证明，它存在于成年人正常的精神生活中。

按照痛苦原则，第一 Ψ 系统不能将任何痛苦的事带入其思想内容中。它除了提出愿望，别的什么都不能做。如果一直这样，那么第二系统的思想活动必定要遭受阻碍，因为它需要自由掌控所有作为经验被保留下来的记忆。只有两条路是可能的：要么第二系统完全不受痛苦原则的约束，走自己的道路，完全不管记忆中那痛苦体验；要么它能够使痛苦记忆无法通过那种方法获得能量，因此就能避免痛苦的释放。我们要排除第一种可能，因为显然痛苦原则也是第二系统中兴奋发展过程的调控者。因此我们只能认为第二种可能性是对的，即第二系统对记忆施加能量，抑制记忆的释放，这当然也使痛苦得到了抑制，这种痛苦的发展释放可以与运动神经传导相类比。我们从两个出发点开始（即对于"痛苦原则"的考虑和前面提到的消耗最少能量的原则），得到了一个假设，即第二系统的能量分配同时产生对兴奋释放的抑制。让我们牢牢记住这一点，因为这是了解排斥理论的关键，即第二系统要在能够抑制住某一意念产生的痛苦时，才在它身上倾注自己的能量。任何一个能够逃脱抑制作用的意念都无法接近第二系统和第一系统，出于痛苦原则的关系，它很快就被删掉。对于痛苦意念的抑制不一定要彻底，但必然有一个开端，因为这样才能使第二系统知道此记忆的性质，以及它是否符合当前思想过程的目的性。

只被第一系统允许的心理过程，我称之为"原初过程"，而在第二系统的抑制作用中产生的心理过程则称为"续发过程"。我还能指出另外一个理由，解释为何续发过程要对原初过程进行修正。原初过程致力于兴奋的释放，希望借助由此积聚起来的兴奋达到以前有过的"知觉同一性"。然而，续发过程放弃了这个意图，而用另一个来取而代之，即建立与曾经的经验一样的"思想同一性"。所有的思想都沿着弯路发展——从作为目标意念的满足记忆开始，经由运动经验，最后到达同一种满足记忆的能量等同。思维必须关注意念间的连接路径，而不是被意念本身的强度引向歧途。但是很显然，众多意念的压缩、中间和妥协产物都是达到目标等同的障碍，因为它们用一个意念取代另一个意念，将它们从第一系统产生的正路上引向别处。所以续发性思维要极力避免这类的过程。我们也容易看出，"痛苦原则"虽然为思想过程在某些方面提供了最重要的指示，但在建立"思想等同"时却是一大阻碍。因此，思想过程的倾向必定是使自己从"痛苦原则"的规定中解放出来，同时将感情的发展降到最低，使它刚刚足以产生信号即可。借着意识的翻译，这一工作被实现并完善。但是我们知道，即使在正常精神生活中，也很难完全实现这个目标，而且"痛苦原则"的干扰总是会使我们的思维中产生虚假幻象。

但是作为续发思考活动产物的思想之所以受到原初过程的制约（这也是我们现在所能描述的导致梦和癔症症状的公式），并不是源于我们精神装置功能的缺陷。这种缺陷源于我们发展历史中的两个因素的会合。其中一个完全属于精神装置，因此对这两个系统的关系具有决定性的影响，另外一个因素则随着自身强度大小的变化发生作用或者不发生作用，即是否把器质性根源的本能力量引入精神生活中。这两个因素都起源于童年，是我们的精神和身体器官自幼年开始保留下来的变化。

当我把精神装置内的一个精神程序称为"原初过程"时，我考虑到的不仅是其重要性和功能性，而且还想通过这样的命名来表明发生时间的先后。据我们所知，没有一个精神装置中只具有原初过程，如果有，那也只存在于理论虚构中。但下面这点倒是事实，即在精神装置中，原初过程是最先出现的，而续发过程则在生命的发展过程中慢慢成形、抑制并且掩盖原初过程，不过要完全控制它可能要等到壮年时期才行。因为这续发过程出现得晚，因此（由潜意识愿望冲动组成的）我们的性格本质在前意识中不能被了解和阻碍，而前意识的任务总是将来自潜意识的愿望冲动引上合乎目的的道路。这些潜意识愿望对续发过程中所有的心理力量施加压力，那些心理力量不得不屈服，不过它们也可以努力将这种压力引向其他更高的目标。续发过程较晚出现的另一个结果是，前意识的能量无法倾注到大范围的记忆材料中。

在这些来源于幼儿时期的、不能被摧毁又不能被阻碍的愿望冲动中，某些愿望的满足是与续发性思考的"有目的性的观念"相冲突的，因此这些愿望的满足不再产生愉快的感情，而只能产生痛苦感情。正是这种感情的转变构成了我们所谓的"排斥"的本质。"排斥"的问题在于它为什么发生这种转变，以及出于何种动机力量才能发生这种转变。在这里，对这问题我们只要稍微一提就可以了。我们只要确定，这种转变是在发展的过程中产生的（人们只要想想孩童期一开始不存在的恶心感是如何产生的），而且是与续发系统的活动有关。潜意识愿望要从记忆中释放情感，而被它利用的记忆是永远不能进入前意识的，因此那记忆中的情感的释放也不会受到它的阻碍。因为这种感情转变，那些意念也不可能进入前意识的思想了，但是它们具有的愿望能量却转移给了前意识思想。更多的是，"痛苦原则"掌控了大局，使前意识远离这发生移置的思想。因此那些思想就被摒弃、被"排斥"了，所以幼童时期的、一开始就被前意识疏远的记忆的存在是"排斥"发生的前提。

最理想的情况是——只要前意识不再对移情思想倾注能量，并且"痛苦原则"将这种结果视为合乎目的，那么痛苦就会结束了。相反的情况则是，如果被排斥的前意识愿望受到了器质性强化，然后它再将这力量转移给它的思想载体，这样即使前意识不再赋予它能量，它也能凭借自己的兴奋强度试图冲出重围。于是产生防卫战，因为前意识加强了它对被排斥思想的阻抗（即产生"反能量"），然后作为潜意识愿望冲动载体的移情思想则通过症状的形成转变成某种妥协，以便能够实现突破重围的目的。但是在这受排斥的思想受到潜意识愿望冲动的强力支援，同时又被前意识能量所抛弃后，它们就受原初过程的控制，而目标则是产生运动行为，或者使想要的知觉同一性在道路畅通的情况下，通过幻觉的方式得以重现。在这之前，我们通过经验得知，所说的不合理的过程只能发生在被排斥的思想那里。现在我们能更进一步地理解这层关系。那些发生在精神装置中的不合理过程是原发性的。当没能获得前意识能量的意念将自己置换，并且获得了那些潜意识中不受阻碍的、试图得到释放的能量，那么就会发生原发过程。对此还有别的观察，那些观察支持了这样的理解，即所谓的不合理的过程并不是正常过程的错误或者是思想错误，而是那从阻碍中被解放出来的精神装置的活动方式。因此我们发现，同样的过程中会出现从前意识兴奋到机体运动的过渡，而前意识思想和文字之间的联结也很容易出现同样的转移和混淆，我们常将其归咎于不注意。最后，我想通过这样的事实来证明，当原初过程的发展方式受到阻碍时就必须进行更多的工作：如果我们让那种思考的发展方式突破重围到达意识层，则会产生一种滑稽效果，产生的过多的能量要通过大笑才能得以释放。

有关神经症的理论坚定地断言：幼儿时期的性欲冲动在儿童的发展过程中受到排斥（感情转变），但在后来的发展中又能够重新复活——不管这是源于（由最初的双性发展而来的）当事人的性体质，还是性生活过程中的不良影响——这种幼儿的性欲冲动才是各种神经症症状得以形成的动机。只有在提到这些性力量后，我们才能修补"排斥"理论中仍然明显存在的漏洞。至于这些性因素以及幼儿因素是否同样适用于梦的理论，我先将这个问题搁置一边。我没有对其做出完整解释，是因为当我提出这样的假设时——梦的愿望总是来自潜意识——我已经超出了可论证的范围。在此我也不想再深究精神力量的相互作用在构建梦和癔症症状上有什么不同，因为我们对要比较的任何一方都还没有足够的了解。

但是还有另一点我认为是重要的，而且我要提前承认，正是因为这点我才得以讨论两个精神系统、它们的运作方式以及"排斥作用"。现在的问题不在于我是否接近了相关心理状况的真相，或者关于这样一个困难的对象，是否真的理解偏差、漏洞百出了。尽管在解析精神审查作用和梦的内容的合理与异常处理中，我们不断做出修改，但是这些过程都参与了梦的形成，而且它们与癔症症状已知的形成过程在本质上有着最大的相似性，这些都是站得住脚的认识。梦不是病态现象，梦的出现并不以精神平衡障碍为前提，在做梦之后人们的能力也不会受损。也许有人认为，不能由我的梦或者我病人的梦中得到有关正常人的梦的结论，但我认为这个反对是不值一提的。如果我们从现象追溯到其动机力量，就会发现，为神经症服务的心理机制并不是由疾病导致的精神生活混乱引起的，而是早已存在于正常精神装置之中。那两个精神系统、对二者之间的过渡进行审查的机制、一个活动对另一个的抑制与掩盖、二者和意识的关系——或者其他对观察到的事实的更正确解释——所有这些都形成了我们精神装置的正常结构，而梦则指出一条路，通过这条路我们才得以了解这精神构造。如果我们只希望增长完全可靠的知识，即使增长的幅度非常小我们也感到满足，那我们依然可以说，梦证实了那些被压抑的内容仍然会继续存在于正常或不正常的人的心灵中，而且它们还能继续发挥精神功能。梦本身就是那受压抑材料的表现之一。理论上来说，每一个梦都是如此，从实际的经验来看，至少在大部分梦中都是如此，尤其是那些表现出最明显的梦生活特征的梦。在清醒时刻中，因为矛盾相互中和而消失，所以那些受到心理压抑的材料无法表现出来，并且无法被内部的知觉感知，但是在夜晚，当妥协提供了方法和路径时，那些受压抑的材料就突破重围到达了意识中。

"如果不能影响神界，那我就要搅动地狱。"

梦的解析是通向理解心灵中潜意识活动的大道。

通过梦的解析，我们能够了解这最神秘最奇异的构造，当然，这只是一小步，但却是个开始，通过这个开始我们能够从别的病态产物入手，使梦的解析更前进一步。因为疾病——至少那些被正确称为"功能性"的疾病——的前提并非那精神装置的瓦解，或者内部产生的新的分裂。可以在动力方面对它们进行解释——在各个力量的相互作用下，有些力量被加强，有些则变弱，因而在正常机能下很多力量效果被掩盖了。在别的地方则可以显示出，这精神装置是如何由两种系统构成，从而使正常的功能更加精密，如果只有一种系统则根本不可能做到。

第六节　潜意识和意识：　现实

如果我们再细想一下，就会发现，并不是那两个系统靠近精神装置的运动端，而是兴奋传导的两种路径或者说两种过程靠近它，这是我们通过前面几章的心理学讨论得出的假设。但这对我们来说，没有什么太大区别，因为如果我们相信，别的观念比我们的理论更接近未知的真理，因此能够取代我们的理论，那么我们就必须时刻准备着放弃原先的假设。只要我们将那两个系统在字面意义上轻率地看作是精神装置中的两个位置，那我们很可能就造成了一些误解，比如"排斥"和"突破进入"这样的表达方式就含有这样的误解的痕迹，现在我们就要来纠正这样的错误观念。如果我们说，一个潜意识思想试图通过能量过量进入到前意识系统中，然后突破重围进入意识中，我们的意思不是说要在一个新位置上创造第二个思想（就像改写文本那样），而是原来的思想与第二个思想并存。关于突破到意识层面的观念，我们也要小心指明，它跟位置改变没什么关系。如果我们说，前意识的思想被排斥，因此进入潜意识中，我们设想的情景也许是，那些意念在展开一场抢夺地盘的争斗，并且倾向于假设，在一个心理位置中有一组意念被排斥了，而由另一组取而代之。现在让我们用一些更接近真实状况的说法来替代这种类比：能量被施加到某一组意念上或者从上面撤回，所以结果就是这种心理机构受到或者脱离某种心理能量的控制。在这里我们又要想象一种动力方式，而不是区位方式，心理机构本身不是可移动的，具备灵活性的是它的"能量支配"。

继续对那两种系统进行直观形象化的展示，在我看来是合乎目的的、适当的。如果我们记住下面的认识，就可以避免误用这种表现方法。一般来说，意念、思想、心理机构不是位于神经系统的器质性元素中，而是可以说"在它们之间"，在那里各种阻抗和促进关系构成了它们的对应关联。我们内部知觉的所有对象都是虚像，就像光线在望远镜中成的像。那些系统本身不是精神性的，而且也不可能被我们的精神知觉所认识，我们把它们比作望远镜中能够成像的透镜是很恰当的。如果我们继续进行这样的比喻，那两个系统之间的审查作用就可以被比喻成光线从一种介质进入另一种新的介质时发生的折射作用。

到现在为止，我们都是在用自己的方式发展心理学，现在是时候考察那些现代心理学中的主流观点了，同时还要检验它们与我们的假说的关系。关于心理学中的潜意识问题，利普斯措辞强烈地认为，那与其说是一个心理问题，倒不如说是一个心理学上的问题。只要心理学将这个问题这样解释——"精神上的"就是指"意识中的"，"潜意识心理过程"这种说法是明显不合情理的，那么医生对不正常的心理状态的观察，就不能为心理学所用。只有当医生和哲学家都承认"潜意识心理过程"这一说法是"确凿事实的合乎目的的、合理的表述方式"，他们才能达成共识。对于那种确定的认为"意识是精神生活不可缺少的特征"的观点，医生们只能通过耸肩来表示不赞同，不过如果他对这些哲学家的话仍然怀有足够的尊重，他也许会这么假定：他们处理的不是同一个客体，研究的也不是同一种科学。因为只要对神经症病人的精神生活有一点了解，或是只要对梦进行过一次分析，人们就会产生一个不可动摇的信念，即那些极为复杂、合理的思想过程——人们无法否认它们是精神过程——也很可能是在没有当事人的意识参与的情况下产生的。当然医生对这些潜意识活动一无所知，除非它们对意识施加了影响，使精神特征可以被描述或者被观察。但这种描述或观察的结果所表现出的精神特征跟潜意识过程相差甚远，因此内部知觉不可能认出它就是潜意识过程的替代物。医生们必须坚持下面的做法是有道理的，即从意识最后产生的结果可以推演到潜意识心理过程。借助这种方法，他们发现意识效果不过是潜意识过程产生的一个遥远产物，后者本身没有变成意识，甚至它的出现和运作都没有透露出它存在的迹象。

如果要对精神过程得出任何正确认识，一个必备前提就是，我们必须放弃对意识特性的过高估计。就像利普斯说过的——潜意识是精神生活的一般基础，潜意识是较大的圆圈，它包括了"意识"的小圆圈；每一个意识都有一个潜意识前阶段，潜意识可能就停留在那个阶段，不过它却完全具备完成精神功能的价值。潜意识是真实的精神存在，我们不了解它的内在本质，就好像我们不了解外在世界的真实一样，而意识能够提供给我们的相关资料是如此不完整，就好像我们的知觉器官对外在世界的探求一样。

因为潜意识精神生活的介入，意识生活与梦生活之间的对立不再能占据原来的位置，早期作者提出的很多有关梦的重要问题都失去了意义。因此在梦中表现出来的令人惊奇的现象，也不再被看成是梦的功劳，而是在白天同样工作着的**潜意识思维**的作用。如果像施尔纳所说，梦看起来只是拿身体的象征表现做游戏，那么我们知道，这些表现是某些特定潜意识幻想的产物（或许是源于性冲动），它们不但表现在梦中，而且还呈现在其他癔症恐惧症和其他别的症状上。如果梦继续进行白天的活动，完成它，并且带来有价值的新观念，那么我们所要做的便是卸去梦的伪装。这种伪装是梦的运作和心灵深处隐秘力量协助的产物（如塔蒂尼梦的奏鸣曲中的魔鬼）。白天完成的理智工作也是这些精神力量的作用。也许我们总是倾向于高估理智的艺术性作品所具有的意识性，而根据那些创造力旺盛的人，如歌德和霍姆霍尔茨所言，我们了解到，他们的创造中的那些新的、本质的东西都是像灵感一样出现在他们脑海中的，而且几乎是以已经完成的形式出现。在其他一些情况下，如果需要集中精力发挥理智的功能，那么意识参与活动无足为怪，但如果意识只参与部分活动，而将其他活动掩盖起来，这就是它在滥用自己的特权了。

把梦的历史性意义作为一个特别的题目拿出来讨论，似乎是不值得的。比如，一个领袖可能受到一个梦的影响去进行冒险事业，其胜利改变了历史。只有当人们把梦作为不同于其他被我们所熟悉的精神力量看待时，这才能成为一个新问题；而如果把梦看作是一种冲动的表达——这种冲动在白天受到阻抗，在晚上则被深层的兴奋来源加强，那么这就不是一个新问题了。古人对梦的尊崇都是基于一种正确的心理认识，基于这种认识产生了对人类心灵中不可控制以及无法摧毁的力量的崇拜，梦的愿望就是来自那种"魔鬼"般的力量，我们可以在自己的潜意识中找到那种力量。

当我提到"我们的潜意识"时，我不是没有用意的。因为我所描述的潜意识不同于其他哲学家所说的，甚至和利普斯所说的也不一样。对他们来说，这个名词仅仅被用来表达意识的对立面，他们激烈讨论、热情辩护的不过是认为，除了意识过程以外，还存在潜意识的精神力量。利普斯更进一步断言，所有精神过程都是潜意识的，但是在其中也有一些是意识的。但是我们收集那些有关梦和癔症的现象并不是为了证实他的理论，因为正常的清醒生活的体验就足够消除人们对它的正确性的怀疑。我们对所有精神病理结构以及它第一个组成部分——梦——的分析，使我们获得了这样的新知识，即潜意识——也就是精神存在——是两个独立系统的功能，它也会出现在正常的精神生活中。也就是说存在两种潜意识，心理学家们还没有将它们区分开来。从心理学上来看，它们都是潜意识的，但是在我们看来，其中一个被称为"潜意识"，它确实是无法被意识到的；而另一个则被称为"前意识"，因为它的兴奋虽然要遵守某些规定，也许还要在某个新产生的审查中幸存下来，但它确实能够不理睬潜意识系统而进入意识层面。那些兴奋为了进入意识层面，必须经历一系列无法改变的过程，经受某些机制的力量影响，而它们在通过审查之后产生的伪装可以透露出这一事实，而且这一过程也使我们提出空间类比。在前面，我们已经描述过这两个系统之间的关系以及它们和意识的关系，我们是这么说的：**前意识就像是站在潜意识与意识之间的一道筛子。前意识不但锁上了进入意识层面的入口，还控制了通往随意运动的入口，并且能够发出灵活的能量，"注意力"就是被我们所熟悉的这种能量的一部分。**

在最新的关于精神神经症的文献中，"超意识"和"潜意识"之间的区别这一主题十分流行，但是我们必须远离那些理论，因为正是它们强调了精神和意识的等同性。

那么曾经掌管一切、掩盖所有其他精神过程的意识在我们的阐述中扮演了怎样的角色呢？它只不过是使感觉器官知觉到客体的一种精神特质。根据我们的示意图所依据的基本思想，我们只能把有意识的知觉看成是一种特殊系统独有的功能，因此可以把它缩写为"意识知觉（Bw）"。从它的运行机制的特点来看，我们认为它跟知觉系统很相像，因为它能接受各种性质的刺激，但是却无法保留变化产生的痕迹，即没有记忆。精神装置通过知觉系统的感觉器官探知外部世界，但是对意识知觉来说精神装置本身就是它的外部世界，就是基于这种关系它才达到了目的论上的合理性。机制能量的原则似乎决定了精神装置的结构，在这里我们又一次遇上了这一原则。兴奋材料从两方面流入意识知觉的感觉器官：一方面，来自知觉系统，其兴奋取决于刺激的性质，也许在变为意识知觉之前，还会接受新的修改；另一方面，来自精神装置本身的内部，其量的积累会引起质的变化，由此产生愉快或痛苦的感受，在经过某种修正后它们也能变为知觉意识。

有些哲学家认识到，即使没有意识的参与也可能产生合理的、高度复杂的思想产物，于是他们发现很难将某一功能确定划归为意识。在他们看来，意识不过是多余地映照出已完成的精神过程。但是意识知觉系统和知觉系统的相似却使我们避开了这种尴尬境地。我们看到，知觉通过我们的感觉器官产生这样的后果，即将注意力的能量引到正在传导感觉兴奋的那条路径上；知觉系统的不同性质的兴奋作为一种调节器，调节精神装置中运动量的释放。我们也可以认为意识知觉系统的感觉器官也有同样的功能。当它感受到一种新的刺激，它就重新工作，将运动能量进行引导和合理分配。通过愉快与痛苦的感受，它影响精神装置内的能量过程，否则精神装置就会潜意识地通过量的移置进行工作。很可能，"痛苦原则"一开始自动地调节着能量分配的移置过程，但同样可能的是，意识对那些兴奋进行了第二次更为细致的调控，这第二次甚至很可能是跟第一次对立的，它通过违背原来的计划，对那些释放痛苦的内容倾注能量和加以修改，从而完善了精神机制的运行功能。从神经症心理学中，人们了解到，通过感觉器官感受到不同性质的兴奋，精神装置的一个主要功能就是这种调节作用。一开始的痛苦原则的自发控制以及与此相连的功能限制，都被自发的感觉调节所打断。人们了解到，排斥作用在一开始时是合乎目的性的，但是最后却因为放弃了阻抗和精神控制而变得有害，它对于记忆比对知觉更容易产生影响，因为记忆不能从心理感觉器官的兴奋中获得能量。一个必须加以防范的思想没能进入意识层面，一方面可能因为它受到了排斥，而另一方面，它之所以受到排斥，可能只是别的原因使它脱离了意识知觉。在治疗中为了回溯已经完成的排斥过程，我们会用到下面的方法。

意识知觉的感觉器官对运动量施加调节性的影响，由此产生的过量能量的价值就在于，一系列新的性质被创造出来，因此产生了新的调节，这是人比动物更高等的原因。思想过程本来是不具备任何性质的，但是它们却伴随愉快或痛苦兴奋，这些兴奋可以被看作是思想过程的干扰，因此必须加以限制。为了赋予思想过程以性质，人们必须把它们和语言回忆联系起来，那些语言回忆中残留的性质就足够把意识的注意力引到自己身上来了，而意识则使思想获得了新的运动能量。

只有借助对癔症思想过程的分解才能概览意识问题的多样性。然后人们得到这样的印象，从前意识到意识能量分配，这一过渡中也存在审查，这种审查类似于前意识和潜意识两者间的审查。这种审查也出现在某个量的边界，所以强度低的思想产物能够逃过它。所有与意识隔离以及在某种限制下进入意识的可能情况，都出现在精神神经症的现象范围中，所有这些都指向了审查和意识两者间的内部双重关系。下面我将用这样的两个现象来结束我的心理学阐释。

去前在一个会诊上，我见到了一个看上去聪明、自然的女孩，她的衣着很奇怪。因为一般来说女人对衣着的要求细致到了每一个衣褶，而她的袜子有一边根本没有挽上去，罩衫上的两枚纽扣也没有扣上。她抱怨说腿痛，我还没有说要看，她就把她的小腿露出来了。她主要的抱怨，用她自己的话来说就是，她有种感觉，好像有什么东西"刺"进了她的身体，"前前后后地动作"，一直不停地"摇动"着她，有时使她全身"硬邦邦的"。当时另一个医生也在场，他望着我，显然病人的话不难理解。但令我感到惊讶的是，病人的妈妈完全没有想到那点，虽然她一定常常处于她孩子所描述的情况下。这女孩自己则完全不知道她话中的含义，要不然她不会说出来。在这个例子中，审查制度被成功地蒙蔽了，因此本来应该处于前意识中的幻想在天真无邪的抱怨的伪装下，出现在意识中。

另一个例子：一个14岁男孩身上因出现抽搐、癔症性呕吐、头痛等症状，而到我这里来寻求精神分析治疗。在治疗时我向他保证，他把眼睛闭上后会看到一些影像或者产生一些意念，他一定要马上向我汇报。他通过描述影像来回答。他来见我之前产生的最后的印象以视觉影像的方式浮现在他的记忆中。那时他正和叔叔下象棋，看到棋盘摆在面前。他分析了几种不同的走法——有利的、不利的，还有一些不被允许的走法。然后他看到棋盘上有一把匕首，那是属于他父亲的，但是在他的幻想下，匕首在棋盘上。接着又出现了一把镰刀，然后是长柄大镰刀。接着出现的画面是一个老农夫在离他家很远的地方用大镰刀修剪草地。在几天后，我才发现这一系列影像的意义。这个小孩正因为家庭状况的不幸而感到烦躁，他父亲是个冷酷又容易发脾气的人，他和病人妈妈的婚姻一点都不太平，而他教育孩子用的手段就是威胁。病人的父亲和那温柔可爱的母亲离了婚，又和一个年轻女人结合，她现在是病人的新母亲。几天后，这 14 岁的孩子就发病了。他对父亲的恨被压抑后产生上述一系列影像，其暗喻是很明显的。它们的材料源于对一个神话的回忆。镰刀是宇宙之神宙斯阉割他父亲的工具；大镰刀和老农夫代表那残暴的老人克洛诺斯（译者按：宙斯的父亲），他吞食了自己的孩子，对此宙斯采取了那样不孝的报复。病人父亲的再婚给了孩子一个机会，去报复很久以前他父亲对他的责备和威胁——因为他玩弄自己的生殖器（参见：下棋、不被允许的走法、可用来杀人的匕首）。在这里，长期受压抑的记忆以及从那记忆中衍生出来的潜意识意念，都走了一条迂回的弯路，变成似乎没什么意义的影像偷溜到意识之中。

关于梦的解析的理论价值，体现在它们对心理学认识的贡献和为理解精神神经症所做的准备工作中。即使是凭借现在的认识水平，我们已经能够在可治愈的精神神经症的治疗上取得可喜突破，如果我们对精神装置的结构和功能甚至有了彻底的了解，谁能够想象出这一成果会有多大意义呢？我还听到有人询问：通过梦的解析，每个人隐藏的性格特征被揭示出来，而这对精神认识又有什么实际价值呢？在梦中展示出的潜意识冲动难道不具备精神生活中真实力量的价值吗？受压抑的愿望的道德意义是否可以被轻视？它们在今天引发了梦，那么会不会在某一天引起别的后果？

我感觉我没有资格回答这些问题，因为我还没有深入地研究这方面的梦的问题。我只是认为，罗马皇帝将他的一个臣民处死——只是因为他梦见他把皇帝谋杀了——这是不对的。首先，他应该找到那个梦意味着什么，而它的意义很可能和它呈现出来的内容不同。即使有一个梦，虽然内容不同，但实际上含着这种弑君的意义，我们也应该回想一下柏拉图的名言，即有道德感的人只要梦见做了坏事就满足了，而坏人却真的在实际生活中做坏事。我的意思就是，人们最好赦免梦。至于那些潜意识愿望是否应该被看作是现实存在，对此我没有答案。不过所有的过渡思想和中间思想当然不会是现实。如果人们用一种最基本最真实的表达使潜意识愿望呈现在眼前，那么人们大概必须说，精神现实是一种特殊的存在方式，它不能跟物质的现实混为一谈。因此，人们拒绝为自己的梦境的不道德负责任似乎是不必要的。在了解精神装置的功能，认识意识和潜意识之间的关系后，我们梦生活和幻想世界中大部分引人反感的不道德部分就会消逝无踪。

H. 萨克斯说："梦透露给我们的关于当前状况（现实）的信息，我们也可以在意识中找到。如果我们发现分析的显微镜下呈现的庞然大物不过是一个单细胞生物，也无须感到惊奇。"

如果我们要对一个人的品格做出判断，实际上大多只需要观察其行为和他有意识的情况下表达出来的思想就足够了。行为值得被放在最前面，因为许多进入意识的冲动在付诸行动之前就被精神生活中的真实力量给消除掉了。事实上，这些冲动在前进时常常不会遇到什么阻碍，因为潜意识确定它们在某个阶段中会被拦住。我们的美德赖以骄傲生长的土地已经被无数次地彻底翻掘了，不管怎样，对它有所了解总是有益处的。人类的性格复杂多变，被各种动力向各方向推动，已经很难根据古老道德哲学提出的简单二分法来解决其问题了。

那么梦对于认识未来有什么价值呢？人们当然无须对这个问题进行思考。在这里人们要这么回答：**梦为我们提供对过去的认识。**因此从每个方面来看，梦都是源于过去，虽然古老的信念认为梦可以预示未来也并非全无道理。梦通过将一个愿望以已经实现的方式呈现在我们眼前，而把我们引向未来。但是因为那不可摧毁的欲望的作用，被梦者想象为现在的那个未来，实际上只是过去的翻版而已。